U0820028

当代美德伦理

古代儒家的贡献

国家出版基金项目
NATIONAL PUBLICATION FOUNDATION

香江哲学丛书
丛书主编 黄 勇 王庆节

黄 勇 著

Contemporary Virtue Ethics

Contributions from Ancient Confucianism

中国出版集团
東方出版中心

图书在版编目（CIP）数据

当代美德伦理：古代儒家的贡献 / 黄勇著 .—上海：东方出版中心，2019.11（2021.8 重印）

（香江哲学丛书）

ISBN 978-7-5473-1460-9

Ⅰ.①当… Ⅱ.①黄… Ⅲ.①儒家-伦理学-研究 Ⅳ.①B82-092

中国版本图书馆CIP数据核字（2019）第 080348 号

当代美德伦理：古代儒家的贡献

著　　者　黄　勇

责任编辑　刘　旭　黄　驰　冯　媛

封面设计　周伟伟

出版发行　东方出版中心

地　　址　上海市仙霞路 345 号

邮政编码　200336

电　　话　021-62417400

印 刷 者　山东韵杰文化科技有限公司

开　　本　880mm×1230mm　1/32

印　　张　16.25

字　　数　386 千字

版　　次　2019 年 11 月第 1 版

印　　次　2021 年 8 月第 2 次印刷

定　　价　89.00 元

版权所有　侵权必究

如图书有印装质量问题，请寄回本社出版部调换或电话021-62597596联系。

总 序

“香江哲学书系”主要收入中国香港学者的作品，兼及部分在香港接受博士阶段哲学教育而目前不在香港从事哲学教学和研究的学者的作品，同时也收入与香港邻近并在文化上与香港接近的澳门若干大学哲学学者的著作。

相对于大陆的城市来说，香港及澳门哲学群体较小。在由香港政府直接资助的八所大学中，实际上只有香港中文大学、香港大学、香港浸会大学和岭南大学有独立的哲学系；香港科技大学的哲学学科是其人文社会科学学院中人文学部的一个部分，而香港城市大学的哲学学科则在政治学和行政管理系；另外两所大学——香港理工大学和香港教育大学，虽然也有一些从事哲学教学和研究的学者，但大多在通识教育中心等。而且即使这几个独立的哲学系，跟国内一些著名大学的哲学院系动辄六七十、七八十个教员不同，规模普遍较小。香港中文大学的哲学系在全港规模最大，教授职称（包括正教授、副教授和助理教授）的职员也只有十四人，即使加上几位全职的高级讲师，也不到二十个。岭南大学是另一个有十位以上哲学教授的大学，其他几所大学的哲学教授的数量都是个位数。相应地，研究生的规模也不大。还是以规模最大的香港中文大学为例，硕士和博士项目每年招生加起来就是十个人左右，其他学校则要少很多。

当然这并不表示哲学在香港不发达。即使就规模来说，虽然跟大陆的大学无法比，但香港各高校的哲学系在国际上看则并不小。即使是在（至少是某种意义上）当今哲学最繁荣的美国，除了少数几个天主教大学外（因其要求全校的每个学生修两门哲学课，因此需要较多的教师教哲学），几乎没有一个大学的哲学系，包括像哈佛、耶鲁、普林斯顿、哥伦比亚等常青藤联盟名校成员，也包括各种哲学排名榜上几乎每年都列全世界前三名的匹兹堡大学、纽约大学和罗格斯（Rutgers）大学，有超过二十位教授、每年招收研究生超过十位的，这说明一个地区哲学的繁荣与否和从事哲学研究与教学的人数多寡没有直接的关系。事实上，在上述的一些大学及其系科的世界排名中，香港各大学哲学系的排名也都不低。在最近三年的 QS 世界大学学科排名中，香港中文大学哲学系都名列亚洲第一（世界范围内 2017 年排 30 名，2018 年排 34 名，2019 年排 28 名）。当然这样的排名具有很大程度的主观性、随意性和多变性，不应过于重视，但至少在一个侧面也反映出某些实际状况，因而也不必完全忽略。

香港哲学的一个显著特点，同其所在的城市一样，即国际化程度比较高。在香港各大学任教的哲学教授大多具有英美和欧洲各大学的博士学位；在哲学教授中有相当一部分是非华人，其中香港大学和岭南大学哲学系的外籍教授人数甚至超过了华人教授，而在华人教授中既有香港本地的，也有来自中国大陆的；另外，世界各地著名的哲学教授也经常来访，特别是担任一些历史悠久且享誉甚高的讲席，如香港中文大学哲学系每个学期或至少每年为期一个月的唐君毅系列讲座，新亚书院一年一度的钱穆讲座、余英时讲座和新亚儒学讲座；在教学语言上，除香港中文大学的教授可以自由选择英文、普通话和粤语外,其他大学除特殊情况外一律用英文授课,这为来自世界各地的非华语学生在香港就读,包括就读哲学提供了方便,但更能体现这种国际化的是香港哲学教授的研究课题与世界哲学界直接接轨。

香港哲学研究的哲学传统主要包括中国哲学、分析哲学和欧陆哲学,其中香港中文大学在这三个领域的研究较为均衡,香港大学和岭南大学以分析哲学为强,香港浸会大学侧重宗教哲学和应用伦理学,而香港科技大学和香港城市大学虽然哲学项目较小,但突出中国哲学,即使很多学者的研究是跨传统的。以中国哲学为例,有钱穆、唐君毅和牟宗三等缔造的新亚儒学传统将中国哲学与世界哲学,特别是西方哲学传统连接了起来,并得到劳思光和刘述先先生的继承和发展。今日的香港应该是世界上(能)用英语从事中国哲学研究的学者最多的一个地区,其中也包括主要从事分析哲学和欧陆哲学的学者对中国哲学的研究。这就决定了香港的中国哲学研究大多具有比较哲学的特质:一方面从西方哲学的角度对中国哲学提出挑战,从而促进中国哲学的发展;而另一方面,则从中国哲学的角度对西方哲学提出问题,从而为西方哲学的发展作出贡献。相应地,香港学者对于分析哲学和欧陆哲学的研究,较之西方学者在这些领域的研究也有其特点和长处,因为他们在讨论西方哲学问题时有西方学者所没有的中国哲学传统可资利用。当然也有相当一部分学者完全是在西方哲学传统中研究西方哲学,但即使在这样的研究方式上,香港哲学界的学者,通过他们在顶级哲学刊物和著名出版社发表与出版的著作,可以与西方世界研究同样问题的学者直接对话、平等讨论。

香港哲学发达的另一个方面体现在其学院化与普及化的结合。很多大学的一些著名的系列哲学讲座,如香港中文大学新亚书院每年举办的钱穆讲座、余英时讲座、新亚儒学讲座都各自安排其中的一次讲座为公众讲座，在香港中央图书馆举行。香港一些大学的哲学教授每年还举办有一定主题的系列公众哲学讲座。在这些场合，往往都是座无虚席，到问答阶段，大家都争相提问或者发表意见。另外，还有一些大学开办自费的哲学硕士课程班，每年都有大量学生报名，这些都说明：香港浓厚的哲学氛围有很强的社会基础。

由于香港哲学家的大多数著作都以英文和一些欧洲语言出版，少量以中文出版的著作大多是在台湾和香港出版，大陆学者对香港哲学家的了解较少，本书系即是要弥补这个缺陷。我们希望每年出版三到五本香港学者的哲学著作，细水长流，经过一定的时间，形成一个相当的规模，为促进香港和内地哲学界的对话和交流作出贡献。

王庆节　黄勇

2019年2月

目 录

导论 古代儒家思想对当代美德伦理的贡献 …… 1
一、引言 …… 3
二、儒家伦理在何种意义上是一种美德伦理 …… 5
三、儒家是比亚里士多德主义更严格意义上的美德伦理学 …… 21
四、古代儒家思想对当代美德伦理的贡献 …… 49
五、比较哲学的方法论 …… 68
六、结论 …… 77

第一编 孔子对当代美德伦理的贡献 …… 79
第一章 "以直报怨"：孔子论如何对待作恶者 …… 81
一、引言 …… 81
二、以直报怨 …… 82
三、为什么不道德不利于不道德者 …… 90
四、有德之人是否应该促进他人之德性 …… 97

五、结论 107
第二章 “好德如好色”：孔子对当代美德伦理学的贡献 109
一、引言 109
二、乐于有德 110
三、作为人类独特性的美德 114
四、有德者根本上是利己主义者或自我中心主义者？ 122
五、一个“美德困境”？ 127
六、结论 135
第三章 “正曲为直”：孔子论为什么要亲亲相隐 137
一、引言 137
二、论辩的现状 138
三、“孝”与劝谏父母 144
四、父攘羊，孝子缘何为父隐？ 151
五、结论 159
第四章 “有教无类”：孔子论美德如何可教 160
一、引言 160
二、孔子教育哲学中一个表面上的悖论 161
三、作为道德教育家的孔子 164
四、美德能教吗，如何教？ 172
五、政府在道德教育中的作用 179
六、结论 186

第二编 宋明儒学对当代美德伦理的贡献 187
第五章 美德伦理学与道德责任：儒家论道德赞扬与责备 189

一、引言 189
二、道德赞扬 190
三、道德责备 198
四、结论 209
第六章 理学的本体论美德伦理学：二程的德性合一论 210
一、引论：道德及其可能性 210
二、非本体论美德伦理学：新亚里士多德学派与原始儒学 213
三、二程德性合一论 220
四、形上之德与形下之情 225
五、结论：理学的本体论美德伦理学 229
第七章 朱熹的形上学：解释性的而非基础主义的 233
一、引言 233
二、两种形上学：基础主义的形上学和解释性的形上学 234
三、朱熹的人性形上学 240
四、解释性的形上学而非基础主义的形上学 244
五、解释性形上学的规范功能 250
六、结论 255
第八章 为何“信欲”(Besire)不是怪胎(Bizarre) 258
一、导言 258
二、儒家的道德知识之一：包含而又超出命题性知识与能力之知 259
三、儒家道德知识之二：是信欲但非怪胎 266
四、印度教中的道德知识 274

五、结论 …… 283

第九章 论王阳明的良知概念：命题性知识，能力之知，抑或动力之知？ …… 284

一、引言 …… 284

二、命题性知识与能力之知的区分：为赖尔一辩 …… 285

三、知行合一：为阳明一辩 …… 297

四、非命题性知识，亦非能力之知 …… 309

五、良知是动力之知 …… 316

六、结论 …… 326

第三编 与时贤谈儒家对当代美德伦理的贡献 …… 329

第十章 与桑德尔谈儒家美德：作为美德之正义，依据美德之正义和关于美德之正义 …… 331

一、导言 …… 331

二、作为美德之正义 …… 334

三、依据美德之正义，抑或关于美德之正义？ …… 342

四、美德可以分配吗？ …… 348

五、儒家如何不同于亚里士多德主义者 …… 354

六、结论 …… 363

第十一章 与安靖如谈儒家美德：自由主义的中立性、国家完善论和儒家思想 …… 366

一、导言 …… 366

二、自由主义的中立性 …… 368

三、当代国家完善论 …… 378

四、当代国家完善论错在哪里 388
五、儒家国家完善论 398
六、结论 405
第十二章 与杨国荣谈儒家美德：成己与成物之间的成人 408
一、引言 408
二、成人：在成己与成物之间 409
三、成人概念在美德伦理中的重要性 413
四、儒家的成人概念 418
五、成人的独特性和可能性 422
六、结论 425
第十三章 与童世骏谈儒家美德：美德与规则 427
一、引言 427
二、道德(规则)的性质 428
三、事实与规范 434
四、规则与美德 440
五、结论 447
第十四章 与郁振华谈儒家美德：再论动力之知 449

参考文献 464

人名索引 491

名词索引 497

后 记 504

导

论

古代儒家思想对
当代美德伦理的贡献

一、引言

近代以来，道义论(deontology)和后果论(consequentialism)，特别是功利论(utilitarianism)形成了西方伦理学的主流，而美德论(virtue ethics)则被看成是古代人的伦理而受到冷落。但在最近几十年，美德伦理在英语世界出现了较大的复兴，开始打破了道义论和功利论的垄断地位，使当代伦理学出现了三足鼎立的局面。美德伦理的繁荣至少有若干体现：第一是美德伦理自身出现多元化。虽然亚里士多德主义(Aristotelianism)仍然是美德伦理的主流，但也有不少美德伦理学家主要是从斯多葛学派(Stoicism)、休谟传统(Humeanism)、尼采传统(Nietzschism)或从实用主义(Pragmatism)，特别是杜威(John Dewey，1859—1952)那里汲取养料；第二是与其刚开始复兴时呈现的主要是美德伦理对道义论和功利论的批评不同，现在道义论和功利论也开始批评起美德伦理，而美德伦理也开始认识到自己的缺陷并加以发展；第三，从事比较哲学的学者纷纷在自己的哲学传统中挖掘美德伦理的资源，所以我们看到了印度教的美德伦理、[①]佛教的美德伦理、[②]伊斯兰教的美德伦理、[③]道家的美德伦理[④]等。当然在这最后一方面，最重要的是对儒家的美德伦理的研究。在2007年一年内，就有三本研究儒家美德伦理的英文专著出版，[⑤]而有关的研究论文更是不计其数。

我本人对美德伦理的研究也主要集中在儒家传统，只是我侧重的是儒家传统对当代美德伦理所能作出的贡献，包括回应其他伦理学派对美德伦理的批评，帮助在西方哲学传统中发展出来的美德伦理避免其自身所存在的缺陷，以及作为美德伦理学对伦理学甚至其他临近的哲学学科所可能作出的贡献，而没有较多地着墨去论证儒家伦理就是美德伦理。这倒主要不是在儒家伦理和美德伦理的关系问题上没有争议，事实上在这个问题上争议很大。尽管很少有人想论证儒家伦理是功利论，[⑥]在学界，特别是受到当代新儒家牟宗三影响的中国学界，还是有不少学者认为儒家是一种康德主义的道义论，而最近还有不少人认为儒家并不从属于西方的三种主流伦理学派的任何一种，而是一种

---

① Nicholas F. Gier, "Toward a Hindu Virtue Ethics." In *Contemporary Issues in Constructive Dharma*, edited by R. D. Sherma and A. Deepak. Hampton, VA: Deepak Heritage Books, 2005.

② D. Keown, *The Nature of Buddhist Ethics*. New York: Palgrave, 1992.

③ Elizabeth M. Bucar, "Islamic Virtue Ethics." In *Oxford Handbook of Virtue*, edited by Nancy E. Snow. New York: Oxford University Press, 2017.

④ Yong Huang, "The Ethics of Difference in the Zhuangzi." *Journal of American Academy of Religion* 78.1(2010): 65 - 99.

⑤ 如 May Sim, *Remastering Morals with Aristotle and Confucius*. Cambridge University Press, 2007; and Bryan W. Van Norden, *Virtue Ethics and Consequentialism in Early Chinese Philosophy*. Cambridge University Press, 2007; Jiyuan Yu, *The Ethics of Confucius and Aristotle : Mirrors of Virtue*. Routledge, 2007 等。

⑥ Manyul Im, "Mencius as Consequentialist," In *Ethics in Early China: an Anthology*, edited by Chris Fraser, Dan Robins, and Timothy O'Leary. Hong Kong: Hong Kong University Press, 2011.

独特的角色伦理。我之所以迄今为止没有参与这样一种讨论，一则觉得这样的讨论虽然有其一定的意义，但无论是对于儒家思想的发展还是对于美德伦理的发展，贡献不大；二则我也认为，即使儒家思想本身并不是一种美德伦理，这也并不表明其不能对美德伦理作出贡献，而这正是我所关心的。但最近有机会参加南乐山（Robert Cummings Neville，1939—　）新著《善一分殊》[①]的讨论，这促使我对这个问题加以思考。因此虽然本导论的主要目的是想对我最近十几年关于儒家思想对美德伦理所能做的贡献做一总结，在此之前，我想先说明一下，在何种意义上不仅儒家思想是一种美德伦理，而且是比亚里士多德主义更纯粹的美德伦理。本书各章都是比较哲学的专论，而这些专论都遵循一种独特的方法论，因此也有必要在一开始对这种方法做一比较清晰的说明。

二、儒家伦理在何种意义上是一种美德伦理

南乐山的《善一分殊》一书是论文集，根据南乐山自己的说法，这些论文围绕着三个主题，其中之一就是关于“儒家可以被富有成效地看作是一种美德伦理”这种相当流行的看法，并对这种看法表示怀疑。在具体讨论这些怀疑之前，我想先简单地从正面说明一下，在何种意义上，儒家伦理是一种美德伦理。

（一）儒家伦理作为美德伦理

在近代西方，美德伦理一直是与道义论和后果论（特别是功利论）

---

① Robert Cummings Neville, *The Goodness Is One, Its Manifestation Many: Confucian Essays on Metaphysics, Morals, Rituals, Institutions, and Genders*. Albany, NY: The State University of New York Press, 2016.

相提并论的。首先，道义论和后果论的一个共同之处就是主要关注行动的对错，或者是根据道德原则，或者是根据其造成的结果，而与此相反，美德伦理的特征之一就是其主要关心的是行为者之好坏，即其具有什么样的品格：美德还是恶德。[①] 例如，赫斯特豪斯（Rosalind Hursthouse，1943— ）就列出了美德伦理的五个特征：① 它关心的是行动者而不是行动；② 它关心是(being)而不是做(doing)；③ 它问的是“我应该成为什么样的人”而不是“我应该做什么样的事”；④ 它把有关性格特征的概念而不是义务概念看成是首要的；⑤ 它认为伦理学不能提供一套规则，为所有具体的行动提供指南。[②] 尽管这些概括比较粗糙，但除了第四点与我们下面要讲的美德伦理的第三个特征有关外，其余四点实际上都从不同角度说明我在这里要强调的美德伦理的第一个特征，即美德伦理关心的是行动者而不是行动。

根据这个特征，我们可以说儒家是一种美德伦理。例如孔子(前551—前479)有个著名的说法，“道之以政，齐之以刑，民免而无耻；道之以德，齐之以礼，有耻且格”(《论语》2.3)。很显然，孔子所关心的主要不是老百姓的行动，因为他们的行动，无论是在道之以政、齐之以刑的情况下，还是在道之以德、齐之以礼的情况下，没有什么差别。这两种政治制度造成的差别是老百姓的品格，在一种情况下是“无耻”，而在另一种情形下则是“有耻且格”。这种对行动者的高度关怀在孟子那里就表现得更清楚。孟子(前372—前289)说“舜明于庶物，察于人伦，由仁义行，非行仁义也”(《孟子》4B47)。这里从行动来看，无论是行仁义还是由仁义

---

① 如我后面会说，这并不是说，道义论和后果论就不关心行为者之好坏，而美德伦理就不关心行动之对错。而是说，在前者，行为者的好坏最终是由其行动的对错决定的；而在后者，行动的对错主要是由行动者的好坏决定的。

② Rosalind Hursthouse, *On Virtue Ethics*. Oxford: Oxford University Press, 1999, p.21.

行，是没有什么差别的，其差别是在行动者。在行仁义时，仁义只是这个行为者必须使其行为与之符合的外在的尺度、标准和原则；而在由仁义行时，仁义已经成了这个人内在的美德。所以儒家更多地关心的不是一个行动是否符合道德原则或者是否产生好的效果，而是一个行动者是否过着一种健康的、没有缺陷的，即作为人所特有的生活。① 所以孟子非常强调恻隐、羞恶、辞让、是非之心，认为它们是仁义礼智这四种美德之端。如果一个人失去了这四端，孟子所关心的不是这个人的行动会违背道德原则或者会产生坏的社会效果，而是这个行动者失去了人性，成了"非人"。在孟子看来人之有此四端犹人之有四肢，就好像失去了四肢，人就有了缺陷，同样，失去了四端，人也就有了缺陷（《孟子》2A6）。不仅如此，在孟子看来，四端是大体，而四肢是小体；小体为人与动物共享，而大体为人所独有，因此大体之受伤要比小体之受伤更严重。

其次，一个具有美德的人、一个遵守道德原则的人和一个考虑其行动后果的人，在大多数情况下，会作出相同的行动。具有美德的人的独特之处在于其行动之自然、优雅、自发，并能从中找到乐趣。正如斯塔特曼（Daniel Statman）所指出的，"具有美德的人'自然地'做对的事情，而无须与任何情感、自然倾向或者性格抗争，不存在'精神'与'肉体'或者'理性'与'激情'之间的冲突"。② 安娜斯（Julia Annas，1946—　）也说，"古典美德伦理的一个特征是认为，一个人具有美德的标志就在于其做对的事情时没有相反的自然倾向"。③

① 从这一点上看，一个具有美德的人似乎是具有利己主义倾向的人。这确实是康德主义对美德伦理的一个批评，而我后面要指出，儒家对当代美德伦理的贡献之一，正可以帮助美德伦理回应这个批评。

② Daniel Statman, "Introduction to Virtue Ethics," In *Virtue Ethics*, edited by Statman. Washington, D.C.: Georgetown University Press, 1997, p.16.

③ Julia Annas, "Virtue Ethics," In *Oxford Handbook of Ethical Theory*, edited by David Copp. New York: Oxford University Press, 2006, p.517.

很显然，儒家也非常强调这方面。在回答学生关于孝的问题时，孔子说“色难”（《论语》2.8）。这就是说，一个人在为父母做事时要和颜悦色，而能够和颜悦色，就一定是心甘情愿，也就是说，其内心不存在需要加以克服的相反的、不想孝顺父母的倾向。在另一处，孔子哀叹说，“我未见好德如好色者也”（《论语》9.18）。这也表明，在孔子看来，光实践德行还不够，而且还要快乐地、自愿地、自然地去做。关于这一点，孔子还说，“知之者不如好之者，好之者不如乐之者”（《论语》6.20）。这里最高的境界是乐。孔子在说道德修养要“兴于诗，立于礼，成于乐”（《论语》8.8）时，就强调了在做道德的事情时所应有的与音乐相关的自然和快乐。关于这一点，孟子做了进一步的说明：“乐之实，乐斯二者（仁义），乐则生矣；生则恶可已也，恶可已，则不知足之蹈之手之舞之”（《孟子》4A27）。在孔子说他七十岁时能从心所欲不逾矩时，虽然乐这个字没有出现，这最好不过地描述了一个具有美德的人在从事德行时自然、轻松和快乐的状态。

美德伦理较之道义论和后果论的第三个也是最重要的一个特征就是美德在伦理学中的首要性。关于这一点，我在本导论的第二部分还会详细讨论，因此在这里只做一些简要的说明。这里强调的是美德在美德伦理学中的首要性，一方面表示道义论和后果论也可以讲美德，只是美德在这样的伦理学中只占有次要的和从属的地位。例如在道义论中，一个具有美德的人就是乐于遵守道德原则的人，这里道德原则是首要的；而在后果论中，一个具有美德的人就是一个一心想产生最好后果的人，这里后果是首要的。另一方面，美德伦理学也可以讲道德原则和后果，但它们都从属于美德。关于美德伦理对后果的关心我在下面回应南乐山的一个担心时会提到。在美德伦理学中，不仅道德原则是用来帮助人获得美德从而成为具有美德的人，而且这些道德原则本身来自美德。例如从诚实这种美德中我们就可以构造出“要讲真话”和“不要说谎”这样的道德规则。

从这个角度讲，我们也完全可以说，在儒家伦理中，美德具有首要性。儒家孜孜以求的不是要我们做这件事或者那件事，而是要我们成为大人、君子，甚至圣人。这里所谓的大人、君子和圣人实际上就是仁者，即具有仁（包括义、礼、智）这种美德的人。当然儒家也很重视礼仪规则，这相当于道义论的道德原则。但是，第一，儒家这些礼仪规则都是为了帮助人成为具有美德的人，即仁者，它们对于真正的仁者（如七十岁以后的孔子）本身是没有意义的。这并不是说，这样的仁者可以违礼，而是说这些仁者不需要礼来规范其行动，因为他们可以从心所欲不逾矩。另外这样的礼仪规范最终也是源于美德。程颐（1033—1107）说“圣人缘人情以制礼”。[①] 根据程颐的观点，人情发自人性，如果发而皆中，就有恻隐、羞恶、辞让和是非之情，但情也有发得过或不及者。圣人便根据发而皆中之情来制定礼仪、来规范人，使其情不至于过或不及。所以礼仪规则按照人情而制定，而人情发自人性，人性不过就是仁义礼智之德，因此，最终这些规则还是来自美德。

（二）美德伦理没有南乐山所担心的毛病

因此我们可以说儒家伦理本质上确实是一种美德伦理。那么为什么南乐山对这样一种看法持有怀疑态度呢？一方面是因为在他看来美德伦理具有一些儒家伦理所并不具有的毛病，因此作为一个好的儒者，他不希望由于将儒家刻画为美德伦理，而将美德伦理的毛病传染给儒家。而另一方面是因为他认为儒家思想具有一些美德伦理所没有的长处，因此，同样作为一个好的儒者，他不希望由于将儒家刻画为美德伦理，而使儒家失去

① 〔宋〕程颢、程颐：《二程集》，北京：中华书局，2004 年，第 87 页。

其原有的长处。我在本小节先处理前者，而在下一小节讨论后者。

南乐山认为美德伦理主要有两个毛病：主观主义(subjectivism)和个人主义(individualism)。关于前一点，他说，美德伦理"主要是从主体的角度来处理伦理学，强调主体的品德及通过传统和经验获得这种品德的方式，而忽略了对好坏的客观分析"[①]。很显然，在南乐山看来，在美德伦理学中，确定一个性格特征为美德还是恶德的标准完全是主观的：美德就是一个特定文化或传统所喜欢的性格特征，而恶德就是其所不喜欢的性格特征，而不同的文化或传统对此有不同的标准，因此我们没有办法确定到底什么是美德和什么是恶德。因此，在元伦理学实在论与反实在论的当代争论中，南乐山认为美德伦理是一种反实在论，而他自己则持一种实在论立场。[②] 南乐山认为，这种主观的美德在儒家思想中虽然有其地位，但不是主要的。在他看来，"儒家传统，特别是当其认真对待朱熹、他的先驱和后学的形而上学思想时，把美德看作是习得的、用以辨认实在的能力。它们是我们精确地感知实在并对它作出灵敏的反应的习惯"。[③]

这里我不同意南乐山的看法。在朱熹(1130—1200)那里，人的美德就是人性，而就人性是实在的和客观的而言，我们完全可以说，美德也是实在和客观的。朱熹关于人性与仁义礼智的关系做了这样的类

---

① Robert Cummings Neville, *The Goodness Is One, Its Manifestation Many: Confucian Essays on Metaphysics, Morals, Rituals, Institutions, and Genders*. Albany, NY: The State University of New York Press, 2016, p.14.

② Robert Cummings Neville, *The Goodness Is One, Its Manifestation Many: Confucian Essays on Metaphysics, Morals, Rituals, Institutions, and Genders*. Albany, NY: The State University of New York Press, 2016, pp.13 - 14.

③ Robert Cummings Neville, *The Goodness Is One, Its Manifestation Many: Confucian Essays on Metaphysics, Morals, Rituals, Institutions, and Genders*. Albany, NY: The State University of New York Press, 2016, p.14.

比："性是统言。性如人身，仁是左手，礼是右手，义是左脚，智是右脚"。[①] 这里仁义礼智即是人性的构成元素，又是人之为人的美德。就此而言，朱熹用"德性"[②]来说明人性，即人性是具有美德的人性，又用"性之德"[③]来说明美德，即人的美德不是主观的品质，而是属于人性的。朱熹之所以认为仁义礼智构成了人性是因为他认为，只有人，而且所有人都具有仁义礼智，是它们把人与动物区分了开来。因此在注《孟子》6A3 时，朱熹说，"性，形而上者也；气，形而下者也。人物之生，莫不有是性，亦莫不有是气。然以气言之，则知觉运动，人与物若不异也；以理言之，则仁义礼智之禀岂物之所得而全哉？此人之性所以无不善，而为万物之灵也"。[④] 但是，在朱熹看来，人性为形而上者，无声、无形、无嗅，本来我们不能对它说什么。既然如此，他怎么能断定人性有仁义礼智呢？是不是他只是认为人应该具有仁义礼智呢？如果这样，南乐山似乎还是对的：仁义礼智这样的美德没有客观性。但朱熹自己却认为，在说人性有仁义礼智时，他是在作出一个具有客观根据的规范论断或者一个具有规范力量的客观论断。关于这种客观性，朱熹在人性与人情之间作出了区分。在这一点上，他认为，程颐关于"因其恻隐，知其有仁"的说法最精辟："也不道恻隐便是仁，又不道掉了恻隐，别取一个物事说仁"。[⑤] 在朱熹看来，我们既不能混淆人性和人情，也不能把它们彼此割裂开来："有这性，便发出这情；因这情，便见得这性。因今日有这情，便见得本来有这性"。[⑥] 就此而言，我们关于人性具有仁义礼

---

① 〔宋〕朱熹：《朱子语类》，北京：中华书局，1986 年，第 110 页。
② 〔宋〕朱熹：《朱子语类》，北京：中华书局，1986 年，第 110 页。
③ 〔宋〕朱熹：《朱子语类》，北京：中华书局，1986 年，第 2583 页。
④ 〔宋〕朱熹：《四书章句集注》，台北：大安出版社，1994 年，第 457 页。
⑤ 〔宋〕朱熹：《朱子语类》，北京：中华书局，1986 年，第 1228 页。
⑥ 〔宋〕朱熹：《朱子语类》，北京：中华书局，1986 年，第 89 页。

智的说法是具有客观性的，但一旦我们确定了人性具有仁义礼智之德，这本身又具有规范性。这里我们可以用医生关于人的健康的身体观念做类比。医生关于什么样的身体是健康的身体的看法是具有客观性的，是在其对人的身体做了客观研究的基础上才确定的，但一旦确定了健康的身体的概念，它又具有规范性。医生可以用这个健康的身体概念来确定一个特定的人的身体是否健康，因而是否需要医治。同样，朱熹通过对人的客观研究得出的人性具有仁义礼智的美德的观念也可以帮助我们确定一个特定的人在人性上是健康的还是有缺陷的，从而决定是否需要"治疗"。例如，如果一个人缺乏恻隐之心，我们就可以断定这个人有缺陷，因而需要得到道德教育。

南乐山认为美德伦理所患的第二个毛病是个人主义，而儒家思想不是个人主义。在这一点上，南乐山与安乐哲(Roger T. Ames, 1947—)一样，认为儒家的社会性的自我与"私人的、具有美德的自我"形成了鲜明的对照。[①] 但在我看来，南乐山对于美德伦理过于个人主义的担忧是不必要的。说明这一点的最好办法，也许就是指出，当代美德伦理的最重要的代表之一麦金泰尔(Alasdaire MacIntyre, 1929—)本人，作为一个社群主义者，对自由主义的个人主义做了最有力的批判。在他看来，我们必须在一个社群的背景下对美德做社会的理解，例如，他指出，勇敢这种美德"之所以重要，并非只是因为它是个体的品质，而是因为它是为维持一个家庭和社群所必要的品质"。[②] 他也提到古代雅典人。虽然古代雅典人"对美德的理解给他提供了标准，使他能够对其社群的生

---

① Robert Cummings Neville, *The Goodness Is One, Its Manifestation Many: Confucian Essays on Metaphysics, Morals, Rituals, Institutions, and Genders*. Albany, NY: The State University of New York Press, 2016, p. xv.

② Alasdaire MacIntyre, *After Virtue*. Notre Dame: Notre Dame University Press, 1984, p.122.

活提出责难，并探究该社群的各种实践或者政策是否公正”，但“他也认识到，他之所以能具有其对美德的理解，只是因为他在其社群中的成员身份为他提供了这样的理解”。[①] 所以，具有美德的人并不是一个私人的个体。确实，如我们看到，雅典人对美德的理解使得其可以据此批评其社群及其各种实践和政策，尽管他对美德的理解本身是由其在社群中的成员身份提供的，这是因为，在麦金泰尔看来，“任何人、所有人之所以能够成为道德主体”，是因为“道德的主体性只能在自我中、而不是在社会的角色中或者实践中才能找到”。[②] 所以，虽然他始终强调自我是社会性的自我，麦金泰尔也反复说明，“但这也并不像有些理论家以为的那样意味着，自我不过就是它所继承的各种社会角色”。[③]

虽然我可以断定，在上面提到“有些理论家”时，麦金泰尔心里没有想到南乐山的同道安乐哲，但安乐哲在提出其角色伦理学时，确实是麦金泰尔所提到的“有些理论家”之一。安乐哲认为，在儒家那里，没有

> 作为我们真正所是的场所的、在一层层的家庭和社群关系剥去以后还继续存在的人的核心。也就是说，在我们复杂、动态行为习惯后面，没有“自我”，没有“灵魂”，没有个别的“个体”。我们中的每一个人都是不可还原地社会性的，是我们在与他人的关系和交往中所活出的各种角色的总和。[④]

---

① Alasdaire MacIntyre, *After Virtue*. Notre Dame: Notre Dame University Press, 1984, p.133.

② Alasdaire MacIntyre, *After Virtue*. Notre Dame: Notre Dame University Press, 1984, p.32.

③ Alasdaire MacIntyre, *After Virtue*. Notre Dame: Notre Dame University Press, 1984, p.31.

④ Roger T. Ames, *Confucian Role Ethics: A Vocabulary*. Hong Kong: The Chinese University Press, 2011, p.96.

自我不过是各种关系和角色的总和，剥去了所有这些关系和角色，没有什么还会留下来。这不折不扣就是麦金泰尔所说的“一些理论家”所持的自我观：自我“不过是其继承的社会角色的总和”。由于南乐山自己说几乎同意安乐哲在其角色伦理学中所说的一切，①我们也许可以合理地将他也看作是麦金泰尔提到的“有些理论家”之一。关于这一点，我们看到南乐山自己也说，“因此恰当的道德教育要使人们获得特定的知识、技能和思维习惯，使他们看到，他们的人格，包括他们的种种可能性，都是由一层层的和谐环境构成的”，②我们就更可以确信无疑了。这里，南乐山的和谐“环境”与安乐哲的关系和角色具有相同的功能。例如，南乐山说，没有兄弟本身，所有的只是“在不同环境中的兄弟”，③又说，“没有人‘有’性格特征本身，所有的只是与他人分享的、包含了复杂礼仪的身份”。④

所以，在一个极端是为许多自由主义者所持的原子主义自我观，认为自我是完全独立的个体，而在另一个极端则是为麦金泰尔的“有些理论家”所持的自我观，认为自我不过就是一层层的关系和角色。在这两个极端之间，却存在着一个为美德伦理学家所持的中庸之道：自我是处于社会关系中的行为主体。而在我看来，儒家所持的正是这样一种自我观。这里我们可以王阳明(1472—1529)为例子。王阳明非常强

---

① Robert Cummings Neville, *The Goodness Is One, Its Manifestation Many: Confucian Essays on Metaphysics, Morals, Rituals, Institutions, and Genders*. Albany, NY: The State University of New York Press, 2016, p. xv.

② Robert Cummings Neville, *The Goodness Is One, Its Manifestation Many: Confucian Essays on Metaphysics, Morals, Rituals, Institutions, and Genders*. Albany, NY: The State University of New York Press, 2016, p.11.

③ Robert Cummings Neville, *The Goodness Is One, Its Manifestation Many: Confucian Essays on Metaphysics, Morals, Rituals, Institutions, and Genders*. Albany, NY: The State University of New York Press, 2016, p.10.

④ Robert Cummings Neville, *The Goodness Is One, Its Manifestation Many: Confucian Essays on Metaphysics, Morals, Rituals, Institutions, and Genders*. Albany, NY: The State University of New York Press, 2016, p.143.

调，一个人的自我深深地受到其所处的环境的影响，无论是正面的还是反面的。在《南赣乡约》中，他先引古人语，

> “篷生麻中，不扶而直，白沙在泥，不染而黑”，然后紧接着说，“民俗之善恶，岂不由于积习使然哉！往者新民盖常弃其宗族，畔其乡里，四出而为暴，岂独其性之异，其人之罪哉？亦由我有司治之无道，教之无方。尔父老子弟所以训诲戒饬于家庭者不早。熏陶渐染于里闬者无素，诱掖奖勸之不行，连属叶和之无具，又或愤怨相激，狡伪相残，故遂使之靡然日流于恶，则我有司与尔父老子弟皆宜分受其责”。①

但同时，王阳明还是认为，一个人并非就是其社会关系的总和，而是一个具有独立意志者。因此，即使身居恶劣的环境中，王阳明还是认为，一个人之所以变坏，最终的原因还是因为其志之不立：“恶念者，习气也，善念者，本性也；本性为习所胜、气所汩者，志之不立也”。② 换言之，只要有志，即使在恶劣的环境中，一个人还是可以避免变坏。而且即使在变坏以后，一个人只要立志，还是可以归善。因此他说，

> 君子之学，无时无处而不以立志为事……故凡一毫私欲之萌，只责此志之不立，即私欲便退；听一毫客气之动，只责此志之不立，即客气便消除。或怠心生，责此志，即不怠；忽心生，责此志，即不忽；懆心生，责此志，即不懆；妒心生，责此志，即不妒；忿心生，责此志，即不忿；贪心生，责此志，即不贪；傲心生，责此志，即不傲；吝心

① 〔明〕王阳明：《王阳明全集》，上海：上海古籍出版社，2015 年，第 664 页。
② 〔明〕王阳明：《王阳明全集》，上海：上海古籍出版社，2015 年，第 1084 页。

生，责此志，即不吝。[①]

很显然，王阳明在这里并不认为，自我不过就是其社会关系的总和，因为离开了一个独立自主的自我，我们就无法理解王阳明在此关于立志所说的一切。

（三）美德伦理具有儒家的长处

我们上面提到，南乐山之所以认为儒家伦理不是美德伦理，除了因为他认为儒家伦理并没有美德伦理的两个缺陷，即主观主义和个人主义，还因为他认为儒家伦理具有一些为美德伦理所没有的长处。

首先，南乐山认为儒家伦理确切地说既不是美德伦理也不是角色伦理，而是一种情景伦理（Situation ethics）。这种伦理思想在杜威、怀特海（Alfred Whitehead，1861—1947）和许多其他思想家那里可以发现，但作为一种伦理学派出现，要归功于弗莱彻（Joseph Fletcher，1905—1991）。弗莱彻认为，情景伦理是在律法主义（legalism）（主张一无例外地遵循道德律）和反规则主义（antinomianism）（提倡不遵循任何规则的自发行动）之间的中间立场。情景主义者不排除道德规则，但“如果在某种情景下（基督教的）爱能够得到更好实现的话，也总是乐意对这些规则做些妥协甚至将其搁置”。[②] 南乐山说儒家的理一分殊思想就很好地体现了这种情景伦理。[③]

---

① 〔明〕王阳明：《王阳明全集》，上海：上海古籍出版社，2015年，第290页。

② Joseph Fletcher, *Situation Ethics: A New Morality*. Philadelphia: Westminster, 1997, p.22.

③ Robert Cummings Neville, *The Goodness Is One, Its Manifestation Many: Confucian Essays on Metaphysics, Morals, Rituals, Institutions, and Genders*. Albany, NY: The State University of New York Press, 2016, p.14.

但这种对情景的强调不仅与美德伦理不矛盾，而且正是美德伦理的特征之一。例如亚里士多德（Aristotle，384—322BC）认为美德位于两个作为极端（即恶德）之中间，与这两个极端等距。例如勇敢这种美德就是鲁莽和胆小这两种恶德之中庸：既不过于自信又不缺乏自信。但在不同的情景下，这种作为中庸的自信是不同的。他用吃饭作为类比，每一个人都应该吃适当量的饭，不要太多，也不要太少。但什么是适当的量，对于不同的人，甚至对于在不同情景下的同一个人都可能是不同的。对一个人来说是恰当的量对于另一个人（或在不同情况下的同一个人）可能太多或者太少。所以，中庸即有美德就是“在恰当的时候，关于恰当的事情，对于恰当的人，为了恰当的目的，以恰当的方式”感到恰当量的像信心、愤怒、怜悯这样的情感。① 如果说与情景主义（特别是弗莱彻所提倡的那种）有什么差别的话，那是在于情景主义以道德原则为出发点，认为在有些情景我们可以对这样的原则作出妥协甚至悬置，而美德伦理的出发点是美德，认为具有美德的人在不同的情景下会作出不同的行动。当南乐山说儒家的“理一分殊”很好地体现了情景伦理思想时，他可能把这里的“一理”理解为道德原则。但事实上，理一分殊是程颐用来说明儒家的爱有差等思想的。这里的爱与基督教的爱不同。在基督教那里，爱是一种道德律令，而在儒家那里爱是具有美德的人所具有的情感。后来朱熹说仁是心之德和爱之理时，这里的“理一分殊”之理又可理解为仁，但朱熹已经说得很清楚，这里的仁是“心之德”，即是一种美德，而不是一种道德原则。

其次，南乐山指出，儒家需要解决的大问题是确定做什么，弄清环境中哪些是合理的，哪些是不合理的，什么是好的，什么是不好的，因此

① Aristotle, *Ethica Nicomachea*. Trans. and ed., Roger Crisp. Cambridge: Cambridge University Press, 2004, 1106b.

需要学问，需要科学，需要艺术想象力，需要追踪重大变化的能力。[①] 在另一个地方，他又说，如果帮助一个人也"意味着改善医疗制度，那么你就应该知道在税收和其他有关法案上如何投票，而这意味着你需要了解医疗制度的本质、经济状况以及政治上的各种可能性"。[②] 在南乐山看来，如果把儒家思想看作是美德伦理，我们就忽略了儒家对非道德知识或者能力的强调。

但在我看来，这与美德伦理，包括儒家的美德伦理，也并没有冲突。一个具有美德的人当然也重视非道德知识和能力的重要性。美德伦理只是强调，一个人对非道德知识和能力的追求必须在具有美德的前提下进行，不然这些非道德知识和能力可能会被用来做不道德的事情，因为一个具有非道德知识和能力的坏人比缺乏这种能力和知识的坏人会对人类造成更大的伤害。这里我们还是以王阳明为例，因为王阳明非常强调道德修养，因此按照南乐山的标准可能是个不好的儒家[南乐山眼中的作为英雄的儒家是先秦的荀子(前 313—前 238)和宋代的朱熹]。道德修养在他看来就是要去除遮蔽良知的私欲，而去除了这种私欲，"见父自然知孝，见兄自然知弟，见孺子入井自然知恻隐。此便是良知，不假外求"。[③] 这里的最后一句话似乎印证了南乐山的忧虑：美德伦理只管培养美德，而对非道德能力和知识不感兴趣。事实上，王阳明的学生徐爱也有这样的忧虑。因此当听到王阳明说"心外无理""心外

---

① Robert Cummings Neville, *The Goodness Is One, Its Manifestation Many: Confucian Essays on Metaphysics, Morals, Rituals, Institutions, and Genders*. Albany, NY: The State University of New York Press, 2016, p.214.

② Robert Cummings Neville, *The Goodness Is One, Its Manifestation Many: Confucian Essays on Metaphysics, Morals, Rituals, Institutions, and Genders*. Albany, NY: The State University of New York Press, 2016, p.11.

③ 〔明〕王阳明：《王阳明全集》，上海：上海古籍出版社，2015 年，第 7 页。

无物”时，徐爱便问：“如事父一事，其间温凊定省之类，有许多节目，不亦需讲求否？”对此王阳明回答说，

> 如何不讲求？只是有个头脑，只是就此心去人欲、存天理上讲求……此心若无人欲，纯是天理，是个诚于孝亲的心，冬时自然思量父母的寒，便自然要去求个温的道理；夏时自然思量父母的热，便自然要去求个凊的道理。这都是诚孝的心发出来的条件。却是须有这诚孝的心，然后有这条件发出来。譬之树木，这诚孝的心便是根，许多条件便是枝叶，须先有根，然后有枝叶，不是先寻了枝叶，然后去种根。①

这里，王阳明非常清楚地说明了成为一个具有美德的人与追寻非道德知识与能力的关系。就好像有了根自然会长出枝叶，有了美德就自然会去追求有关的非道德知识和能力。所以儒家确实如南乐山所说的非常强调非道德知识和能力，但它强调两个方面：一是非道德知识和能力必须在具有美德的前提下去追求；二是具有美德的人自然会去追求这样的非道德知识和能力，而这样一种立场恰恰表明儒家伦理是一种美德伦理。

最后，在南乐山看来，儒家不是美德伦理，而是“一种‘有原则的功利论’……儒家圣人所要而且应该努力造成的是最好的结果，而如果这样的最好结果要求一个人的美德作出一些牺牲，那么就要作出这样的牺牲”。② 南乐山在这里所说的是，在我行动时，我唯一应该考虑的是我这个行动的结果，而不能老是考虑自己的美德。如果为了取得最好

---

① 〔明〕王阳明：《王阳明全集》，上海：上海古籍出版社，2015 年，第 3 页。

② Robert Cummings Neville, *The Goodness Is One, Its Manifestation Many: Confucian Essays on Metaphysics, Morals, Rituals, Institutions, and Genders*. Albany, NY: The State University of New York Press, 2016, pp.14 - 15.

的结果，我可以不做我的美德要求我做的事。这里南乐山担心的是，由于儒家关心的是最好的结果，如果我们把儒家伦理看作是美德伦理，我们就忽略了属于儒家本质的东西，因为美德伦理关注的是个人的美德，而不是最好的社会效果。

我认为南乐山的观点错误地预设了在美德与后果之间的两难。一个仁慈的人，即一个具有仁慈这种美德的人，不可能不考虑他人的福祉（后果）。正是在这种意义上，当代美德伦理学家斯洛特（Michael Slote，1941—　）指出，在一个重要的方面，美德伦理，或者他所谓的以行为主体为基础的道德“确实考虑后果，因为这样的道德所坚持并提倡的，是希望并努力产生好的后果的整体动机。一个真正关心他人福祉的人希望为他人产生好的后果（而且是为了这个他人本身，而不是别有用心）”。[①] 因此，“如果一个具有充分仁慈和关爱动机的人却袖手旁观，结果伤害了或者没有能够帮助他/她本来想帮助的人”，他/她的行动不能不受到批评。[②] 但这并不是说美德伦理就是一种后果论或者与后果论无异。假设有一个具有美德的人在做了最好的努力以后还是造成了一个坏的后果。美德伦理如何评价这样一个人呢？一方面，“如果一个人力尽所能地了解了有关的事实并非常小心地行动，那么我们不能批评这个人的行为不道德，不管结果如何坏”；但另一方面，“如果坏的结果是由于这个人缺乏足够的理智能力或者由于他无法知道的认知缺陷，那么我们可以对他的表现做认识论上的批评而不是道德的批评”。[③] 与

---

① Michael Slote, *Morals from Motives*. Oxford: Oxford University Press, 2001, p.34.

② Michael Slote, *Morals from Motives*. Oxford: Oxford University Press, 2001, p.34.

③ Michael Slote, *Morals from Motives*. Oxford: Oxford University Press, 2001, p.34.

此相反，从后果论的观点看，在上述两种情形中，我们都可以批评这个人的行为不道德。就后果论与美德论在这一点上的分歧而言，我认为，一方面，美德论很显然比后果论优越，而另一方面，南乐山看到的儒家对后果的关心实际上是在美德论框架下实现的。

三、儒家是比亚里士多德主义更严格意义上的美德伦理学

我在上面说明儒家伦理是一种美德伦理时，基本上是以西方的美德伦理为范例，检视这样的美德伦理有哪些主要特征，再审视儒家伦理是否有这样的特征。我的回答是肯定的，因此我断定儒家伦理是一种美德伦理。这样一种研究可以帮助我们认清儒家伦理的一些特点，使我们注意到其所具有的而我们容易忽略的重要方面，这是做这种工作的一个意义所在。但这样的工作也有重要的缺陷：一则这样的工作对西方的美德伦理没有多大意义；二则用美德伦理的某种历史形态作为范例来衡量美德伦理的另一种历史形态，不仅有让后者削足适履的状况，而且往往会得出这样的结论：后者虽然基本上是一种美德伦理，但相较于作为范例的前者而言，总不那么完美，存在不可避免的缺陷。关于这一点，如果我们反过来，把儒家这种美德伦理的历史形态作为美德伦理的原型或范例，看看这样的美德伦理有哪些特征，再看看西方传统中美德伦理的某种历史形态是否具有这样的特征，我们就很容易发现亚里士多德的伦理学虽然基本上可以说是一种美德伦理，但较之作为美德伦理之原型或范例的儒家伦理来说，总不那么完美，还存在着不可避免的缺陷。因此在我们断定某一种历史形态的伦理思想是美德伦理时，我们最好不要以另一种历史形态的伦理思想为

范例，而应该以某种理想形态的美德伦理为标准，我在本节中就试图做这样的工作。

（一）美德伦理的理想形态

那么怎样确定美德伦理的理想类型呢？应该主要是在与其他两种类型的伦理系统即道义论和后果论的对比中着手。与道义论以道德原则优先、后果论以行动后果优先不同，美德伦理当然以美德优先。但是，美德伦理以美德优先并不是说美德伦理就不可以讲道德原则和行动后果，而是说美德伦理讲的道德原则和行动后果都是以美德为出发点的。我在上面讨论南乐山关于儒家伦理是后果论而不是美德论时已经讨论过美德伦理在何种意义上也可以讲行动后果和在何种意义上它与后果论对行动后果的强调不同：后果在后果论中是首要的而在美德论中则是从属于美德的。道德原则在美德伦理中的地位与行动后果在美德伦理中的地位类似。当然一个真正具有美德的人并不需要任何道德规则，如孔子在 70 岁以后可以从心所欲不逾矩。但对于一个尚缺乏这样的美德而又想获得这样的美德的人，这样的道德规则就是必要的。关键是美德伦理是否能够提供这样的道德规则。尽管有一些极端的美德伦理学家想用美德来替代规范一个人行动的规则，[①]大多数的美德伦理学家并不排除规则。但这些规则有几个特点。第一，这些规则本身以人的性格特征为基础。如赫斯特豪斯就指出，由于在亚里士多德那里，相应于每一种情感，都有一个美德和两个恶德，由此我们就可以得出三条规则，其中一条（相对于美德）是肯定的，另外两条（相对于恶德）是否定的。例如，有关信心方面，适当的信心是勇敢这种美德，过度

① G.E.M. Anscombe, "Modern Moral Philosophy." *Philosophy: The Journal of Royal Institute of Philosophy* 33(1958): 1-19.

的信心就是鲁莽这种恶德，而过少的信心就是怯懦这种恶德。由这样三种性格特征就可以得出三种道德规则：做勇敢的事情！不要做鲁莽的事情！不要做怯懦的事情！[①] 其次，这些道德规则的目的主要不是要给没有美德的人提供行动指南，而是让这样的人在根据这些规则所从事的行动中逐渐体会到这些行动的内在价值，从而将从事这种行动作为习惯，也即逐渐使自己获得勇敢这种美德，成为勇敢的人。最后，也如赫斯特豪斯所指出的，即使在遵循这些规则时，一个人必须至少有意愿获得与这些规则相应的美德，因而在一定程度上已经成了具有这样的美德的人。因为"无论是对规则的解释还是对什么样的规则适用于某个特定的情况的决定，都需要一定程度的美德和相应的道德或实践智慧"。[②] 总而言之，美德伦理虽然也可以讲规范行动的道德规则，但这些道德规则必须从属于美德，因此美德在这样的伦理学中具有首要性。

另一方面，道义论和后果论也可以讲美德，只要这里的美德是来自并从属于道德原则或行动后果的。我们先看规则论。康德(Immanuel Kant，1724—1804)的伦理学是道义论伦理学的典型，它的任务就是提出一些形式规则，即他所谓的绝对命令，以确定一个人的行动是否道德。但是康德也讲美德。事实上，他的《道德形而上学》(*The Metaphysics of Morals*)的第二部分就是《美德学说》。在这个部分，康德对美德作了如下定义："抵制一个强大的、不公正的敌人之力量和有意的决断叫刚毅；而我们所有的、与阻碍意志的道德态度那种力量有关

① Rosalind Hursthouse, *On Virtue Ethics*. Oxford: Oxford University Press, 1999, p.36.

② Rosalind Hursthouse, *On Virtue Ethics*. Oxford: Oxford University Press, 1999, p.40.

的刚毅就是美德”[①]。在康德那里，意志的道德态度是自由的、是理性的、是超越所有经验成分的。但康德又承认，人不仅是个理性的人，也是一个经验的人。因此作为一个经验的人往往具有不遵守由作为理性的人他自己所制定的道德律的自然倾向，而美德就是抵制这种自然倾向的刚毅。这里美德对于道德律的从属地位是最明显不过的：它的作用就是帮助我们克服不道德的自然倾向从而去遵循道德律。不仅如此，正如约翰逊（Robert Johnson）所指出的，康德把美德理解为意志的一种力量，这与美德伦理学把美德理解为类似于第二人性的习惯化的情感和欲望的倾向完全不同。事实上康德所理解的美德在亚里士多德那里更像是与意志软弱（incontinence）相反的自制（continence），但亚里士多德认为两者都不是美德。[②]

正是在这个意义上，我们可以理解为什么一些想把康德伦理学理解为美德伦理的企图不能成功。例如，在一篇原来于 1984 年发表的以“康德的美德伦理学”为题的论文中，奥尼尔（Onora O'Neill，1941— ）想以康德的准则（maxim）概念为出发点提出一种康德的美德伦理学。确实，在谈到准则时，康德把美德定义为“一个人的准则所具有的实现其义务的力量”，并说，“只有通过其克服的障碍我们才能知道任何一种力量，而与美德有关的障碍就是人的自然倾向，它们可能会与一个人的道德决断发生冲突”。[③] 而在奥尼尔看来，准则所“关心的主要不是特定类型的行动的对与错，而是一种生活（或者这种生活的

① Immanuel Kant, *The Doctrine of Virtue: Part II of the Metaphysic of Morals*. New York: Harper and Row, 1964, pp.37 - 38.

② Robert Johnson and Adam Cureton, "Kant's Moral Philosophy." *Stanford Encyclopedia of Philosophy*, 2016, p.11.

③ Immanuel Kant, *The Doctrine of Virtue: Part II of the Metaphysic of Morals*. New York: Harper and Row, 1964, p.54.

若干方面)的基本道德品质……因此,具有道德上恰当的准则所涉及的是过某种特定的生活,或者成为某种特定的人”。[①] 由于美德伦理学的特征就是其关注成为什么样的人和过什么样的生活,而不是做什么样的事情,奥尼尔就宣称康德有一种美德伦理学。在她看来,虽然在康德那里义务概念占有核心的地位,这些义务“也就是根据某些准则行动的义务,也就是根据某些根本的线索来规定我们的道德生活的义务,或者也就是去获得某些美德的义务”。[②] 但是我们知道,在康德那里,准则不是最根本的概念;最根本的是义务的概念,而且这里的义务不只是根据某些准则行动的义务。事实上,有时候我们有义务不做某些准则要求我们去做的事情,有时我们又有义务去做某些准则禁止我们去做的事情。那么是什么东西决定哪些准则应该遵守,而哪些准则不应该遵守呢? 还是义务概念本身。奥尼尔发现到了这一点,在十五年后将这篇文章收入其一个论文集时,她专门为此写了个后记,承认以前把康德看成美德伦理学家是错误的,因为“康德的最根本观念是道德上有价值的原则,这些原则不仅为外在的正确和义务问题,而且也为好的性格和构造,提供了指南”。[③]

劳登(Robert B. Louden)曾经也试图将康德解释成为一个美德伦理学家,不过他的出发点不是康德的准则,而是其善良意志。在劳登

---

① Onora O'Neill, "Kant after Virtue." In her *Constructions of Reason: Exploration of Kant's Practical Philosophy*. Cambridge: Cambridge University Press, 1989, p.152.

② Onora O'Neill, "Kant after Virtue." In her *Constructions of Reason: Exploration of Kant's Practical Philosophy*. Cambridge: Cambridge University Press, 1989, p.153.

③ Onora O'Neill, "Kant after Virtue." In her *Constructions of Reason: Exploration of Kant's Practical Philosophy*. Cambridge: Cambridge University Press, 1989, p.162.

看来，康德的善良意志"是一种性格状态，它是一个人的所有行动的基础"；由此，他进一步指出，"康德伦理学中真正重要的不是行动而是行动者"；在这种意义上，康德的伦理学就是一种美德伦理学，因为"康德把美德定义为'面对存在于我们身上的、阻碍意志的道德态度的一种刚毅'。而康德的具有美德的行动者，由于其'刚毅'，就能够抵制与道德律相反的冲动和自然倾向"。① 但是，与奥尼尔十五年以后才认识到自己的错误不同，就在提出上面这种看法的同时，劳登已经看到了把康德看作是一个美德伦理学家的问题，因为他看到，在康德那里，

> 善良意志和美德都是根据对道德律的服从来定义的……由于人的美德是由对道德律和绝对命令的服从来规定的，现在看来，在康德的伦理学中首要的东西不是美德本身，而是对规则的服从。美德是康德伦理学的核心……但康德的美德本身又为最高的道德原则规定。②

同样，后果论也可以谈论美德在其伦理学中的重要性。在其《功利主义》(*Utilitarianism*)一书的第二章，密尔(John Mill, 1806—1873)回应了对其伦理学的一个批评。密尔的理论认为，幸福是人的生活所追求的唯一目的，我们追求任何别的东西最终都是为了幸福，有人就说，许

① Robert B. Louden, "Kant's Virtue Ethics." In *Virtue Ethics: A Critical Reader*, edited by Daniel Statman. Washington, D.C.: Georgetown University Press, 1997, p.289.

② Robert B. Louden, "Kant's Virtue Ethics." In *Virtue Ethics: A Critical Reader*, edited by Daniel Statman. Washington, D.C.: Georgetown University Press, 1997, p.290.

多英雄和烈士并不追求幸福，而是追求美德。密尔就回答说，我们确实应该追求美德。但他又说，我们在放弃自己的幸福而追求美德时，我们还在追求别的东西，而且正是因为在追求这个别的东西，我们才把这种性格特征叫做美德。但是，

> 除了别人的幸福，这个别的东西还会是什么呢？如果一个人能够完全放弃自己的幸福或者放弃获得这种幸福的机会，那很崇高。但是，这种自我牺牲毕竟还是为了什么别的东西；它不可能是其自身的目的。如果有人跟我说，这种自我牺牲的目的不是幸福，而是比幸福更好的美德，那么我就要问，如果这个英雄或者烈士并不相信，他的牺牲能够使得别人无须作出这样的牺牲，那么他还会作出这样的牺牲吗？①

很清楚，美德在密尔看来很重要，是因为它可以促进幸福，因此我们追求美德不是因为美德本身，而是因为这种美德对幸福能够作出的贡献，因此美德在其伦理学中并不具有首要性。

但这不是密尔关于美德的最重要的讨论，最重要的是在《功利主义》一书的第四章。考虑到该书一共只有五章，而他花了其中整整的一章讨论美德的问题，可见美德在其伦理学中确实占有重要地位。当然重要的不是篇幅；关键的是通过这样的讨论，美德有没有在其伦理学中获得首要性。密尔在这里说的一些话可能使我们对这个问题作出一个肯定的回答。例如，他说功利主义"认为美德值得欲求，而且我们应当

---

① John Stuart Mill, *Utilitarianism*, *On Liberty*, *Considerations on Representative Government*. London: J. M Dent & Sons, and Rutland, Vermont: Chartles E. Tuttle Co., 1972, p.16.

不是别有用心地，而是为它本身去欲求”；[①]又说，功利主义者“不仅认为美德是所有实现最高目的的手段中最好的，而且还认为，作为一个心理学的事实，美德对于这个人可以变成本身有价值的东西，而无须考虑它自身以外的目的”。[②] 这里说的美德是实现最高目的即幸福的最好手段这一点不难理解，因为这就是我们在上面一个段落所强调的，但他这里还说，美德可以作为目的本身去追求，而不是为了任何别的目的。表面看起来，这甚至比我们下面要讨论的亚里士多德关于美德的观点更极端，因为亚里士多德将美德看作是我们应当既作为目的本身加以追求的东西，又作为用来追求最高目的的手段，而且即使在将其作为目的本身追求时还是要将其作为追求最高目的的手段去追求。但事实上并不是这样，一方面，密尔在第四章的一开头就说明了这一章的目的，即要证明其功利原则：幸福是“唯一值得作为目的欲求的东西，而所有其他东西之值得欲求只是因为其有助于我们追求幸福”。[③] 这里他说得很绝对：幸福是“唯一的”目的（既然是“唯一”，就不包括美德），而“所有别的”、值得欲求的东西（既然是“所有别的”，就包括美德）都是手段；另一方面，他又说，把美德作为目的去追求并不违背其功利原则：

> 如果有人不是按照这种方式去爱美德（即将其作为目的本身

---

① John Stuart Mill, *Utilitarianism*, *On Liberty*, *Considerations on Representative Government*. London: J. M Dent & Sons, and Rutland, Vermont: Chartles E. Tuttle Co., 1972, p.37.

② John Stuart Mill, *Utilitarianism*, *On Liberty*, *Considerations on Representative Government*. London: J. M Dent & Sons, and Rutland, Vermont: Chartles E. Tuttle Cc., 1972, p.37.

③ John Stuart Mill, *Utilitarianism*, *On Liberty*, *Considerations on Representative Government*. London: J. M Dent & Sons, and Rutland, Vermont: Chartles E. Tuttle Co., 1972, p.36.

去爱美德),将美德作为目的本身,即使在特定情况下它并不产生它通常会产生的、我们因此而称之为美德的其他值得欲求的后果,那么这个人的心灵状态一定有问题,一定有悖于功利原则,一定不会最有助于总体的幸福。这样一种观点与幸福原则没有丝毫的违背。①

这里他所说的美德在通常情况下会产生的其他值得欲求的后果,就是我们上面提到的英雄和烈士因其美德而带给他人的幸福。现在他说,即使一个人对美德的追求不会给他人带来这样的幸福,功利主义还是认为一个人可以将美德作为目的去追求,这看起来跟我们上面讨论的他在第二章中提出的观点相反,但他又说这与其功利原则或者最高幸福原则一点也没有冲突,而且恰恰是这个原则所要求的。我们怎么来理解这个问题呢?

理解这一点的关键是,在密尔看来幸福乃是欲望的满足。我们有一些原初欲望,为了满足这样的欲望,我们需要一些别的东西作为手段,因而需要去追求这些别的东西。确实,在追求这样的东西一开始,我们是将它们作为我们真正要实现的欲望的手段。但在追求这些作为手段的东西的过程中,我们对这些东西本身产生了欲望,以至于我们会为这样的欲望的满足而感到幸福,即使这种欲望的满足没有满足其原来作为手段会帮助我们满足的原初欲望。这个时候,

原先只是用来获得幸福的手段成了我们为其自身而欲求的东

---

① John Stuart Mill, *Utilitarianism*, *On Liberty*, *Considerations on Representative Government*. London: J. M Dent & Sons, and Rutland, Vermont: Chartles E. Tuttle Co., 1972, p.37.

西。但作为本身被这样欲求的东西也就成了作为幸福的一部分而被欲求的东西。一个人会因拥有这个东西而变得幸福或者自己觉得在变得幸福，而因为没有获得它而变得不幸福或者自己觉得变得不幸福。①

密尔用金钱作为例子来说明这一点。一开始，我们之所以欲求金钱是因为金钱可以帮助我们满足别的欲望，但是在很多情形下金钱却逐渐地成了本身值得追求的东西，

拥有金钱的欲望往往强于使用金钱的欲望，而且在所有指向金钱之外的目的、为金钱所能满足的欲望都消失以后，这种拥有金钱的欲望还在增加。这时我们确实可以说，金钱之所以被欲求并不是为了某个目的而是作为这个目的的一部分。金钱从达到幸福的一个手段变成了这个人的幸福的一个主要组成部分。②

密尔认为，与金钱类似的还有权力和名声。不仅如此，

根据这种功利主义的观点，美德也是这样一种善物。本来，除了其有助于快乐，特别是有助于避免痛苦以外，人们对美德本身没有欲望或者动机，但是由于美德与快乐和痛苦的这样一种联系，人

---

① John Stuart Mill, *Utilitarianism*, *On Liberty*, *Considerations on Representative Government*. London: J. M Dent & Sons, and Rutland, Vermont: Chartles E. Tuttle Co., 1972, pp.38 - 39.

② John Stuart Mill, *Utilitarianism*, *On Liberty*, *Considerations on Representative Government*. London: J. M Dent & Sons, and Rutland, Vermont: Chartles E. Tuttle Co., 1972, p.38.

> 们可能感到美德本身就有价值,并像欲求其他有价值的东西那样强烈地欲求美德。①

这里我们看到,人们之所以追求美德本身是因为拥有美德本身、而不是美德给人带来的东西,就是幸福,就好像人们之所以追求金钱本身是因为拥有金钱本身、而不是金钱能给人带来的东西,就是幸福。这就是说,如果一个人并不因为拥有美德而感到幸福,那么这个人就不会将美德作为目的本身去欲求,就好像如果一个人并不因为拥有金钱而感到幸福,那么这个人就不会将金钱作为目的本身去追求。当然,在这两种情况下,一个人还是可能去欲求美德或者金钱,将其作为实现其幸福的手段。这里,密尔看到拥有金钱本身并不会使所有人感到快乐,所以在我们上面引的那段关于金钱的话中,他特别强调,金钱从达到幸福的一个手段变成了"这个人的"、而不是所有人的幸福的一个主要组成部分。这样我们也可以理解,为什么在我们上一段引的密尔关于美德的话中也有类似的强调:美德"对于这个人",而不是对于所有人,可以变成本身有价值的东西。这里我们可以看到,在密尔看来,一个人之所以要欲求美德本身还是为了欲求幸福(desires the virtue for the sake of virtue for the sake of happiness)。很显然,在这里,幸福而不是美德才是首要的,这也是为什么他说一个人为美德而欲求美德并不违背功利原则或者幸福原则。

(二) 亚里士多德不是真正的美德伦理学家

所以在作为理想形态的美德伦理中,美德是首要的。但如果是这

① John Stuart Mill, *Utilitarianism*, *On Liberty*, *Considerations on Representative Government*. London: J. M Dent & Sons, and Rutland, Vermont: Chartles E. Tuttle Co., 1972, p.39.

样，我们就要问什么是美德呢？而在面对这个问题时，沃森(Gary Watson)认为，我们就遇到了一个两难：如果我们想回答这个问题，我们就要用别的东西来定义美德，而在这种情况下美德就不再具有首要性了，而我们用来定义美德的东西则成了首要的东西。而如果我们不对这样的问题加以回答，虽然美德仍然具有首要性，但无法解释什么是美德。所以沃森说，"任何一种缺乏美德理论的美德伦理学都是缺乏解释力的，但是，任何一种具有美德理论的美德伦理学则会沦为一种关注结果的伦理学"。[①] 休谟主义这种历史形态的美德伦理学是前一种问题的代表，而亚里士多德主义这种历史形态的美德伦理学则是后一种问题的代表。斯洛特是当代哲学中重要的休谟主义的美德伦理学家，但他没有一种美德理论，认为无须说明什么是美德。如果问他什么是美德，他会说，你已经知道！为了避免人们提这种在他看来自明的问题，斯洛特认为我们可以用"令人钦佩"(admirable)来替代"美德"或"善"，并用"令人悲叹"(deplorable)来替代"恶德"或"恶"，因为前者不需要像后者一样作出解释："说'我发现他的行动(或者他所做的)是善的'就要求做更进一步的澄清，而使用'值得钦佩'则似乎不必如此"。[②] 正是在这种意义上，斯洛特说他的伦理学是一种直觉的或者常识的伦理学："我将要描述的美德伦理的主要根据是关于何谓美德或者更一般的何谓令人钦佩的品质之常识的观念和直觉。而为了激发或者至少不阻碍这样的直觉，我认为我们应该努力避免使用这样的词，而尽可能地用习惯的、自然的语言来讨论基

① Gary Watson, "On the Primacy of Character." In *Virtue Ethics: A Critical Reader*, edited by Daniel Statman. Washington, D.C.: Georgetown University Press, 1997, p.62.

② Michael Slote, *From Morals to Virtue*. Oxford: Oxford University Press, 1992, pp.94 - 95.

础的问题。”[①]由于他不进一步说明什么是美德，他可以保持美德的首要性，但其问题就是沃森所说的缺乏解释力。

与此相反，亚里士多德主义的美德伦理则有一种美德理论，它告诉我们什么是美德。在其《尼各马可伦理学》(*Ethica Nicomachea*)的一开头，亚里士多德宣称，善是所有东西的目标，如作为医学的目标的善是健康，作为经济学的目标的善是财富，作为战术目标的善是胜利，而作为政治学的目标的善也即所有行动所能达到的最高的善乃是幸福。幸福这个字的原文是 eudaimonia，也译成繁荣，字面意思就是活得好。但这种人所能获得的最高的善即幸福的意思是什么呢？为了说明这个问题，亚里士多德提出了其著名的“功能论证”，即要说明为人所特有的功能。生命不是人所特有的功能，因为连植物都有生命；知觉也不是人所特有的功能，因为动物也有知觉。这样，亚里士多德说，“就只剩下具有理性原则的因素之积极生活”。[②] 然后他进一步说，

> 如果人的功能就是灵魂按照理性的或者不是没有理性的活动，而且如果一个 X 和一个好的 X 具有同一种功能……只是将美德这种卓越性加到了功能上(例如一个里拉琴手的功能是拉里拉琴，而一个好的里拉琴手的功能就是很好地拉里拉琴)……那么人之善就是灵魂按照美德的活动。[③]

---

① Michael Slote, *From Morals to Virtue*. Oxford: Oxford University Press, 1992, p.94.

② Aristotle, *Ethica Nicomachea*. Trans. and ed., Roger Crisp. Cambridge: Cambridge University Press, 2004, 1098a3 – 4.

③ Aristotle, *Ethica Nicomachea*. Trans. and ed., Roger Crisp. Cambridge: Cambridge University Press, 2004, 1098a7 – 16.

这里作为人的目标之善，如我们前面所说的，就是人的幸福，就是人的繁荣，也就是人活得好。很显然，在这样一个功能论证中，美德失去了其首要性，而从属于幸福。关于美德与幸福的这样一种关系，亚里士多德在另一个地方作了更明确的说明。他认为我们追求的东西可分成三类：第一类是本身没有价值的东西，我们追求这样的东西不是为了这些东西本身，而是因为它们有助于我们追求别的有价值的东西；第二类是本身有价值的东西，我们追求这样的东西是为了这些东西本身，但也因为它们有助于我们追求更有价值的东西；第三类是本身有价值的东西，我们追求别的东西是为了追求这个东西，但我们追求这个东西不是为了任何别的东西。在亚里士多德看来，金钱属于第一类，而幸福属于第三类，那么第二类呢？"荣誉，快乐，理性，以及每一种美德，我们追求这些东西既是为了它们本身（即使它们并不导致任何别的东西，我们还是会追求它们），但我们追求它们也是为了幸福，认为有了它们我们可以活得更好。"①

这里虽然亚里士多德认为美德有其自身价值，但第一，很显然，美德在亚里士多德的伦理学中并不是首要的，首要的是幸福或繁荣或活得好；第二，虽然亚里士多德认为即使美德不会导致更有价值的东西，我们还是要追求它，但他还是认为，事实上美德会导致幸福，所以我们追求美德不只是为了美德本身，而且也是为了幸福。而我们上面说，作为一种理想形态，美德伦理学之所以不同于道义论和后果论就在于其肯定美德在其伦理体系中的首要性，那么亚里士多德伦理学就不是一种理想意义上的或者严格意义上的美德伦理学。关于这一点，很多学者已经指出了。例如，桑塔斯（Gerasimos X. Santas）就说，"那种认为

---

① Aristotle, *Ethica Nicomachea*. Trans. and ed., Roger Crisp. Cambridge: Cambridge University Press, 2004, 1097b1 - 5.

亚里士多德有一种美德伦理的流行看法是错的”。[①] 霍卡（Thomas Hurka，1952— ）也问道，“如果一种理论的核心的解释性质事实上是繁荣（幸福），那么这种理论有什么独特的美德伦理性呢……，如果这种伦理学认为美德作为一种原因有助于繁荣，即作为实现独立存在的繁荣状态的有效手段，那么它就没有什么独特性”。[②]

斯洛特虽然没有说亚里士多德的伦理学不是一种美德伦理学，但也认为它不是一种彻底和纯粹的美德伦理学，之所以这样，也是因为美德在其伦理学中，虽然较之行动，被作为焦点或者在先的东西，但却不是首要的。在斯洛特看来，只有以行动主体为基础的（agent-based）伦理学才是真正的和纯粹的美德伦理学，他把它与另外两种不是严格意义的美德伦理学，即以行为主体为关注点的（agent-focused）和以行动主体优先的（agent-prior）伦理学区分开来。他用对亚里士多德伦理学的两种不同解释来说明这两种不纯粹和不彻底的美德伦理学。我们先看对亚里士多德的第一种解释。根据这种解释，与近代以来出现的伦理学往往以行动为关注点不同，亚里士多德的伦理学以行动主体为关注点，而且亚里士多德认为“一个行动之崇高或者优良在于它是一个崇高或者有美德的人会从事的行动，而且亚里士多德确实说，具有美德的人乃是德行的尺度”。[③] 但为什么具有美德的人可以是德行的尺度呢？是因为“亚里士多德把具有美德的人看作是在特定情

① Gerasimos X. Santas, “Does Aristotle Have a Virtue Ethics.” In *Virtue Ethics: A Critical Reader*, edited by Daniel Statman. Washington, D.C.: Georgetown University Press, 1997, p.281.

② Thomas Hurka, *Virtue, Vice, and Value*. Oxford: Oxford University Press, 2001, p.233.

③ Michael Slote, *Morals from Motives*. Oxford: Oxford University Press, 2001, p.5.

景中能够看到或者觉察到什么是该做的，或者好的，或者优良的，或者对的事情”。[①] 在斯洛特看来，这里的问题是，如果这样，一个具有美德的人之所以做美德的事是因为这是该做的正确的事情，而不是相反：这是该做的正确的事情是因为它是具有美德的人会做的事情。换言之，根据这样一种观点，一件事情是否是该做的正确事情在某种意义上是独立于行为主体的。具有美德的人之所以与别人不一样，只是因为他有能力知道或者觉察到什么是该做的正确的事情。正是在这种意义上，斯洛特认为，如果我们接受这样一种对亚里士多德伦理学的解释，这种解释只是以行为主体为焦点，因而不是严格意义上的美德伦理学。而按照我们关于理想形态的美德伦理学的讨论，由于这个最终的确定行为对错的标准在行为主体之外，当然也就在行为主体所具有的美德之外，美德在这样一种伦理学中并不是首要的，因而它不是一种严格意义上的美德伦理学。

我们现在来看对亚里士多德伦理学的第二种解释。这样一种解释跟前一种解释一样，认为我们确定行动之对错的办法是看具有美德的人是否会按照其性格去做这样的事，或者说，行动的对错取决于我们的美德概念，但什么样的性格特征可以算作是美德，则是取决于人的幸福或者繁荣概念。这也是我们在上面采取的对亚里士多德伦理学的那种解释，也正因为这样，我们认为它不是一种严格意义上的美德伦理学。斯洛特指出，由于这种意义上的亚里士多德的伦理学认为，

> 我们对行为的评价来自我们对于行为者之性格的独立评价，

① Michael Slote, *Morals from Motives*. Oxford: Oxford University Press, 2001, p.5.

这种伦理学可以看作是一种行为主体优先的伦理学，但由于其认为这种对性格的评价本身不是最根本的，而是以一种幸福理论或观点为基础的，它就不是我所谓的以行为主体以为根据的伦理学（我这里假定“幸福”或者福祉和好生活的概念本身不属于有关性格特征的概念）。①

这里斯洛特所谓的以行为主体为根据的伦理学则认为，“一个行动的道德或伦理地位完全取决于我们对动机、性格特征或个人之从德性、而不是从义务角度所做的独立的和根本的伦理评价”。② 这里他强调这种评价是根本的，就是要说明，这种评价本身不依赖于任何别的评价。在斯洛特看来，这种以行为主体为基础的美德伦理学乃是纯粹的、彻底的、严格意义上的美德伦理学，这也符合我们上述的理想类型的美德伦理，因为它保持了美德在这种伦理体系中的首要性。虽然斯洛特自己致力于发展这样一种美德伦理学，但如我们已经看到，由于它拒绝给美德下一个定义，拒绝告诉我们什么是美德，这样一种美德伦理，如沃森所讲的，就缺乏解释力。毕竟一种美德伦理学缺乏一种美德理论，即缺乏一种对于美德的本性的说明，不能不说是一个缺陷。而在他试图对美德作说明时，它就失去了其在伦理学中的首要性。例如，在他一部较早的著作中，斯洛特说，

某些性格特征之所以是美德是出于它们使其拥有者能为他们

---

① Michael Slote, *Morals from Motives*. Oxford: Oxford University Press, 2001, pp.6 - 7.

② Michael Slote, *Morals from Motives*. Oxford: Oxford University Press, 2001, p.5.

> 自己和为他人所做的事情，因此我们可以看到，我们日常使用的有关性格的美德概念给自己（行为主体或某个性格特征的拥有者）和他人的福祉提供了根本的价值意义。[①]

这样，自己和他人的福祉成了根本的东西，而美德反倒是次要的了。在这种意义上，他的伦理学类似于上述对亚里士多德伦理学的第二种解释，因而也不是严格意义上的美德伦理学。

当然，有些亚里士多德专家可能认为，我们对亚里士多德把美德看成是达到幸福的手段这样一种理解是错误的。美德在亚里士多德那里不是达到幸福的手段，而是幸福的构成部分。例如，克里斯耶森（Jristjan Kristjansson）就认为，"美德有助于幸福而同时又构成了幸福；每一种真正的美德都是与幸福有内在关系的稳定的性格状态"。[②] 赫基（Sukaina Hirji）也认为，"我们有很好的哲学理由可以假定，至少就其本身而言，具有伦理美德的行动乃是构成幸福的一种卓越的理性活动"；[③]又说，"当具有美德的人在从事德行时，他（她）是在具有美德地从事行动，但同时这种具有美德地从事的行动也是构成幸福的一种卓越的理性活动"。[④] 这里有几点应当说明。第一，当我们说美德是幸福的构成因素时，如果我们可以区分生产性的手段（productive

---

① Michael Slote, *Morals from Motives*. Oxford: Oxford University Press, 2001, p.91.

② Jristjan Kristjansson, *Aristotle, Emotions, and Educations*. Burlington, VT: Ashgate Publishing Company, 2007, p.15.

③ Sukaina Hirji, "Acting Virtuously as an End in Aristotle's Nicomachean Ethics." *British Journal for the History of Philosophy*. DOI: 10. 1080/09608788. 2018.1454296, 2018, p.15.

④ Sukaina Hirji, "Acting Virtuously as an End in Aristotle's Nicomachean Ethics." *British Journal for the History of Philosophy*. DOI: 10. 1080/09608788. 2018.1454296, 2018, p.17.

means)与构成性的手段(constitutive means),那么我们实际上是在说美德是幸福的构成性手段。按照赛梯亚(Kieran Setiya)的说法,生产性的手段是一种动力因,如锻炼身体是健康的生产性手段;而构成性手段则本身是有关目的的一个例子或者一个部分,例如慢跑就是锻炼身体的构成性手段。[①] 其次,当我们说美德在亚里士多德那里是幸福的构成因素时,很显然,我们指的是幸福的部分构成因素,因为幸福还有其他构成因素。正如努斯鲍姆(Martha Nussbaum, 1947—　)所指出的,“在美德在场的情况下,财富、健康和荣誉这些别的善物的出现会使幸福得到加强,因为这些善物在与美德相结合时也可以是幸福的构成因素”。[②] 更重要的是,我们这里讲的是伦理的美德,而亚里士多德还讲到思辨的美德,并且在他看来,思辨的美德乃是幸福更重要的构成因素。在这个意义上,即使伦理美德是幸福的构成因素,但幸福显然比美德更重要。最后,即使美德是幸福的构成因素,但很显然幸福不是美德,因为美德是人的性格特征,而幸福显然不是。

在这样一种意义上,即使亚里士多德的美德是其最高善即幸福的构成因素,但沃森说,由于亚里士多德的伦理学还是依赖于这样一种最高的善,它与伦理完善论(ethical perfectionism)类似,最终还是一种后果论的伦理学。[③] 在他看来真正的美德伦理学必须提供一种美德理论,即对什么是美德有所说明,但要使这种说明不沦落为一种后果论的

---

① Kieran Setiya, *Practical Knowledge: Selected Essays*. Princeton: Princeton University Press, 2007, p.174.

② Martha Nussbaum, *Philosophical Interventions: Reviews 1986 - 2011*. Oxford: Oxford University Press, 2012, p.99.

③ Gary Watson, “On the Primacy of Character.” In *Virtue Ethics: A Critical Reader*, edited by Daniel Statman. Washington, D.C.: Georgetown University Press, 1997, p.63.

伦理学，在这种说明中，“对最高善的说明要依赖于美德理论”。[①] 但在一个关于亚里士多德是否具有这样一种意义的美德伦理的很长的注释中，他不仅做了否定的回答，而且还说，“令人不爽的是，我们在历史上重要的伦理学体系中找不到我所规定的那种意义上的美德伦理学的哪怕是单个例子”。[②] 也许我们认为，沃森所讲的那种理想类型的美德伦理学在历史上根本不存在。但我并不这样认为：因为中国宋明理学中的朱熹的伦理学就是沃森规定的理想形态的美德伦理的一个相当完满的例子。[③]

(三) 朱熹作为一个理想类型的美德伦理学家

不管美德在朱熹的伦理学中具有首要性与否，美德在其伦理学中的重要性是不言而喻的。作为儒家“四书”之一的《大学》有大家熟悉的所谓三纲领(明明德、新民和止于至善)和八条目(格物、致知、正心、诚意、修身、齐家、治国、平天下)。但是，朱熹说，“若论了得时，只消‘明明德’一句便了，不用下面许多。圣人为学者难晓，故推说许多节目”。[④] 为什么这样说呢：首先，朱熹认为，在这三纲领中，实际上只有

---

① Gary Watson, “On the Primacy of Character.” In *Virtue Ethics: A Critical Reader*, edited by Daniel Statman. Washington, D.C.: Georgetown University Press, 1997, p.65.

② Gary Watson, “On the Primacy of Character.” In *Virtue Ethics: A Critical Reader*, edited by Daniel Statman. Washington, D.C.: Georgetown University Press, 1997, p.71n26.

③ 说美德在亚里士多德的伦理学中并不具有首要性并不是要批评亚里士多德的伦理学，因为亚里士多德并没有说过美德在他的伦理学中是首要的，而只是说他的伦理学不是一种美德伦理学；而说亚里士多德的伦理学不是一种美德伦理学同样也不是批评他的伦理学，因为亚里士多德自己没有说他要提出一种与众不同的美德伦理学。只是在近代出现了道义论和后果论伦理学以后，人们为方便，习惯性地但不严格地将亚里士多德视为美德伦理学家。

④ 〔宋〕朱熹：《朱子语类》，北京：中华书局，1986 年，第 308 页。

两条，即明明德和新民，而止于至善就是表示这两条目的规模之大，[①]即“明德、新民，二者皆要至于极处”，而不是只略略地明德新民便了。[②] 由于明明德在己，而新民在人，所以“‘止于至善’，是包‘在明明德，在新民’。己也要至于至善，人也要至于至善”。[③] 其次，在朱熹看来，这八条目也已经包含在明明德与新民中：“致知至修身五件，是明明德事；齐家至平天下三件是新民事”。[④] 最后，在朱熹看来，明明德与新民本身也只是一回事。在《大学章句》中，朱熹指出，这里所谓的“明德者，人之所得乎天，而虚灵不昧者，以具众理而应万事者也”；[⑤]而之所以要明明德，是因为“为气禀所拘，人欲所蔽，则有时而昏……故学者当因气所发而遂明之”。[⑥] 关于新民，朱熹接受了程颐的解释，将《大学》古本中的“亲民”改成了“新民”：“新者，革其旧之谓也，言既自明其明德，又当推以及人，使之亦有以去其旧染之污也”。[⑦] 这里我们可以看出，在朱熹那里，在两个意义上，明明德和新民本身就是一回事。一方面，明明德是明自己的德（也可以说是新自己），而新民就是明他人之德，所以两者都是明明德事。因此朱熹说，“明明德者，所以自新也；新民者，所以使人各明其明德也。然则虽有彼此之间，其为欲明之德，则彼此无不同也”；[⑧]另一方面，明明德与新民不是两件先后发生的事情，就是说一个人不是先明了自己的明德才去明他人之明德（新民），因为新民即明他人之德本身就是明自己的明德的题中应有之事。因此朱熹

---

① 〔宋〕朱熹：《朱子语类》，北京：中华书局，1986 年，第 260 页。
② 〔宋〕朱熹：《朱子语类》，北京：中华书局，1986 年，第 270 页。
③ 〔宋〕朱熹：《朱子语类》，北京：中华书局，1986 年，第 270 页。
④ 〔宋〕朱熹：《朱子语类》，北京：中华书局，1986 年，第 308 页。
⑤ 〔宋〕朱熹：《四书章句集注》，台北：大安出版社，1994 年，第 5 页。
⑥ 〔宋〕朱熹：《四书章句集注》，台北：大安出版社，1994 年，第 5 页。
⑦ 〔宋〕朱熹：《四书章句集注》，台北：大安出版社，1994 年，第 5 页。
⑧ 〔宋〕朱熹：《朱子语类》，北京：中华书局，1986 年，第 308 页。

说，“若是新民而未止于至善，亦是自家有所未到”。[①] 这也就是说，如果我没有新民，就是我还没有明我自己的明德；如果我新民而未止于至善，就是我明我自己的明德而未止于至善。如我在别的地方所反复指出的，儒家伦理的一个特点是，一个具有美德的人不只关心他人的像福乐康宁这样的外在福祉，而且也关心他们的内在美德。

朱熹在《大学章句序》的一开头就说，“《大学》之书，古之大学教人之法也”。因此大学之道也即成人之道，而大学教人的成人之道之三纲领、八条目在朱熹看来都可以归结为明明德，由此可见明明德在朱熹伦理学中的重要地位。当然这还不足以证明美德在朱熹伦理学中具有在理想形态的美德伦理学所具有的那种首要性，因为我们到此为止只是说明了美德在《大学》中的重要性，但还没有进一步问，朱熹对什么是美德有没有说明，即有没有一种美德理论？而如果有，他对美德的说明有没有像亚里士多德对美德的说明那样，让美德失去了其首要性？那么，《大学》里的所谓明德究竟何指呢？朱熹说，“人本来皆具此明德，德内便有此仁义礼智四者。只被外物汩没了不明，便都坏了。所以《大学》之道，必先明此明德”。[②] 这就是说，朱熹这里所理解的明德也就是儒家传统中的四大德——仁义礼智。当然这还不能算作是对美德的说明，因为这里只是列举了四大德目，回答了哪些品格是美德的问题，而没有回答什么是美德的问题。要考察朱熹对什么是美德这个问题的回答，我们可以从朱熹对仁这种美德的说明着手，因为虽然仁在这里只是四个美德之一，但实际上它不仅是最重要的美德，而且在某种意义上可以说已经包含了其他几种美德。这一点，他在其“仁说”一文中，就说得

① 〔宋〕朱熹：《朱子语类》，北京：中华书局，1986 年，第 272 页。
② 〔宋〕朱熹：《朱子语类》，北京：中华书局，1986 年，第 262 页。

非常清楚:“语心之德,虽其总摄贯通,无所不备,然一言以蔽之,则曰仁而已矣……盖天地之心,其德有四,曰元、亨、利、贞,而元无不统。其运行焉,则为春、夏、秋、冬之序,而春生之气无所不通。故人之为心,其德亦有四,曰仁义礼智,而仁无不包。其发用焉,则为爱恭宜别之情,而恻隐之心无所不贯。故论天地之心者,则曰乾元、昆元,则四德之体用不待悉数而足。论人心之妙者,则曰仁,人心也,则四德之体用亦不待遍举而该。盖人之为道,乃天地生物之心,即物而在。情之未发,而此体已具;情之既发,而其用不穷。诚能体而存之,则众善之源、百行之本莫不在是。此孔门之教所以必使学者汲汲于求仁也”。[①] 一方面,在与其学生讨论时,朱熹更进一步说明在什么意义上仁是四德之一,在什么意义上,仁又包含众德:“仁,混沦言,则混沦都是一个生意,义礼智都是仁;对言,则仁与义礼智一般”。[②] 另一方面,由于仁包众德,“‘仁’字须兼义礼智看,方看得出。仁者,仁之本体;礼者,仁之节文;义者,仁之断制;智者,仁之分别”。[③]

当朱熹这样把仁义礼智归结为仁时,他明确地说,仁是心之德。在《论语集注》(1.2)中朱熹就说,“仁者,爱之理,心之德”。[④] 在《语类》中,朱熹也说:“盖仁此是心之德;才存得此心,即无不仁”。[⑤] 紧接着,他将心之德与耳目之德相类比,说“耳之德聪,目之德明,心之德仁”。[⑥] 由于仁是心之德,而仁又包义礼智,因此当一个学生问,“曾见先生说‘仁者,心之德’。义礼智皆心之德否?”朱熹明确地回答说,“都是。只仁是

① 〔宋〕朱熹:《朱熹集》,成都:四川教育出版社,1997年,第3542页。
② 〔宋〕朱熹:《朱子语类》,北京:中华书局,1986年,第107页。
③ 〔宋〕朱熹:《朱子语类》,北京:中华书局,1986年,第109页。
④ 〔宋〕朱熹:《四书章句集注》,台北:大安出版社,1994年,第62页。
⑤ 〔宋〕朱熹:《四书章句集注》,台北:大安出版社,1994年,第114页。
⑥ 〔宋〕朱熹:《四书章句集注》,台北:大安出版社,1994年,第114页。

个大底”。[1] 这至少表明，儒家讲的德也是心的性格特征，因而与西方美德伦理学中讲的美德是一回事。当然，这朝我们要达到的目的，即朱熹对美德的说明没有前进很多，但它给我们指明了方向，即要想知道什么是美德，我们可以问什么是仁。那么什么是仁呢？在解释《孟子》“仁也者，人也”时，朱熹说，“人之所以为人者，以其有此而已。一心之间，浑然天理，动容周旋，造次颠沛，不可违也。一违，则私欲间乎其间，为不仁矣”。[2] 这里，朱熹把仁看作是人之为人的东西，没有了它，一个人就不再是人。说仁是人之为人的东西也就是说仁即是人性，而这事实上也就是朱熹在回答学生关于“仁者人也”这句话的一个问题时所明确指出的：“仁是仁，不可说。故以人为说者，是就人性上说”。[3] 这就是说，孟子的“仁也者，人也”这句话实际上说的是“仁也者，人性也”。正是在这个意义上，人和仁可以互相发明：“人之所以得名，以其仁也。言仁而不言人，则不见理之所寓；言人而不言仁，则人不过是一块血肉耳。必合而言之，方见得道理出来”。[4]

这里我们就开始看到了朱熹对美德的解释：美德就是人性，就是使人之为的东西。我们上面看到了作为美德之总称的仁与性的关系，实际上对于分而言之的仁义礼智各德目与人性的关系，朱熹也都有很多明确的说法。他的一个学生问，“明德便是仁义礼智之性否”，朱熹回答说“便是”。[5] 这里这个学生用了仁义礼智之“性”，这就表明仁义礼智就是人性，而这种人性就是《大学》中要我们加以明的明德。而在别

① 〔宋〕朱熹：《朱子语类》，北京：中华书局，1986 年，第 607—608 页。
② 〔宋〕朱熹：《朱子语类》，北京：中华书局，1986 年，第 1458 页。
③ 〔宋〕朱熹：《朱子语类》，北京：中华书局，1986 年，第 1459 页。
④ 〔宋〕朱熹：《朱子语类》，北京：中华书局，1986 年，第 1459 页。
⑤ 〔宋〕朱熹：《朱子语类》，北京：中华书局，1986 年，第 260 页。

的地方,朱熹更明确地说,“仁义礼智,性之大目”;[①]“仁义礼智,性也”。[②] 在“答陈器之二”中,朱熹更说,“性是太极浑然之体,本不可以名字言,但其中含具万理,而纲理之大者有四,故命之曰仁、义、礼、智”。[③]

所以德是性之德:“仁义礼智皆性之德”。[④] 而性也是有德之性即德性:当学生问,“‘德性’犹言义理之性”,朱熹肯定地说“然”。[⑤] 而这里所谓的义理之性也就是仁义礼智之性,“大抵人之德性上,自有此四者意思:仁,便是个温和的意思;义,便是个惨烈刚断的意思;礼,便是个宣著发挥的意思;智,便是个收敛无痕迹的意思”;紧接着朱熹又从这个角度讨论仁为四者之先:“性中有此四者,圣门却只以求仁为急者,缘仁却是四者之先。若常存得温厚底意思在这里,到宣著发挥时,便自然会宣著发挥;到刚断时,便自然会刚断;到收敛时,便自然会收敛……此仁之所以包四者也”;[⑥]当学生问,“仁即性,则‘性’字可以言仁否?”朱熹回答说,“性是统言。性如人身,仁是左手,礼是右手,义是左脚,智是右脚”;当学生又问,“仁包得四者,谓手能包四肢可乎?”朱熹回答说,“且是譬喻如此。手固不能包四肢,然人言手足,亦须先手后足;言左右,亦须先左后右”。[⑦]

我们上面看到朱熹说仁(义礼智)是心之德,而现在他又说,仁(义礼智)是性之大目、是性之纲理,甚至明确地说“仁义礼智皆性之

---

① 〔宋〕朱熹:《朱子语类》,北京:中华书局,1986 年,第 107 页。
② 〔宋〕朱熹:《朱子语类》,北京:中华书局,1986 年,第 108 页。
③ 〔宋〕朱熹:《朱熹集》,成都:四川教育出版社,1997 年,第 2977 页。
④ 〔宋〕朱熹:《朱子语类》,北京:中华书局,1986 年,第 2583 页。
⑤ 〔宋〕朱熹:《朱子语类》,北京:中华书局,1986 年,第 1585 页。
⑥ 〔宋〕朱熹:《朱子语类》,北京:中华书局,1986 年,第 110 页。
⑦ 〔宋〕朱熹:《朱子语类》,北京:中华书局,1986 年,第 110 页。

德”。[1] 所以仁义礼智既是心之四德，也是性之四德，那么心与性的关系究竟如何呢？朱熹说，“性是心之所有之理，心便是理之所会之地”；[2]又说，“若无个心，却将性在甚处！须是有个心，便收拾得这性，发用出来。盖性中所有道理，只是仁义礼智，便是实理”。[3] 这就是说仁义礼智是性之德，但性又安顿在心中，在此意义上，仁义礼智又可以看作是心之德。虽然性安顿在心中，朱熹认为性是心之体：“大概在身则有一个心，心之体为性，心之用为情”。[4] 这里除了为性在心中加了心在身中这一点之外，朱熹强调的一点是性为心之体。由于心之体是性，而性又是仁义礼智，仁义礼智又是《大学》中所说的明德，所以，朱熹的一个学生就说明德是心之体：“《大学》之书，不过明德、新民二者而已……要之，不过此心体不可不明”，[5]对此朱熹也表示赞同。

说仁义礼智之德是心之德，是性之德，是规定人之为人的东西，也就是说缺乏了仁义礼智就不是人或者就不是健全的人，而是有缺陷的人。事实上，朱熹也正是据此将人与动物区分开来的。如朱熹在《答余方叔》书中说，“人为最灵，而备有五常之性。禽兽则昏而不能备”。[6] 这里的五常之性即仁义礼智信之性。在《语类》中所录与其学生讨论《孟子》“人之所以异于禽兽”章中，朱熹也说，“人所以异者，以其有仁义礼智，若为子则孝，为弟则悌，禽兽岂能之哉！”[7]所以人“须是存得这异处，方能自别于禽兽”。[8] 但是朱熹在人物之异或者人禽之辨这

---

① 〔宋〕朱熹：《朱子语类》，北京：中华书局，1986 年，第 2583 页。
② 〔宋〕朱熹：《朱子语类》，北京：中华书局，1986 年，第 88 页。
③ 〔宋〕朱熹：《朱子语类》，北京：中华书局，1986 年，第 64 页。
④ 〔宋〕朱熹：《朱子语类》，北京：中华书局，1986 年，第 2822 页。
⑤ 〔宋〕朱熹：《朱子语类》，北京：中华书局，1986 年，第 308 页。
⑥ 〔宋〕朱熹：《朱熹集》，成都：四川教育出版社，1997 年，第 3067 页。
⑦ 〔宋〕朱熹：《朱子语类》，北京：中华书局，1986 年，第 1347 页。
⑧ 〔宋〕朱熹：《朱子语类》，北京：中华书局，1986 年，第 1389 页。

个问题上的观点稍微复杂，因为他有时又说仁义礼智并非为人所独有。例如，朱熹说，仁义礼智之天命之性“非有偏全……昏浊者是气昏浊了，故自蔽塞……然在人则蔽塞有可通之理；至于禽兽，亦是此性，只被他形体所拘，生得蔽隔之甚，无可通处。至于虎狼之仁，豺獭之祭，蜂蚁之义，却只通这些子”。① 这里他说禽兽也有仁义礼智之性，只是为其形体所拘、所蔽。看起来，朱熹的观点似有矛盾，但其实不然。他的观点是，万物都有仁义礼智之性，但万物所禀赋的气却有清浊正偏通塞之别。人禀受的气正而通，即使有些混浊也可以澄清，所以仁义礼智之性可以成为仁义礼智之德。人以外者所禀之气偏而塞，将仁义礼智之性遮蔽了，因此虽然从本体上说有仁义礼智，但在功能上说则没有仁义礼智。当然，这些存在物之气的偏塞程度也不同，程度轻者，如有些动物，还有一点点的仁义礼智没有被遮蔽住，所以有虎狼之仁和蜂或之义等。在极端的例外情况下还会出现这样的情况：其气的偏塞程度最低的动物与人类似，而禀受最混浊的正通之气的人与禽兽类似，如朱熹提到“吕与叔谓物之性有近人之性者，如猫相乳之类。人之性有近物之性者，如世上愚人”。②

我们现在可以清楚，朱熹有一套美德理论，即对什么是美德有一套说明，但他对美德的说明有没有像亚里士多德的美德理论那样使美德

---

① 〔宋〕朱熹：《朱子语类》，北京：中华书局，1986 年，第 58 页。

② 〔宋〕朱熹：《朱子语类》，北京：中华书局，1986 年，第 58 页。我在别处曾用亚里士多德在两种意义上的“有”之间的区分来说明为什么朱熹有时说物没有仁义礼智，有时又说物有仁义礼智。亚氏在讨论一个人“有”知识时，区分了仅仅具有(possessing)知识的人和能实际运用(using)知识的人。一个睡觉、疯狂或醉酒的人可能仍有他之前获得的知识，但无法加以运用(Aristotle, *Ethica Nicomachea*. Trans. and ed., Roger Crisp. Cambridge: Cambridge University Press, 2004, 1147a17-18.)。说物有仁义礼智就是“仅仅具有”，而说物没有仁义礼智是说物不能体现仁义礼智(见本书第七章)。

在其伦理学中失去其首要性呢？我的回答是没有。虽然朱熹对美德的说明跟亚里士多德的一样，也从人性即人之异于其他事物的独特性开始，但在这两者之间存在着一个明显的差别。在亚里士多德看来，人较之于动物的独特性是理性活动，因此人之为人的独特性就是积极的理性生活，这也就是亚里士多德所谓的幸福，美德只是让理性活动具有卓越性的性格特征。这样，美德便成了从属于理性活动和幸福的东西，因而不再是首要的了。而在朱熹那里，作为人之为人的特征的，不是别的，正是仁义礼智这些美德。前面我们提到，斯洛特在谈到对亚里士多德的第二种解释时特别强调，这样一种亚里士多德的伦理学不是严格意义上的伦理学，是因为他假定大家都同意，在其中具有首要性的幸福或繁荣或福祉或活得好的概念本身并不是关于性格的(aretaic)概念。而我们现在看到，朱熹哲学中具有首要性的概念，即为人所特有的生活，则是关于性格的，因为为人所特有的生活就是仁义礼智的生活，而仁义礼智是心之德。在这个意义，朱熹的伦理学就是斯洛特意义上的纯粹的、彻底的、以行动主体为基础的美德伦理学。前面我们也提到，在沃森看来，理想的美德伦理即美德在其中具有首要性的美德伦理，它“对最高善的说明要依赖于美德理论”。[①] 在朱熹那里最高的善是什么呢？就是要过一种为人所特有的生活。那么什么是人所特有的生活呢？就是体现仁义礼智之美德或明德的生活。很显然，在朱熹那里，对最高善的说明确实是依赖于一种美德理论，因此朱熹的伦理学就是沃森在西方哲学史上要找而没有找到的那种理想类型的美德伦理学的一个典型例子。

---

① Gary Watson, "On the Primacy of Character." In *Virtue Ethics: A Critical Reader*, edited by Daniel Statman. Washington, D.C.: Georgetown University Press, 1997, p.65.

四、古代儒家思想对当代美德伦理的贡献

但是，本书的重点不是要论证儒家伦理是一种美德伦理，也不是要论证它是比西方传统的美德伦理更严格和纯粹的美德伦理，而是要论证古代儒家思想对当代美德伦理能够作出什么样的贡献。虽然我们上面关于古代儒家思想，较之西方哲学史上美德伦理的历史形态，特别是亚里士多德的美德伦理，更符合理想类型的美德伦理的论证本身也可以看作是一种贡献，但本书各章所讨论的古代儒家思想对当代美德伦理的贡献主要围绕这样三个方面：如何回应来自各方面的对美德伦理的批评？如何处理美德伦理自身存在的理论问题？如何帮助美德伦理对当代的伦理学及其相邻学科作出贡献？我在本书中讨论的儒家在这个意义上对美德伦理所作出的贡献大概可以概括为以下几点。①

第一是关于具有美德的人是否只关心他人的外在福祉的问题。亚里士多德将他心目中的有美德的人看成是一个真正的自爱者，以与他所谓的庸俗的自爱者相区分。庸俗的自爱者只关心自己的外在福祉，如健康、财富、名声等，而真正的自爱者最关心的是自己的美德，即是比其外在福祉更为重要的内在福祉。当然，亚里士多德称这样的人是真正的自爱者，不只是因为他们所爱的是自己身上真正有价值的东西，而且也是因为这些东西之所以有价值，至少部分地是由于这些东西，特别是那些涉及他人(other-regarding)的美德，要求他们关心他人的福祉。

① 下面这几点并不包括我在其他已出(特别是 Yong Huang, *Why Be Moral: Learning from the Neo-Confucian Cheng Brothers*. Albany, NY: The State University of New York Press, 2014)和将出(特别是 *Knowing-to: Wang Yangming's Contribution to Contemporary Moral Philosophy*)等著作中讨论的儒家对美德伦理的一些其他贡献。

例如，正义这种美德就要求其拥有者对他人公正，诚实这种美德就要求其拥有者对他人诚实，慷慨这种美德就要求其拥有者对有需要的人乐善好施。但这些真正的自爱者所关心的只是他人的外在福祉，而没有同时关心在他们看来更重要的他人的内在福祉。这种观点就遭到了当代哲学中康德主义（Kantianism）哲学家的批评，说这样的具有美德的人是自我中心的。如果他们真的认为内在的美德比外在的福祉更重要，那么一个具有美德的人也应该关心他人的美德。例如，一个真正慷慨的人应该设法让他人也有慷慨这种美德，一个真正诚实的人应该设法让他人也有诚实这种美德，一个真正正义的人应该设法让他人也获得正义这种美德。

虽然我曾撰专文，以朱熹为例说明儒家的美德伦理可以对这样的批评作出很好的回应，[①]这也是贯穿本书好几个章节的一个重要论点。例如在第三章讨论孔子的以直报怨时，我强调，这里的“直”应当理解为“正曲为直”之“直”。假如有人打了我的左脸，孔子的立场不是像耶稣所教导的那样转过右脸让他打（以德报怨），也不是去打他的左脸（以怨报怨）。相反，孔子的看法是，在这里，我所面对的是一个不道德的人，一个枉者、一个曲者、一个不直者、一个具有恶德的人，那么我作为一个具有“直”这种美德的人就应该设法让这个人从枉者、曲者，变成一个跟我一样的直者，这就是孔子以直报怨的意思。这样一种理解也贯穿在我在第五章关于孔子“子为父隐，直在其中”的讨论中。这里的直也是正曲为直的“直”。偷了羊的父之所以要被隐，是因为他做了不道德的事情，是个曲者、枉者，那么子作为有道德的人、作为直者，就应该设法

① Yong Huang, “The Self-centeredness Objection to Virtue Ethics: Zhu Xi’s Neo-Confucian Response.” *American Catholic Philosophical Quarterly* 84.4(2010): 651 - 692.

让其不道德之父变成直者。儒家认为，达到这个目的的一个重要途径是微谏，而如果子在这里对父亲的不道德行为不是隐之而是证之，那么微谏的环境或气氛就不存在了。正是在这个意义上，孔子认为“子为父隐，直在其中”。在第十四章中，我抱怨杨国荣（1957—　）在其《成己与成物》一书中忽略了“成人”这一点，也与这个问题有关。在我看来，一方面，成人与成己不同，后者是一个人的自我修养，也即大学中的明明德，而前者则是帮助他人进行自我修养，也即《大学》中的新民；另一方面，“成人”与“成物”也不同。尽管这里的“人”和“物”相对于要成就之的、具有美德的人来说都是他者，但对于后者，具有美德的人只能辅其自然，而对于前者，具有美德的人不仅要帮助其明明德，而且要在此过程中帮助他去帮助他人去明明德，而这也是基于儒家对于具有美德的人的理解。

第二个是与上述问题有关的关于具有美德的人是否本质上是利己主义者的问题。在很多问题上，美德伦理与后果论和道义论差别不大。假如有人需要帮助而且我可以帮助这个人，我该不该帮助他？我想所有这些伦理学说都会作出肯定的回答。但如果问为什么我要帮助这个人，则这三种伦理学会提供很不相同的回答。道义论也许会说，每个人都有遵循道德原则的义务；后果论也许会说，这样做会最大限度地增加这个宇宙中的幸福总量；而美德论的典型回答是，只有这样你才可以成为一个具有美德的人。比较这三种回答，似乎美德论的回答具有明显的利己主义倾向：一个人之所以要帮助人是因为他自己想成为一个具有美德的人。正是在这个意义上，霍卡认为具有美德的人是根本上的利己主义者。这里他承认，与我们上面讨论的第一点有关，一个具有美德的人不只关心他人的外在福祉，而且还关心他人的内在福祉，即也想让他人成为具有美德的人；他也可以承认，一个具有美德的人确实是为帮助他人而帮助他人，而不是为了自己才帮助他人，因为不然他就不是一个具有美德的人。但这个人之所以做这些，还是为了使自己成为一个具有美德的人。换言之，他是为了自己（成为具有美德的人）的缘故，才去为他人的缘故去帮助他人（help others for their sake for one's own sake）。

我在一些文章中对这个问题也有所讨论，[1]但这也是本书第四章聚焦的一个问题。由于儒家伦理是一种美德伦理，因此它似乎也存在霍卡所谓的根本的利己主义问题，这特别体现在孔子强调的为己之学。2018年在北京召开的世界哲学大会的主题——"学以成人"，实际上就体现了儒家的这个思想：我们从事道德修养的目的就是为了成为健全的、没有缺陷的人。我认为儒家对这个问题可以在本质上作出相同的两个回答：一方面，可以说儒家中具有美德的人就其努力的唯一目标就是为了使自己成为一个具有美德的人而言，他确实在根本上是个利己主义者；但另一方面，他所要获得的主要美德——仁义礼智，又都是涉及他人的，要成为这样一个具有美德的人就是要成为一个关心他人（既包括他人的外在福祉也包括他人的内在美德）的人，在这个意义上，他在根本上又是一个利他主义者。在这里利己主义者和利他主义者就完全结合在一起了：一个人要想成为一个彻底的利己主义者，就必须成为一个彻底的利他主义者，反之亦然，这是儒家对这个问题可以作出的第一个回应。儒家可以作出的第二个回应是从孟子的"万物皆备于我"和程颢（1032—1085）的"仁者与万物一体"的观念出发，从而从根本上否定用利己主义和利他主义来描述一个具有美德的人的恰当性。利

① Yong Huang, "The Self-centeredness Objection to Virtue Ethics: Zhu Xi's Neo-Confucian Response." *American Catholic Philosophical Quarterly* 84.4(2010): 651 - 692.

己主义和利他主义都假定自己和他人的分离，但这里提到的孟子和程颢的观点表明，一个具有美德的人把他人看作自己身体的一部分，因而把他人的痛苦（无论是外在的身体上的还是内在的人性上的）看作是自己的痛苦。你可以说这样的人所做的一切都是为了他自己，但因为没有任何东西不包含在他这个自己中，也就是没有任何"他"还可以利，说他是一个利己主义同说他是一个利他主义就一样失去了意义。

第三是关于所谓的美德两难的问题。这是由著名的美德伦理学家富特（Philippa Foot，1920—2010）自己提出的一个问题。富特认为美德对于人的自然倾向具有一种矫正的作用：美德要求我们去做的事往往是我们缺乏自然倾向去做的事，而美德要求我们不要去做的事往往是我们的自然倾向让我们去做的事。例如，勤劳之所以是一个美德是因为我们有懒惰的自然倾向（如果我们的自然倾向就是勤劳，那么我们也就不会将勤劳作为一种美德去提倡了）。由此，富特注意到，美德要求我们去做的事情往往是不太容易的事情，即需要我们通过克服自身具有的相反的自然倾向才能完成的事情，但具有美德的人在做这些美德需求的事情时却感觉很轻松，甚至很愉快。这里就产生了所谓的美德的两难：当一个没有美德的人成功地但艰难地（因为他要与自己所具有的相反的自然倾向做斗争）做了美德要求的事情时，一方面，我们觉得这个行为比具有美德的人做的同样的行为更值得表扬，因为他成功地做了一件艰难的事情；而另一方面，我们似乎又觉得这个人之所以要花这么大的力气去做这一德行恰恰是因为他在德性上不完满，因而不像那个具有美德的人那么值得表扬。富特自己解决这个两难的办法是在作为总体的人类与具有美德的特殊的人之间做一区分：具有美德的人在做对于一般人来说是困难的事情，因而还是值得表扬，尽管他自己在做这件事情时轻而易举。

我在本书第四章的第五节和第七章的第二节专门讨论了这个问题。我认为富特的这个解决方案是有问题的。具有美德的人在做德行时之所以值得表扬(如果值得表扬的话)不能仅仅是因为他做了一件对他轻而易举而对一般人十分艰难的事情。假如一个身高二米的人可以轻而易举地碰到很高的屋顶，我们不会说这个人的行动值得表扬，因为这个人做了一般人或者根本不能做到或者要花很大的力气才能做到的事。我认为儒家对这个所谓的美德两难会提出一个不同的解决办法，而其不同之处在于它采取了一种历史的而不是静止的观点。换言之，它不是只比较当下两个人在做同一件德行时谁做得轻而易举而谁需要克服很大困难；相反，它会问为什么一个人做这个德行时这么容易，而另一个人在做这个德行时却这么困难？这样，我们就会很容易发现，具有美德的人之所以能这么轻而易举地从事德行，恰恰是因为他以前花了非常大的力气从事道德修养，最终成了一个具有美德的人；而没有美德的这个人之所以在做德行时要做这么大的努力才能成功，恰恰是因为这个人以前没有下力气进行道德修养，从而没有成为一个具有美德的人。如果他以前花了大力气从事道德修养并成了一个具有美德的人，他今天在做这个德行时就不会感到这么吃力了。这样，在一个没有美德的人花了很大力气才成功地从事的德行与一个具有美德的人轻而易举地完成的德行之间，到底哪个人的行为更值得赞扬的问题就不言而喻了。

第四是关于动力之知的问题。儒家的这个贡献并不在于帮助美德伦理回应外来的批评，也不是帮助美德伦理克服其自身存在的问题，而是作为美德伦理学对道德认识论所可能作出的一个独特贡献。亚里士多德认为，我们不能仅仅因为一个人有德行就称他为具有美德的人。具有美德的人当然会从事德行，但除此之外，这个人还需要满足三个条件，才可以算是一个有美德的人。第一是这个人对于自己的德行有知识，即不是懵懵懂懂地去做的；第二是这个人自己选择去从事这样的德行并且是因为这个德行本身而不是别的理由才从事这样的德行；第三是这个德行来自其坚定而又稳定的性格。这里讲的第一个条件是知识，而且正是这样的知识使人有动力从事德行。但知识怎么能使人有动力去从事德行呢？这就涉及知识的本质问题。传统的认识论，包括道德认识论，主要关注的是理智性的认识，即赖尔（Gilbert Ryle，1900—1976）所谓的命题性知识（knowing-that），如我知道我应该帮助那些需要帮助的人，但这样的知识很显然与道德动力没有必然的联系，因为有这样的知识而缺乏动力去帮助他人的大有人在。赖尔认为传统的认识论过于狭隘，忽略了一种与理智之知很不相同的能力之知（knowing-how）。他所谓的能力之知主要是指，像知道怎样开玩笑和欣赏玩笑，怎样弹钢琴，怎样骑自行车等这样的事。它跟理智之知的一个重要差别在于，前者是通过看书或者听讲座就可以获得的，而后者则必须通过自己的反复实践才能获得。由于这样的知识具有实践性，而道德知识乃是实践的知识，很多人认为道德知识就是这样的能力之知。但是能力之知，同理智之知一样，跟一个人去做有关事情的动力没有必然联系。知道怎样帮助人即有能力帮助人而缺乏动力去帮助人的情况也是司空见惯。

所以我认为美德伦理中谈论的能够使人有动力去行动的知识一定既不是理智之知，也不是能力之知，而是与此都不同的第三种知识，即我所谓的动力之知（knowing-to），这是我在本书中用了整整两章（第八和第九章）要阐述的一个看法。我认为虽然亚里士多德也有类似的观点，但把道德知识与道德动力的关系真正说清楚的还是王阳明。在我看来，王阳明的良知概念就是我所谓的动力之知的范例。所谓的动力之知也就是知道去做的知识。例如，我关于孝的动力之知就既不是我应该孝顺父母的知识（理智之知），也不是我关于如何去孝顺父母的知识（能力之知），而是会（不是表示能力的“会”而是表示倾向的“会”）去孝顺父母的知识，而这正是王阳明所要强调的。王阳明的良知概念的一个重要特征就是其所谓的知行合一。所谓的知行合一，很重要的一方面是知而必行；知而不行的“知”并不是真正的知，但这不是王阳明知行合一说的独特的方面。王阳明的知行合一说主要是用来批评程颐和朱熹的知行观的。程朱也非常强调知而必行，但他们同时却又认为知先行后，这就是说，知和行在他们那里是两回事。而在王阳明看来，知行的本来状态即他所谓的知行本体就是同一的，说知，行已经包含在里面；而说行，知已经包含在里面。说行只是要强调知所含有的使人行动的动力，而说知只是要说明行动之明觉精察。

第五是与上述一点有关的信欲（besire）的问题。儒家在这个问题上的贡献主要也不是帮助美德伦理学回应外来的批评或者解决自身的问题，而是作为美德伦理学对当代行动哲学、心灵哲学和道德心理学所作出的贡献。在行动问题上，当代哲学中占主导地位的还是休谟主义。休谟主义认为行动与信念（belief）和欲望（desire）这两种心灵状态有关。例如我去帮助一个人，作为一种理性的行动，一定是因为我相信我应该去帮助这个人，同时我又有欲望去帮助这个人，两者缺一不可。当然，这种立场也遭到了不同的批评。理性主义者认为信念本身已经可以说明行动，因此无须用欲望来解释行动，而情绪主义者（emotivist）则认为只有欲望可以解释行动，信念要么不过是一种伪装了的欲望，要么与行动根本没有关系。但最近也有一些反休谟主义者，他们同意休谟主义，认为需要同时用信念和欲望才能解释行动，但他们与休谟主义不同，认为信念和欲望不是两个不同的心理状态，而是同一个心理状态的两个不同方面。这个心理状态一方面像信念，告诉我们该做什么，另一方面又像欲望，促使我们去做我们该做的事情。由于这样一种心理状态同时包含了信念与欲望，有人造了一个字，称之为信欲（besire）。很显然，我上面用动力之知来描述的王阳明的良知也就是这样一种信欲。例如，我关于孝的动力之知，一方面是关于我应该孝顺父母的信念，而另一方面又是我想去孝顺父母的欲望，而王阳明反复强调，这两者按其本体是一回事，他们是同一个心灵状态的两个方面。

但是这样一种观点遭到了休谟主义的批评，认为信欲（besire）非常怪异（bizarre），因此不可能存在。为什么呢？这是因为在他们看来，信念和欲望与世界的关系正好相反。如果我的信念与世界不一致，我就必须改变我的信念以与世界一致；但如果我的欲望与世界不一致，我往往会去改变这个世界以使它与我的欲望一致。所以信念这种心灵状态与世界一致的方向（让心灵状态去与世界适合）和欲望这种心灵状态与世界一致的方向（让世界去与心灵状态适合）正好相反。如果信念和欲望是两种不同的心灵状态，这不是一个问题，但如果它们属于同一个心灵状态，问题就出现了：假如这个心灵状态与世界不一致，我们是改变这个心灵状态、使之与世界适合呢（好像我们应该这么做，因为这个心灵状态是信念），还是改变世界、使之与这个心灵状态适合呢（好像我们应该这么做，因为这同一个心灵状态也是欲望）？作为信欲，我们要同时做这两件相互矛盾的事情。由此可见，信欲这种怪异的心灵状态压根就不可能存在。但我认为休谟主义者在这里犯了一错误。他们把信念做了过于狭隘的理解，以为信念只包括像“今天在下雨”这样的描述性的信念。但事实上也存在规范性的信念。假如我相信所有子女应该孝顺父母，而在世界上并不是所有子女都孝顺父母，甚至世界上没有人孝顺父母，这也并不表明我应该放弃我的信念，而开始接受一个与世界相符合的信念。相反，我会认为，这个世界不是其应该是的样子，因此需要加以改变，使之与我的信念一致。这就表明，规范性的信念与描述性的信念不同，它与世界符合的方向是让世界与它这种心灵状态相适合，而不是相反，而这种适合方向同欲望与世界的适合方向是一样的。因此当儒家肯定有一个既是信念又是欲望的心灵状态即信欲时，他们并不是在讲一个非常怪异的心灵状态。所有这些是我在第十章讨论的一个问题。

第六是美德是否可教的问题。大家知道，这是苏格拉底提出的一个问题。这个问题之所以有意思，是因为苏格拉底（Socrates，469—399BC）认为美德是知识，而知识是可教的，但苏格拉底又明确地说，美德不可教。这里我们应该清楚，当苏格拉底说美德是知识时，他说的知识也就是我们上面提到的动力之知或者信欲。这一点可以从他在《普罗泰戈拉篇》（*Protagoras*）中关于意志软弱问题的看法来说明。他在那里说，没有人在做一件事时知道或者相信他在做的这件事不是他在这种情况该做和能做的最好的事情（即他可以做别的更好的事情）而还继续做这件事的。这实际上也就是我们上面讲的儒家的知而必行的观点，因此他否认有意志软弱这种现象，因为意志软弱恰恰就是指知道自己不应该做某件事而且可以不做这件事却还是去做这件事，或者知道自己应该做某件事而且可以去做这件事而不去作这件事。但在同一对话中，苏格拉底却认为这种作为知识的美德却是不可教的，不是可以从一个人传到另一个人的。为了说明他的这个观点，苏格拉底做了一个类比。一方面，如果我们不知道怎么造船，我们可以请造船专家来教我们，这就表明造船技艺是可教的；另一方面，伯里克利（Pericles，495—429BC）为他的孩子提供了最好的教育，教了他们所能教的一切，但在美德方面，他不仅自己没有教他们，而且也没有请别人教他们，因为美德不可教。

我在第六章专门讨论这个问题。表面看起来，孔子似乎也认为美德不可教。他曾经说，“民可使由之，不可使知之”。根据宋儒程颐对这句话的解释，这里孔子既不是说老百姓愚不可及，也不是说没有好的老师，更不是说君王应该让老百姓处于愚昧状态。关键是这里的知乃是道德知识，即我们上面所说的动力之知和信欲。这种知识按其本性需要靠人通过默识心通而自得。如果这样，似乎孔子就跟苏格拉底一样认为美德不可教了。但事实上，孔子作为一个老师给学生所教的又恰恰正是这样的作为美德的知识，因为孔子的目的并不是想让他的学生成为学问家，而是成为具有美德的人。这里的关键不是美德是否可教的问题，而是应该如何教的问题。理论知识（理智之知）可以通过书本或者演讲从一个人传递到另外一个人，能力知识可以通过手把手的方式从一个人传递到另一个人，由于作为美德的知识即动力之知不能通过这两种方式从一个人传递到另一个人，苏格拉底便认为美德不可教。但在孔子看来，美德是可教的，但需要由上述之外的方式。由于缺乏美德的人所缺乏的往往不是对美德的理解，也不是缺乏从事德行的能力，而是缺乏相应的情感和欲望，美德教育的一种有效方式乃是情感主义教育。孔子说的道德教育之“兴于诗，立于礼，成于乐”中的第一步，“兴于诗”，就属于这样一种情感主义的教育方式。但孔子最为注重的是身教，这里所谓的身教主要不是用来传递技艺知识的手把手的教育方式，而是指以身作则的模范方式，因此孔子说：“君子笃于亲，则民兴于仁。故旧不遗，则民不偷。”

第七是美德与道德责任的问题。上面的三点都与道德知识有关，这里的道德知识，如我们已经看到的，是一种动力之知，其特征就是具有这种知识的人一定会有动力去从事相应的行动，知而不行，非真知。

这就引出了一个美德伦理必须面对的道德责任的问题：我们是否可以要求一个人为其没有行善或者甚至作恶而负责。这之所以是一个问题是因为，我们要人为其行为（或者其行为的缺失）负责，即使是在亚里士多德看来，也必须满足两个条件。第一，这人的行动是其自由选择决定的。如果一个人被他所无法抵抗的外力强制地做了一件伤人的事情，那么我们就不能要这个人为他给他人造成的伤害负责。第二，这个人对他所做的事要有相关的知识。假如一个人在做一件事情时并不知道这是一件不对的事情，我们也就不能要求这个人为其行为负责，换言之，我们不能为一个人因无知而做错的事情负责。我们现在讨论的问题是这第二个条件给美德伦理带来的难题。我们前面提到亚里士多德的一个观点，具有美德的人是具有知识的，而这种知识是能使人有动力从事相应行动的知识，而不能使人有动力行动的知识实际上不是知识，或者只是宋明儒所谓的常知、浅知、闻见之知，而不是真知、深知、德性之知。如果是这样，一个人没有做他应该做的德行或者做了他不该做的恶行，一定是因为他缺乏相应的知识，是因为他的无知。如果是这样，我们似乎就不能让他为其行为（或者其缺失）负责，而这很显然是很严重的问题。

我在第七章，特别是第三节，专门讨论儒家在这个问题上的看法。儒家的这个看法与我们在上面第三点谈论的看法有关：它所采取的是一种历史的而不是截面的看法。如果采取截面的看法，那么这个人在作恶时，根据美德伦理的看法，一定是处于一种无知的状态，因而我们不能让这个人为其行为负责。但是从历史的观点看，我们就要看这个人该不该为其无知负责。我们知道有些无知是情有可原的，假如我无法理解爱因斯坦（Albert Einstein，1879—1955）的相对论，那么我想很少有人要我为自己的这种无知负责。但有些无知是不可原谅的，假如我在高速公路上开车超速被警察抓，是因为我不知道高速公路有限速，那么假如我真的不知道，很显然我要为我的这种无知直接负责，而同时也要为我自己因这种无知而造成的超速间接负责。现在的问题是，缺乏有关的道德知识，道德的无知，是情有可原的还是不可饶恕的？儒家的回答是后者。这是因为在儒家看来，这种道德知识，即所谓的良知良能，是我们每个人与生俱来的。之所以我们许多人现在好像缺乏这样的知识，是因为我们的私欲将这样的知识泯灭了。我们现在要重新获得这样的知识，就要将这样的私欲去除，而要去除这样的私欲，我们并不需要很高的智商。即使是“愚夫愚妇”，只要努力用功，不自暴自弃，都可以获得为道德行动所必要的知识。因此，儒家认为每个人都要为其因无知而作出的不道德的事情负责，是因为这个人要为自己的道德的无知负直接的责任，因而要为其因这种无知而做的不道德的事情负间接的责任。

第八是美德的客观性与规范性问题。在本导论的第三部分，我们讨论了沃森认为美德伦理面临的一个两难：如果想对美德做一说明，美德就失去了其在伦理学体系中的首要性；而如果想保持美德的首要性，你就无法解释什么是美德。我们在那里已经用朱熹的例子说明，儒家如何可以既提供一种对美德的说明，而又保持美德的首要性，从而避免这个两难。但沃森认为在我们去说明什么是美德时，不管我们是否避免了第一个两难，我们往往会陷入又一个两难。我们在说明美德时往往借助人性概念，将美德与人性相联系。如果我们强调人性的客观性，那么这样的人性观念就会缺乏美德所需要的那种规范性；而如果我们要想强调人性之为美德所必需的规范性，我们的人性概念就往往缺乏客观性。亚里士多德用来说明美德的人性概念似乎就陷入了这个两难的第一翼。亚里士多德认为人性即将人与其他动物区分开来的是理性。一般很少有人会怀疑这一点，因此这样一种人性观具有足够的客观性。

但是正如很多当代有名的哲学家如麦克道威尔(John McDowell, 1942—)和威廉斯(Bernard Williams, 1929—2003)都指出的，从理性里面是推不出规范性的美德概念的，也就是说一个具有充分理性的人不一定就是一个具有充分美德的人。麦克道威尔还用了其著名的"理性的狼"来说明这一点，狼跟人一样是社会性的动物，其跟人不一样的一点即是狼缺乏理性。但麦克道威尔说，假如一个狼群中的一只狼获得了理性，它不见得会变得道德起来；它反而有可能利用自己新获得的理性来算计其他狼，使自己不劳而获。这就是说，亚里士多德的说明是强调了人性的客观性而缺乏为美德所需的规范性。

在本导论第三部分用朱熹为例子说明儒家对美德伦理的贡献时，笔者强调了其与亚里士多德的不同。在儒家看来，真正把人与动物区分开来的不是人有理性而动物没有，而是人有仁义礼智而动物没有。仁义礼智是人性的组成部分，但他们同时又是儒家最重要的德目。因此正如我在本书第八章中所强调的，在儒家那里德(美德)和性(人性)是同一的。由于构成人性的仁义礼智本身就是规范性的美德，那么这种对人性的说明就避免了亚里士多德对人性的说明所具有的问题，而保持了人性这个概念为美德所必要的规范性。但现在的问题是，儒家在强调人性概念的规范性的同时是否失去了这个概念应有的客观性呢？也就是说儒家有没有什么客观的根据来证明人性中确实有仁义礼智呢？如果没有，那就表明儒家根据人性对美德的说明陷入了沃森所提到的这个两难的另一翼：保持了规范性却失去了客观性。我在别处对这个问题有专门论述[①]，本书的第六和第七章也试图以朱熹为例回答这个问题。虽然在朱熹看来，人性本是形而上者，对之我们不好说什

---

① Yong Huang, "Two Dilemmas of Virtue Ethics and How Zhu Xi's Neo-Confucianism Avoids Them." *Journal of Philosophical Research* 36(2011): 247 - 281.

么，但是人性是通过人情体现出来的。我们看到人有恻隐、羞恶、辞让和是非之情，我们知道这样的情必有其根，因此从这样的人情里面我们就可以推知人性里一定有仁义礼智。在朱熹看来，虽然人性看不见摸不着，但四端之情却是我们都可以看见的，而为了解释为什么会有这四端之情，我们不能不假定有仁义礼智之性，这就好像我们看到一株健康的苗，为了解释其存在，我们就不能不假定下面一定有一健康的根，尽管我们看不见根，更无法直接断定其健康与否。正是在这一意义上，我认为朱熹关于人性的形而上学是一种解释性的形而上学：形而上学的仁义礼智概念是用来解释我们都感觉到的恻隐、羞恶、辞让和是非这些经验现象的。在这个意义上，儒家具有规范性的人性概念同时也具有客观性，从而避免了沃森所说的美德伦理的第二个两难。

最后我要讲的三点，即第九、第十和第十一点，都涉及美德伦理与政治哲学的关系。相较于道义论和后果论伦理学，美德伦理学通常被认为有一个明显的缺陷，即道义论和后果论都可以很容易发展出一种相应的政治哲学，而美德伦理由于强调的是个人的美德，就很难对政治哲学作出实质的贡献。虽然我在本书中无意提出一种系统的儒家美德政治哲学，但我还是在有关章节阐明了儒家思想对美德政治可以作出的若干重要贡献。

第九点是关于政府有没有从事道德教育的功能的问题。在当代政治哲学中，关于政府是否有引导公民过好生活的功能问题上，存在着国家完善论（state perfectionism）和自由主义（liberalism）之间的争论。政治自由主义认为，政府在这个问题上应该保持中立，而国家完善论则认为政府有责任引导公民过好的生活而避免不好的生活。但如我在第十一章中所指出的，他们的争论涉及的都是那些涉及自我的（self-regarding）方面。例如，国家完善论认为国家有责任引导其公民过的好生活就包括能够欣赏艺术、音乐、自然之美等，国家应该设法让其公民避免不好的生活包括酗酒、抽烟、赌博等。而自由主义认为，在这些问题上，到底什么是好生活应该有个人自己去决定。由于个性的极大差异，对于一个人来说是好的生活，对于另一个人来说则不一定是好的生活。在我看来，这场争论忽略了在其公民之涉及他人的（other-regarding）行为方面政府所应有的功能。自由主义者认为国家可以强制地推行与涉及他人的行为相关的那部分道德，而在这方面国家完善论没有加以质疑。正是在这一点上儒家可以作出其独特的贡献。

孔子有句名言："道之以政，齐之以刑，民免而无耻；道之以德，齐之以礼，有耻且格。"这就说明，在儒家看来，在推行涉及他人行为的道德方面，政府所依靠的主要不是政和刑，而是德和礼。在这一点上，如我在第十章中指出的，儒家的主张甚至也与亚里士多德很不相同。亚里士多德与儒家一样，也认为国家有让其公民成为具有美德的人的功能。但怎样才能让其公民具有美德呢？亚里士多德认为，多数人之所以不去做坏事，不是因为他们会为自己所做的坏事感到羞耻，而是因为他们害怕惩罚，因此国家只有通过立法的手段才能使人获得美德。这与孔子上面讲的以德和礼使老百姓获得美德的看法大异其趣。这里所谓的德是政治统治者应该有的美德。孔子认为统治者是老百姓的样板，如果统治者"其身正，不令而行；其身不正，虽令不从"。他对问政于他的季康子（？—前468）说，"政者，正也。子帅以正，孰敢不正？"这些都说明，统治者要想让老百姓成为有德之人，首先他自己得成为一个有德之人，成为一个表率，让老百姓模仿。除了德教，孔子也很注重礼教。我们前面提到孔子的"兴于诗，立于礼，成于乐"。我们说这里的"兴于诗"，实际上是一种情感教育。但是通过诗歌等手段所激发起来的道德情感往往短暂而不稳定。为了维持由诗引起的道德情感，使之稳定化，孔子强调了礼的重要性。礼仪规则与惩罚性的法律不同。刑法偏重消极的禁止，而礼仪注重积极的规矩；违法的有刑罚的处分，而违礼的会受到君子和社会的批评；刑罚利用的是人们害怕惩罚的心理，而礼仪利用的是人们的羞耻心，因而可以使人“有耻且格”。当然在作出由礼仪规范所限制的道德行为时，人们可能还会感到某种拘束、不自然，因此孔子认为道德教育最后还需要通过乐教来完成，使人能够自然地、轻松地、快乐地从事德行。

第十点是美德与社会正义的问题。在美德伦理学所讲的诸美德中也包括正义这种美德，但美德伦理学中的正义是作为个人美德的正义，而不是作为社会政治制度之美德的正义，而政治哲学中讲的正义恰恰是关于社会政治制度包括法律和政策的正义问题。正是在这一点上，我们看到，较之道义论伦理学和功利论伦理学，美德论伦理学似乎存在着一个天生的缺陷。功利论伦理学可以很容易地提出一种社会正义的理论：一个正义的社会制度是能够产生最大幸福总量的社会制度。道义论也不难提出一种社会正义理论，事实上今天比较有影响的社会正义理论，包括罗尔斯(John Rawls，1921—2002)的理论，都是道义论的，毕竟我们可以根据制定有关个人行为的规则的理论去制定有关社会运作的规则。而美德伦理讲的是个人的美德，那怎么从个人美德的正义推出作为社会美德的正义呢？亚里士多德主义在这个问题上采取的途径是，先看具有正义这种美德的人是如何维持与他人的关系的，然后再看什么样的社会政治和法律制度能够维持这些关系。这样一种途径的一个缺陷是，它把社会正义的主体(agent)看作是具有美德的个体，而社会的功能就是保证这些个体能够维持其与他人的正义关系。如果这种模式在小规模的古希腊城邦还有可行性的话，在当今规模大的多民族国家中，它很显然已经不能适合了。

在讨论正义理论的第十章，特别是第二节中，我讨论儒家美德理论在这个问题上的贡献。简单来说，儒家的看法是，一个社会的正义观念源于作为个人的正义这种美德。孟子说，“天下之本在国，国之本在家，家之本在身”；《大学》对此作了进一步的发挥：“欲修其身者，先正其心；欲正其心者，先诚其意；欲诚其意者，先致其知，致知在格物。”这是说，政府及其整治法规是正义的，只是因为治理它的人是正义的。孟子还说：“先王有不忍人之心，斯有不忍人之政矣。以不忍人之心，行不忍人之政，治天下可运之掌上。”这里他强调，领导人有仁心，政府也就有仁政，即仁政来自仁心。这里重要的一点是，要确定一个社会的政治法律制度是否公正，关键是看这样的制度是不是一个具有正义这种美德的人制定出来的。这一点与美德伦理关于个人行为的讨论一致，一个行为是否是正义的行为就是看这是不是一个具有正义这种美德的人在这种情况下会作出的行为；如果正义的人会做这样的事，那么这件事就是正义的事，即使在这个特定场合下做这件事的人还不具有正义这种美德，因为美德伦理学可以承认，缺乏某种美德的人可以做相关的德行。同样的道理，确定一个（例如）法律是否公正，就是看一个具有公正这种美德的人是否会制定这样的法律，尽管实际上制定这个法律的人还没有公正这种美德。总之，儒家把法律与个人的行为看成类似的东西，其公正与否取决于一个公正的人是否会制定这样的法律和做这样的事。

第十一也是最后一点则与法律哲学中的惩罚理论有关。在一个人犯了罪以后，大家都认为这个人需要受到惩罚。在西方的法律哲学中，主要有两种惩罚理论。一种是报应论（retributive）。这种理论认为，任何人犯罪之前，大家都是平等的（不管这个平等是如何定义的），而罪犯通过其犯罪行为打破了这种平等，因为他通过让他人受损而使自己得益。社会就是要通过惩罚来恢复这个犯罪行为之前的平等状态。因此公正的惩罚应该不多不少地剥夺这个罪犯通过犯罪而获得的益处，或者应该不多不少地让这个罪犯接受他加给受害者的伤害。另一种是功利论。这种理论认为，惩罚的目的是使这个罪犯甚至其他潜在的罪犯以后不再去犯罪。而要达到这个目的，通过惩罚使罪犯得到的伤害必须大于他通过犯罪得到的好处。在功利论看来，报应论的主要问题是，由于报应论反对让罪犯通过惩罚受到的伤害大于他通过犯罪得到的好处（或者他通过犯罪给他人带来的伤害），惩罚就起不到威慑的作用，这个罪犯以后还可能犯罪，而别的潜在的罪犯也会因此去犯罪，毕竟他们知道，如果他们的犯罪行为被发现，不过就是放弃通过犯罪所得到的好处，但我们有足够的自信，他们的每次犯罪不可能都会被发现；而在报应论看来，功利论的问题是不公正。从公正的角度看，我们没有理由让一个罪犯通过惩罚得到的伤害大于他通过犯罪对他人造成的伤害，特别是我们不能用这个罪犯作为工具，让他受到过度的惩罚来威慑别人，使他们不敢去犯罪。

我在第五和第十章提出儒家关于罪犯的看法，我将这种看法称作康复论（rehabilitative），并认为这种理论比报应论和功利论优越。从儒家美德伦理的立场出发，一个不道德的人，包括罪犯，实际上是一个人性上有缺陷的、不健康的人，因为正常的人都有仁义礼智，而不道德的人在仁义礼智方面受其私欲影响而受到了伤害。就好像我们在看到一个人身体上有缺陷、不健康、受伤害时，我们根本不会想到应该如何去惩罚这个人，而一定是如何帮助这个人克服这样的缺陷，医治这样的伤害，并使之健康起来；同样，当我们看到一个人的人性或其明德受到其私欲的伤害（而去犯罪时），我们首先想到的也不应该是如何在身体上去惩罚这个在人性上已经受到伤害的人。相反，我们应该想方设法去帮助这个人克服其人性上的缺陷，从而使这个人成为一个健康的人。

这种理论跟功利论和报应论的一个显著差别是，后两种理论主要关心的是受害者，因此首先想到的是如何为受害者去惩罚罪犯，而康复论所主要关心的则是罪犯，因此首先想到的是如何帮助这个罪犯医治其毛病。从直觉上看，这似乎是儒家康复论的一个缺陷：在一个罪犯对他人造成伤害以后，我们当然应该站在受害者这一边，而不是站在加害者即罪犯这一边。事实上，这正好体现了儒家康复论的长处。一方面，这个罪犯康复以后就成了人性上健全的人，即成了有德之人，那他以后就不会再去犯罪，而这正是功利论的目的；另一方面，这个罪犯在康复后，他们自然地会将其通过犯罪得到的好处交还给受害者，而对于其通过犯罪行为使被害者受到的其他伤害也会设法通过任何可能的方式加以弥补，而这也正是报应论所要的道德的目的。

五、比较哲学的方法论

从上面的简单介绍可见，本书各章都是比较哲学专论，而所有这些专论都采取了一种独特的方法论，本节就对这种方法论做一简单说明，而要说明这一点，先要说明一下中国哲学在西方，特别是美国哲学界的状况，因为这是本书各专论的写作背景。很显然，这种状况不尽如人意。虽然美国哲学协会（APA，即 American Philosophical Association）年会以及东部、中部和西部各分会的年会上中国哲学会场的数量有了显著增加（尽管仍然主要出现在团体议程会议而非主要议程），同时研究中国哲学的英文出版物数量也有了较大提高，但至少依旧存在两大问题。其一，在研究型大学，尤其一流研究型大学里，缺乏具有以中国哲学专长的学者。布鲁雅（Brian Bruya）最近便对此做了一番研究，结果发现，在具有博士项目的美国大学哲学系从事专职中国（或亚洲）

哲学研究的所有九位学者中，只有四位一开始是作为中国（或亚洲）哲学学者而被招聘的（其余的都是以西方哲学的某专长，如伦理学和古希腊哲学，而进入具有博士项目的哲学系，他们或者一开始对中国哲学也有一些兴趣，或者只是在进入这些研究型哲学系以后才开始从事中国哲学研究）。而全美哲学博士项目中总共仅有九位专职中国哲学学者能够指导博士学位论文。[①] 其二，与研究中国哲学或亚洲哲学的专门刊物相比，综合哲学期刊发表的中国哲学论文少之又少。奥伯丁（Amy Olberding）发表在美国哲学协会通讯上的研究专门探讨了这一问题。她发现综合哲学期刊自 1940 年以来每十年只刊发了三至四篇中国哲学方面的论文，且无增长之迹象。[②]

当然，上述两项研究不过是证实了中国哲学研究者很久就已经存在的，但有些含糊的共同感觉。真正的问题在于，如何扭转这种不尽如人意的局面？要扭转中国哲学在英语世界的这种边缘状况，我们要弄清造成这种局面的原因。万百安（Bryan Van Norden，1962—　）所说的“沙文民族主义”[③]或布鲁雅所说的“对多元文化主义的隐性排斥”，[④]这些解释可能在某种程度上合乎事实，尽管主流西方哲学家可能不会予以承认。然而，我认为更为直接的原因在于，西方主流哲学家对中国哲学缺

① Brian Bruya, “The Tacit Rejection of Multiculturalism in American Philosophy Ph. D. Programs: The Case of Chinese Philosophy.” *Dao: A Journal of Comparative Philosophy* 14(2015): 369 - 389.

② Amy Olberding, “Chinese Philosophy and Wider Philosophical Discourses: Including Chinese Philosophy in General Audience Philosophy Journals.” *APA Newsletter* 15.2 (2016): 2 - 9.

③ Bryan W. Van Norden, “Three Questions about the Crisis in Chinese Philosophy.” *APA Newsletter on Asian and Asian-American Philosophers and Philosophies* 8.1(2008): 3 - 6.

④ Brian Bruya, “The Tacit Rejection of Multiculturalism in American Philosophy Ph. D. Programs: The Case of Chinese Philosophy.” *Dao: A Journal of Comparative Philosophy* 14(2015): 369 - 389.

乏兴趣，而这种缺乏本身既导致又成因于对中国哲学(之价值)的无知。布鲁雅所讲的一则轶闻清楚地反映了这一点，布鲁雅了解到美国某大学的哲学系想建立一个全美排名前十的哲学博士项目，于是就问该系的系主任，他聘用了哪位中国哲学专家来帮助他达到这个目标。这位系主任的回答让布鲁雅感到很吃惊："中国哲学有助于解决那些当今哲学家致力于研究的问题吗?"[①]言下之意是说，第一，倘若中国哲学有助于解决当今哲学家致力研究的问题，那么哲学系自然会聘用研究中国哲学的学者；第二，中国哲学无益于此。

我们完全可以质疑上述第一点：即使(或者正因为)中国哲学不能帮助解决当前哲学家所关注的问题，哲学系仍应该聘请研究中国哲学的专家，这样他们可以引进西方哲学家目前没有关注但应该关注的问题，从而扩展他们的视野。不过，我们更应该质疑第二点：中国哲学不能帮助解决西方主流哲学家目前所关注的问题。当然，要使他们信服，我们这些从事中国哲学研究的学者不能单是抱怨现状，而是应该比西方主流哲学家承担更多的责任来扭转这一不尽如人意的局面。事实上，他们既然不了解中国哲学，我们就不能指望他们某天突发兴致阅读中国哲学，因为他们确实忙于处理一些令他们、同时也令我们或应当令我们感兴趣的哲学问题。相反，我们有责任激发西方哲学家对中国哲学的兴趣，尤其是通过展现中国哲学恰好可以对西方主流哲学家所关注的(至少某些)问题提出一些有意思的观点来实现这一目的。

正是在这一点上，我极为赞同奥伯丁的观点。她认为，研究中国哲

① Brian Bruya, "Introduction: Chinese Philosophy as a Resource for Problems in Contemporary Philosophy." In *Philosophical Challenge from China*, edited by Bruya. Cambridge, MA: MIT Press, 2015, p.13.

学的学者在提高西方哲学家对中国哲学的兴趣方面存在双重约束：一方面，他们不仅需要“紧扣主导话语中已有的问题、兴趣点或范式”，[①]而且必须解释中国哲学能就这些问题、兴趣点或范式提供一些主导话语没有讲到的东西。这一点很重要。如果研究中国哲学的学者不把中国哲学与西方哲学联系起来，或者即使把中国哲学与西方哲学联系起来了，但仅仅说明了两者有类似的思想；或者还进一步发现了中西哲学之间的某些差异，但不能说明中国哲学也是有意思的、合理的或有说服力的（如果不能证明中国哲学比西方哲学更有意思、更合理或更有说服力的话），那么就几乎不可能让那些对中国哲学还不感兴趣的西方哲学家开始对中国哲学产生兴趣；另一方面，如果研究中国哲学的学者使中国哲学观点看起来“极为怪异，偏离受西式教育的哲学家所熟悉的思想，那就会引发另一种类型的抗拒”，[②]因为对于西方主流学者而言，这些观点可能看起来是非哲学的，属于他们眼中的东方神秘主义。奥伯丁如此概括西方主流哲学家对中国哲学研究者提出的，在她看来几乎是不可能的因而也是不合理的双重约束：请你们告诉我们一些我们在西方哲学中没有见过的东西，但同时要保证这些东西看起来确实是我们所熟悉的、我们称之为哲学的东西。[③]

我曾在“如何在西方哲学语境下研究中国哲学：为中国哲学引入

① Amy Olberding, “It's Not Them, It's You: A Case Study Concerning the Exclusion of Non-Western Philosophy.” *Comparative Philosophy* 6.2(2015), p.15.

② Amy Olberding, “It's Not Them, It's You: A Case Study Concerning the Exclusion of Non-Western Philosophy.” *Comparative Philosophy* 6.2(2015), p.15.

③ Amy Olberding, “It's Not Them, It's You: A Case Study Concerning the Exclusion of Non-Western Philosophy.” *Comparative Philosophy* 6.2(2015), p.15.

一种独特方法"[①]一文中表达过类似的、但乐观得多的观点（该文的一些主要思想后来成为拙著 *Why Be Moral: Learning from the Neo-Confucian Cheng Brothers*[②] 绪论的主要部分），尽管那时我的关注点并不是想扭转中国哲学在西方不尽如人意的状况。我当初主要关注的是如何在西方哲学语境中研究中国哲学，但关键点也在于如何激发西方主流哲学家对中国哲学的兴趣。要回答如何在西方哲学语境中研究中国哲学的问题，就必须回答我们为什么要在这样一种语境中研究中国哲学；而要回答这一问题，就必须弄清楚我们自己的中国哲学论著是写给谁看的。当然，我们的论著是写给研究中国哲学的同行看的。然而，如果我们想要把广大的西方哲学家当作受众——我认为这一点很重要——那么，我们就必须追问，为什么这些对中国哲学知之甚少，或者甚至对中国哲学一无所知的西方哲学家应该对它感兴趣。我认为一个重要的答案在于，中国哲学即使在今天西方哲学家所感兴趣的问题上，也能作出一些重要的贡献。

若想做好这项工作，我们首先应该熟悉西方哲学家关注的问题，西方哲学传统就这些问题所发展出来的不同观点，以及这些观点面临的问题；其次，我们要看看中国哲学家关于这些问题是否有新的、更好的观点。这在本质上就是奥伯丁所说的双重约束，只是在表述顺序上颠倒而已。为了更清晰地呈现这种双重约束，我曾作如下陈述："虽然我们让西方哲学决定讨论什么问题，但我们让中国哲学对这些问题有最

① Yong Huang, "How to Do Chinese Philosophy in a Western Philosophical Context: Introducing a Unique Approach to Chinese Philosophy." *Chinese Studies* 31.2(2013): 117 - 152.

② Yong Huang, *Why Be Moral: Learning from the Neo-Confucian Cheng Brothers*. Albany, NY: The State University of New York Press, 2014.

终发言权”。[①] 由于我们并不认为中国哲学整体上优于西方哲学，这种比较研究所选择讨论的问题不可能是系统性的：一方面，在这样的比较研究中，至少在初始阶段，我们将不讨论某些在中国传统中可能非常重要、但对西方哲学家而言太过陌生或很难与他们目前所关注的问题相关联的问题；另一方面，还有一些重要的哲学问题，要么西方哲学家已经提出令人满意（或至少比任何可以在中国哲学传统中发现的观点更令人满意）的看法，要么西方哲学所发展的观点虽令人不甚满意，但中国哲学也无法提供更好的看法。我们的比较研究不涉及这两方面的问题。

关于这种研究哲学的方式，应说明以下几点：第一，虽然旨在从中国哲学中寻找更好的办法解决西方哲学传统提出的问题，但这并不意味着采用这种办法的学者必须先确定一个西方问题，然后才开始从中国哲学中寻找其解决方案。某些情况下可能确实会这样做，但研究者也可能先是觉得某个中国哲学的观点特别有意思且意义重大，然后去看西方哲学家如何应对类似的问题。然而，这两种方式都带有很大的偶然性：有时候，研究者可能看到西方哲学传统关于某一具体议题的代表立场很成问题，但在中国哲学中找不到一个更好的解决方案；另一些时候，研究者可能发现某个中国哲学观点特别有意思，但它对于解决西方哲学中的问题并无助益，因为它所涉问题不是西方哲学所要处理的，或是因为西方哲学自身在这个问题上已经发展出了同样有意思或更有意思的见地。在大多数情况下，从事比较研究的学者或多或少都熟悉中西传统，可以判断中国哲学中的哪些问题最有可能帮助解决西

① Yong Huang, “How to Do Chinese Philosophy in a Western Philosophical Context: Introducing a Unique Approach to Chinese Philosophy.” *Chinese Studies* 31.2(2013), p.133.

方哲学传统中的问题，然后仔细研究这两个传统在这些问题上的一些具体看法。

第二，尽管这种研究中国哲学的方式旨在解决西方哲学传统提出的问题，但它并不会像初看起来那样存在歪曲中国哲学的风险。一方面，它不同于试图利用当代西方哲学流行的理论来解释中国传统哲学的做法，那样的话可能确实会歪曲中国哲学。例如，针对当下美德伦理的问题提出儒家的解决方案，我们不必主张或论证儒家伦理也是一种美德伦理，至少不必说它是一种西方意义上的美德伦理；另一方面，诚然，这种研究方式所呈现的中国哲学图景是不完整的，但它本就无意呈现一幅完整的中国哲学图景。这就是说，它只是研究中国哲学的一种方式，需要其他很多方式加以补充和支持。

第三，显然，这种研究中国哲学的方式不仅仅是文本研究，因为它旨在为目前西方哲学家关注的问题提出新的、有意思且合理的解决方案，而不仅是提供一种"富有洞见的解释，以尽力复原文本写作的最初情景，进而有可能把握作者原意"。① 不过，更重要的是，它也不同于可能易于与之混淆的纯粹的哲学建构。纯粹的哲学建构存在以下危险：它"一开始就和激发了哲学建构努力的历史资源相疏离"，②因为"一个人如此开展研究时，可能不会直接从所比较的两个传统中引经据典，虽然他可能用脚注来解释自己思想之根源"。③ 为了证明中国哲学可以

---

① Aaron Stalnaker, *Overcoming Our Evil: Human Nature and Spiritual Exercises in Xunzi and Augustine*. Washington, D.C.: Georgetown University Press, 2006, p.15.

② Aaron Stalnaker, *Overcoming Our Evil: Human Nature and Spiritual Exercises in Xunzi and Augustine*. Washington, D.C.: Georgetown University Press, 2006, pp.15 - 16.

③ Kwong-loi Shun, "Studying Confucian and Comparative Ethics: Methodological Reflections." *Journal of Chinese Philosophy* 36.3(2009), pp.467 - 468.

对解决当代西方哲学家感兴趣的问题作出重大贡献，就需要证明这些贡献确实基于对中国哲学文本的扎实研究、仔细分析与合理解释，而这一解释得经得起对同一文本其他解释的挑战。尽管我们在运用中国哲学文献去挑战西方哲学观点时必须进行筛选，但很重要的一点是，我们在运用这些文献时不会歪曲它们在原始语境中的含义。就此而言，布鲁雅最近一项以中国哲学视域挑战西方哲学的重要研究与此处倡导的研究有所不同（至少从他的构想而非他或其项目参与者的实际开展情况来看），尽管我对他的研究深表赞赏，因为布鲁雅的研究“并不要求明确提及中国哲学资源，即使它的主要观点必须包含中国传统，至少把中国传统作为灵感的源泉”。①

第四，奥伯丁正确地强调，“试图促使人们对非西方传统感兴趣的中国哲学研究学者所面临的这种双重约束对这些学者提出了一种急切而不可能达到的要求”，②因为它要求我们深入了解两种传统。处理这个问题有一个法子：不管是就具体的研究项目而言，还是就一般的哲学兴趣而言，把研究的重点缩小到形而上学、认识论、伦理学、政治哲学等哲学的子域。例如，如果想看看荀子将如何回应针对美德伦理学的情境主义（situationism）批判，我们所需要的只是充分掌握针对美德伦理学的情境主义批判和《荀子》文本，而这还是办得到的。同时，从事中国哲学研究的学者也不应该把熟悉西方哲学的当代著述视为一种额外的负担，因为那也是一种有意义的经验。中国哲学并没有在总体上优

---

① Brian Bruya, “Introduction: Chinese Philosophy as a Resource for Problems in Contemporary Philosophy.” In *Philosophical Challenge from China*, edited by Bruya. Cambridge, MA: MIT Press, 2015, p. xv.

② Amy Olberding, “It’s Not Them, It’s You: A Case Study Concerning the Exclusion of Non-Western Philosophy.” *Comparative Philosophy* 6.2 (2015), p.15.

于西方哲学，就某些论题而言，西方哲学甚至比中国哲学有更好的东西要说，我们可以从中学到很多。根据我自己的经验，即使在那些中国哲学有更好东西要说的问题上，我们研究西方哲学仍然可以获益良多。

由上可知，至少是为了改变中国哲学在西方哲学界的边缘地位，在西方哲学语境中从事中国哲学研究的专家可以而且在其研究中接受奥伯丁所谓的二重约束。就是说，他们应该能够向西方主流哲学家表明：一方面，中国哲学传统中有一些为他们（西方哲学家）所不熟悉的东西；而另一方面，这些东西也不能是他们完全不熟悉的方面。这是奥伯丁对这个双重约束的表述。换句话说，一方面，中国传统哲学家也能参与讨论他们（西方哲学家）今天所感兴趣的问题；而另一方面，中国传统哲学家在这些问题上所持的一些看法不仅与西方哲学传统中的有代表性的看法不同，而且可能比后者更有道理。这是我对这个双重约束的表述。但不管是奥伯丁的表述还是我的表述，这种双重约束似乎都会使得从事中国哲学研究的学者所做的中国哲学研究会有断章取义之嫌。

关于这样的批评，一方面，我们必须说，在从事学术研究中一定的抽象（这里所谓的抽象指的是将一位哲学家的某个思想从其上下文中抽离出来，而不是指与具体相对应的抽象，尽管这两种抽象也不是完全没有关系）是必不可免的。不然的话，我们就无法对（例如）王阳明哲学的某一个方面写学术文章；每次写王阳明的时候就必须呈现王阳明思想的全貌，因而就必须写专著。而且可能这还不够，因为我们不能把王阳明从其所属的儒家传统中抽离出来：离开了儒家传统是无法理解王阳明的。而且这仍然不够，因为王阳明也受到了佛教的深刻影响，而中国的佛教又是从印度来的，而印度的佛教又与印度教思想密不可分……这样我们就必须写系列专著，这显然是不现实的。就此而言，我们把某个中国哲学家的某些思想从其哲学体系中抽离出来以回应当代西方哲学家的问题也不是完全不合法的。

但另一方面，我们也必须注意到，当我们把某个哲学家的某个思想从其哲学体系中抽离出来时，也确实有断章取义和歪曲原意的可能。怎么避免这个问题呢？我觉得这里我们必须区分一位学者的研究过程和其写作过程。虽然我们不得不承认，在我们从事写作时，我们只能关注某个哲学家的某个方面，但这种写作是建立在研究的基础上的，而在从事研究时，我们就必须把我们所关注的这个哲学家思想的某个方面与其他方面联系起来，甚至把这个哲学家的思想与影响了他的以及被他影响的其他哲学家的思想联系起来。只有这样，我们才能确保我们对我们在某个特定研究中所关心的这个哲学家思想的某个特定方面的理解是正确的，从而我们可以合理地将这个因此而得到正确理解的方面从其所属的这个哲学家思想的其他方面抽离出来，以回应当代西方哲学家所关心的问题。而且就我自己有限的经验而言，也只有通过这样的研究，我们才能在中国哲学中真正发掘出能对当代西方哲学家所关注的问题作出贡献的资源。所以我认为，在西方哲学语境中从事中国哲学研究的学者，在其从事本文所推崇的那种研究时，除了上面提到的双重约束外，还需要接受另外一个约束，即第三重约束：他们向西方哲学家所呈现的中国哲学应该能够得到在中国哲学语境中从事中国哲学研究的学者的认可，也就是说，这是建立在对中国哲学家的认真的文本和历史研究基础上的。

六、结论

我在本导论中做了一些以前所没有做过的事情。以前我的工作主要是利用古代儒家的思想资源为当代美德伦理的发展作出贡献，而没有像大多数从事儒家与美德伦理的比较学者那样去论证儒家伦理就是美德伦理，尽管我自己也持这样的看法。在本导论中，我不仅论证了儒家伦理具有西方传统中美德伦理的若干历史形态所具有的主要特征，因而是一种美德伦理，而且论证了，假如我们用美德伦理的理想形态为标准，而不是以这个或那个传统中的这个或那个美德伦理的历史形态作为标准，我们甚至可以说儒家伦理是一种比亚里士多德主义更纯粹、更彻底、更本真的美德伦理。需要指出的是，这一点本身并不表示朱熹的伦理学比亚里士多德的伦理学更优越，毕竟亚里士多德和朱熹都没有声称他们要发展一种美德伦理学。我们这里做的工作只是分类的工作：如果伦理学可以分为道义论、后果论和美德论的话，朱熹的属于美德论，而亚里士多德的则完全不是，至于亚里士多德的伦理学是否是如我上面提到的某些学者所说的后果论，则可存而不论。从这一点看，我们的上述论证和论断无论对于美德伦理学还是对于伦理学本身，并没有作出太大的贡献。不过，由于亚里士多德是几乎所有人在谈论美德伦理学时首先想到的人，我们上面关于亚里士多德的伦理学不是美德伦理学的结论也许还是相当激进的。尽管如此，本书的下面各章不会涉及这样的问题，因为它们所关注的还是儒家思想对当代美德伦理的主要贡献，而这才是我这十几年来所真正关心的问题。我在本导言的第四部分将我在本书中讨论的儒家对美德伦理的贡献概括为十一点。虽然这十一点并不能涵盖我在下面各章的具体、多样、有时略显繁琐的论证，但它们确实可以看作是本书的要点，而在论证儒家思想对当代美德伦理所能作出这些贡献的研究中，我始终遵循一种在本导言第五部分阐述的独特的比较哲学方法。

第一编

孔子对当代美德伦理的贡献

第一章

"以直报怨"：孔子论如何对待作恶者

一、引言

应该如何对待作恶者？耶稣有个著名的说法："你们听见有话说：'以眼还眼，以牙还牙。'只是我告诉你们：不要与恶人作对。有人打你的右脸，连左脸也转过来由他打；有人想要告你，要拿你的里衣，连外衣也由他拿去；有人强逼你走一里路，你就同他走两里。"（《马太福音》5.39－41）孔子的教导与此极为不同。当被问及如何评价道家"报怨以德"（见《老子》第49章和63章）这一观念时，孔子的回答是："何以报德？以直报怨，以德报德。"（《论语・宪问》）。在本章中，我将首先考察孔子推荐给我们的对待作恶者的特有态度（第二节）。孔子对本章标题的回答是，转过你的左脸实际上为作恶者创造了继续作恶的机会，而这并不利于作恶者。为此，我将考察在何种意义上，孔子相信这不利于作恶者（第三节）。据孔子的观点，我们不应该转过我们的左脸，主要不是因为我们不想遭受不义，而是因为我们不想陷他人于不义。这就引出一个问题，即我们是否有促成他人之德性的道德义务，并且，假如有，如何使他人有德性(第四节)。最后,本章以一个扼要的结论结束(第五节)。

二、以直报怨

尽管孔子“以直报怨”的确切含义在学术上仍有争议,①但可以肯定的是,孔子不会赞同耶稣所秉持的对待作恶者的态度:以德报怨。② 那么,孔子是否会赞同耶稣所谴责的态度:以怨报怨?当代中国学者李零(1948—)认为这正是孔子“以直报怨”的意思。李零解“直”为“值”,孔子之义是:你应该以等值的伤害回报你所遭受的伤害,不多也不少。他援引《礼记·表记》中孔子之言以为佐证:“以德报德,则民有所劝;以怨报怨,则民有所惩”,“以德报怨,则宽身之仁也;以怨报德,则刑戮之民也。”李零认为,孔子提倡第一组中的两种态度而谴责第二组中的两种态度。③

这种解释看似有些道理,但毕竟似是而非。第一,尽管“直”确有“值”义,然而,“直”才是《论语》的核心概念,它在 16 章中出现 22 次,在其他地方都没有一个有“值”的含义。接下来我会对其中一些含义进行更加严密的考察。第二,如果孔子之义真是“以等值的伤害回报伤害”,那么,他可以以一种简单明了的语言,即“以怨报怨”直接说出来,而不

---

① 要精确译解孔子说此话时心中所想,这是一项既令人气馁也是不可能的任务,因为,用施莱尔马赫(Friedrich Schleiermacher, 1768—1834)的诠释学术语说,几乎没有任何材料供我们从事这种心理学的解释。我们顶多能做的是,在解释时不违背厚道原则(principle of charity)和人性原则(principle of humanity),并根据孔子其他言论来尽可能正确地理解这句话。

② 这里的“德”字,通常意义是德性、美德,在这种意义上,“以德报怨”当然不成任何问题,因为有德之人知道如何在特定的情景中恰当地对待伤害自己的人。然而,这里显然不是这个意思,否则,没有理由想象孔子反对它的理由,而且很难看出孔子所区分的这种意义的“德”与“直”的不同。这里,我采纳通常的解释,也是何晏(? —249)首先提出的,即把它理解为“恩惠”,参见程树德:《论语集释》,北京:中华书局,1990 年。

③ 李零:《丧家狗:我读论语》,太原:山西人民出版社,2007 年。

必借用有“值”之义的“直”字。第三，如果“直”确应读作“值”，孔子确实认为我们应该以等值的恶回报作恶者，那么，类似地，孔子很有可能推荐我们以等值的善回报行善者。这样，孔子可用一个简单的口号“以值报德、怨”来取代他的两个口号“以德报德，以直报怨”。当然我们知道，孔子并未如此做。

李泽厚(1930—)采纳了一种更流行也许更合理的解释。根据这种解释，在道德要求的严格程度上看，“以直报怨”是对待作恶者的一种中庸的态度，它居于“以怨报怨”和“以德报怨”之间。对受“怨”的人，“以怨报怨”在道德上过于宽贷，“以德报怨”过于苛严，“以直报怨”更具现实性和可行性。李泽厚援引康有为(1858—1927)的《论语注》以为佐证：“孔子之道不远人……令人人可行而已……孔子非不能为高言也，藉有高深，亦不过一二人能行之，而非人能共行，亦必不能为大道。”[①]在此，“直”被理解为没有掩饰的真情实感。这似乎与《论语》中另一处“直”的含义颇为一致：“孰谓微生高直？或乞醯焉，乞诸其邻而与之。”(《论语・公冶长》)[②]

这种解释仍有问题，因为它假定了(即使就孔子而言)“以德报怨”较之于“以直报怨”是一种更高的道德标准，孔子看重后者仅仅是因为前者太难而不易付诸实践。这个假定是错误的。我在后文将论证，“以直报怨”实际上比“以德报怨”的标准更高。而且，理解为根据真情实感而行动，“以直报怨”就会失去其道德意义。假如我自己还不是一个有德之人，当有人伤害我，我可能真实地感觉到我应该报复，最好给予对方更多的伤

---

① 李泽厚：《论语今读》，香港：天地图书，1999年。

② 根据通常的解释，微生高应该直白而诚实地说他没有醯。但是，我想孔子认为微生高的问题是他没有说明醯是邻居的而非他自己的。假如微生高没有掩盖醯是借自邻居的事实，而不是直白地说他没有醯而把借醯的那个人打发走，孔子可能也会赞成微生高的行为。

害。难道孔子仅仅因为它源自我的真情实感而会认同我的行动？当然不会。或许持这种解释的人会说，无德之人不会拥有真正的情感，唯有直士才拥有真正的情感。这种说法也许是对的，但若果真如此，我们似乎陷入了循环推理：我们以真正的情感界定“直”，又以“直”来界定真正的情感。

显然，理解孔子之教导的关键在于“直”，因此，查看《论语》中他处理“直”的含义颇有助益。有一处，在说明除非试用一个人，否则不会对他作或毁或誉的评价后，孔子说夏、商、周三代（孔子的理想社会）之民正是如此，亦即“直道而行”（《论语·卫灵公》）。显然，“直”在此并不意味着根据情感行动，而是以适宜的方式行动：如果称誉一个值得称誉的人，谴责一个应该谴责的人，那么这就是直道而行。换言之，“直”要求坚守道德上对与错的标准。孔子道德修养的一个重要目标是“达”。当被问及何谓“达”时，孔子提到三件事，首要一件是“质直而好义”（《论语·颜渊》），这里他把直与义即道德联系了起来。

对孔子而言，“直”仅是德性之一，因此，恰当地理解其义不能脱离其他与此相关的德性。在《论语》中，孔子提到两种与“直”直接有关的德性：“学”和“礼”。孔子说：“直而无礼则绞”（《论语·泰伯》），“好直不好学，其蔽也绞”（《论语·阳货》）。因此，真正的直士不会对他人尖酸刻薄（绞）。这得到了子贡（前520—前456）的呼应，子贡谈及自己不喜欢的一种类型的人是“恶讦以为直者”（《论语·阳货》）。因此，直士与其说是简单地根据其情感言行的人，毋宁说是以正当的方式从事正当言行的人。具体言之，正如荀子（前313—前238）所指出：“是谓是、非谓非曰直。”（《荀子·修身》）“职是之故，直德而行”的人有时需要克服心中的情感，因为我们心中的情感有可能在道德上不正当。当然，真正有德之人（如七十岁以后的孔子）感觉到的总是道德的情感，因此只要他根据心中的情感来行动就是直德而行。显然，这需要一个长期的自我修养过程，其中一个重要方面就是理学家所说的“性其情”，而不是“情其性”。

如此，“以直报怨”的真实含义是以道德上正当的方式对待作恶者。但是，这个解释太模糊而不能有任何实际的用处。因为我们的讨论一开始要问的正是这个问题：什么是道德上正当的对待作恶者的态度？理解这个问题的一种方式是看看孔子如何把“直”与其相反者对比。孔子在“直”与“诈”“罔”之间做了对比，他说：“古之愚也直，今之愚也诈”（《论语·阳货》），又说：“人之生也直，罔之生也幸而免”（《论语·雍也》）。因此，直士而非罔诈之士是诚实的。孔子后一句话的言外之意是：伪诈并不有益于伪诈之人，或者用肯定的方式讲，直德而行有益于直士。我将在下文讨论这一特别有意义的含义。①

然而，真正的直士并不仅仅根据自我利益行动。这可从孔子对“直”与“枉”的对比中看出。孔子说：“举直错诸枉，能使枉者直。”（《论语·颜渊》）在同篇中，他的学生子夏对此进一步举例说明：“舜有天下，选于众，举皋陶，不仁者远矣。汤有天下，选于众，举伊尹，不仁者远矣。”子夏无疑正确地理解了孔子，这一点我们可以从孔子称赞卫国的直臣史鱼这一事实中看到。史鱼将死，告诉其子，他未能向卫灵公（前540—前493）进荐有贤德的蘧伯玉（约前585—前484）而贬黜无德的弥子瑕，因此，他死后不该殡于正室，只能殡于牖下。不久史鱼去世，其子根据父亲的遗嘱治丧。卫灵公（前540—前493）询问个中缘由，其子便将父亲所言转告了他。卫灵公听后颇感不安，最终采纳了史鱼的建议，任用蘧伯玉而罢黜弥子瑕。这是中国历史上一个著名的“尸谏”的故事，史鱼不仅使自己正直（直己），而且也使他人（卫灵公）正直（直人）。显然，考虑到“直”的双重内涵，孔子盛赞：“直哉史鱼！”

① 在另外一处，孔子把“益者三友”和“损者三友”做了对比，其中一益为“友直”，一损为“友便辟”（《论语·季氏》），因此，直士不会谄媚他人。

(《论语·卫灵公》)[①]于此，我们得知“直”的独特性：直士不仅直己，而且直人。“直”的这一特性为孔子的继承者孟子所高度强调，他说“枉己者，未有能直人者也”(《孟子·滕文公下》)，孟子强调圣人的一个功能就是要使他人正直(“匡之直之”)(《孟子·滕文公下》3A4)。它同样被《左传》中有关“正”和“直”的说法所确证：“正曲为直”(《左传·襄公七年》)。

如果以这种方式理解“直”，那么，当孔子要求我们“以直报怨”时，他到底建议我们如何对待作恶者？例如，当有人打我的右脸，我是否应该连左脸也转过来给他打，抑或给予还击？孔子也许不会绝对地排除其中的任何一种选择。只要真的有助于使作恶者不再是作恶者，孔子可能两者都会赞成。一方面，如前所述，对孔子而言，还击亦即作为惩罚的“以怨报怨”，可以警告或阻止作恶者进一步作恶。然而，其有效性是高度可疑的。第一，只有中立的组织比如政府来实施惩罚，才能更好地执行威慑的功能。来自受害者的惩罚，即使是正当的，也很有可能被人们，尤其是作恶者视为报复行为，这易于招致作恶者进一步作恶；第二，尽管孔子并未排斥作为政府职能的惩罚，但他对其有效性和意义仍持高度怀疑态度(见《论语·为政》)；另一方面，亦如前所言，对孔子而言，转过左脸即“以德报怨”能够显示一个人的宽厚仁慈。如果受害者仅仅是想以此来展现其自身的德性(这可能是耶稣所要强调的)，[②]则

---

① 《孔子家语》载孔子之言曰：“古之列谏之者，死则已矣，未有若史鱼死而尸谏，忠感其君者也，不可谓直乎？”

② 至少莱茵霍尔德·尼布尔(Reinhold Niebuhr, 1892—1971)是这样理解的：“耶稣教导门徒宽恕七十次，不是为了使敌人皈依或者迁善；他把它视为对趋近道德完美、亦即上帝的完美的一种努力。他要求门徒走第二里路，不是希望强迫他们为之服务的那些人发善心并给他们自由。他说应当爱敌人，不是为了使敌人不再是敌人。他不必思考这些德行的社会结果，因为他是从内在和超越的视角看待他们。”参见 Reinhold Niebuhr, *Moral Man and Immoral Society*. New York: Scribner's Sons, 1960。

不为孔子所赞成。然而，如果是受害者的这种宽恕的德行至少部分地改善了作恶者，使其不再作恶，那么孔子就会赞成它。[①] 尽管孔子非常重视道德教育中模范行为的重要性，但他并不教导我们忍受作恶者加诸我们的任何伤害，这不仅仅是（而且不主要是）为了我们自身的福祉，也是（而且主要是）为了作恶者的福祉，因为在作恶者伤害我们的同时，他也伤害了自己，而且他伤害他自己的程度远远胜于其伤害我们受害者的程度：他伤害我们的是我们外在的身体，而他伤害他自己的是其内在的人性。孔子担心的是，我们自愿接受乃至欢迎来自作恶者的伤害，这会鼓励恶人继续作恶，正如“以德报德”可以鼓励好人继续做好事。

孔子的观点在下则轶闻中得到了很好的阐明。孔子的学生曾参（前 505—前 435）以孝著称，有一次，曾子耘瓜，误斩其根，其父为此过度愤怒，以杖击其背，以至曾参被打晕了。曾子醒来后，走近父亲跟前说，他活该受罚，并且担心父亲因打他而虚脱。为此，他回到房间，边唱边弹，以便让他父亲知道他没事。曾参相信他在实践老师传授的孝道，然而，在知道此事后，孔子并没有称赞曾参，反而责备他，要他向传说中的圣王、同样以孝著称的舜学习。

舜年轻时他母亲便去世了，他父亲再婚并与新妻生有一子，名叫象。三人都嫉恨舜，不断找茬甚至试图害死舜。舜仍然对父母十分孝敬，对弟弟十分喜爱。他承担了所有的家庭杂务，并且当他做错事情时愿意接受适当的惩罚。然而，他很清楚不能让父母害死他。有一次，舜的父亲让他修缮粮仓，当舜在屋顶时，他的弟弟撤掉了梯子并点燃了粮仓，然而，舜用斗笠当作降落伞设法逃过一劫。又一次，舜的后母让他

---

① 这似乎是老子的观点。他不仅要求我们“报怨以德”（《道德经》第 63 章），而且给出了他的理由：“善者，吾善之；不善者，吾亦善之，德善。信者，吾信者；不信者，吾亦信之，德信。”（《道德经》第 63 章）

挖井，让她的儿子象往井里填土，试图把舜活埋在井底，然而，舜提前挖了一条通道，得以再逃一劫。

孔子解释说，舜设法避免被父母和弟弟害死，不是因为他害怕死，而是若他让他们的计谋得逞，他们就做了不道德的事。因此，通过逃脱被害，舜实际上帮助了父母避免犯下恶行。孔子告诉曾参说，以舜为榜样，当他父亲试图为一点点过失而杖击他时——这显然是错的——曾参应该逃避，这样父亲就没有机会犯下这样的错误，他也就不会"陷父于不义"(《孔子家语·六本》)。

在这两则故事中，"陷父于不义" 或许是最重要的一个洞见，虽然"陷人于不义"在现代汉语已是常用语，但是其深刻的哲学意义，不仅西方道德哲学家闻所未闻，而且即使中国学者也缺乏充分认识。在此所特别揭示出来的是：一个人的作为或不作为不仅会使主体自身道德或不道德，而且也可能使他人(最终还是主体自身)道德或不道德。我们或许会认为，转过左脸展示了我们品质的完美；然而，在孔子看来，如此做，我们创造了或至少没有试图消除别人犯错的机会。换言之，我们的行动陷人于不义或使人不义。①

无疑，在转过左脸给别人打的例子中，我们仅仅容许别人打我们。因此，根据孔子的高标准，尽管消除他人作恶的机会仍是我们的责任，我们可能还是会认为，至少我们没有做任何积极的事去找打。别人想打我，我只是不抵抗；而不是别人不想打我，我引诱他来打我。然而，在孔

① 或许有人会说，仅仅避免被伤害，对作恶者不再为恶没有任何贡献，毕竟，恶人不仅通过成功地作恶而且也通过作恶的意图而成为恶人。对此，儒家至少有两点回应：其一，如亚里士多德所言，犹如好人通过做好事而成为好人，恶人亦是通过做恶事而成为恶人。因此，通过消除或不提供作恶者进一步作恶的机会，我们降低了作恶者变成恶人的机会。其二，不容许恶人进一步作恶实际上不仅是使恶人不再是恶人的第一步而且也是必要的一步，在此之后当然还需要有其他措施。

子看来，我们之所以陷他人于不义，也可能因为我们消除了或未能创造别人行义的机会。这是蕴含在另一则故事中的道德观。孔子的学生子路（前542—前480）做蒲城宰时，为水备，子路与其民修沟渎，以民之劳苦饥饿，与之箪食浆壶，孔子闻之，使子贡止之。子路不解，因为他认为他在实践老师所传授的仁道。孔子的解释是：如果看到民饥饿，应该禀告国君，发仓廪以赈之，子路以私家食物馈民，实际上是陷国君于不义，因为他取消了国君承担道德责任的机会或者说创造了使国君不负责任的机会。①

既然我们可以做事来陷人于不义，我们也可以做事促使他人行义，或使他们改正错误。这可由另一桩事中看出。孔子任鲁国小司空时，他做了一件改变鲁国先君陵墓布置的事。鲁昭公（前560—前510）客死他乡，他的尸体被带回鲁国，为了贬低他，被葬在先君陵墓的南面，中间被道路所阻隔。这是鲁国主政者季平子（？—前505）所为，季平子是孔子出仕时的主政者季桓子（？—前492）的父亲。孔子劝季桓子说，以此方式贬低鲁昭公，他的父亲违背了礼。通过改变现状，他的父亲和家族就可免于无礼的指控。这样，孔子得到了季桓子的许可，在鲁昭公墓的南面挖了一条沟渠，如此就使它与鲁国先君之墓连在一起，因为他们同在沟渠的北面。

当孔子要求我们“以直报怨”时，他教导我们对待恶人到底该怎么做？通过上面的讨论，我们的答案是，做任何符合直人的事，亦即做任何能使恶人不再成为恶人的事，或者（用一种肯定的说法）做任何能使

① 刘乐贤：《孔子家语》，北京：燕山出版社，2009年。我们必须注意到，在此案例中，大家知道，从国家仓廪中拿出粮食给从事公务的人是国君的义务，因此，子路首先应该禀告国君。这与通常情况是不同的：帮助人是每个人的义务，因此我们不能借口为了让别人有机会帮助需要帮助的人而自己不去提供这样的帮助。Yong Huang, “The Self-centerness Objection to Virtue Ethics: Zhu Xi's Neo-Confucian Response.” *American Catholic Philosophical Quarterly*, 2010。

不直之人成为正直之人的事。

三、为什么不道德不利于不道德者

我们必须看到，在上述所有关于对作恶者该做什么的故事中，孔子首要关注的是作恶者的福祉。当然，这里所说的福祉显然是指比外在福祉更为重要的内在福祉。这两种不同福祉的区分类似于亚里士多德对真正意义上的自爱者与世俗意义上的自爱者的区分。亚里士多德认为，有德之人不仅是自爱者，而且也是最爱自己的人。他指出，我们经常“把那些使自己多得钱财、荣誉和肉体快乐的人称为自爱者”①；然而，根据亚里士多德的观点，“总是做公正的、节制的或任何合德性的事情……这样的人才最应当被称为自爱者。因为，他使自己得到的是最高尚的、最好的东西。他尽力地满足他自身的那个主宰的部分，并且处处听从他。”②尽管邪恶之人和有德之人都是自爱者，但是亚里士多德认为前者是该受责备的，后者则是值得赞赏的：“好人必定是个自爱者，因为，做高尚的事情既有益于自身又有利于他人。坏人必定不是个自爱者，因为，按照他的邪恶情感，它必定既伤害自己又伤害他人。”③值得注意的是，当亚里士多德说好人通过高尚的行动利己利人时，利己指的是内在福祉，利人指的则是外在福祉。与此相对照，当他说邪恶之人将会损己害人时，他说的是损害自己的内在福祉和损害他人的外在福祉。

---

① Aristotle, *Ethica Nicomachea*. Trans. by W. D. Ross. In *The Works of Aristotle*, vol. 9. Oxford: Oxford University Press, 1963, 1168b15 - 17.

② Aristotle, *Ethica Nicomachea*, Trans. by W. D. Ross. In *The Works of Aristotle*, vol. 9. Oxford: Oxford University Press, 1963, 1068b23 - 29.

③ Aristotle, *Ethica Nicomachea*. Trans. by W. D. Ross. In *The Works of Aristotle*, vol. 9. Oxford: Oxford University Press, 1963, 1069a12 - 15.

然而，在两个重要方面，孔子与亚里士多德不同。我将在这一节讨论第一个方面，并在下一节讨论第二个方面。我在这节讨论的问题是：在何种意义上，一个人的内在福祉比外在福祉更为重要，以及在何种意义上，道德真正有益于有德之人，而不道德不利于不道德之人，虽然道德通常需要一个人牺牲其外在福祉，而不道德则经常有助于其外在福祉。众所周知，亚里士多德试图用他所谓的功能论证来回答此问题。根据亚氏的论证，任何具有某种功能或活动的事物的“好”(the good and the “well”)必定存在于这一事物的独特功能中。因此，人类的“好”亦必定存在于人类的独特功能中，它就是人类的品质(characteristic)，或者用约翰·麦克道威尔的术语，是人类需要完成的事情。亚里士多德认为人类的功能是“拥有理性原则的积极的生活”①，好人就是很好地或卓越地履行其独特功能的人，这种人类功能的卓越表现就是亚氏所说的德性(virtue)。这样，德性使人成为好人，也就是卓越地从事理性活动或过一种理性生活的人。

伯纳德·威廉斯自始至终不同意此种观点。在早期著作中，他宣称：“如果使用理智和工具改变环境是人的标志，那么，使用理智获取私利和使用工具破坏他人同样是人的标志。”②后来在回应亚里士多德主义者的辩护时，威廉斯坚持认为：“邪恶或放纵之人的生活同样是由理智构成的生活，也是为人类所特有的一种生活。迄今为止，还是没有能说明，‘由理性构成’的生活怎么一定会导致温和节制的生活。”③麦克

① Aristotle, *Ethica Nicomachea*. Trans. by W. D. Ross. In *The Works of Aristotle*, vol. 9. Oxford: Oxford University Press, 1963, 1098a3.

② Bernard Williams, *Morality: An Introduction to Ethics*. New York: Harper, 1971, pp.73–74.

③ Bernard Williams, “Replies.” In *World, Mind, and Ethics: Essays on the Ethical Philosophy of Bernard Williams*, edited by J. E. J. Altham and Ross Harrison. Cambridge: Cambridge University Press, 1995, p.199.

道威尔分享了威廉斯的质疑。在一篇反驳亚里士多德的自然主义的文章中，为了阐明理性不能导向德性，麦克道威尔虚构了一头"理性的狼"。

> 如果缺乏理性，这头狼在群体逐猎的合作活动中会很自然地承担好它的角色，然而，一旦获得理性，它会考虑多种可能，它会暂时放下自然冲动，并加以批判地审视……它会自问"我为什么如此做？"……想知道是否可以不参加逐猎过程却仍可以攫取一份猎物。①

在麦克道威尔看来，这头狼顺从其天性会做德性可能要求它做的，然而理性的获得却会导致它对自己天性行为产生怀疑。由此麦克道威尔得出结论："即便我们同意，就像狼生来就有合作狩猎的需求一样，人类生来就有对于德性的需求，然而，这种需求对于那些怀疑美德的行为真的为理性所需的人来说，没有任何作用。"②

同亚里士多德一样，孔子也试图根据"人禽之辨"及其中蕴含的人的独特性回答这个问题。然而，在人之独特性为何的问题上，孔子与亚氏分道扬镳了。我们在上面看到，亚氏有关人的概念在西方哲学传统中已是老生常谈，即认为理性是人的显著标志，孔子则开创了一个传统，认为人区别于禽兽的地方不在于理性而在于德性。

---

① John McDowell, *Mind*, *Value*, *and Reality*. Cambridge, MA: Harvard University Press, 1998, p.171.

② John McDowell, *Mind*, *Value*, *and Reality*. Cambridge, MA: Harvard University Press, 1998, p.173. 有关对亚里士多德功能论证更加深入的讨论，见 Yong Huang, "Two Dilemmas of Virtue Ethics and How Zhu Xi's Neo-Confucianism Avoids Them." *Journal of Philosophical Research* 36 (2011): 247 - 281。

当然，说孔子把人视为本质上是道德的存在，这并非没有争议，特别是当我们把人的独特性与人性问题相等同时。在先秦时期，孟子和荀子就此问题展开了论辩，孟子倡人性善，荀子则主人性恶。在《论语》唯一与这个争辩有关的段落中，孔子说“性相近也，习相远也”（《论语·阳货》）。由于孔子没有明说在何种意义上性相近，有时人们认为孔子并无人性善恶的观念，[①]或者在善恶方面，孔子认为人性是中性的。[②] 这其实是误解。如果我们所说的是规范性的人性概念，意指人所特有的东西，那么，即使孔子没有明确说它是善的，这毫无疑问是他的观点。孔子强调人与禽兽的不同：“鸟兽不可与同群，吾非斯人之徒与而谁与？”（《论语·微子》）而且，对孔子而言，人之所以区别于禽兽在于其道德品质，他称之为“仁”。根据现代新儒家徐复观（1903—1982）的观点，孔子生活的春秋时期，“礼”被视为人类世界的显著标志。[③] 确实，《礼记·曲礼》云：“鹦鹉能言，不离飞鸟。猩猩能言，不离禽兽。今人而无礼，虽能言，不亦禽兽之心乎？”因此，人之所以别于禽兽在于人有礼。《左传》昭公七年亦云：“礼，人之干也。”

礼确实也是孔子的一个重要观念。然而，孔子认为有比礼更为根本的东西，这就是仁。孔子说：“人而不仁如礼何？”（《论语·八佾》）在此，值得指出的是，“人”与“仁”发音相同；而且，“仁”是由“亻”和“二”构成，表示人际关系。因此，对孔子而言，人之所以区别禽兽的地方在于人拥有仁德，正是在此意义上，他说“仁者人也”（《中庸》）。显然，孔子视仁为人的本质性特征。

在此方面，我赞同徐复观的看法。在其先秦人性论的研究中，徐复

① 叶经柱：《孔子的道德哲学》，台北：正中书局，1977 年，第 294 页。
② 陈大奇：《论语臆解》，台北：商务印书馆，1969 年，第 298 页。
③ 徐复观：《中国人性论史：先秦篇》，台北：商务印书馆，1999 年，第 69 页。

观认为孔子实际上持有人性善的观点，因为“孔子是认定仁乃内在于每一个人的生命之内，所以他才能说‘仁远乎哉？我欲仁而斯仁至矣’和‘为仁由己’的话……孔子既认定仁是内在于每一个人的生命之内，则孔子虽未明说仁即是人性……他实际是认为性是善的。”①另一位有影响的现代新儒家唐君毅（1909—1978）同样认为孔子持有人性善的观点：“孔子谓人之生也直，我欲仁而仁至，而仁者能中心安仁，此仁在心，更宜即视为此心之善性所在。其所谓相近亦当涵孟子所谓‘同类相似’‘圣人与我同类’，而性皆善之义。”②

因此，尽管孔子没有直接说人性善，但是，他有关“仁者人也”的观念明显地表明他确实认为人之所以区别于禽兽在于人拥有仁德。性相近，是因为他们都拥有仁；习相远，是因为有人保存仁而有人则放弃了仁。孟子在说“人之所以异于禽兽者几希，庶民去之，君子存之”（《孟子·离娄下》）时，实际上是在阐释孔子之言。孟子所做的仅仅是明确地提出了一种规范性的人性概念来解释孔子的观念。在解释“几希”时——它不仅使人（拥有它）区别于禽兽（缺乏它），也使君子（保存它）区别于小人（放弃它）——孟子宣称正是仁礼之心使得两者不同。一方面，“君子所以异于人者，以其存心也。君子以仁存心，以礼存心。仁者爱人，有礼者敬人。”（《孟子·离娄下》）；另一方面，如果有人待君子（有仁礼之德的人）以横逆，君子“自反而忠，其横逆由是，君子曰‘此亦妄人也已矣。如此，则与禽兽奚择哉？于禽兽又何难焉？’”（《孟子·离娄下》）。因此，根据孟子的观点，尽管人民之饱食、暖衣、逸居很重要，但是圣人认识到，“无教，则近于禽兽”，是故圣人“教以人伦：父子有亲，君臣有义，夫妇有别，长幼有叙，朋友有信”（《孟子·滕文公上》）。根据孟子，

① 徐复观：《中国人性论史：先秦篇》，台北：商务印书馆，1999年，第97—98页。
② 唐君毅：《中国哲学原论：原性篇》，台北：学生书局，1991年，第31页。

这是因为“人皆有不忍人之心……无恻隐之心，非人也；无羞恶之心，非人也；无辞让之心；非人也；无是非之心，非人也”（《孟子·公孙丑上》）。

孔、孟的不同在于两者所使用的“性”的聚焦点不同：孟子用它指谓人的独特性，孔子用它指谓人与生俱来的东西。换个角度说，正如钱穆（1895—1990）所言，孔子是把人与人做比较，孟子是把人与禽兽做对比。[1] 然而，两者都赞同人之所以异于其他存在物在于其道德品质。就此而言，即使荀子（前 313—前 238）也是同样赞同，虽然他经常被视为孟子的论敌，因为他直接反驳孟子而倡人性恶，学者也因此经常就两人的观点谁更接近孔子而展开辩论。

《荀子》有两段话与我们关心的问题直接相关。在一处，荀子说：“水火有气而无生，草木有生而无知，禽兽有知而无义，人有气有生有知，亦且有义，故最为天下贵也。”（《荀子·王制》）。在另一处，荀子在回答人之为人的问题时说：“非特以其二足而无毛也，以其有辨也。夫禽兽有父子，而无父子之亲，有牝牡而无男女之别。故人道莫不有辨。”（《荀子·非相》）

在这两段中，荀子明确指出人之所以区别于禽兽在于道德品质，这与他更为人所知的人性恶的观点并不矛盾。第一，荀子用“性”所指的是人与生俱来的自然倾向，这与孟子用性来表示人的独特性不同。第二，在《荀子》一书中明确讨论人性恶的《性恶》篇中，“性恶”两字经常被翻译和理解为“人性是恶的”（human nature is evil），但正如狄培理（William Theodore de Bary，1919—2017）所指出的，它也可以被翻译和理解为“the badness in human nature”（人性中的恶），[2]或者更为恰

① 钱穆：《论语新解》，北京：生活·读书·新知三联书店，2005 年，第 444 页。

② Wm. Theodore de Bary，“Xunzi” (an unpublished paper presented at Columbia University Seminar on Neo-Confucian Studies，November，2011)，p.2.

当地说，人的自然倾向中的恶。

对《荀子》中“性恶”这一标题的新理解的好处是，它可以同时承认人的自然倾向中存在善性，而这也正是荀子在论证人性之恶时明确肯定的。在《性恶》的开篇，荀子说：“今人之性，生而有好利焉，顺是，故争夺生而辞让亡焉；生而有疾恶焉，顺是，故残贼生而忠信亡焉；生而有耳目之欲，有好声色焉，顺是，故淫乱生而礼义文理亡焉。”（《荀子·性恶》）显然，所亡之物必定是原先存在之物。因此，正如狄培理提及，在人们顺从其自然倾向之前，他们一定拥有辞让、忠信和礼义文理。

这个观察能够被同篇中另外两段文本所支持。在一处，荀子反驳孟子人性本善而可能丧失时，他并没有反驳孟子人性本善的观点，而是论证说“人之性，生而离其朴，离其资”（《荀子·性恶》），这表明“朴”和“资”（孟子称为德之端），即使在荀子看来，也是人与生俱来的东西，他只是强调人一生下来就有放弃它的倾向。在另一处，在证明人的自然倾向中的恶时，荀子宣称我们欲求我们所缺乏的东西，正如“薄愿厚，恶愿美，狭愿广，贫愿富，贱愿贵”，“人之欲为善者，为性恶也”（《荀子·性恶》）。荀子在此试图证明的是，既然人欲求善，这就表明人缺乏善（如果已经拥有了善，则人就不会欲求它）。然而，热烈地渴求善这一行为本身显然是善的。

因此，对荀子观点的恰当理解是，人与生俱来既有善性亦有恶性。事实上，荀子说：“义与利者，人之所两有也。虽尧舜不能去民之欲利；然而能使其欲利不克其好义也。虽桀纣不能去民之好义；然而能使其好义不胜其欲利也。”（《荀子·大略》）[①]我们称赞圣王（他们发展

① 与此相关联，荀子说人民去桀纣而奔汤武的理由是，前者为人所恶，后者为人所好。接着，荀子解释说：“人之所恶何也？曰：污漫、争夺、贪利是也。人之所好者何也？曰：礼义、辞让、忠信是也。”（《荀子·强国》）

了人们的好义之心）和谴责暴君（他们不允许人们如此做）的理由是，好义是人的独特性，好利则是人与禽兽的共同性。而且，荀子说，每个人自然地被赋予了好义的能力，正是在这个意义上，他宣称：“凡禹之所以为禹者，以其为仁义法正也。然则仁义法正有可知可能之理。然而涂之人也，皆有可以知仁义法正之质，皆有可以能仁义法正之具。”（《荀子·性恶》）

四、有德之人是否应该促进他人之德性

如前所析，孔子独特而重要的地方是，正因为他认识到人的内在福祉是人的真正利益所在，所以，当一个真正的有德之人关心他人的福祉时，他应该更为关心其内在福祉而非外在福祉，尤其是当两者发生冲突时。宽忍也许有益于作恶者的外在福祉，但却很有可能损害其内在福祉。在此意义上，我的宽忍行为是不道德的，我不是一个真正的有德之人。有德之人不仅关心他人的外在福祉，而且更应关心其内在福祉。换言之，既然做不道德之事并不符合行为者的真正（内在）利益，那么，有德之人亦即关心他人利益的人，就应该尽其所能制止他人做不道德之事。

在此，我想在与西方传统德性伦理学的比较中，突出我们这里讨论的孔子的观点的重要性。由于人们不满于在现代世界占支配地位的两种道德理论，即义务论和功利论，德性伦理学在最近数十年取得了重大复兴。然而，对它的一个严厉批评（大部分来自康德主义的哲学家）是，它是自我中心的（self-centered）。正如大卫·所罗门（David Solomon）所概括的：

> 德性伦理学倾向于过分关注主体……此种理论要求聚焦于单个主体的品质。获得美德之有意义，就在于我们假定了一个人应该成为某种特别类型的人……这种观点要求道德主体将其自身的品质作为道德关注的核心 ……(然而)道德反思的本质应是对他者的关心。①

无疑，对德性伦理学的这种批评也认识到有德之人是关怀他人福祉的。然而，

> 这种批评指向的是主体对自我品质的关注与对他人品质的关注的不对称性。这里的问题是：既然德性伦理学要求我首先关注我自身品质的状态，那么，这是否表明，我必须把我自身的品质视作我伦理上最重要的特征？然而，如果这样，假如我对他人有恰当的关心，难道我对他人的关心不应该超出仅仅对他们的需求、需要和欲望得到满足的关心，而也应该包含对其品质的关心？难道我就不应该像关注自我品质那样关注邻人的品质？②

所罗门以基督教的观点为例，基督徒视爱(love)或慈善(charity)为人的首要德性。基督徒通过对他人展示其德性成为人，但是，这种德性不要求此人引起周边的人也展示这种德性："基督教的爱要求我致力于满足

---

① David Solomon, "Internal Objections to Virtue Ethics," In *Virtue Ethics: A Critical Reader*, edited by Daniel Statman. Washington, D.C.: Georgetown University Press, 1997, p.169.

② David Solomon, "Internal Objections to Virtue Ethics," In *Virtue Ethics: A Critical Reader*, edited by Daniel Statman. Washington, D.C.: Georgetown University Press, 1997, p.172.

他人的需求、需要和欲望，但是，这难道不是暗示了他人在道德上没有我重要？满足他们的需要对他们来说已经足够，但是我要求我自己成为一个有爱心的人。”①

亚里士多德意义上的有德之人——作为一个真正的自爱者——在此意义上也是自我中心的；因为，如前所言，有德之人“总是做公正的、节制的或任何合德性的事情……这样的人才最应当被称为自爱者。因为，

---

① David Solomon, “Internal Objections to Virtue Ethics,” In *Virtue Ethics: A Critical Reader*, edited by Daniel Statman. Washington, D.C.: Georgetown University Press, 1997, p.172.这里有必要做两个说明。其一，托马斯·阿奎那（Thomas Aquinas, 1225—1274）发展了一种出于博爱的矫正（fraternal correction）的观念，出于博爱的矫正“对有害于罪人本人之罪加以惩治”，这“与（使朋友）获益一样，而（使朋友）获益是一种慈善的行动，是我们对朋友做的好事”（Thomas Aquinas, *The Summa Theologica*. In *Great Books of the Western World*, vols. 19 - 20. Chicago: Encyclopedia Britanica, 1952, q.33, a.1）。这里重要的一点是，我们通常认为罪人所犯之罪有害于他人，而阿奎那在这里看到，罪人之罪也有害于罪人本身。更重要的是，阿奎那认为出于博爱的矫正是一种比物质善举更好的精神善举（Thomas Aquinas, *The Summa Theologica*. In *Great Books of the Western World*, vols. 19 - 20. Chicago: Encyclopedia Britanica, 1952, q.32, a.4）。显然，这样，阿奎那的德性伦理学可以避免自我中心的批评。然而，至少有两点值得注意，一方面，阿奎那把出于博爱的矫正视为慈善的德性，它属于亚里士多德所说的理论德性和实践德性之外的第三种德性，即神学的德性：“我们无法自然地获得这种德性，也不能通过获得自然的力量来获得这种德性。唯有通过圣灵的渗入，我们才能获得这种德性”（Thomas Aquinas, *The Summa Theologica*. In *Great Books of the Western World*, vols. 19 - 20. Chicago: Encyclopedia Britanica, 1952, q.24, a.2）。另一方面，即便阿奎那确实认为有德之人出于慈善，应该关注他人的德性，他仍然认为“人，出于慈善，应该爱自己多于任何其他人”，“人绝对不应该从事任何会抵消其幸福的邪恶和犯罪的行为，即使他因此可以让邻人从犯罪中解脱”（Thomas Aquinas, *The Summa Theologica*. In *Great Books of the Western World*, vols. 19 - 20. Chicago: Encyclopedia Britanica, 1952, q.26, a.5）。其二，当笔者在康奈尔大学发表这篇文章的初稿时，听众中有一学生指出，一个真正的基督徒不仅自己过基督教的生活，而且也努力使他人过这样的生活。在此意义上，一个好基督徒不仅关注别人的外在福祉，也关注他们的内在福祉。这是一个有意思的观点。但我们需要牢记的是，即使在此例子中，基督徒首要关注的是他人精神上的而非道德上的福祉。为了看清这一点，我们可以设想一个儒家的圣人，他在道德上比任何人都更完满，但基督徒还是具有同样强烈的欲望想去使他皈依基督教。

他使自己得到的是最高尚的、最好的东西。他尽力地满足他自身的那个主宰的部分，并且处处听从他。”[①]有德之人只关怀他人的外在福祉，但却最关怀其自身的内在福祉，虽然他明确认识到内在福祉比外在福祉更为重要，更是人的构成部分。尽管亚氏确实认为肉体的伤害和快乐是真实的伤害和快乐，但他还是认为它们并不比灵魂的伤害和快乐更重要。然而，正是就灵魂的伤害和快乐而言，亚氏的有德之人仅仅关怀其自身，而且，正是通过为他人提供肉体上的快乐和消除或减少其肉体上的伤害，他自己获得了灵魂上的快乐并且使自己的灵魂避免受到伤害。[②]

与此形成对照，孔子的德性伦理学显然避免了自我中心的批评，因为他明确认为有德之人应该关怀他人的德性。孔子曾经教导其弟子说“吾道一以贯之”，曾子把他一以贯之的道理解为“忠恕之道”(《论语·宪问》)。根据当代最权威的《论语》编译者杨伯峻(1909—1992)，孔子所说的一贯之道实际上就是孔子版本的金律(Golden Rule)：忠是积极的版本，亦即“己欲立而立人，己欲达而达人”(《论语·雍也》)，恕是消极的版本，亦即《论语》中几处提到的“己所不欲，勿施于人”[③]。尽管学者对何谓“忠”尚有争议(实际上据我所知，杨是《论语》解释者持此观点的少数人之一)，[④]但是，对于“恕”之含义却有基本一致的观点，因为孔

① Aristotle, *Ethica Nicomachea*. Trans. by W. D. Ross. In *The Works of Aristotle*, vol. 9. Oxford: Oxford University Press, 1963, 1168b25 - 31.

② 因此亚里士多德说：“既然我们说好人会把有用的东西让给朋友，他爱朋友胜过爱自己。不错，但是，他放弃这样的东西意味着，通过把有用的东西让给朋友，他为自己谋求到了高贵的东西。因此，在某种意义上，他爱朋友胜过爱自己；在另一层意义上，他最爱自己。就效用而言，他最爱朋友；但是就高贵和善而言，他最爱他自己。”参见 Aristotle, *Magna Moralia*. Trans. by W.D. Ross. In *The Works of Aristotle*, vol. 9. Oxford: Oxford University Press, 1963, 1212b12 - 17。

③ 杨伯峻：《论语译注》，北京：中华书局，1980 年，第 39 页。

④ 在最近的一篇文章中，杨国荣也顺带地赞同这种解释，参见杨国荣：《形上学，成人，规范，知识，价值》，载于《哲学分析》2011 年第 5 期，第 49 页。另外陈乔见先生也告诉我冯友兰(1895—1990)在其《中国哲学史》中对“忠”也持这种(转下页)

子金律的消极版本对"恕"给出了一个明确的界定(《论语·卫灵公》)。

然而,笔者在此无意参与"忠"之真实含义的争论。我们的任务是揭示被认为是孔子关于金律的两个表述的独特意义。西方传统所理解的金律并不比德性伦理学更能免于自我中心问题的诟病。遵从金律,一个人应该对他人做他想要他人对他所做之事,不应该对他人做他不愿他人对他所做之事。然而,金律并不要求遵从金律的人使他人也遵从金律。比如,金律要求,如果一个人在患难时希望得到他人的帮助,这个人(甲)就应该帮助身处患难的他人(乙),但它并不要求此人(甲)也要使他人(乙)帮助身处患难的他人(丙);它要求,如果一个人不愿被不公正地对待,这个人(甲)就不要不公正地对待他人(乙),但它并不要求此人(甲)也要使他人(乙)不要不公正地对待他人(丙)。假设遵从金律对遵从者有利(违反金律对违反者不利),那么,在上述意义上遵从金律,就像一个有德之人,同样是自我中心的。

然而,无论你是否把《论语》中的这段话称作金律的孔子表述,孔子显然避免了自我中心的问题。我们首先考察所谓的金律的积极表达。孔子说:"所求乎子,以事父,未能也;所求乎臣,以事君,未能也;所求乎弟,以事兄,未能也;所求乎朋友,先施之,未能也。"(《中庸》)。这里很显然,孔子所提到的似乎是金律的外在方面。然而,在其关于金律的更为著名的说法即"己欲立而立人,己欲达而达人"(《论语·雍也》)中,孔子思考的明显是更为重要的事,而不只是要求我们对他人做我们意愿他人对我所做之事。

(接上页)看法,参见冯友兰著《三松堂全集》(第二卷),郑州:河南人民出版社,2001年,第316—317页。这种解释在孟子那里确实可以找到一些根据,他说:"教人以善谓之忠"(《孟子·滕文公上》),这种观念源自孔子,他说:"忠焉,能无诲乎?"(《论语·宪问》)

“立”的含义足够明显，在孔子那里，立己无疑更多地关涉内在品质而不是外在福祉。当孔子列举一生中几个重要的里程碑时，他提到“三十而立”(《论语·为政》)，显然他在谈论品质的塑造。关于“达”，孔子的界定是：“夫达也者，质直而好义，察言而观色，虑以下人。”(《论语·颜渊》)这表明“达”首要与人的内在福祉相关。最有意思的是，孔子这里以“直”解释“达”，就像他用同一字来告诉我们如何对待作恶者。既然达者会帮助他人达起来，而达者的本质特征是“直”，那么，当孔子要求我们“以直报怨”时，其真实含义就是要求我们帮助他人也行为正直；这正是我在本文中一直强调的一点。

因此，尽管我们可以继续把“己欲立而立人，己欲达而达人”视为金律的一个版本，可以继续认为孔子的金律版本包含金律的通常含义，亦即我们希望别人照顾我们的外在福祉，我们也应该照顾他人的外在福祉；但是，我们不应忽视其内在的一面，因为它对孔子而言更为主要。因此，理学的集大成者朱熹在评论此句时说立与达这“二者皆兼内外而言”①。朱熹所谓“外”指的是每个人都欲求的事物，如福乐康寿。这是我们对金律的通常理解：既然我想要福乐康寿，我也应该帮助他人福乐康寿。

然而，朱熹对孔子金律的独到见解是，他强调了它的内在方面，在上段引文紧随其后的话便表明了这一点：“且人修德，欲德有所成立。”这就表明，有德之人应该帮助他人成就美德。② 因此，对朱熹而言，金律的深层含义是：如果一个人想发展自己的德性，他应该帮助他人发展其德性；如果一个人想成就自己的德性，他应该使他人也成就其德性。在另外一处，朱熹更加明确地表达了这一点，他说：“我心之所欲，

---

① 〔宋〕朱熹：《朱子语类》，北京：中华书局，1986 年，第 846 页。
② 〔宋〕朱熹：《朱子语类》，北京：中华书局，1986 年，第 846 页。

即他人之所欲也。我欲孝弟而慈，必欲他人皆如我之孝弟而慈。……只我能如此，而他人不能如此，则是不平矣。”[①]在与朱熹对话中，一个学生很好地表达了孔子金律的内在方面，他说：“如己欲为君子，则欲人皆为君子；己不欲为小人，则亦不欲人为小人。”[②]

清代学者毛奇龄(1623—1716)在《四书改错》中，同样把此句解释为不立人就不能立己，不达人就不能达己。换言之，立他是立己的题中应有之义，达人(德性方面)是达己的题中应有之义。用孟子的术语，自我关心的是“大体”，亦即天生的四端(仁义礼智)之心。所以，毛奇龄不仅把此段与《中庸》中的“成己”与“成物”相联系，而且也与《大学》开篇的“明明德”“亲民”、《孟子》中的“独善其身”和“兼善天下”以及《论语》中的“修己”和“安人”相联系。[③] 在毛奇龄看来，这里成对的两个概念都是相互不可分离的：不成物无以成人，不亲民无以明明德，不兼善天下无以独善其身，不安人无以修己，反之亦然。

相比之下，通常认为，孔子关于金律的消极说法所表达的无非就是其日常意义，涉及的只是外在的方面。第一，在《论语》的几个地方，它仅仅说“己所不欲，勿施于人”，并未突出君子不想不道德的事实(因此也应该帮助他人不要不道德)。在《大学》中，金律的消极版本更加具体，但是它所思考的似乎主要是与外在方面相联系：“所恶于上，毋以使下，所恶于下，毋以事上；所恶于前，毋以先后；所恶于后，毋以从前；所恶于右，毋以交于左；所恶于左，毋以交于右。”第二，我们看到，孔子用金律的消极表达来解释恕道。然而，“恕”的字面含义之一是宽恕，这样，当我们看到一个人在作恶时，我们所要做的似乎应该是宽恕他，而

① 〔宋〕朱熹：《朱子语类》，北京：中华书局，1986 年，第 361 页。
② 〔宋〕朱熹：《朱子语类》，北京：中华书局，1986 年，第 1071 页。
③ 程树德：《论语集释》，北京：中华书局，1990 年，第 429 页。

不是试图帮他停止作恶。而如果金律的消极表达式有内在方面的含义，只要我们自己不想作恶，我们就不能不帮助他们停止作恶。第三，这种解释似乎得到了《论语》中其他一些语录的支持："躬自厚而薄责于人"(《论语·卫灵公》)；"君子求诸己，小人求诸人"(《论语·卫灵公》)；君子"乐道人之善"(《论语·季氏》)；"恶称人之恶者"(《论语·阳货》)；"攻其恶，勿攻人之恶"(《论语·颜渊》)。所有这些似乎都暗示，在金律的消极表达式中，孔子并不要求我们帮助他人避免做不道德的事，即使我们自己并不想做不道德的事。换言之，金律的消极表达式仅限于人们的外在福祉而不关乎内在福祉。

然而，这种解释不可能是对的。一方面，如此理解，它与孔子金律的积极表达式不一致，后者明白无误地包含甚至聚焦于人的内在福祉：既然我们想成为君子，我们就该帮助他人也成为君子。现在，假定我想成为君子，但是那却有个小人，我们如何才能帮助他成为君子(这是积极性的金律所要求的)？难道我们仅仅宽恕或忽视此人的过错，而不试图帮助他克服之？另方面，《论语》中同样有许多语录表明孔子主张有德之人应该关心小人的内在福祉。比如，孔子明言："德之不修，学之不讲，闻义不能徙，不善不能改，是吾忧也"(《论语·述而》)；"爱之，能勿劳乎？忠焉，能勿诲乎？"(《论语·宪问》)；"君子成人之美，不成人之恶。小人反是"(《论语·颜渊》)；最为重要说法是"唯仁者能好人，能恶人"(《论语·里仁》)。

最后一则语录与我们关注的问题特别相关。第一，它表明有德之人不仅有所喜好，亦有所憎恶。换言之，有德之人不会仅仅宽恕或忽视小人的道德缺陷。第二，既然孔子在他处把仁界定为爱人(《论语·颜渊》)，显然，这里所谓有德之人憎恶人，正像他喜好人一样，同样属于广义的爱，亦即仁的构成部分。第三且最重要的是，尽管每个人似乎都有好与恶的能力，孔子却说唯仁者能好人，能恶人，这表明，对孔子来说，唯有仁者懂得如何适当地好恶。

同时，有德之人憎恶为恶之人，正如他喜好为善之人。换言之，有德之人的喜好与憎恶是无私的。[①] 在此语境中，理学家程颐把有德之人的心比作“明镜”和“止水”：“好物来时，便见是好；恶物来时，便见是恶”。[②] 换言之，有德之人的憎恶与喜爱由事而不由己决定。在程颐看来，这是君子小人之别的主要所在：“小人之怒在己，君子之怒在物”。[③] 在这一点上，他的哥哥程颢也说：“圣人之喜，以物之当喜；圣人之怒，以物之当怒。是圣人之喜怒，不系于心而系于物也。”[④]这种解释与孔子的思想颇为一致。当一个弟子问孔子“君子亦有恶乎？”时，孔子回答说：“有恶：恶称人之恶者，恶居下流而讪上者，恶勇而无礼者，恶

① 这里笔者采纳了程颐和朱熹的解释（朱熹：《朱子语类》，北京：中华书局，1986年，第645页），尽管它不同于古典的解释，却很接近孔子。根据为众多注家所接受的古典解释，孔子此话的意思是，有德之人喜好人民之所喜好，憎恶人民之所憎恶。程树德：《论语集释》，北京：中华书局，1990年，第230页。这种解释所表达的观念虽然非常合笔者的口味，因为它与我所倡导的道德铜律（the moral copper rule）（参见 Yong Huang, “A Copper Rule Versus the Golden Rule: A Daoist-Confucian Proposals for Global Ethics.” *Philosophy East and West* 55.3 [2005]: 394 - 425。）、差异伦理学（ethics of difference）（参见 Yong Huang, “The Ethics of Difference in the *Zhuangzi*.” *Journal of American Academy of Religion* 78.1[2010]: 65 - 99。）和以受动者为中心的相对主义（patient-centered relativism）（参见 Yong Huang, “Toward a Benign Moral Relativism: From Agent/Critics-centered to the Patient-centered.” In *Moral Relativism and Chinese Philosophy: David Wong and Critics*, edited by Yang Xiao and Yong Huang. New York: The State University of New York Press, 2010。）的观念一样，但是很难从孔子的原文中看出这是他的意思。

② 〔宋〕程颢、程颐：《二程集》，北京：中华书局，1989年，第210—211页。

③ 〔宋〕程颢、程颐：《二程集》，北京：中华书局，1989年，第306页。这类似亚里士多德所说的：“那些在本该发怒的场合而不发怒的人被看作是愚蠢的，那些对该发怒的人、在该发怒的时候而不以一种适当的方式发怒的人也是愚蠢的。” Aristotle, *Ethica Nicomachea*. Trans. by W. D. Ross. In *The Works of Aristotle*, vol. 9. Oxford: Oxford University Press, 1963, 1126a5 - 6。

④ 〔宋〕程颢、程颐：《二程集》，北京：中华书局，1989年，第460页。

果敢而窒者。”(《论语·阳货》)因此，有德之人仅仅憎恶邪恶之人。

另一方面，尽管无德之人也可能憎恶邪恶之人，但是，有德之人憎恶邪恶之人并不是在诅咒他们。在此，至关重要的是，有德之人憎恶邪恶之人，并不仅仅是表达其情绪，而是以一种恰当的方式表达(或不表达)这种情绪(以及从事或不从事别的事情)，从而使邪恶之人不再邪恶。因此，《论语》中的这则“唯仁者能好人，能恶人”的语录可以与《礼记·曲礼》中的一段话相得益彰：“爱而知其恶，憎而知其善。”看到所爱之人的弱点，就可帮助他克服弱点；看到所憎之人的长处，就不会放弃对他的希望。

如果这样，我们如何理解，在我们前面提到的《论语》的其他一些语录中，孔子似乎说有德之人不应当纠正而应当宽恕他人的道德缺点？尽管“恕”有宽恕之义，但孔子显然不是在这个意义上使用它，因为他明确地把恕解释成“己所不欲，勿施于人”，这与宽恕他人的过错非常不同。因此，当弟子就此问朱熹有恕道之人是否应该宽恕他人的道德缺点时，朱熹说：“此说可怪。自有《六经》以来，不曾说不责人是恕！……不成只取我好，别人不好，更不管他！”①

有鉴于此，我们对上文所提及的《论语》中教导我们“躬自厚而薄责于人”“求诸己而不求诸人”“攻己之恶，毋攻人之恶”等语录需要重新理解。孔子之意是，当有德之人遭遇恶人时，一方面，有德之人应该反省如何做一些不同的事，以便使恶人不再为恶；另一方面，应该把帮助恶人改过自新视作自己的责任，以便使恶人不再为恶。《论语》中记载了一则可能来自武王的谚语，很好地阐释了这一点：“百姓有过，在予一人。”(《论语·尧曰》)因此，有德之人对他人仁慈宽恕，不是因为他(或

① 〔宋〕朱熹：《朱子语类》，北京：中华书局，1986年，第701页。

她）不关心他人的品质，而是因为他（或她）把使他人变得有德性视作自己的责任。因此，对于有德之人而言，他人有道德缺陷恰恰表明他或她（有德之人）尚未完全履行成就他人德性的责任，因而自己还没有完全成为一个真正意义上的有德之人。孟子在描绘伊尹时最为明确地表达了这一点："思天下之民，匹夫匹妇有不与被尧舜之泽者，若己推而内之沟中，其自任以天下之重也。"（《孟子·万章下》）理学家朱熹表达了类似的观点，他说："天下苟有一夫不被其泽，则于吾心为有慊；而吾身于是八者有一毫不尽，则亦何以明明德于天下耶！夫如是，则凡其所为，虽若为人，其实则亦为己而已矣。"[1]

五、结论

在本章中，我们考察了孔子对待作恶者的观点。尽管他没有绝对地排除耶稣所谴责的态度，即"以眼还眼，以牙还牙"或者以怨报怨，以及耶稣所提倡的态度，即把左脸转给别人打或者以德报怨；一般而言，两者孔子都不赞成。孔子的原则是，无论我们做什么，都应该有助于使作恶者不再是恶人的目标。以怨报怨和以德报怨在大多数情况下都可能适得其反，虽然是以不同的方式：或强迫或鼓励作恶者进一步作恶。相反，孔子教导我们"以直报怨"，首先认识到作恶者行为的不道德性，然后防止他们进一步作恶——通过不创造甚至消除他们作恶的机会。对孔子而言，我们对作恶者应该持此态度，首要不是为了我们自己的外在福祉（以便我们不再遭受作恶者的伤害），而是为了作恶者的内在福祉（以便使其不再是恶人）。在此，孔子认为，一个人的内在福祉比其外

---

① 〔宋〕朱熹：《朱子语类》，北京：中华书局，1986 年，第 313 页。

在福祉更为重要，因为前者使人成为人而不是禽兽。正因为如此，对待作恶者的真正道德的态度不是让他作恶，从而增加其外在福祉，而是阻止他作恶，从而增加其内在福祉，亦即使他们成为没有缺陷的人。无疑，为达此目标，对我们而言仅仅消除或不创造其作恶的机会，甚至还提供或者至少不消除其作善的机会是不够的，我们有必要感化或劝导他们变成有德之人，以便即使有机会作恶，他们也不愿。

第二章

“好德如好色”：孔子对当代美德伦理学的贡献

一、引言

孔子曾说：“吾未闻好德如好色者也。”(《论语·子罕》)这是孔子对卫灵公的抱怨。卫灵公更有兴趣花时间在他的夫人(一个漂亮但在私生活上却声名狼藉的女人)身上，而不愿听取孔子给他的以德治国的建议。这绝非仅仅是一个偶然的评论，毋宁说是孔子思想特别是其道德哲学的核心议题。在孔子看来，做道德的事是不够的，还需要喜好做，以至于可以快乐地、毫不费力地、轻松地做道德的事。在本章，我将首先考察他所谓“好德如好色”的含义(第二节)，以及它作为对“为什么要有道德”这一问题的合理回答的意义(第三节)；然后考察孔子是如何回答他关于美德的讨论所引起的两个问题：① 在有德者关注他人利益只是为了使自己变成一个有德者的意义上，有德者是否是自我中心主义者(第四节)；② 美德是否是吊诡的：一方面，美德值得称赞乃是因为对人来说它是困难之事；但是，另一方面，有德者却是轻松地做这样的事(第五节)。最后，本章结尾会有一个简短的结论(第六节)。

二、乐于有德

孔子的核心思想是道德上的修身。然而，这种修身的最高目标是乐。在《论语》中的好几章，孔子明确表达了这一观念。首先，孔子说："知之者不如好之者，好之者不如乐之者。"（《论语·雍也》）。这里不清楚此章中三个动词的对象"之"字具体所指。理学家把它解释为"道"或"理"有争议，因为孔子学说中最重要的是道德修身之学，我们能够相对确定的是，"之"字必定是某种与道德相关之物。因此，孔子这里所讲的是：知道何谓美德不如喜欢美德，喜欢美德不如乐于有美德。尽管理学家解释"好之"（"虽笃而未能有之"）与"乐之"（"为已之所有"）①的区别可能过于具有创造性，但是很清楚的是，孔子认为乐于有德是一个人道德修养的最高阶段。

其次，孔子认为道德修身的过程是"兴于诗，立于礼，成于乐"（《论语·泰伯》）。正如通常在古代汉语（和现代汉语）中那样，这里没有"兴""立"和"成"三个动词的主语；但是，学者相对一致地认为孔子所谈论的是道德修养的过程。因此，我假定孔子试图要说的是，在这个过程中，一个人的道德修养始于读《诗》，这会激发他的道德情感；但是除非这些情感受到礼的调节，否则它们是不稳定的；当一个人的行动受到礼的调节，他经常会有外在的强制感，因此，一个人的道德修养只有通过音乐才能完成，通过音乐一个人在践行道德行动时变得很自然。这个解释也许是有争议的，但是无论如何，孔子视"乐"为道德修养的完成却是毋庸置疑的。要理解这一点，我们应该看到，音乐之"乐"和快乐之

---

①〔宋〕程颢、程颐：《二程集》，北京：中华书局，2004年，第361页。

“乐”不仅是同一个汉字，而且它们的含义也紧密相关。孔子最为杰出的追随者孟子把这一点表达得尤为清楚：“乐之实，乐斯二者（按，指仁与义），乐则生矣；生则恶可已也，恶可已，则不知足之蹈之、手之舞之。”（《孟子·离娄上》）这里的第一个“乐”是指音乐，而第二和第三个“乐”，一个是动词，一个是名词，则指快乐。孟子要说的是，当一个人的道德修身达到“成于乐”时，他就会像舞乐一样的来践行道德：一切自然自发，感觉不到丝毫强制或半点犹豫。

再次，在颇为著名的一章中，孔子如此描述了自己道德发展的过程（这可能是世界上最短的人物传记）：“吾十有五而志于学，三十而立，四十而不惑，五十而知天命，六十而耳顺，七十而从心所欲不逾矩。”（《论语·为政》）这些阶段的含义不是完全清楚，但是颇为重要的是最后一个阶段，孔子在此阶段能够从心所欲地行动而不违背任何道德原则。虽然这里并没有出现“乐”这一字眼，但是，它完美地刻画了乐的含义：从心所欲地行动。这被视为道德修身的最高阶段，因为在此阶段不必再担心任何外在的道德规则。这当然不是说在此阶段，一个人获得了免于道德规则限制的特权，毋宁说是不再需要这些规则，因为无论他做什么，即使不考虑任何道德规则，他所做的正是这些规则要求他所做的。用孟子的术语讲，在此阶段，一个人不再是“行仁义”，而是“由仁义行”（《孟子·离娄下》）。在前者，仁义被视为外在于践行者的某物，在后者，仁义显然被认为是内在于自己的某物。仁义之内在化确实接近孔子的理念，也就是本章标题所表明的：好德如好色。

孔子“好德如好色”的理念在两个不同的类比中得到展示。其一是《大学》中“如好好色，如恶恶臭”（第六章）的说法，这是一个非常棒的类比。一个人无须被告知，无须深思熟虑，也无须任何努力，他就会喜好美色而憎恶恶臭。一个人一旦看到美色，就会喜好之；一旦闻到恶臭，就会憎恶之。事实上，一个人在喜好上之前不可能把任何一种颜色视为美，也不可能在憎恶之前就把任何一种气味视为臭。正是在这个意义上，孔子声称在最高的道德修养阶段，一个人将会“见善如不及，见不善如探汤”(《论语·季氏》)。另一是《孟子》在感官与心之间的类比：“口之于味也，有同耆焉；耳之于声也，有同听焉；目之于色也，有同美焉。至于心，独无所同然乎？心之所同然者何也？谓理也，义也。圣人先得我心之所同然耳。故理义之悦我心，犹刍豢之悦我口。”(《孟子·告子上》)

要理解儒家乐的观念，考察一下儒家传统中的孔颜之乐会颇有助益。《论语》中有两章与此相关，一处是孔子赞扬弟子颜回：“贤哉回也！一箪食，一瓢饮，在陋巷。人不堪其忧，回也不改其乐。贤哉回也！”(《论语·雍也》)在陋巷过一种贫困的生活通常被认为是一桩痛苦之事。为何颜回乐在其中，为何孔子赞扬颜回乐在其中？当然，贫困不能使人快乐，颜回在此方面也无两样。显然，颜回之所以快乐以及孔子之所以赞扬他是出于其他理由，而这种理由没有被生活的残酷现实所吞没。然而，到底什么是真正的理由？在另一处孔子谈及自己的快乐时变得清楚起来：“饭疏食饮水，曲肱而枕之，乐亦在其中矣。不义而富且贵，于我如浮云。”(《论语·述而》)孔子赞扬颜回“不改其乐”，但是他说自己是“乐在其中”。后世注解家试图强调颜回“不改其乐”与孔子“乐在其中”这两者之间存在质的区别，主要是为了说明孔子较颜回境界更高，然而，我相信他们都描绘了同一种现象。

颜回“不改其乐”和孔子“乐在其中”的理由，在上文所引最后一句得到了解释：“不义而富且贵，于我如浮云。”孔子乐在贫困中和颜回不为贫困而改其乐，是因为他们为了遵循道德原则而安于贫困。虽然孔子说他们乐在其中或不改其乐，即便他们饭疏食饮水、居住陋巷等，但这并不是说疏食饮水和陋巷自身能提供给某人快乐。一个人快乐的真正来源在于遵守美德，而在孔颜所处的这两个特定情况下，如果他们试图避免贫困，就必须违背美德，所以他们可以乐在贫困之中，不因贫困而改其乐。这在与此相关的另一章中表达得十分清楚：“富与贵是人之所欲也，不以其道得之，不处也；贫与贱是人之所恶也，不以其道得之，不去也。”（《论语·里仁》）

关于孔颜之乐，孟子表达了同样的观点：“鱼，我所欲也；熊掌，亦我所欲也，二者不可得兼，舍鱼而取熊掌者也。生，亦我所欲也；义，亦我所欲也，二者不可得兼，舍生而取义者也。生亦我所欲，所欲有甚于生者，故不为苟得也；死亦我所恶，所恶有甚于死者，故患有所不辟也。”（《孟子·告子上》）因此，追求财富和生命本身并不是一件道德上的坏事，正如避免贫困和死亡本身也不是一件道德上的好事。只是在我们为了追求财富和生命或者回避贫困和死亡而必须违反道德原则时，我们才不应当追求财富和生命或者回避贫困和死亡。只要遵守道德原则，一个人可以在任何事物中发现快乐，无论是贫困还是富有，无论是寻求生存还是牺牲自己。《论语》中有关孔颜之乐的描述是在贫困的语境中，这特别有效，因为既然贫困本身显然不能带给任何人快乐，我们就可以更清楚地理解何为儒家之乐。

在儒家传统中，除了孔颜之乐外，乐还与诚有紧密的关系。孟子说没有比诚更大的快乐：“万物皆备于我矣，反身而诚，乐莫大焉。”（《孟子·尽心上》）在这里，汉语的“诚”与英语中的“realization”十分接近。这个字在英语中有双重含义：一方面，通过自我反省，一个人认识到他自己，或者在儒家传统中可以更为恰当地说认识到内在于他自身的“性”与“道”；另一方面，通过道德修养，人实现了自己的本质（本性）。正是在此意义上，孟子说没有比自我认识和自我实现更加快乐的了。如果一个人对任何有益于他的事物都会感到快乐，那么肯定没有任何快乐比自我认识和自我实现更大了，因为肯定没有比自我认识和自我实现更有益于他自身的事了。"诚"之所以给人带来最大快乐，是因为"君子所性，仁义礼智根于心。其生色也，睟然见于面，盎于背，施于四体，四体不言而喻。"(《孟子·尽心上》) 一个人在自身中认识和实现的本质(性)就是四德，只要一个人完全认识到这些美德，他就会自然地、自发地、快乐地实践这些美德。因此，"诚"不仅关涉自我，而且还涉及他人。正是在此意义上，《中庸》把"诚"的双重含义即自我实现和实现他人合二为一："诚者非自成己而已也，所以成物也。成己，仁也；成物，知也。性之德也，合外内之道也。"(第 25 章)

三、作为人类独特性的美德

孔子的"好德如好色"可以对"为什么应当有美德或道德"(Why should or ought to be virtuous or moral)这一问题提供一种更好的回答。这是西方哲学传统提出来却从未被恰当回答的一个问题。在柏拉图(Plato, 428/427—348/347BC)的《理想国》(*Republic*)中，格劳孔提出一个问题："为什么我应当公正？" 这个问题在古格斯戒指中变得尖锐起来，古格斯戒指能够随意地使人变得可见或不可见。假设有两个这样的戒指，公正的人拥有一个，不公正的人拥有另一个。一方面，不公正的人使用这个戒指，使他在做不公正的事时隐藏自己，而在他做(或假装做)公正的事或者至少没做不公正的事时显现自己。在格劳孔的例子中，不公正的人不是持续不断或专做不公正之事的那种人，而是那种干了最大的坏事但却获得公正名声的人。① 另一方面，公正的人

① Plato, *The Republic*. In *Plato: The Collected Dialogues*, edited by Edith Hamilton and Huntington Cairns. Princeton: Princeton University Press, 1961, 361a－b.

使用这个戒指，使他在做公正的事时隐藏自己，而在他不做公正的事时则显现自己，这样“即便不干坏事他也一定会拥有最不公正的坏名声”。① 简言之，如果一个不公正的人可以拥有公正的表象或者至少没有不公正的表象，而一个公正的人可能会有不公正的表象或者至少没有公正的表象，那么，这一问题就会被提出：“为什么我应当公正?” 在这里，正如格劳孔的哥哥阿德曼图斯指出，似乎不公正的人得到的回报比公正的人要多：“他们会说，作为一个公正的人，除非我表面上像是如此，否则就是自找苦吃，要历尽千辛万苦和丧失一切；但若不公正却为自己获得公正的名声，那么就能过上神仙般的生活。”②

这可能是“为什么要有道德”(Why be moral)这个问题的起源，并且自那以后就一直困扰着道德哲学家。这个问题具有困惑性，因为它不是问“为什么我们应当有道德”(Why should we be moral)，这是一个相对容易回答的问题：如果我们互相之间完全不讲道德，我们就会生活在霍布斯(Thomas Hobbes，1588—1679)的自然状态中，即一切人对一切人的战争状态中，这对谁都没好处，并且会伤害每一个人。我们这个问题要问的是：“为什么我应当有道德”(Why should I be moral)更加直白地说，问“为什么我应当对他人有道德，如果我对他人的不道德并不会导致他们同样对我不道德?”显然，这是首先关注自我利益的利己主义者提出的问题。对此问题，我们或许可以尝试如此回答：如果每个人对他人行不道德之事，认为他的不道德行为不会导致他人同样对他行不道德之事，那么，每个人都将对你行不道德之事；因此，你应当

① Plato, *The Republic*. In *Plato: The Collected Dialogues*, edited by Edith Hamilton and Huntington Cairns. Princeton: Princeton University Press, 1961, 361c.

② Plato, *The Republic*. In *Plato: The Collected Dialogues*, edited by Edith Hamilton and Huntington Cairns. Princeton: Princeton University Press, 1961, 365.

对他人有道德。然而，如此回答显然不能说服提出这样问题的人：即便如此，既然至少我对他人有道德不能保证他人对我有道德，那么，我为何要对他人有道德？如果我对他人有道德而他人对我不道德，这对我来说必定更糟糕。

以这种方式理解，“为什么要有道德”的问题经常被认为是可笑的，不值得认真对待。例如，斯蒂芬·图尔敏（Stephen Toulmin，1922—2009）认为这个问题达到了“伦理推理的极限——也就是说，这个问题超出了伦理问题和伦理思考的范围”[①]，在他看来，“伦理推理可以说明为什么我们应当作这件事而不是那件事，或者倡导这样的社会实践而不是那样的社会实践”，但是对“为什么应当作正确之事”这个问题“伦理学中不能讨论”；有道德就是做我应当作的事，问“为什么我应当有道德”就是问“为什么我应当作我应当作的事”，因此，这个问题与“为什么所有鲜红之物都是红色的”是“同一层次的问题”（《理想国》162）。换言之，对图尔敏来说，正如“为什么所有鲜红之物都是红色的”一样，“为什么我应当有道德”是一个同义反复的（tautological）问题。回答这个问题，我们只能提出一个修辞学的问题：“一个人还能‘应当’做什么？”一如回答“为什么鲜红之物是红色的”，我们只能提出一个修辞学的问题：“鲜红之物还能是什么？”[②]

图尔敏认为此问题不正当，因为它是同义反复；然而，F.H.布拉德雷（F.H. Bradley，1992—2009）则认为它是不合理的，因为它自相矛盾：道德要求我们不要关注自我利益，但是，提出“为什么我要有道德”

---

① Stephen Toulmin, *An Examination of the Place of Reason in Ethics*. Cambridge: Cambridge University Press, 1964, p.160.

② Stephen Toulmin, *An Examination of the Place of Reason in Ethics*. Cambridge: Cambridge University Press, 1964, p.162.

的人显然在为不自私寻找某种自私的理由。在他看来，当我们提出并试图回答为什么要有道德的问题时，我们把道德视作某种别的目的的手段，但是道德的目的就是它本身，因此，这个问题是不合理的。他论证道："把美德作为仅仅是更长远目的的手段，这直接与道德意识的声音相对立。当这种道德意识未被自私所歪曲或未被诡辩所遮蔽时，它确信一旦问'为什么'就等于不道德；为了善而行善是美德，为了某种别的目的或目标而不是为了善自身去行善绝不是美德；为了要做善事和正确之事之外的其他目的而行动乃是邪恶的标志。"①

那么，"为什么我应当有道德"是否真像图尔敏和布拉德雷这样的哲学家所认为的那么不合理？道德告诉一个人他应当作什么。当我们要求人们有道德时，我们本质上是说"你应当有道德"；换言之，我们在说"你应当是你应当所是或你应当作你应当所做"。因此，当某人问"为什么我要有道德"，他其实是在问"为什么我应当是我应当所是？"然而，这不是一个同义反复的问题。凯·尼尔森（kai Nielsen，1926— ）对"应当"之道德与非道德的用法做了重要区分。在"为什么我应当是我应当所是？"这个问题中，第二个"应当"确实是在道德的意义上使用，但第一个却是在非道德意义上使用。尼尔森指出：

> 当我问"为什么我要有道德"，我不是问……"我有什么道德理由有道德？"那确实像问"为什么所有鲜红之物都是红色的？"毋宁说我是在问，当道德考虑与其他考虑发生冲突时，考虑一切因素后，我是否能为我总是给道德考虑以更高的权重给出一个足够强的理由（显然是一个非道德的理由）。这样的理由告诉我，如果我

① F.H. Bradley, *Ethical Studies*. Oxford: Oxford University Press, 1935, pp.61－62.

> 没有给道德考虑予如此首要的地位，我的行动可能是非理性的，或者至少比我相反的行动不够理性。①

换言之，假定有道德对我而言有好处，"我为什么应当有道德"问的是"有道德对我而言是否理性"。因此，这个问题不是同义反复。然而，倘若如此，这是否意味着"为什么我应当有道德"变成一个自相矛盾的问题，即为道德（不自私）寻求一个自私的理由？表面上是如此，一如布拉德雷所论证的那样。然而，大卫·柯普（David Copp）不这样认为。在他看来，问"我拥有什么自私理由有道德（不自私）"是在问"道德是否压倒自私？或者自私是否压倒道德？"②

我赞同尼尔森和柯普的观点，认为"为什么我应当有道德"既非同义反复，亦非自相矛盾，它是一个正当的问题。考虑到所有提出这个问题的人都缺乏从事道德行为的自然倾向这个简单事实，区分道德证成（moral justification）和道德动机（moral motivation）就十分关键。在其延伸形式"为什么我应当是我应当所是"中，第一个"应当"不是意在为第二个"应当"提供一个理由。否则，道德将变成某种仅仅是工具性的东西。相反，"为什么我应当有道德"中的"应当"或在其延伸形式"为什么我应当是我应当所是"中的第一个"应当"真正涉及的是道德动机的议题。问此问题的人不是道德怀疑论者。他清楚地知道他应当有道德，只是缺乏道德动机。具有动机的有德者绝不会问"为什么我应当有道德？"以这种方式理解，这个问题真正要问的是"我拥有或能够拥有什么道德动机？"这对我而言是一个完全正当的问题。

---

① Kai Nielsen, *Why Be Moral*. Buffalo: Prometheus Books, 1989, pp.286 - 287.

② David Copp, "The Ring of Gyges: Overridingness and the Unity of Reason." *Social Philosophy and Policy* 14(1997): 86.

西方哲学传统从不缺乏对此问题的回答。在别处，我考察了一些代表性的观点，但发现它们都有缺陷。[①] 在此，我将论证孔子“好德如好色”的观点为此问题提供了一个最合理的回答。从上一节的讨论中可知，孔子对“为什么要有道德”这一问题的回答是：有道德是快乐的；换言之，道德取悦于一个人的心，正如美味取悦于一个人的胃。既然一个人有动机做使他快乐的事，那么，他就应当有道德动机。这个回答似乎太过于简单化：果真这样，“为什么要有道德”这个问题真正关乎的是道德动机，那么它一开始就不会被提出，因为每个人已经拥有道德动机。孔子的回应是，尽管人们自然地有动机去做快乐之事，但是，他们未能区分两种类型的快乐并对之适当排序。

尽管通常认为，“孔颜之乐”是在贫困中感到的快乐，但是，儒家并不倡导禁欲主义，因此也并不反对追求非道德的快乐。孔子就说“富与贵是人之所欲也”（《论语·里仁》）。在颇为著名的一章中，孔子问几位弟子有何志向：有的说是治理一个被入侵的大国，使得它的人民有勇气且有原则；有的说是治理一个小国，使其人民富足；有的说是在宗庙之事和诸侯会盟中担任小相；在此之后，正在鼓瑟的曾点（生卒年不详）说他的志向是：“莫春者，春服既成。冠者五六人，童子六七人，浴乎沂，风乎舞雩，咏而归。”令人多少有点讶异的是，孔子说“吾与点也”（《论语·先进》）。后来的儒家自此以后都热衷于讨论孔子的“吾与点也”。

只有当一个人寻求非道德事物的快乐违背了道德，或者当一个人寻求道德中的快乐使得他的非道德欲望受挫时，问题才会发生。在此情况下，正如我们所见，孔子明确称赞道德中的快乐超过非道德中的快

---

① Yong Huang, “Neo-Confucian Hermeneutics at Work: Cheng Yi's Philosophical Interpretation of *Analects* 8.9 and 17.3.” *Harvard Theological Review* 101.1 (2008): 169 - 201.

乐(《论语·公冶长》)。孟子进一步发展了此观点，在他看来，即便一个人在饮食中追求非道德的快乐，他也应该把它视为为其追求道德快乐提供条件，毕竟一个缺乏身体力量的人无法做道德之事。因此，孟子说："饮食之人，则人贱之矣，为其养小以失大也。……饮食之人无有失也，则口腹岂适为尺寸之肤哉?"(《孟子·告子上》)孟子甚至认为一个人应该喜好道德甚于生命，憎恶不道德甚于死亡。

孔子自己明确说过，践行美德经常要求一个人经受身体的痛苦甚至牺牲自己的生命："志士仁人，无求生以害仁，有杀生以成仁。"(《论语·卫灵公》)生活贫困和牺牲生命当然会造成痛苦，然而，在孔子看来，通过不道德来避免痛苦和死亡会造成更多的痛苦；生活富裕和活得长久当然会带来快乐，然而，在孔子看来，有时候有道德虽然妨碍了一个人的富裕和寿命，却会给他带来更大的快乐。正是在此意义上，孔子区分了有益和有害的快乐："乐节礼乐，乐道人之善，乐多贤友，益矣。乐骄乐，乐佚游，乐宴乐，损矣。"(《论语·季氏》)同样，孟子也谈到了三种君子之乐："父母俱存，兄弟无故，一乐也；仰不愧于天，俯不怍于人，二乐也；得天下英才而教育之，三乐也。"(《孟子·尽心上》)重要的并不是在此提到的有益之乐和君子之乐的实际条目，而是有道德所带来的快乐被认为是真正的快乐这一事实，它胜过无道德乃至不道德的行动所带来的快乐。

有了孔子的答案，寻求快乐却缺乏道德动机的利己主义者不再问"为什么我应当有道德?"而会问："为什么我应当寻求道德的快乐而不是不道德的快乐?"毕竟，即便孔子给道德的快乐的权重多于不道德，但是，利己主义者必定对这两种快乐的价值有着不同的评估。对于这样的利己主义者，孔子的回答出奇的简单：有道德是人类的特征。这涉及所谓"人禽之辨"，它贯穿了中国哲学史。当区分人与禽兽时，孔子不是如西方哲学传统中常见的那样聚焦于理性，他强调的是人类的道德本性，以至于任何不道德的人不被认为是真正的人或无缺陷的人。尽管一个人可能会在做非道德与(或)不道德的事中找到快乐，有道德却是人独特的标志。因此，有道德是成为一个健康的或无缺陷的人的前提条件。在孔子的回答中这是最为独特之处，它与在西方哲学传统中占主导的理性人的观念形成尖锐对比。①

因此，孔子对“为什么我要有道德”的终极回答是：因为你是人。每个人都有快乐的动机。寻求快乐要么遵循道德原则、要么违反道德原则。然而，既然人的独特标志是道德心，人本质上是道德的存在，一个人应当在道德中寻求快乐胜过其他快乐。我认为这是一个很有说服力的答案，即便对提出此问题的利己主义者而言也是如此。当然，即便如此，极有可能的是利己主义者仍然缺乏道德动机。然而，从儒家的观点看，这流露出了利己主义者的愚蠢和短视，这与利己主义者显得是或者想要是的样子自相矛盾。利己主义者通常显得比别人聪明，实际上也自以为比他人聪明。利己主义者甚至会嘲笑践行美德的人，认为他们愚蠢，特别是因为践行美德的人不希望天下人知道他们在践行美德；利己主义者可能会从其不道德行动中获益更多，特别是因为他足够聪明，让自己的不道德行动不被发现。然而，在儒家看来，利己主义者才是愚蠢和短视的，因为他们未能认识到他们身上人之为人的独特性。②

---

① 亚里士多德(以及在稍微不同的方式上，柏拉图)认为有道德是人的杰出所在，但是，他并不认为它是人能够且应当作得最好之事。后者是哲学沉思，一方面，这不是每个人都能够做的，另一方面，这可能与有道德相冲突，因为要有道德一个人将会忙于他人事务，然而哲学沉思需要闲暇。我曾讨论过亚里士多德的观点及其与儒家观点的不同之处，参见 Yong Huang, "'Why Be Moral?' The Cheng Brothers' Neo-Confucian Answer." *Journal of Religious Ethics* 36.2(2008)：321－353。

② 在此方面，孟子做了一系列的类比论证。他把不道德的人描绘成这样的人：旷安宅而弗居，舍正路而弗由(《孟子·离娄上》)，有鸡犬放则知求之，有放心而不知求，桐梓皆知所以养之，而不知所以养身，在乎手指不如人甚于在乎心不如人，以及不能认识到大体(心)与小体(口腹等身体)的价值等级(《孟子·告子上》)。

因为如此愚蠢和短视，孟子说，一个不道德的人不知道，在做不道德的事中寻求快乐，他实际上对他自己造成了更大的伤害，正如一个人养树而忘了养身，一个人照顾他的手指而伤了他的肩背，或者一个人寻找丢失的鸡犬而不寻找丢失的本心。为此，一个不道德的人，再次因为他的愚蠢，“安其危而利其灾，乐其所以亡者”(《孟子・离娄上》)。一个不道德的人喜欢拥有快乐，但却对作为人的自我造成了伤害而不自知。正是在此意义上，孟子说不道德的人“今恶死亡而乐不仁，是犹恶醉而强酒”(《孟子・离娄上》)。

四、有德者根本上是利己主义者或自我中心主义者?

以上关于孔子“好德如好色”的讨论至少引出两个问题：第一个是孔子意义上的有德者是否从根本上讲是自我中心的？第二个关乎所谓的美德困境。我将在本节考察第一个问题，在下一节考察第二个问题。

表面上看，问孔子的有德者是否是自我中心的或利己主义的是可笑的。众所周知，显然，正如亚里士多德意义上的有德者，孔子的有德者不是常识意义上的利己主义的或自我中心的，因为这样的人(正由于有道德)关心他人的福祉。进而，不像亚里士多德的真正的自爱者，孔子的有德者在更深层的意义上不是利己主义的或自我中心的：这样的人不仅关心他人的外在福祉，而且也关心他人的内在福祉；换言之，他们不仅想使自己变得有德，而且也想使他人变得有德。

然而，孔子的有德者是否是托马斯・霍卡所谓的从根本上讲的自我中心主义者或利己主义者仍是一个问题。霍卡赞同亚里士多德(因此也赞同孔子)，认为有德者关心他人的利益；他可能会进而赞同孔子，认为有德者关心他人的利益也包括他们的品行；他甚至会赞同有德者为了他人的缘故而不仅仅是为了主体自身的缘故去关心他人外在的和内在的利益。然而，霍卡认为这样的有德者仍然是自我中心的或利己主义的，因为有德者出自他人的缘故而关心他人的利益（包括他们的品行），最终是因为他关心他自己的利益，即充分实现他的美德。在霍卡看来，所有“有德者的行动理由都源自他的好生活（flourishing）”，他坚持认为他行动的理由和被驱动的理由最终源自他自己的好生活，因此，这样的人从根本上讲是利己主义的。[1]

表面上看，孔子的有德者在此意义上确实是利己主义者。如前所析，孔子对“为什么要有道德”这个问题的回答是因为你是人：成德即是成为一个健康和完美的人。尽管为了成为一个健康和完美的人，即为了成为一个有德者，一个人需要关心他人的外在利益和内在品格，但他仍然是为了使自己成为一个真正完美的人的缘故而如此做。毕竟，作为一个过去黄金时代的仰慕者，孔子自己就曾感叹道：“古之学者为己，今之学者为人。”（《论语・宪问》）这似乎表明孔子的有德者确实是在“为己”。

在开始回答孔子的有德者在根本上到底是不是利己主义者之前，理解孔子所说的“为己”和“为人”的含义十分重要。当孔子赞扬“古之学者”之“为己”时，其意是他们学习是为了修身；当孔子贬低“今之学者”之“为人”时，其意是他们学习仅仅是为了炫耀卖弄。修身（为己）在孔子的传统中，意味着经由发展自己的天生倾向去关心他人的内在和外在利益从而成为一个完全的人。因此，一个人愈是为己，他就愈是为人。与此形成对照，炫耀卖弄（为人）关注的是自己的利益（名声）。在

① Thomas Hurka, *Virtue*, *Vice*, and *Value*. Oxford: Oxford University Press, 2001, p.232.

此意义上，一个人愈是为人，他就愈是为己。因此，程颐在解释《论语》此章时做了一个有意义的评论："'古之学者为己'，其终至于成物。'今之学者为物'，其终至于丧己。"①

回应霍卡的观点即有德者仍然是自我中心的一种方式是说明有德者在根本上或终极上是关心他人。有德者追求自己的目标诚然没错，但是，他为自己设定的目标是尊重和推进他人的利益。当我们说有德者为己时，我们只是说，他是为了实现自己的目标，他要实现的目标恰恰是要尊重和推进他人的利益。换言之，有德者关心的是他人的利益。只是在尊重和推进他人的利益是他自己的而不是别的人的目标意义上，我们才可以说有德者之要有德是为己。在此意义上，有德者本质上就是关心他人的，而不是自我中心的。如此，如果说霍卡的反对观点认为美德伦理学把他人的利益归约为主体的善好，那么，这个回应似乎将有德者的利益归约为他人的利益。

然而，在此意义上，霍卡认为有德之人由自我陶醉(self-indulgence)变成了自我消除(self-effacing)："为了其好生活或为了体现其美德，一个人必须根据真正的美德动机而行动，比如纯粹为了他人快乐的欲望。如果他反而瞄准他自己的好生活或美德，那他就不是根据所要求的动机而行动，也就没有成就他自己的目标即好生活和美德。这就需要帕菲特(Derek Parfit, 1942—2017)所谓的'自我消除'的理论，告诉主体，他们的动机不应当是他们的理由的根源，甚至根本不要想起这个根源。"②这里，霍卡所讲的"理由"指的是追求他人的快乐欲望，而这种理由的"根源"则是自己的好生活和美德。也就是说，这里美德伦理学要

① 〔宋〕程颢、程颐：《二程集》，北京：中华书局，2004年，第325页。

② Thomas Hurka, *Virtue*, *Vice*, *and Value*. Oxford: Oxford University Press, 2001, p.246.

求有德者的道德动机应该是他人的利益，而不是自己的美德。这对霍卡来说是颇具反讽的，因为“一些德性伦理学的坚定支持者直言不讳地批评后果论的自我消除(self-effacing)”。

为了避免在自我陶醉与自我消除之间的困境，对美德(特别是儒家美德)的本质的正确理解是，不要把它们看作要么是自我陶醉的(通过为他人行动而为自己)，要么是自我消除的(通过为自己行动而为他人)；毋宁把它看作“既利人又利己”。进而，不要把它们看作两个相互独立的理由，好像有德者拥有一个却不能拥有另一个，或者在拥有一个之前拥有另一个；毋宁把它们看作是同一理由的两个方面。如我们所见，孔子的有德者要是他没能照顾好他的大体，用孟子的术语说就是他的心，即不能成为一个利他主义者(为他人利益服务)。在此意义上，一个利他主义者不得不是一个“利己主义者”；然而，一个人要是没能为他人利益服务，不可能成为一个“利己主义者”(照顾好自己的大体)。在此意义上，一个“利己主义者”不得不是一个利他主义者。如果被问及为何利他地行动，有德者会自然地回复说因为他想成为一个利他的人。如果霍卡还要说，这样的人在根本上仍是利己主义的，这就会显得比较古怪：这样的人利他地(无私地)行动，仅仅是因为他想成为一个利他(无私)的人，并不是因为他真的想利他(无私)地行动。这是古怪的，因为显然我们不能说，仅当一个人不想成为一个利他的人时，他才能真正地利他地行动。换言之，这是古怪的，因为我们不能说一个利他的人是一个利己主义者，即便在霍卡的根本的意义上而言。然而，与此同时，我们不能说这样的人是自我消除的，因为这是他想成为的那类人，他为他成为这类人而快乐，他是在他这类人中找到了真我。

如此，表面上两种对立的观念，即利己主义与利他主义、关心自我与关心他人，或者自我陶醉与自我消除就合而为一了。而且，两者不是以这种方式合而为一：有德者部分地是利己主义的，部分地是利他主义的，或者有时完全是利己主义的，有时完全是利他主义的；而是以这样的方式：有德者同时是完全"利己主义的"和完全"利他主义的"。有德者完全地出自他的真我的缘故而行动，因此是完全地利己主义的；然而，这仅仅是因为有德者把他或他的真我定义为关心他人利益的人，因此是完全地利他主义的。说有德者首要地或根本地是"利己主义者"并不正确，就好像他关心他人利益仅仅是服务于他或他之真我的利益之

手段；正如说有德者首要地或根本地是"利他主义的"也并不正确，就好像他关心自己或他之真我仅仅是服务于他人的一种方式。毋宁说，利他主义与利己主义在此完全重合。就如维特根斯坦(Ludwig Josef Johann Wittgenstein，1889—1951)在《哲学研究》(*Philosophical Investigations*)中所展示的一个图像，它从一个方面看像鸭子，从另一种方面看像兔子，有德者从一种方面(他服务于他自己的目标：成为一个利他主义者)看像利己主义者，从另一种方面(他设置的目标恰好是服务于他人的利益)看像利他主义者。然而，在维特根斯坦的图像中，拿走兔子就没有鸭子，反之亦然。类似地，在有德者那里，拿走利己主义就没有利他主义，反之亦然。

在此意义上，如果有人问，有德者做美德之事是因为他认为这对他有利还是因为他认为这是做正确的事，这就问错了问题。从康德(Immanuel Kant，1724—1804)的观点来看，如果是前者，那么有德者是出自一个错误的理由而做美德之事；唯有后者才使得有德者的行动具有真正的道德价值。然而，从儒家的观点看，自我利益和关心他人不仅不矛盾，而且也不是恰好完美吻合的两回事：它们实际上就是同一件事。当一个人追求真实的自我利益时，他必须践行道德；当他践

行道德时，他必须追求其真实的自我利益。在此意义上，我不同意有些学者的看法，[①]他们认为，一个人应该首先修身(实现自己的本性)，然后才能关注他人利益。实际上，如果不关注他人的利益，一个人的真实的自我本性就无法实现。因此，我们可以说，一个人追求他人利益(关心他人)正好是为了追求其自身的利益(关心自我)；我们也可以说，一个人追求自我利益(关心自我)正好是为了追求他人的利益(关心他人)。

利己在此意义上就等同于利他。正是促进他人利益的一个行动，恰恰当它以及因为它促进他人利益时，促进了一个人的自我利益，因为这个人的自我利益就是要促进他人的利益。因此，一个人愈有美德(愈关心他人利益)，其自我利益就服务得愈加好，反之亦然。所以，利他主义和利己主义就不再是对立的，两者共同构成了一个独特的自我观。孔子所要求我们修养的这种自我是“大我”，它与“小我”相对照，后者与利己主义的自我观相类似。根据孔子的观点，一个人只有通过克服小我才能够成就大我。这就解释了为什么孔子既倡导为己(大我)之学，同时又说“克己(小我)复礼为仁”(《论语・颜渊》)。

五、一个“美德困境”？

如我们所知，真正的有德者毫不费力地、快乐地、轻松地做美德之事；然而，美德之所以值得称赞，正是因为我们认为它们涉及困难之

① 例如，蒙培元在解释《中庸》的“自成”与“成物”时说：“‘成己’是出发点，‘成物’是其结果。圣人之学，关键是‘成己’，至于‘成物’，那是‘成己’以后的事，成己则自然能及物。”(蒙培元：《中国哲学主体思维》，北京：人民出版社，1993年，第18页)如我所析，这是不对的。一个不能同时成物的人是不可能自成的，因为“成物”是“成己”的内在部分，甚至就是“成己”的恰当界定。

事。这就是菲利帕·富特在讨论亚里士多德的美德伦理时所说的美德困境。富特主张美德是对人之自然倾向或者简单地说就是人性的纠正。她的意思是说，人既没有做美德要求他们去做的事情的自然倾向，也没有拒绝美德要求他们不去做的事情的自然倾向，美德应该在此两方面都纠正我们的自然倾向。一方面，有些美德要求我们克制我们具有自然倾向去做的事。例如，“只因为有懒惰的诱惑才有勤劳的美德；只因为人们倾向于自我感觉良好才有了谦逊的美德”①；另一方面，有些美德要求我们去做那些我们没有自然倾向去做的事。例如，“如果人们认为他人的利益与自己的利益一样重要，那么，就好像没有自爱的美德一样，也不会有仁爱的美德。如果人们关心他人的权利如关心自己的权利一样，那么就不需要正义的美德来考虑这类事情”。② 在富特看来，这两个方面都表明亚里士多德是对的，即美德是有关困难之事。

然而，我们看到，真正的有德者做他们所做之事，即美德之事时，不会感到任何困难，因此富特在此发现一个困境：

> 我们既倾向于又不倾向于认为，一个人道德地行动时感到越困难，只要他最后确实道德地行动了，就越表明其有美德。因为一方面，在特别难于美德地行动的地方需要伟大的美德；但是另一方面，有人会争辩说在美德的行动中感到困难表明主体在美德方面并不完美：根据亚里士多德的理论，乐于美德地行动是真正美德

① Philippa Foot, *Virtues and Vices and Other Essays in Moral Philosophy*. Berkeley: University of California Press, 1978, p.9.

② Philippa Foot, *Virtues and Vices and Other Essays in Moral Philosophy*. Berkeley: University of California Press, 1978, p.9.

> 的标志，感到行美德之事有困难而靠自我克制才能行美德之事的人并不是最好的人，而仅仅是次优的。[①]

亚里士多德的观点正是孔子的观点：真正的有德者乐于并毫不费力地做美德之事。然而，亚里士多德又说美德涉及困难之事，并且正是由于此，我们认为美德的行动具有更高的道德价值，但现在吊诡的是，真正的美德者没有任何困难做美德之事；事实上，如我们所知，他们毫不费力地、快乐地、轻松地践行美德。

富特解决此困境的办法是区分一般的人与特殊的有德者：

> 可以确定的是，美德具有纠正性的思想并不要求我们在每一个个体中把它与困难联系在一起。既然一般的人在面对巨大的危险或邪恶乃至微小的危险和邪恶时感到有困难，如果有一小部分人在可怕的环境中表现出无畏，而且这种无畏不是因为他们盲目或者无感，那么我们就可以将他们看成是勇敢的(即具有勇敢这种美德)……我认为美德是对人性的纠正，但并不是每一种美德都对每一个人和所有人呈现出困难。[②]

换言之，即使有德者毫无困难地做美德之事，他们的行动仍然值得称赞，因为他们做了对于一般的人来说是困难的事。这个解决方案并不完全令人满意。既然美德之所以值得称赞，是因为它是关于困难之

---

① Philippa Foot, *Virtues and Vices and Other Essays in Moral Philosophy*. Berkeley: University of California Press, 1978, p.10.

② Philippa Foot, *Virtues and Vices and Other Essays in Moral Philosophy*. Berkeley: University of California Press, 1978, p.11.

事，但这样的事对于有德者来说并不困难，那么，我们为什么还应当认为这些人做这些事值得称赞？唯有无德者付出巨大努力（拒绝他不去做的强大倾向）而做了同样的事才值得称赞。很奇怪，结果我们当然是在说，如果他们都作了同样的行动，无德者的行动而非有德者的行动才是值得称赞的。

孔子对这个表面上的困境的解决方式与此不同，并且，我将证明它更为可取。这一解决方式的要点是不只看结局，即有德者和无德者如何践行一项美德行动（前者轻松，后者困难），而且还要看过程。有德者经历的过程使他变得有美德，而无德者经历的过程则使他变得无德或仍然无德。如果我们只重视结局，说无德者的行动比有德者的行动更加值得称赞确实有其合理之处，因为两者都做同样的事，但是前者毫不费力，后者则付出巨大努力。然而，孔子的观点是，我们不仅应该看结局，而且还应该历史地看处境。

确实，有德者毫不费力地做美德之事，但他一定作出了很大的努力才能变成有德者；确实，无德者作了很大努力才能做美德之事，但这正是因为他没有努力变成一个有德者。孔子说“吾未见好德如好色者也”这一事实表明，好德如好色并非一桩容易事。而且，尽管孔子没有否定天生圣人（天生好德如好色的人）的可能性，但是，正如蔡尚思（1905—2008）指出：“孔子自己也未必相信真有‘生而知之者’，证据就是他不但叹息不得见‘圣人’，不但否认自己是天生圣者，而且还明白承认自己不是‘生而知之者’。”[①]毕竟，孔子本人也只有到 70 岁时才能从心所欲不逾矩。

那么一个人如何成德？孔子的回答是学以成德。他的七句自传列

---

① 蔡尚思：《孔子思想体系》，上海：上海人民出版社，1982 年，第 99 页。

举了他道德修身中的六个里程碑,最后一个阶段在 70 岁,此时他可以从心所欲。第一阶段在 15 岁,此时他"志于学"(《论语·为政》),他说正是热爱学习使得他跟其他人区别开来:"十室之邑,必有忠信如丘者焉,不如丘之好学也。"(《论语·公冶长》)在另外一处,他说"若圣与仁,则吾岂敢",如果他有什么特别的,那就是"学而不厌,诲人不倦"(《论语·述而》)。

在此背景中,承认缺乏知识没有什么不对,并且,一个人应该"敏而好学,不耻下问"(《论语·公冶长》)。他说:"盖有不知而作之者,我无是也。多闻择其善者而从之,多见而识之。"(《论语·述而》)一个重要的学习方式就是向他人学习。在一处,他说:"三人行,必有我师焉,择其善者而从之,其不善者而改之。"(《论语·述而》)在另一处,又说:"见贤思齐焉,见不贤而内自省也。"(《论语·里仁》)

孔子在讨论六种道德弊病时把学习的重要性阐释得最为清楚,这些弊病都是由不重视学习造成的:"好仁不好学,其蔽也愚;好知不好学,其蔽也荡;好信不好学,其蔽也贼;好直不好学,其蔽也绞;好勇不好学,其蔽也乱;好刚不好学,其蔽也狂。"(《论语·阳货》)值得注意的是,所有六种品质都是正面的,但是,孔子强调如果不好学,它们会变成有问题的品质。我们可能想知道好学为这些好品质增加了什么,或者如何使它们变得完美。

如果我们看看由于不好学而造成的与六种好品质相应的弊病,我们就会明白学习的主要功能在于使得各种品质在不同处境中得到适宜的展示。例如,"仁"的主要特征是爱人。如果一个人好仁而不好学,他可能会一视同仁地爱一切人,无论是善人还是恶人,穷人还是富人,老人还是年轻人等,孔子认为这是愚蠢的。在孔子看来,尽管一个人应该爱每个人,但是,为了适宜,考虑到爱的对象的独特性,对不同人的爱应该有所不同。在此情形中，学习的功能就在于找到分别适合于每一个爱的对象的不同的爱的方式。再如，"信"也是孔子十分强调的正面品质。然而，这并不意味着一个人应当不考虑任何特殊处境而坚守诺言。如果我承诺和一个朋友下棋，但是在我去朋友家的路上，看到一个小孩落水，若是我一心只想坚守我的诺言而不去努力拯救那个小孩，那么，我的行动可能会造成伤害。这里学习对于"信"的重要性在于在每一个特殊的处境中辨识我是否应当守信以及如何守信。

总体而言，这六种好品质告诉我们一般地应当如何做，而学习的意义在于告诉我们在特殊的情形中如何适宜地展示它们。在此意义上，我认为李泽厚是对的，他在注释《论语》此章时说：学习是"掌握合适的'度'"。[①] 这与孔子在另一处有关学习的说法颇为一致："学则不固"（《论语·学而》），[②]"固"（固滞不通）与"意"（无根据的臆想），"必"（坚持绝对的确信），"我"（自我中心）是孔子告诫我们应当杜绝的四件事（《论语·子罕》）。

孔子之"学"的内容不是书本知识或技能，而是成德之道。这在他称赞最钟爱的弟子颜回时表达得最为清楚。鲁哀公（前 521—468）问孔子"弟子孰为好学?" 孔子对曰："有颜回者好学，不迁怒，不贰过。不幸短命死矣！今也则亡，未闻好学者也。"（《论语·雍也》）这里，孔子把

---

① 李泽厚：《论语今读》，合肥：安徽文艺出版社，1999 年，第 406 页。

② 需要指出的是，历史上注解家对此章有两种主要的解释，很大程度上跟"固"（这里我译作"inflexible"）的两种不同解释有关。我这里采取了其中的一种。另一种解释基于"固"的另外一种基本含义坚固（being solid）。根据后者，"学则不固"只是一个短语而非一个整句，它不得不与此章中的上一句（即"君子不重则不威"）联系在一起来理解，作为整体，其意为："如果一个人缺乏庄重，他将没有威严，并且学习也不会坚固"（程树德：《论语集释》，北京：中华书局，1990 年，第 33—34 页）。我认为陈大齐（1886—1983）通过考察"固"在《论语》中其他用法以及分析"学"在《论语》其他章中的功能，已经做了令人信服的论证，我这里所采取的解释更优。

两种杰出品格与颜回的好学联系在一起。通常，我们对某人发怒，即便出自正当的理由，我们也忍不住会迁怒于眼前的其他人。而且，我们会许多次地继续犯同样的过错，即便我们被告知它们是错的。孔子说他这个好学的弟子，从来没有这两样毛病。因此，在此例中，学之于颜回，保持这两种重要品质十分关键。因此，在其成名作《颜子所好何学论》中，北宋理学家程颐回答了这个标题所问：“学以至圣人之道也。”他进而解释了达至圣人之道在于根据我们人类独特之处来训练我们的情绪（“性其情”），这与愚者“情其性”形成对照：后者纵其情而梏其性。①

可见，孔子所谓“学”有别于通常意义上的学。孔子弟子子夏在两段话中把此两种含义做了明确区分。在一处，子夏说：“百工居肆以成其事，君子学以致其道，”（《论语·子张》）此所谓的“道”即是成圣之道。在另一处，子夏说：“贤贤易色，事父母能竭其力，事君能致其身，与朋友交言而有信。虽曰未学，吾必谓之学矣。”（《论语·学而》）可以想象，一个人可能会说他没有学过，因为通常的意义上，学就是读书听讲以便获得理论知识或实践技能；在此意义上，他可能确实没有学过，因为完全有可能此人是个文盲。然而，子夏宣称此人必定学过，因为这里学的内容是在处理不同人际关系中如何成为有德者。除非天生就是圣人（孔子说他从没见过），一个人必须通过学习才能成为有德者。

这一点特别重要，因为孔子认为学以成德是每个人都能做到的事。因此，当他的一个弟子冉求说：“非不说子之道，力不足”，孔子回应说：“力不足者，中道而废，今女画。”（《论语·雍也》）实际上，孔子说他从未见过缺乏践行美德能力的人。重要的是，如果还未开始，那就行动起来；如果已经开始，就再也不要停止，正如孔子说他十五岁就“志于学”。

---

① 〔宋〕程颢、程颐：《二程集》，北京：中华书局，2004 年，第 577 页。

孔子说："譬如为山，未成一篑，止，吾至也；譬如平地，虽覆一篑，进，吾往也。"(《论语·子罕》)[1]这一点为孟子所发展，在"所欲有甚于生者，所恶有甚于死者"的同一章中，孟子接着说："非独贤者有是心也，人皆有之。贤者勿能丧耳。"(《孟子·告子上》)在此方面，孟子认为圣人与我们一般人是同类的："故凡同类者，举相似也，何独至于人而疑之？圣人与我同类者。故龙子曰：'不知足而为屦，我知其不为蒉也。'屦之相似，天下之足同也。"(《孟子·告子上》)既然圣人与其他人同类，如果圣人能乐于有德，那么，每个人都可以。原因在于我们每一个人都有心，它是必须取悦的共同之物。

当有德者和无德者都做美德之事时，历史地理解两者之间的不同，富特关于美德的困境就消失了。美德现在看来不仅对一般人而且对有德者来说都是困难之事。对有德者来说，它涉及困难之事，不是在有德者发现做它有困难的意义上(因为他们不是这样)，而是在对任何人来说要成为有德者都是件困难的事的意义上。这样，有德者的行动依旧值得称赞，即使他快乐地、毫不费力地、轻松地实施此行动。无德者做类似的行动不能同等令人钦佩。尽管他做了于他而言是困难的事，因为他付出极大努力去做美德之事，即通过抵制他不做美德之事或要去做邪恶之事的强烈倾向，他感到做美德之事有困难的理由，正是他还没有付出极大努力在一开始就变成一个有德者。换言之，如果我们理解一个人很容易成为一个无德者——在他无须努力修身的意义上而言，

① 每个人都有能力成为有德之人甚至圣人的观念，同样为孟子所强调，他宣称："岂人所不能哉？所不为也。"(《孟子·告子下》)因此，孟子在"不能"与"不为"之间做了个著名的区分，任何不道德的人之所以不道德，不是因为他不能有道德，而是因为他不愿有道德。尽管有些事是人所不能的，比如"挟泰山以超北海"(《孟子·梁惠王上》)，但是，有道德不是此类事。说一个人不能作道德之事，类似于说他不能举一羽，或不能见舆薪，就像孟子向齐宣王所解释的那样(《孟子·梁惠王上》)。

以及一个人不容易成为一个有德者——在他需要努力修身的意义上而言，那么，美德就确实是关于困难之事，即使对有德者来说亦是如此。

六、结论

上文我们考察了孔子“好德如好色”的观点。作为总结，我想说明为什么仅仅做美德之事是不够的；一个人也必须热爱做美德之事。换言之，我想说明的是，爱好做美德之事增加了一个人美德行动的道德价值。作为回应，首先，我不得不同意，美德伦理学所推荐的道德生活一定比其他伦理学理论所推荐的道德生活对于道德主体来说是更好的生活。例如，斯托克（Michael Stocker）问道：“人们愿意过何种类型的生活，他尽了义务却从未或者很少想去尽义务？”[①]显然，不论这种生活是否有益于他们履行道德义务的对象，这对道德主体来说不可能是好生活，因为主体为了践行道德而不得不努力克服他的自然倾向，因此不可能乐于践行道德。康德通过把道德从幸福中分离出来而最为清楚地表达了这一点。当然，美德伦理学的批评者可能会认为，道德生活是否有益于道德主体是不相干的；重要的是它是否有益于道德受动者。然而，与我们通常所认为的相反，这样的道德行动甚至对于道德受动者来说也是无益的。斯托克接下来设想的一个情景把这一点表达得很清楚：

> 设想你在医院，正在从长期的病患中恢复。你很无聊、烦躁不安、无所适从，此时史密斯再次进来。你现在比以往更加确信他是

① Michael Stocker, "The Schizophrenia of Modern Ethical Theories." In *Virtue Ethics: A Critical Reader*, edited by Daniel Statman. Washington, D.C.: Georgetown University Press, 1997, p.67.

> 一个好伙伴和真朋友——花如此多的时间，从大老远的地方过来，使你振作起来，诸如此类。你的赞美和感激之情溢于言表，这使他表示了不同意见：他总是试图尽他的义务，做在他看来会是最好的事……你们说得越多，事情就会变得越清楚……他来看你本质上并不是因为你，不是因为你们是朋友，而是因为他认为这是他的义务……或者仅仅是因为他知道没有其他人需要他来振作精神，或者没有其他人更容易被他振作。①

这个例子清楚地表明，唯有当以及因为有德者有利于他人的行动使有德者本人的生活更美好，这项行动才有可能使他人的生活更美好！

① Michael Stocker, "The Schizophrenia of Modern Ethical Theories." In *Virtue Ethics: A Critical Reader*, edited by Daniel Statman. Washington, D. C.: Georgetown University Press, 1997, p.74.

第三章

“正曲为直”：孔子论为什么要亲亲相隐

一、引言

《论语·子路》记载孔子在与叶公讨论“直躬者，其父攘羊”时，主张子为父隐，并说“直在其中”。这段话在近十几年的中国学术界引起了广泛且持续的争论。有些人认为，“直”指“正直”，因此在其父攘羊时，子不应隐之，而应证之；而另一些人认为，“直”指“率直”，因此在其父攘羊时，子不会去证之，而自然会去隐之。但如果仔细阅读原文，孔子这里并没有说子为父隐就是“直”，而是说“直”体现在子为父隐之中。因此，孔子这里说的“直”应理解为“正曲为直”之“直”。攘羊之父为“曲”父，孝子作为直者就应该正之，使之也成为直者。而为了正曲父为直父，最好的办法是“微谏”；而要使微谏达到目的，对于父之攘羊，最好的办法是隐之而不是证之。因此，在孔子那里，子为父隐本身不是直，而是实现直的手段，所以他说“直在其中”。从这个角度看，孔子在这段话中的思想还体现了其法律哲学关于罪犯的一个重要洞见。在西方法律哲学中，关于罪犯主要有“功利论”（utilitarian）和“报应论”

(retributive)。两者都认为应该对罪犯加以惩罚，差别只在于惩罚的根据或目的。前者旨在通过惩罚使该罪犯和其他人不再犯同样的罪，后者则试图通过惩罚把罪犯加到受害人身上的痛苦以同样的程度还给罪犯，以达到一种平衡。这两种学说都存在着问题。以孔子为代表的儒家认为，在一个罪犯给他人造成外在的身体或者物质利益伤害的同时，也给自身造成了内在的人性伤害，因此，人们应该医治罪犯的内在伤害，使其恢复健康的人性，即所谓的"正曲为直"。这代表的是一种关于罪犯的"康复论"(restorative)。它既可以避免"功利论"和"报应论"的问题，又可以达到各自想达到的目的：罪犯的人性得到康复后，一方面不会再去犯罪(功利论的目的)，另一方面又会设法对受害人作出某种可能的补偿(报应论的目的)。

二、论辩的现状

《论语・子路》记载了叶公与孔子之间的一段对话：叶公语孔子曰："吾党有直躬者，其父攘羊，而子证之。"孔子曰："吾党之直者异于是：父为子隐，子为父隐。直在其中。"这段对话长期以来饱受争议，也是中国大陆过去十几年来有关儒家伦理争论的热点。①

① 这场论辩始于刘清平(1956—)的一系列论文。他批评孔子在这段对话中表达的观点，以及《孟子・尽心上》《孟子・万章上》中表达的观点，认为这些观点是中国社会今昔腐败的根源。郭齐勇(1947—)发表了一系列论文反驳刘清平，为孔子辩护，其他学者也纷纷加入论辩。他们的论文和一些相关论文收录在《儒家伦理争鸣集》(武汉：湖北教育出版社，2004 年)。我称之为论辩的第一阶段。2007 年，我为美国《当代中国思想》(*Contemporary Chinese Thought*)杂志第 1 期编了一个专辑，收录了《儒家伦理争鸣集》中一些论文的缩略英译文，并撰写了序言。2008 年，我还就这个话题在 *Dao: A Journal of Comparative Philosophy* 第 1—3 期组织了专题讨论。在论辩的第二阶段，邓晓芒(1948—)发(转下页)

在儒家批评者看来,既然孔子本人视诚实正直为重要的美德,那么,他应该称赞告发自己父亲偷羊的人,而不是替自己父亲隐瞒的人,但孔子的做法却恰恰相反。这一事实说明,他错误地把家庭关系置于诚实正直的美德之上。① 而在儒家辩护者看来,强调儿子对父亲自然真诚的孝爱的重要性,这正是孔子所讲的"直"。因此,孔子与叶公理解的"直"是不一样的。叶公的"直"意味着不偏不倚:"直"的人对家人与他人一视同仁。他们会告发任何一个违法犯罪的人,包括自己的家人。而孔子的"直"隐含在孝子不告发父亲偷羊之事的举动中,指的是孝子对父亲有"难以掩饰的真情实感"。②

因此,围绕《论语》这段对话的争论似乎是针对两种意义上的"直"的争论:一种强调了家庭成员间自然亲情的重要性,另一种则强调社会公正的意义。③ 这两种"正直"分开来看都是好的,但在上述具体事

(接上页)表了一系列论文反驳郭齐勇等人的批评,为刘清平辩护,这些论文收录在《儒家伦理新批判》(重庆:重庆大学出版社,2010 年)。郭齐勇等人对邓晓芒的回应收录在《〈儒家伦理新批判〉之批判》(武汉:武汉大学出版社,2011 年)和《正本清源论中西》(上海:华东师范大学出版社,2014 年)。有关这场论辩的英文介绍,可参见 Wang Tangjia, "Is Confucianism a Source of Corruption in Chinese Society?: A New Round of Debate in Mainland China." *Dao* 13(2014): pp.111-121。然而,论辩前两个阶段的发起者主要是接受西方哲学训练的学者;在论辩的第三阶段,两位中国思想史专家兼出土文献专家廖名春(1956—)、梁涛(1965—)各自撰文对这段对话做了独到的诠释,郭齐勇对他们的观点也作了响应。我编辑了这一阶段主要论文的缩略英译文,连同所写的序作为专辑,刊发于《当代中国思想》2015 年第 3 期。

① 刘清平:"论孔孟儒学的血亲团体性特征",《儒家伦理争鸣集》,武汉:湖北教育出版社,2004 年,第 859 页。

② 蒙培元:"人是情感的存在",《儒家伦理争鸣集》,武汉:湖北教育出版社,2004 年,第 460 页;郭齐勇:"'亲亲相隐''容隐制'及其对当今法治建设的启迪",《〈儒家伦理新批判〉之批判》,重庆:重庆大学出版社,2010 年,第 6 页。

③ 梁涛认为,叶公和孔子分别运用了"直"的这两层意思,叶公认为告发他父亲的人是正直的,孔子则说"亲亲相隐,直在其中"。但在梁涛看来,以上这两层意思都是有失偏颇的,"直"还有把这两层意思结合起来的第三层意思。在该 (转下页)

例中则互相冲突。人们似乎面临着一个两难困境，儒家辩护者高扬家庭成员之间的亲情，并有一些很好的理据，但这些理据似乎不足以让儒家批评者信服。例如，在孔子看来，家庭是社会的基本单位，保持家庭和睦对于维护一个"理性有秩序的具备正常伦理关系的社会"是至关重要的。[①] 但儒家批评者对这一点难以接受，认为家庭成员互相隐瞒罪行或许能使家庭和睦，却难以维持一个健康的社会：如果每个家庭都有人违法犯罪，家人都为他隐瞒罪行，那么，就没有一个罪犯会受到惩治，犯罪的人或许还会受到鼓励继续作恶。结果，社会就没有公正可言。[②]

另一种常见的辩护是把对亲人的爱比作树根，把对他人的爱比作树枝。这一辩护是基于《论语·学而》所讲的："君子务本，本立而道生。孝弟也者，其为仁之本与！"[③]在这个比喻中，亲人之间的爱和对他人的爱是一致的，因为后者从前者中自然生长出来，就像树枝从树根中自然生长出来一样。因此，孟子说："老吾老，以及人之老；幼吾幼，以及人之幼。"(《孟子·梁惠王上》)因此，如果这两种爱在特定情况下发生冲突，对亲人的爱要优先于对他人的爱，因为前者是根，后者是枝叶。如果枝叶被砍去了，只要根还在，新的枝叶还能长出来；如

(接上页)段中，孔子说"吾党之直者异于是"时，就运用了这第三层意思[梁涛："'亲亲相隐'与'隐而任之'"，《哲学研究》10(2012)：37]。但在我看来，即使当孔子说"亲亲相隐，直在其中"时，也包含了以上两层意思，因此"直"可英译为"uprightness"(正直)；此外，在孔子看来，一个真正直的人能使枉者直。因此，"子为父隐，直在其中矣"意思是说，这是使他父亲变得直的最佳方式。

① 郭齐勇："也谈'子为父隐'与孟子论舜"，《儒家伦理争鸣集》，武汉：湖北教育出版社，2004 年，第 14 页。

② 黄裕生："普遍伦理学的出发点：自由个体还是关系角色?"《儒家伦理争鸣集》，武汉：湖北教育出版社，2004 年，第 961 页。

③ 依照传统的解释，这句话说的是孝悌是仁的本。不过我认为理学家，尤其是二程及朱熹的解释更有道理。在他们看来，《论语》这句话的意思不是说孝悌是仁的本，而是说孝悌是为仁(即行仁和实践仁)的本。

果根被砍去了，新的枝叶就不能长出来，已有的枝叶也会枯死。这一辩护，也很难使批评者信服。在他们看来，就像健康的枝叶只能在健康的树根上长出来一样，与家庭成员以外的人的道德关系只能建立在家人之间的道德关系的基础之上；如果树根患病，就必须先治树根，不仅是为了从根部长出的枝叶，也是为了树根本身。同样，如果家人犯了错，也必须先治好家人的问题，不仅是为了与他人的关系，也是为了犯了错的家人本身；而为了使他改正错误，替他隐瞒是不对的。

还有一种辩护，是基于法律和道德的现实主义。根据这一理论，法律或道德原则不能要求人们去做他们不可能做到的事情。例如，范忠信认为，当我们制定一条律法甚至设立一条道德原则时，必须考虑预期的可行性。即使律法或道德原则本身是对的，如果它的要求是大多数人做不到的，那么也不应该采用。他进一步把这一观点联系到叶公称赞告发父亲罪行的儿子是正直的，认为无论是过去还是现在这都是人类无法接受的标准。[①] 他的观点本质上等同于弗拉纳甘(Owen Flanagan, 1949—)所讲的“最低限度的心理现实主义原则”(minimal psychological realism)。根据这一原则，“当我们构建一个道德理论或提出一个道德理想时”，需要“确定其性质、决策过程及规定的行为是可能的，或者我们感到对于我们人类来说是可能的”。[②] 显然，这一辩护也不能使批评者信服。因为，假如一个道德准则是大

① 范中信：“‘期待之可能性’与我国刑事法的‘法治圣贤定位’”，《〈儒家伦理新批判〉之批判》，武汉：武汉大学出版社，2011 年，第 382—383 页；参见杨泽波：“腐败还是苛求？”《儒家伦理争鸣集》，武汉：湖北教育出版社，2004 年，第 107—108 页。

② Owen Flanagan, *Varieties of Moral Personality: Ethics and Psychological Realism*. Cambridge, MA: Harvard University Press, 1991, p.34.

多数人所不能做到的，但如果“直躬”做到了，那么他的所作所为应该是值得称赞的，可能比只遵守道德准则的人更值得赞美——他的行为超越了道德义务的要求。但是，这显然不是孔子对“直躬”所作所为的看法。

以上这些为孔子高扬亲人之爱的正当性证明都不能令批评者信服，但这并不是说，批评者已经为提倡对非家庭成员的博爱提供了令辩护者信服的辩解。也许人们还得耐心等待双方为各自在这一两难困境中的立场提供令对方信服的辩解。然而，我开始怀疑《论语》中的这段话是不是真的让人们陷入两难困境——也许这个想法本身就是错的，虽然我一度也持这个想法。[①] 怀疑的理由有二：第一，在孔子看来，“直”不仅是去说或做一个人真正感受到的事，而是去说或做真正正确的事情。[②] 更重要的是，孔子的“直”概念的核心是具有正直美德的人不仅要使自己正直，也要使品行不端正的人变得正直。孔子称卫国大夫史鱼“直”，他活着的时候用言谏、死的时候用尸谏，试图让卫灵公(前 540—前 493)变得正直。孔子也称闵子骞(前 536—前 487)“直”，他使家庭三方都变得正直了：虐待他的继母、继母偏爱的两个同父异母的弟弟，以及想休妻的父亲。《论语・阳货》中有句话：“好直不好学，其蔽也绞。”邢昺(932—1010)疏曰：“正人之曲曰直。”这是正直的一个特征。孟子继承孔子的思想，也强调了这一点。一方面，孟子说“枉己者，未有能直人者也”，另一方面则强调正直的人要使不正直的人变得正直。(《孟子・滕文公上》)《春秋左传・襄公七年》(公元前 566)记载的晋国公族穆子的话“正曲为直，参和为仁”，也确证了这一点。如果是这样，孔子“直”的概念在实质上与叶公并无二致，他们的

---

① Yong Huang, “Introduction”, *Contemporary Chinese Thought*, 2007, p.6.
② Yong Huang, *Confucius: A Guide to the Perplexed*, 2013, chapter 2.

分歧只在于何种行为——告发抑或是隐瞒父亲的罪行——是这种"直"的更佳表现。

第二点怀疑理由如下。按照一般理解，"直躬"将社会公正置于孝道之上，而孔子称赞的人则恰恰相反。这就预设了孝道与社会公正之间的二分，至少在这一具体事例中是这样。然而，孝道意味着要照顾父母——既要关心他们的外在福祉，也要关心他们的内在福祉。这就要求确保父母不去做不道德的事情，如果已经做了，就应该让其改正。在这个意义上，孝道与社会公正以及我们对家庭以外人的爱，就没有矛盾了，而是完全契合。因此，如果只是隐瞒父母的罪行或者以隐瞒父母的罪行为目的，除了会伤害到受害者的外在福祉，还会伤害到父母的内在福祉——父母可能误以为允许他们做坏事，这不仅有碍于他们内在福祉的提高，而且还会鼓励他们去做更多的坏事，于是进一步伤害了他们的内在福祉。

正是在这个意义上，我认为劳思光(1927—2012)对《论语》中这一颇有争议的文字的解释在方向上是正确的。其解释的核心是运用理学"理一分殊"之说。换言之，儒家思想中的道德原则虽然是普遍的，但一定要在不同的情况下发挥不同的作用。劳思光打了一个比方：怎样用公平原则对待运石工人。公平地对待他们，不是说让他们搬运等量的石头；相反，让他们根据各自不同的体能搬运不等量的石头才是公平的。同样，正直地对待人们，不是指毫无差别地对待他们，而是需要考虑他们各自的情况。既然一个人与父母的关系不同于他与陌生人的关系，如果父母和陌生人做了同样的坏事比如偷了一只羊，一个正直的人要以不同的方式对待他们。① 劳思光的进路基本上是对

① 劳思光：《新编中国哲学史》，台北：三民书局，2010 年，第 123—126 页。

的，但问题在于：如果父亲和陌生人做了同样的坏事，正直的人究竟应该如何用不同的方式去处理？孔子认为，儿子不应该告发父亲的罪行，即便他应该告发陌生人的罪行。但是，孔子为什么不认为儿子应该告发父亲的罪行而隐瞒陌生人的罪行呢？劳思光没有回答。① 为了回答这一问题，有必要考察父子关系的独特之处；而要考察这一点，则有必要分析孔子是如何理解“孝”的。“孝”的概念内涵极其丰富，这里只讨论与问题本章的最直接相关的方面。②

三、“孝”与劝谏父母

在汉语里，“孝”字常与“顺”字合用，构成“孝顺”一词，字面意思是对父母既孝敬又顺从。诚然，孔子讲孝的确包含顺从父母之意。有学者认为，《论语・为政》中“子夏问孝。子曰：‘色难’”说的是：一个人要在父母说出来之前先知道父母心里所想的，做他们喜欢的事情。这一理解可以在《论语・学而》得到进一步印证：“父在，观其志；父没，观其行。三年无改于父之道，可谓孝矣。”然而，《孔子家语・三恕》则载孔子答子贡问：

> 子贡问于孔子曰：“子从父命孝？臣从君命贞乎？奚疑焉。”

---

① 劳思光还指出，这里涉及两个问题：一是孔子关于同一道德原则具有不同作用的看法，二是孔子关于父子关系之特殊性的看法。依劳思光之见，即使人们可能不接受后者，也应该接受前者。这似乎意味着，在孔子的时代儿子不告发父亲偷羊是对的，但在现代社会不一定对（劳思光：《新编中国哲学史》，台北：三民书局，2010 年，第 125 页）。我则认为：即使在当代社会，儿子不告发父亲的罪行也是对的。

② 关于“孝”的其他方面，参见 Yong Huang, *Confucius: A Guide to the Perplexed*, 2013, pp.120 - 131。

> 孔子曰：“鄙哉赐，汝不识也。昔者明王万乘之国，有争臣七人，则主无过举；千乘之国，有争臣五人，则社稷不危也；百乘之家，有争臣三人，则禄位不替。父有争子，不陷无礼；士有争友，不行不义。故子从父命，奚讵为孝？臣从君命，奚讵为贞？夫能审其所从，之谓孝，之谓贞矣。”①

在这段文字中，孔子反对孝子盲顺父母，而是强调劝谏的重要性。对此，《荀子·子道》总结道：

> 孝子所以不从命有三：从命则亲危，不从命则亲安，孝子不从命乃衷；从命则亲辱，不从命则亲荣，孝子不从命乃义；从命则禽兽，不从命则修饰，孝子不从命乃敬。故可以从而不从，是不子也；未可以从而从，是不衷也。明于从不从之义，而能致恭敬、忠信、端悫以慎行之，则可谓大孝矣。

重要的是，在这段文字中，没有区分忠臣需要对君王做的事情和孝子应该对父母做的事情——忠臣应该向君王进谏，孝子也应该劝谏自己的父母。这与《礼记·檀弓上》中所讲的相矛盾：“事亲有隐而无犯……事君有犯而无隐。”显然，这段话不能代表孔子的观点。就此而言，《论语·里仁》中“子曰：‘事父母几谏。见志不从，又敬不违。劳而不怨。’”

---

① 这段话还出现在《荀子·子道》中，略有出入。《孝经·谏诤》也有类似的文字：“曾子曰：‘若夫慈爱、恭敬、安亲、扬名，则闻命矣。敢问子从父之令，可谓孝乎？’子曰：‘是何言与，是何言与！昔者，天子有争臣七人，虽无道，不失其天下；诸侯有争臣五人，虽无道，不失其国，大夫有争臣三人，虽无道，不失其家；士有争友，则身不离于令名；父有争子，则身不陷于不义。故当不义，则子不可以不争于父，臣不可以不争于君。故当不义则争之。从父之令，又焉得为孝乎！’”

最为相关也最为重要。由于对这段话有多种不同的解释，在此试作逐句分析。

第一句“事父母几谏”，学术界没有太多的争议，唯一的分歧在于这个“几”字。我遵从大多数注释者的解释，理解为“委婉”。不过，王夫之(1619—1692)认为“几谏”指“见微先谏”，即子女在父母开始做坏事之前劝谏，因为一旦坏事做了，就难以阻止了。[①] 但我认为，即便如此，也不是说做了坏事之后再劝谏就没有用了；一个人还是应该劝犯了错的父母去纠正错误。问题在于，不管是在做坏事之前还是之后一个人应该怎么劝谏？正如《礼记·内则》所言：“父母有过，下气怡色，柔声以谏。”这就是“几”的真正含义。此句重要且没有争议的一点在于：在孔子看来，子女不应该盲目地顺从父母，而应该劝谏父母不要做坏事。

第二句“见志不从，又敬不违”，学术界存在较大分歧，主要是因为“不违”的宾语没有明确表述出来。按照通行的汉代经学家郑玄(127—200)的理解，“不违”的宾语和前面的动词“敬”的宾语是一致的，都暗指“父母”；他还引用了《礼记》中的一句话，“子之事亲也，三谏而不听，则号泣而随之”。[②] 根据这一理解，《论语》中的这句话应该解释为：“当你意识到父母没有听从你的意愿，你应当对父母保持恭敬，同时不要顶撞父母。”然而，在我看来，“敬”的宾语是“父母”，“不违”的宾语不是“父母”而是前一句“见志不从”中的“志”。采取这一解释有三个原因：其一，皇侃(488—545)的《论语》版本中，两个动词用“而”字连接，[③]它含有“但是”的意思，意味着相反的两层意思在一定程度上的转变：对父

① 程树德：《论语集释》，北京：中华书局，2006年，第272页。
② 程树德：《论语集释》，北京：中华书局，2006年，第270页。郑玄说这句话出自《礼记·内则》，但现行版本放在了《礼记·曲礼下》。
③ 程树德：《论语集释》，北京：中华书局，2006年，第270页。

母恭敬，但不违背个人意愿去劝谏他们。其二，《论语·为政》云：“孟懿子问孝。子曰：‘无违。’……樊迟曰：‘何谓也？’子曰：‘生，事之以礼，死，葬之以礼，祭之以礼。’”孔子这里用的“无违”义同“不违”，所讲的“不违”是不违背礼，而不是不违背父母的意志；如果说《论语·里仁》的意思是孔子劝人们不要违背父母的意志，那就显得前后不一致了。[①] 关于“不违”，朱熹的论证很有说服力：“不违者，上不违微谏之意，恐唐突以触父母之怒。下不违欲谏之心，务欲置父母于无过之地，其心心念念只在于此。若见父母之不从，恐触其怒遂止而不谏者非也，欲必谏遂至触其怒亦非也。”[②]其三，这样的解释也与该段最后一句“劳而不怨”相一致。

第三句“劳而不怨”，关键词是“劳”。在宋代经学家邢昺看来，“劳”的意思是受父母严厉指责。因此，将这句话理解为：即使你因为劝谏父母而饱受父母谴责，也不应该有怨言。我认为，对“劳而无怨”的解释必须与《礼记》中一段可以解释《论语·里仁》的相应文字放在一起思考。在阐述了孝子该如何劝谏父母（“子之事亲也，三谏而不听，则号泣而随之”）之后，《礼记》接着说：“谏若不入，起敬起孝，说则复谏。不说，与其得罪于乡党州闾，宁孰谏。父母怒，不说而挞之流血，不敢疾怨，起敬起孝。”两段文字都认为，如果父母不听孝子的劝告，不是放任父母做坏事，而是不放弃劝谏他们。更重要的是，《礼记》中的这段话还补充说，如果委婉的劝谏不起作用，父母要开始做坏事，子女应该不断谏诤，阻止他们给邻居带来伤害；这样一来，父母可能会生气，会挞责子女，但

① 郭齐勇认为，这个词也有不违背礼的意思（郭齐勇：“‘亲亲相隐’‘容隐制’及其对当今法治建设的启迪”，《〈儒家伦理新批判〉之批判》，武汉：武汉大学出版社，2011年，第8页）。虽然我这里没有采用这一解释，但得出的结论是一样的。

② 〔宋〕朱熹：《朱子语类》，北京：中华书局，1986年，第705页。

子女不应该有怨言。这个观点很有意思，孔子很可能会接受这个观点。虽然《论语·里仁》中的这段文字没有讲子女阻止父母去伤害邻居，以及子女因此可能遭受父母挞责。所以，我赞同大多数《论语》批注者的观点，他们把“劳而不怨”理解为子女应该继续劝告父母。例如，皇侃说：“谏父不从，或至十至百，不敢辞已之劳，以怨于亲也。”吕伯恭也说：“救父母于无过之地，左右前后，千方百计，尽其心力。即形神俱弊，亦不敢怨。”[①]这里的“劳”，应当理解为“使自己劳累”的意思。

现在，我们把整段话放在一起理解。孔子告诉人们，如果父母有过，要下气怡色，柔声以谏。谏若不入，起敬起孝，悦则复谏。不悦，与其得罪于乡党州闾，宁孰谏。即使这个过程使孝子身心俱疲，孝子也不应该埋怨父母。

如果是这样，那么，又该如何理解《论语·学而》中孔子说的“父在，观其志；父没，观其行；三年无改于父之道，可谓孝矣？”理解这段话的关键在于，弄清楚孔子要孝子遵守的父志父行，以及父没三年而不改的父道究竟是什么。杨伯峻认为，这句话中儿子要坚持的事情都是正确的事情，因为如果是坏事，孔子不认为孝子应该顺从且保持不变。但问题在于，如果是正确的事情，那么，三年后也不应该改变。因此，我还是同意钱穆的观点：孔子指的是处理家庭日常事务的方法，比如说，各种礼仪的预算、送给亲戚的礼物、家人衣食的安排等。这些事务在道德上几乎是中性的。即使有更高效的方法去施行，也不着急改变。[②] 但是，在与道德有关的事情上，如果父母的所思所为是错误的，那么，父母还健在的时候，子女就应该努力使他们改正；如果父母的所思所为是正确的，那么，他们去世三年之后也不应该改变。

---

① 程树德：《论语集释》，北京：中华书局，2006年，第271页。
② 钱穆：《论语新解》，北京：生活·读书·新知三联书店，2006年，第16页。

显然，在孔子看来，重要的是，子女要劝谏父母不做任何错事；也就是说，子女不应该盲目地顺从父母。此外，虽然孝与对父母的顺从是分不开的，但在孔子看来，劝谏父母也是孝的重要内容。当然，它也是孝子侍奉父母的一种方式。但是，在何种意义上，劝谏父母是侍奉父母，从而是孝行呢？子女劝父母不要做错事，似乎顾及了父母的错误行为可能导致的受害者的利益，而父母是最有可能从坏事中获利的人。因此，子女规劝父母不要做错事显然不是为了父母的利益而是为了父母错误行为可能导致的受害者的利益。按此理解，子女可能仍然觉得劝谏是道德的，但它在何种意义上是侍奉父母并表明子女对他们的孝心呢？

为了透彻地理解孔子认为劝谏是侍奉父母的一种方式，也是“孝”的重要内容的观点，需要记住它的核心内涵：让一个人变得有美德也符合这个人自己的利益，而让一个人变得邪恶则与他的利益相悖。[①] 这与西方哲学传统中常见的自我中心论截然不同。按照西方的自我中心论，做有道德的人比如做诚实的人，这是获得一己私利的最佳策略：第一，让他人对自己诚实，这合乎自己的利益，那么，自己对他人诚实是赢取他人对自己诚实最可靠的方法；第二，对他人诚实也是获利的最可靠办法。例如，自己经商的话，对顾客诚实不仅可以赢得很多回头客，也会因为自己的声誉吸引很多新顾客；两者都会使自己赚到更多的钱；第三，诚实比不诚实容易。诚实做人，只要在任何情况下说真话就可以了；而撒谎，就要求记住之前说过的每句谎言以确保这次说的谎言（或是信口说了真话）与之前说的谎言不矛盾，但一个不诚实的人或迟或早会被人发现他没有诚信，这样一来，继续做个撒谎的人就没有意

---

① Yong Huang, *Confucius: A Guide to the Perplexed*, 2013, pp.45 – 53.

义了。但是，这显然不是孔子所讲的做美德之人所获得的自我利益。

孔子所讲的做一个美德之人符合自己的利益、做一个邪恶之人则妨碍自己的利益，不仅区分了外在福祉与内在福祉，而且还将内在福祉置于外在福祉之上。因为，是内在福祉使人类成为有别于其他生物的人。一个孝顺的人在照顾父母的利益时，不仅要关心他们的外在福祉，而且要关心他们的内在福祉；当父母的外在福祉与内在福祉相冲突时，更应该关心他们的内在福祉。因为，父母做坏事往往是为了获取外在福祉却失去了内在福祉，子女劝说他们不要做错事，更多的是因为父母的（内在）利益之故，而不是因为父母错误行为可能涉及的受害者的（外在）利益之故。

有意思的是，孔子对他的两个学生曾子（前 505—前 435）和闵子骞有不同的看法，两人都是元代学者郭居敬（？—1354）编撰的《全相二十四孝》中的人物。该书以韵文形式撰写，以传说中的圣君舜居首的二十四种行孝故事感人至深。一方面，曾子的孝体现在他全心全意地照顾父母而且对父母百般顺从，即便是他父亲对他做了不对的事情，他依然恭敬顺从。孔子不赞同曾子盲目顺从父母，让他以圣君舜为榜样不让父母对他做错事。另一方面，孔子说："孝哉闵子骞！人不间于其父母昆弟之言。"（《论语·先进》）闵子骞做了什么令孔子对他评价如此之高呢？

闵子骞母亲早亡，父亲续弦，继母生了两个儿子。闵子骞的继母对他不好，但很宠爱自己的两个儿子。寒冬的一天，闵子骞驾车，冻得发抖，缰绳从手里脱落。他父亲大怒，用鞭子抽打他，鞭子打破了他的外套，衣服里的芦花掉了出来。他父亲握了握马车里两个小儿子的手，发现他们的手很暖和，检查了一下他们的外套，发现是用棉花而不是芦花做的。父亲意识到他妻子虐待闵子骞，想要休了她。闵子骞跪下恳求父亲原谅继母，说道：“母在，一子单，母去，三子寒。”这就是孔子在《论语·里仁》中推崇的委婉的劝谏。父亲感于闵子骞的无私，接受了他的劝谏。甚至继母和他的两个弟弟都深受感动，从此改变了对闵子骞的态度。从那以后，继母就像爱自己的孩子一样爱闵子骞，两个弟弟也以待兄长之道待他。①

四、父攘羊，孝子缘何为父隐？

这里再回到本文开头所引用的《论语·子路》中令人费解的文字。根据上文的讨论，不告发父母的错误行为，这一定是为了提升父母的内在福祉，进而提升父母所接触的人的外在福祉，因为孔子说直就隐含在其中了。问题在于，在何种意义上，子女隐瞒父母的罪行比告发他们更能体现出直呢？为了理解这一点，蔡元培（1868—1940）的观点值得注意：

> 今使亲有乱命，则人子不惟不当妄从，且当图所以谏阻之，知其不可为，以父母之命而勉从之者，非特子罹于罪，且因而陷亲于不义，不孝之大者也。若乃父母不幸而有失德之举，不密图补救，而辄暴露之，则亦非人子之道。孔子曰：父为子隐，子为父隐。是其义也。②

① 这个故事意涵丰富。清代学者焦循（1763—1820）指出：“闵子骞不从父令，则母不遣，是其上事父母。两弟温暖无愠心，而恐母遣而两弟寒，是下顺兄弟……后母之酷可间，两弟独棉纩可间，父不能察后妻可间。一谏而全家感化，父母不失其慈，二子不失其悌，使可间化而为无可间。”（程树德：《论语集释》，北京：中华书局，2006 年，第 748 页）

② 蔡元培：《国民修养二种》，上海：上海文艺出版社，1999 年，第 38 页。

我认为，蔡元培的讲法符合上文提到的孔子认为劝谏是孝的重要内容的观点。很显然，孔子认为父母做了错事以后，孝子出于孝心不应该告发，但要做的远不止于此，还要为父母的错误行为寻找补救措施；而隐瞒父母的错误行为的价值就在于：为这样的补救营造积极的氛围。蔡元培没有明确指出补救措施有哪些。但是，既然孔子强调孝子对父母孜孜不倦的劝谏，我们可以想象补救措施就是劝父母改正自己。上文关于《论语·里仁》劝谏的讨论中，子女首先要注意父母即将做坏事的情况，劝谏的目的是为了让他们改变主意，不要去做坏事，但如果坏事已经做了，显然出于孝心就应该再次劝谏，不仅是为了让错误得到纠正，更重要的是，父母也可以做个好人。在这一点上，我认为陈乔见的看法颇有见地："儒家眼中的孝子，他一方面应该为父隐，另一方面则应几谏父亲，劝说父亲把羊归还失主，一次劝说不成，再次，再次不成，三次……直至成功。"①

在《论语》《礼记》中，孔子为了让父母听子女的劝谏，主张子女应该委婉地劝谏。如果子女因为父母的错误行为而大声斥责，(无德的)父母就会生气，于是就很难听从子女的劝谏了。所以，保持劝谏的亲密氛围很重要。如果儿子告发他父亲的恶行，父亲还没有变成有道德的人，他自然会生儿子的气。在这样的氛围下，如果儿子想劝谏父亲，父亲不大可能会听。在这个意义上，不告发父母的恶行对于有效的劝谏是很重要的。纠正错误的行为只是问题的末节，子女的目的更在于改正犯错误的人，后者才是问题的根本。因此，在孔子看来，即使不告发父母的恶行本身不是正直的，但正直已经隐含在其中了，因为不告发使得正

---

① 陈乔见："私与公：自治与法治"，《〈儒家伦理新批判〉之批判》，武汉：武汉大学出版社，2011年，第455页。

直成为可能。①

所以，应当将“隐”理解为“不告发”(not disclosing)，而不是“隐瞒”(concealing)，这一点很重要。儿子不告发父亲的罪行是为了保持与他父母的亲密关系，有利于之后的劝谏。但是，孔子没有说官府在调查案件时，儿子隐瞒他父亲的罪行会妨碍公正；也没有说官府不应该调查他父亲偷羊的案件。在《孟子·尽心上》假设的舜的父亲瞽叟杀人事例中，这一点分析得很清楚，这个例子常常与偷羊的事例放在一起讨论。在孟子看来，舜是有名的孝子，不会向他亲自任命的法官皋陶告发自己的父亲。但是，皋陶应该抓舜的父亲，而且舜也不应该命令皋陶不要这样做。因此，儒家批判者批评儒家只从犯罪者的角度而不是从受害者的角度说话，②是有违事实的。

也许有读者会说，根据这样的解释，孔子的观点中似乎有不一致的地方：一方面，儿子不应该举报或证实父亲的罪行；另一方面，官府或受害者应该调查并找到罪犯。这似乎陷入了矛盾中：如果儿子不告发父亲的罪行是对的，那么官府调查案件就一定是错的，因为调查的目的是——或至少是结果会——让父亲的罪行公之于众；如果官府调查父亲的偷窃行为是对的，那么儿子不向官府举报或证实父亲犯罪就一定

① 近来，廖名春受到王弘治的启发，认为“隐”字应该理解为“改正”。原因在于，“隐”是“檃”的通假字，常见于“檃栝”一词，意为矫正竹木邪曲的工具，比喻礼法等圣人用来修正人性的东西(王弘治：“论语亲亲互隐章重读”，《浙江学刊》1[2007]；廖名春：“《论语》‘父子互隐’章新证”，《湖南大学学报(社会科学版)》2[2013])。这一解读如果是正确的，那么就与本文的主要观点一致；但这一解读也遭到了有力的反驳(郭齐勇、肖时钧：“门内的儒家伦理”，《华南师范大学学报(社科版)》1[2014]；梁涛：“‘父为子隐，子为父隐’是父子相互纠正错误吗？”，《湖南大学学报(社会科学版)》4[2013])。不过，我对《论语》中这一段的解读无须借助训“隐”为“改正”的特别理解。

② 黄裕生：“普遍伦理的出发点”，《儒家伦理争鸣集》，武汉：湖北教育出版社，2004年，第958—959页。

是错的。然而，在孔子看来，这里并不矛盾。虽然表面上，儿子所做的与官府所做的可以相互抵消，实际上却是为了同一个或者至少是重合的目的，虽然两者所扮演的社会角色是不一样的，这个目的即：纠正错误的行为进而使犯了错的人改过自新，防止将来再做坏事。

一些学者认为，孔子不赞同"直躬"告发他父亲偷羊的原因在于他想获得名声，根据是《吕氏春秋·当务》记载的这个故事的扩展版：

> 楚有直躬者，其父窃羊而谒之上，上执而将诛之。直躬者请代之。将诛矣，告吏曰："父窃羊而谒之，不亦信乎？父诛而代之，不亦孝乎？信且孝而诛之，国将有不诛者乎？"荆王闻之，乃不诛也。孔子闻之曰："异哉！直躬之为信也，一父而载取名焉。"

但是，假设"直躬"告发他父亲偷羊不是想为自己赢得好名声，而是因为他真的认为他父亲错了，他应该像对待任何犯了错的人一样对待他父亲。孔子会赞成他这样做吗？如果以上分析是对的，那么，孔子就不会赞成。因为，一旦向官府举报了父亲偷羊的罪行之后，"直躬"就不能有效地劝谏父亲了，即使他还想这么做。也许读者会说，那就不用再劝谏了，因为官府的职责就是纠正错误。然而，官府唯一能做而且会做的就是惩罚他父亲。但是，孔子说过一句名言："道之以政，齐之以刑，民免而无耻。"（《论语·为政》）换言之，刑法只能限制人的行为，但不能使一个人变成有道德的人，即不会使他在即使有人奖励他去做坏事的情况下，他也不会去做。正是在这一意义上，可以看到为什么不告发父母的罪行很重要：它为儿子有效地劝告父亲提供了必要的氛围，而这样的劝告不仅是纠正错误行为的重要方法，更是让犯了错的人改过自新的重要方法。

现在我们再假设“直躬”真诚地请求代父受刑，不只是为了赢得孝顺的好名声，而官府真的惩罚了他。孔子会赞成他这样做吗？如果“直躬”首先向官府说出实情，这样做他就丧失了一个劝谏父亲的机会，那么答案就变得不太明确了；但如果他没有向官府说出实情，官府只是通过其他渠道知道他父亲偷了一只羊，那么答案就与《孟子·尽心上》提到的舜父杀人的假设事例相同了。舜以放弃王位作为一种惩罚，与父亲一起逃亡到海滨度过余生，不仅可以保证他父亲不再犯同样的罪，而且可以借助两人的亲密关系劝谏父亲，使他成为一个好人。[①] 当然，这一点在孟子的假设事例中没有提到，但显然与孔子强调劝谏的“孝”的观念一致。

父母犯罪，子女代其受刑，这一观念在西方人看来显得荒唐。但是，这的确是儒家的观点，至少是最后的补救办法。《大戴礼记·曾子事父母》中有一段话：“父母之行若中道则从，若不中道则谏。谏而不用，行之如由己。”梁涛引用新近出土的竹简《内礼》中的一段话与之有差异：“善则从之，不善则止之；止之而不可，隐而任之，如从己起。”[②]关于儿子如何为父母的错误行为负责，梁涛的理解与我的理解差别甚大。在梁涛看来，在父亲偷羊案例中，儿子要负责任就是告诉官府是他（儿子）偷了羊，应该受到刑罚。廖名春对此极力反对：（儿子）自己没有偷羊，替父亲承担责任，承认是自己顺手牵羊，这就违反了孔子做人的基

① 一种反对孟子的意见认为，舜放弃王位也就放弃了他的臣民（刘清平：“论孔孟儒学的血亲团体性特征”，《儒家伦理争鸣集》，武汉：湖北教育出版社，2004 年，第 869 页）。但是，既然做孝子需要照顾父母的内在福祉，而舜的父亲犯了杀人罪，不仅给受害者的外部福祉造成了极大伤害，也给他自己的内在福祉带来了极大伤害，舜可能会觉得他没有尽到孝。在儒家传统中，一个人首先要做一个孝子，然后才能成为一个贤明的君主，舜可能会觉得他再也没有资格做君王了。

② 梁涛：“‘亲亲相隐’与‘隐而任之’”，《哲学研究》10(2012)：37。

本原则——诚信。[①] 梁涛对此的回应是："隐瞒父母的罪行，为他们承担责任"只有在父母不听子女劝告、拒绝改过的非理想状态下才是合理的；不管怎样，犯的错误必须是小错误。[②] 这一回答似乎不足以应对廖名春的批评，因为在廖名春看来，即使在非理想状态下，这个办法也不是最佳的；实际上，它比向公众说出实情还要糟糕，因为后者固然可能会伤害家人之间的感情但不会违背一个人的忠诚，所以本质上仍然是"直"的表达。

在我看来，孔子认为儿子要为父母的错误行为负责的观念有几个显著特征。第一，它没有涉及廖名春指出的问题。儿子没有掩盖父亲犯罪的事实，也没有欺骗公众说坏事其实是他做的。相反，它所涉及的是，父母的罪行已昭然于众，儿子请求代父受刑，因为他对父亲犯罪负有直接责任，对父亲犯下的罪负有间接责任。在这个意义上，儿子要承担的责任不是间接体验式的而是实实在在的。其原因在于，依孔子之见，子女应尽的责任之一是确保父母不会对他人犯罪进而伤害到他们自己的内在福祉，所以父母犯罪的事实就说明子女没有尽到孝的责任。因此，当子女因父母犯罪代其受刑的时候，子女也要把它看成是对自己没有尽孝的惩罚。第二，它不仅适用于梁涛所讲的子女无法使父母改正的非理想状态，也适用于子女成功地使父母改正的理想状态。在第二种情况下，因为坏事已经做了，儿子决定承担责任为父亲犯下的错误(父亲是直接犯错的人，他是间接犯错的人)接受惩罚。第三，除了梁涛讲的小错误，它甚至还适用于谋杀这样的重罪，不仅包括《史记·循吏列传》中石奢因其父杀人而自杀的故事，还包括舜因其父杀人而放弃王

---

① 廖名春："《论语》'父子互隐'章新证"，《湖南大学学报(社会科学版)》2(2013)：12。

② 梁涛、顾家宁："超越立场，回归学理——再谈'亲亲相隐'及相关问题"，《学术月刊》8(2013)，第 66 页。

位的假设事例。第四，因代父受刑而遭受的痛苦本身就可以起到劝告父亲不要再犯错的目的。因为父母总是希望子女好，当看到自己的子女因自己犯下的罪而遭受刑罚时，自然会对自己犯下的罪感到懊悔，从而激励自己成为一个更好的人。

此外，子女为父母的罪行承担责任实际上只是美德之人为坏人犯下的错误承担责任的一种特例。除了《论语·尧曰》中所讲的“万方有罪，罪在朕躬”以外，《孟子·万章下》中也有类似的说法：“思天下之民匹夫匹妇有不与被尧舜之泽者，若己推而内之沟中，其自任以天下之重也。”从这个角度看，到目前为止人们只关注有美德的子女应该怎样处理父母犯错，如果父母是有美德的，子女犯了错，父母可能也会认为是自己的过失造成了子女品行有亏，于是会为此负责。儒家传统中有一句名言：“子不教，父之过。”[①]这至少部分地回答了王弘治和廖名春就《论语·子路》所提出的问题。王弘治问道，叶公只提到儿子告发父亲偷羊，为什么孔子要在谈论儿子隐瞒（父亲的罪行）之前谈论父亲隐瞒（儿子的罪行）呢？[②] 廖名春在他的英语论文中更明确地说明了这一点：在孔子看来，即使儿子应该替父亲隐瞒，父亲在任何时候都不应该替儿子隐瞒。[③] 当一个美德之人（不管是父亲还是孝子）试图改正一个不道德的人（不管是儿子还是父亲）时，显然前者不会试图让全世界的人都知道后者的错误行为。按照我的理解，“隐”是使犯了错的人改正的方法。孔子说自己“恶讦以为直者”。（《论语·阳货》）显然，这适用于子女处理父母犯错的问题，也同样适用于父母处理子女犯错的问题。

---

① 人们认为这句话来自《三字经》。《三字经》里说：“养不教，父之过”，虽然开头稍微有点不同，但基本意思是一样的。

② 王弘治：“论语亲亲互隐章重读”，《浙江学刊》1(2007)，第 94 页。

③ Mingchun Liao, “A New Interpretation of *Analects* 13.8.” *Contemporary Chinese Thought* 3(2015): 33.

因此，父母与子女之间确实是对等的，他们为彼此的错误行为负责使这一对等状态得以保持。

郑家栋指出，孔子认为儿子不应该告发父亲偷羊以及孟子所讲的舜背着他父亲逃到边远地区都存在两个问题：罪犯仍然在逃；正义没有得到伸张。① 几乎所有的儒家批判者也都提出了这个问题。关于第一点，的确在两个案例中，罪犯仍然在逃。然而，这两个事例都为劝谏在逃的罪犯创造了合适的环境。最终，在逃的罪犯会停止犯罪。关于第二点，官府或许可以通过惩罚罪犯达到其他目的，但这些目的的道德意义有些模糊：一方面，通过惩罚施害者，施害者受到了与他施加在受害者身上相同程度的伤害，只有这样，正义才能得到伸张；另一方面，施害者和其他有可能犯罪的人因施害者受到惩罚而不会去犯同样的罪。我说上述目的的道德意义是模糊的，那是因为，一方面，至少从功利论来看，如果一个犯了错的人不再犯同样的错误，再去惩罚他是不对的；另一方面，至少从报应论来看，官府把犯了错的人当作工具来威慑其他可能要做坏事的人去犯同样的错误也是不对的。当然，这涉及惩罚问题上“功利论”和“报应论”的正义观之辩这一核心问题。既然这一问题似乎无法解决，我倾向于另外提出一种强调“康复”(restorative)的正义观：当我们确认一个人做了坏事之后，恰当的做法不是在做坏事的人身上施加与受害者受到的同等的伤害以保持一个平衡(报应论的正义观)，也不是在做坏事的人身上施加比受害者受到的更大的伤害以示惩戒(功利论的正义观)，而是要修复这个人的内在福祉，使他不再有做同样的坏事的倾向。伸张这样的正义的最佳途径是遵循孔子的主张：家人互相不告发错误行为，同时进行委婉而不懈的劝谏。

---

① 郑家栋：“中国传统思想中的父子关系及诠释的面向”，《儒家伦理争鸣集》，武汉：湖北教育出版社，2004 年，第 488 页。

五、结论

在孔子思想中，“孝”是最容易遭受抨击的概念，也是最令西方读者难以接受的概念——我们为什么总是要顺从父母？以上的讨论证明，这在很大程度上是由误解引起的。孔子的“孝”的确包含了子女尊敬、深爱和侍奉父母的义务，这一点不存在任何争议。但它也包含了两个常被忽略的重要方面：第一，孝顺的人首先应该是美德之人。[①] 一般来说，父母都希望子女好，不仅希望他们身心健康，也希望他们品行无缺。如下事实充分反映了这一点：没有父母会因为子女有美德而感到担心，没有父母会因为子女是坏人而感到骄傲。因此，子女有道德的行为会给父母带来荣誉，而他们不道德的行为则会让父母蒙羞。因此，一个孝顺的子女应该去做令父母光荣的事情，不要去做令父母蒙羞的事情。第二，依其本义，在孔子看来，孝顺的人侍奉父母不仅要关心父母的外在福祉，而且更重要的是要关心他们的内在福祉。因此，孝顺的子女应该尽其所能，保证父母不做不仅给受害者的外在福祉而且给他们自己的内在福祉造成伤害的坏事是极为重要的。在孔子看来，孝顺的儿女这样做最好的办法，就是在父母还没有做坏事之前委婉地劝告他们不要做坏事，如果已经做了就劝他们改正。正是在此意义上，我们可以理解孔子那令人困惑的观点——正直的儿子不应该告发父亲偷羊。虽然不告发父母的罪行并不意味着子女是正直的，但不告发为有效的劝谏创造了亲密的家庭氛围或者使这样的氛围得以保持。正是在这个意义上，孔子说子女的正直隐含在不告发父母罪行的举动中。

---

① Yong Huang, *Confucius: A Guide to the Perplexed*, 2013, pp.126 - 131.

第四章

"有教无类"：孔子论美德如何可教

一、引言

人们普遍认为孔子是中国历史上第一位私人教师，这一看法未必正确。[①] 尽管如此，可以肯定的是，他作为私人教师的影响在中国历史上无人企及；弟子三千的说法可能有些夸张，但他的学生人数应该不少。是否每个人都能通过教育成为完美的人？孔子对这个问题的回答似乎并不一致，因此我们首先考察这个表面上不一致的回答（第二节）。为了理解这种表面的不一致，笔者将论证，孔子主要讲道德教育，旨在帮助学生成为有德之士。这让我们联想到美德是否可教的苏格拉底问题（第三节）。笔者认为，虽然孔子对这一问题的回答是肯定的，但他并不认为教美德就如同教理论知识或技术技能。孔子认为，教人成为有

① 孔子之前，晋国的叔向也是一位私人教师；大约在孔子所处的时代，郑国邓析、鲁国少正卯、周王室老子、卫国蘧伯玉、齐国晏婴、楚国老莱子、郑国子产，以及鲁国的孟公绰皆以非官方的身份授徒。此处参见蔡尚思：《孔子思想体系》，上海：上海人民出版社，1982 年，第 177—178 页。

德之士，最有效的方法莫过于让自己成为道德典范（第四节）。个人和政治分离，这是当代政治自由主义的教条，而在孔子那里并没有这样的区分。在他看来，政府的主要职能是对民众进行道德教化，尤其是通过政治统治者的典范行为而非诉诸法律或者公共政策（第五节）。最后，我将以简短的结语总结全文（第六节）。

二、孔子教育哲学中一个表面上的悖论

孔子有一名言，“有教无类”（《论语·卫灵公》；以下凡《论语》只注篇名）。这一主张的意义，首先不在于人皆有平等的教育机会，而在于人皆有走向完美的可能性：一个人无论贫富、智愚、贵贱，教育都将对其产生影响。这一主张具有革命性，因为在孔子之前的时代及其所处的时代，官学和私学都只对贵族开放。尽管我们没有绝对可靠的资料，[①]但我们的确可以从《史记》《吕氏春秋》及《论语》本身的其他章节中可以了解到，孔子的学生子路（前542—前480）原本为“野人”，子贡（前520—前456）经商（一种被人轻视的职业），仲弓（前522—?）的父亲是“贱人”，子张（前504—?）来自鲁国一个地位低微的家庭，而颜涿聚曾是强盗。[②] 事实上，孔子的学生鲜有来自富贵者。而且，这里提及的子路、子贡、仲弓名列孔子十位最卓越的学生（见《论语·先进》），孔子认为，仲弓甚至可以成为一国之君（见《论语·雍也》）。因此，在现代新儒家徐复观看来，孔子对中国文化最重要的一个贡献，在于他打破了人与人之间不合理的区分，倡导人皆平等，属于同一个类。

---

① 胡适：《中国哲学史大纲》，《胡适学术文集：中国哲学史》，北京：中华书局，1998年，第87—88页。

② 蔡尚思：《孔子思想体系》，上海：上海人民出版社，1982年，第192页。

孔子认为每个人都能通过教育成为完美之人，这在一定程度上是基于他对人性的形上学看法："性相近也，习相远也。"（《论语·阳货》）孔子在《论语》中唯此一章论及人性。后世儒者激辩人性善恶，常常试图由此章弄清楚孔子究竟主张性善抑或性恶。显然，仅此章并不能提供明确的答案。它明白告诉我们的是，教育至关重要。不过，让我们感到困惑的是，孔子在下一章（有些版本将它与本章合为一章）的论述似乎与此相左："唯上知与下愚不移。"（《论语·阳货》）对此的常见解释："性相近也，习相远也"讲的是一般原则，"唯上知与下愚不移"则意在指出一种例外情形。例如，陈大齐认为，孔子主张人性分三等：上知（极少数）、下愚（也是极少数）和居中者（大多数）。因此，"性相近，习相远"讲的是居中的大多数人，对他们来说教育很重要，而"唯上知与下愚不移"讲的是居于两端的"上知"和"下愚"，对他们而言，教育要么无效，要么没有必要。①

为了有更好的理解，我们有必要看一看《论语》中相似的一章。看到自己的学生宰予（前 522—前 458）昼寝，孔子言曰："朽木不可雕也，粪土之墙不可杇也。于予与何诛？"（《论语·公冶长》）显然，宰予必定属于顽愚不化之辈。倘若这样，孔子不会浪费时间继续教育他。然而，事实并非如此。宰予不仅继续留在孔门，而且最后还成为十位成就最高的学生之一。宰予因为在白天睡觉被孔子比作不能雕刻的烂木头和一堵不堪涂抹的由腐土垒成的墙。换言之，他不努力学习，因此属于那种虽困而不知学的人。② 这样，当孔子说下愚不移的时候，他的意思是

① 最愚蠢的人不可能通过教育成为聪明的人，而最聪明的既然生而知之，自然无须教育。此处参见陈大奇：《孔子学说》，台北：正中书局，1964 年，第 277 页。

② 孔子认为这类人层次最低："生而知之者，上也；学而知之者，次也；困而学之，又其次也；困而不学，民斯为下矣。"（《论语·季氏》）

说那些不学习的人是不会变聪明的。只要愿意学习，任何人都可以变聪明。因此，孔子说，他从来没有见过一个人缺乏为学习所必要的智力（《论语·里仁》：“吾未见力不足者。”）。他的学生冉求（前522—?）说：“非不说子之道，力不足也。”孔子回曰：“力不足者，中道而废。今女画。”（《论语·雍也》）因此，孔子要求他的学生不要自以为能力不足而中途放弃。就此而言，学习“譬如为山，未成一篑，止，吾止也。譬如平地，虽覆一篑，进，吾往也”（《论语·子罕》）。正是在这个意义上，笔者认为，宋儒程颐对这段文字的解读貌似激进，实则深达孔子之意：孔子讲上智下愚不移，“非谓不可移也，而有不可移之理。所以不移者，只有两般：为自暴自弃，不肯学也。使其肯学，不自暴自弃，安不可移哉？”[①]程颐所讲的不可移之理乃是：任何放弃自己的人都不会变聪明，任何努力的人都会变得聪明。

不过，如果以上理解不误，下面这段文字就变得令人费解了：“民可使由之，不可使知之。”（《论语·泰伯》）“可”字可能的意谓，包括“能够”与“被允许”，与之相应，其否定词“不可”则可能意谓“不能够”或“不被允许”。因此，传统对孔子上面这句话的解释主要有两种。按照其中的一种解释，“可”意谓“被允许”，因此孔子允许百姓做某些事情，但不允许他们知道这些事情。批判孔子和儒家的人（尤其是在20世纪70年代的反孔运动中）接受这种解释，以证明孔子有愚民的想法。不唯如此，一些对儒家抱有更多同情理解的注解家也接受这种解释。例如，清儒颜习斋（1635—1704）在捍卫这种解释的同时，还论证“可”不应解为“能”。在他看来，人们要是知道了这些事情，“则离析其耳目，惑荡其心思，此不可使知也。后儒圣学失传，乃谓不能使之知，非不使之知，于是

① 〔宋〕程颢、程颐：《二程集》，北京：中华书局，1989年，第252页。

争寻使知之术，而学术治道俱坏矣”。[①]

大多数当代学者接受了另一种传统的解释，即以“能”释“可”，这样孔子之意在于，有办法让百姓做事，但没有办法让百姓知道事情。倘若如此，则关键的问题在于，为何无法让百姓知道某些事情。典型的回答是百姓缺乏知道这些事情的理智能力。例如，汉儒郑玄认为，“民”实际上意谓着“冥”，即距人道甚远的顽愚之民。[②] 清儒赵佑（1727—1800）虽然没有说百姓距人道甚远，但他也以百姓为愚：“民性本愚，故不可使知之。王者为治便在议道自己，制法宜民，则自无不顺。”[③]

因此，一种解释认为孔子提倡愚民政策，另一种解释则认为孔子感慨民愚。然而，这两种解释看起来都是成问题的。首先，第一种解释不可能是对的。诚如陈大齐（1886—1983）所言：此与孔子思想相左；《论语》中有两处都提到，孔子认为有知的人不会被欺骗；依此，除非孔子希望让人永远处于被欺的状态，否则他不可能不想让人们从无知变成有知。[④] 其次，第二种解释也不可能是对的，因为这与本节曾论及的孔子观点直接对立：每个人都是通过教育达到完美的。为了更好地理解这一点，我们有必要了解，在孔子看来无法让百姓知道的是什么，以及为何如此。

三、作为道德教育家的孔子

孔子的教育目标是什么？孔子希望他的学生成为什么样的人？要

① 程树德：《论语集释》，北京：中华书局，1990 年，第 533 页。
② 程树德：《论语集释》，北京：中华书局，1990 年，第 532 页。
③ 程树德：《论语集释》，北京：中华书局，1990 年，第 533 页。
④ 陈大奇：《论语臆解》，台北：商务印书馆，1996 年，第 153 页。一些学者认为郭店简《尊德义》作于孔子同时代，其 31 简有一相关论述：“民不可惑也。”此处见荆门市博物馆编：《郭店楚墓竹简》，北京：文物出版社，1998 年，第 174 页。

回答这些问题，我们必须了解孔子的教学内容。我们可以从诸如“四科”“四教”“六经”得到解答这一问题的一些线索。

首先，《论语》中提到“四科”的文字如下：“德行：颜渊，闵子骞，冉伯牛，仲弓；言语：宰我，子贡；政事：冉有，季路。文学：子游，子夏。”（《论语·先进》）此即著名的“四科十哲”。司马迁《史记·仲尼弟子列传》言，孔子弟子超过三千，其中七十余人掌握了本节稍后即将论及的“六艺”。显然，《论语》所提及的十哲在七十名学生中最为出色，尤其是在孔子所教的四科中各自取得突出成就。虽然关于《论语》这一章的作者仍存在争论，①而孔子对四科的教法，与我们今天在大学里对英语、数学、物理学、社会学等科目的教法不太可能相同（尽管在汉代，官员的选拔以此四科为准），但是，此四科无疑是孔子教学最为重要的方面。

就四科而言，我们看到“德行”和“政事”显然系孔子的道德教育。人们通常认为，“文学”指的是“六经”，系孔子在道德教育中使用的教科书，我们将在下文详加讨论。唯一有些麻烦的是第二科“言语”，因为《论语》中多处记载孔子瞧不起善于言语的人。例如，有人告诉孔子，他的学生冉雍颇有仁德，可惜没有口才。孔子回答说，尽管他并不知道冉雍是否有仁德，但可以确定的是，“焉用佞？御人以口给，屡憎于人”（《论语·公冶长》）。因此，他“恶夫佞者”（《论语·先进》）。在他看来，“巧言令色鲜矣仁”（《论语·学而》；亦可参见《论语·公冶长》第二十五章，《论语·子路》第二十七章，《论语·阳货》第七章）；相形之下，“仁者，其言也讱”（《论语·颜渊》）。因此，那些在言语科取得很高成就的学生显然不同于

① “德行”前并无他处习见的“子曰”二字，故有注解家认为，此乃孔子门人之说。另一些注解家则认为，此段文字紧接上章，也属于上章开头“子曰”的内容，故此乃孔子之说，见程树德：《论语集释》，北京：中华书局，1990 年，第 742—744 页。因此，第一类注解家将此段文字独立成章，而第二类则将之缀于上章之后。由于古代汉语没有标点符号，故不易判断孰是孰非。

今天在演讲课上取得好成绩的学生。

《论语》中的一些相关段落清楚地表明，孔子那些在言语科上出类拔萃的学生必有两种品质。其一，信。因此，孔子说“言而有信”可以视为已经学习过的标志(《论语·学而》)；“信近于义”(《论语·学而》)；“夫人不言，言必有中”(《论语·先进》)；“古者言之不出，耻躬之不逮也”(《论语·里仁》)。其二，行之于言的优先性。例如，孔子说，君子“敏于事而慎于言”(《论语·学而》)，“先行其言而后从之”(《论语·为政》)，“讷于言而敏于行”(《论语·里仁》)，“言之必可行也”(《论语·子路》)，“耻其言而过其行”(《论语·宪问》)，“言忠信，行笃敬”(《论语·卫灵公》)。上述两种品质都是道德品质，故而“言语”与其他三科同属于道德教育。①

其次，关于“四教”，《论语》记弟子之言曰：“子以四教：文，行，忠，信。”(《论语·述而》)文指六经，将另加讨论。这里的问题是行、忠、信三者之间的关系。元代学者陈天祥(1230—1316)认为，“行为所行诸善之总称，忠与信特行中之两事”：“存忠信便是修行，修行则存忠信在其中矣。既言修行，又言而存忠信，义不可解。”②因此一些学者怀疑，《论语》中的这段话一定是弟子记错了。③ 尽管无关本篇主旨，我们还是可以注意到，长期以来已有诸多注解家试图给出合理的解释。理学的集大成者朱熹提出的解释至为繁杂，它试图表明，文、行、忠、信四者实

① 此四科皆为道德教育的科目，对此钱穆论曰：“四科首德行，非谓不长言语，不通政事，不博文学，而别有德行一目……自德行言之，余三科皆其分支，皆当隶于德行之下……文学亦当包前三科，因前三科必由文学入门。”此处参见钱穆：《论语新解》，北京：生活·读书·新知三联书店，2005年，第278页。

② 程树德：《论语集释》，北京：中华书局，1990年，第486—487页。

③ 陈大奇：《孔子学说》，第293—294页；李泽厚：《论语今读》，香港：天地图书，1999年，第184—185页；匡亚明：《孔子评传》，南京：南京大学出版社，1990年，第300页。

际上代表着由至易到至难，循序渐进的道德教育过程。[1] 不过，笔者认为晋代学者李充（生卒年不详）的解释最合理。根据李的说法，为人臣则忠，与朋友则信，因此，行必须理解为一种狭义的家庭之内的孝悌恭睦。[2] 不管此三教的确切含义如何，孔子教学的重点显然在于美德。

其三，如上所述，“六经”被列为“四科”之一的“文字”，而作为“四教”之一的“文”则指孔子用来教学生的教科书。它们在孔子之前的官学中就在使用了。然而，在孔子的时代，六经出现了残缺、混杂、重复（多个版本）的情况。我们尚不清楚孔子对于我们所熟知的“六经”即《诗》《书》《礼》《乐》《易》《春秋》所发挥的确切作用。有些人认为它们都是在孔子之后形成的，而另一些人则声称孔子著六经。[3] 更有可能的情形是，孔子删订六经，尽管流传至今的五经（《乐》不幸亡佚）在汉代被编辑过，已非孔子之旧貌。

按照一种流传甚广的看法，“四教”中的“行、忠、信”及“四科”中的“德行、政事、言语”显然是道德教育，但“文”或“文字”既教以六经，则旨在为学生提供知性知识。[4] 笔者认为这是一种误解。孔子教授六经，他的做法显然不同于像今天的古典学教授：为好奇的学生提供古代文本知识。相反，孔子以六经为道德教育之具。例如，孔子论六经之用：“入其国，其教可知也。其为人也温柔敦厚，《诗》教也；疏通知远，《书》教也；广博易良，《乐》教也；洁净精微，《易》教也；恭俭庄敬，《礼》教也；属辞比事，《春秋》教也。”（《礼记·经解》）很显然，对孔子

① 程树德：《论语集释》，北京：中华书局，1990 年，第 486—487 页。
② 程树德：《论语集释》，北京：中华书局，1990 年，第 486—487 页。
③ 匡亚明：《孔子评传》，南京：南京大学出版社，1990 年，第 341 页。
④ 匡亚明：《孔子评传》，南京：南京大学出版社，1990 年，第 303—307 页；蔡尚思：《孔子思想体系》，上海：上海人民出版社，1982 年，第 197 页。

来说，我们学习经典，不是为了满足我们对于古人想法的好奇心，而是为了让我们自己成为更好的人。

据《论语》记载，六经中孔子谈得最多的是《诗》《礼》《乐》。《论语·泰伯》很好地概括了三者在道德教育中的重要性："兴于《诗》，立于《礼》，成于《乐》。"如古汉语中的很多用例，这三句话没有主词。但人们通常认为主词是美德，或有德之士，因此这段话说的是，一个人经由诗歌开始美德修养，进而通过礼仪把美德行为稳定下来，最后通过音乐成为自然、不费力而有美德的人。很明显，对孔子来说，道德教育不是发出道德命令，而是激发一个人的道德情感。为此，孔子认为《诗》三百最有效。因此，他要求弟子学诗，诗"可以兴，可以观，可以群，可以怨。迩之事父，远之事君"(《论语·阳货》)，因为在孔子看来，"《诗》三百，一言以蔽之，曰'思无邪'"(《论语·为政》)。孔子不赞成以其他方式读诗，这也清楚地表明孔子对诗歌的道德功能感兴趣："诵《诗》三百，授之以政，不达；使于四方，不能专对；虽多，亦奚以为?"(《论语·子路》)

然而，诗歌所激发的道德情感稍纵即逝。例如，在当代社会，看电影、读报纸，或者看到电视上的自然灾害都可能会引发我们的道德情感。然而，离开电影院，放下报纸，或者关掉电视，这些道德情感可能很快就烟消云散了。为了使诗歌所引发的道德情感稳固，孔子强调礼的重要性："恭而无礼则劳，慎而无礼则葸，勇而无礼则乱，直而无礼则绞。"(《论语·泰伯》)因此，他要求学生"非礼勿视，非礼勿听，非礼勿言，非礼勿动"(《论语·颜渊》)。礼不同于刑法。倘若违礼，一个人不会受到惩罚，而是会感到羞愧，因为他会被人瞧不起。然而，在遵礼而行的道德行为中，人们依然会感到某种不自在，常常需要努力克服自己去违礼视、听、言、动的欲望。因此，孔子认为，道德教育必须通过音乐来完成。

上文提到，《乐》已亡佚，但现存的《礼记》中有一卷论乐，从中可以了解道德是如何成于乐的。“乐”字两读，也可以读作“快乐”之“乐”。故《礼记·乐记》云：“乐者，乐也。”听一段美妙的音乐，不禁“手之舞之，足之蹈之”。故乐常与礼对，礼指向外在行为，而乐针对内在情感：“致乐以治心，则易直子谅之心油然生矣。易直子谅之心生则乐，乐则安，安则久，久则天，天则神。天则不言而信，神则不怒而威，致乐以治心者也。”（《礼记·乐记》）简而言之，乐在道德教育中的作用在于，一个人作出道德行为时，不会被外在的礼所束缚；相反，这种行为是自发的、毫不费力的、快乐的。确实，这正是孔子所描述的自己在七十岁达到的境界：“从心所欲不逾矩”（《论语·为政》）。

除“四科”“四教”“六经”之外，《论语》中尚有一段名言：“志于道，据于德，依于仁，游于艺”（《论语·述而》）。人们通常认为这里的“艺”指的是孔子之前及当时的官学所授的“六艺”，即礼、乐、射、御、书、数。然而，在笔者看来，除了通过六经之《礼》《乐》所传授的礼乐之外，孔子是否还传授其他四艺不得而知，尽管他的确精通此六艺。[①] 这一怀疑有几个理由。首先，“六经”有时也称“六艺”，因此所谓“游于艺”也有可能说的其实是精熟六经。这是可能的，因为只有六经和道、德、仁处于同一层次。其次，即便在官学，六艺也被认为是教育初学者（儿童）的“小学”，而六经则是随后教育高年级学生的“大学”。第三，一方面《论语》没有提及“书”“数”，另一方面虽提及“射”“御”，评价却不甚高。比如《论语·子罕》所记：“达巷党人曰：‘大哉孔子！博学而无所成名。’子闻

---

① 朱熹认为，前两种属于“文”，后四种属于“术”。参见程树德：《论语集释》，北京：中华书局，1990年，第444页。

之，谓门弟子曰：'吾何执？执御乎？执射乎？吾执御矣。'"[①]这表明，在孔子看来，人之"大"既不是因为他在任何特定领域所拥有的特殊技能，也不是因为博学，而是因为他是仁者。根据蔡尚思的说法，军事领导人必须掌握射、御这两种技艺。[②] 然而，有人问孔子军事，他却说："军旅之事，未之学也。"(《论语·卫灵公》)[③]

由此可见，孔子作为教育者的首要目标不是传授学生知识或技艺，而是教他们如何成为有德之士、成为真正的人。[④] 当然，这并不意味着孔子反对理智或反对技术。事实上，孔子能文能武；他捷足以逮兔；他会钓鱼、打猎、养牛饲马，可以计账，可以主丧事。然而，孔子认为它们都不是成为君子的必要条件。这一点《论语》中讲得很清楚："太宰问于子贡曰：'夫子圣者与？何其多能也？'子贡曰：'固天纵之将圣，又多能也。'子闻之，曰：'太宰知我乎！吾少也贱，故多能鄙事。君子多乎哉？不多也'。"(《论语·子罕》)历代对于如何理解最后两句话("君子多乎哉？不多也")素有争议。[⑤] 以下两种看法各居一端：其一，孔子认为君子不应该有那么多的技能；其二，孔子认为君子从不担心技多压身。[⑥] 前者认为多能和君子不可得兼，后者认为君子得多能。不过，笔者以为，从上下

---

① 《论语》中，孔子仅在此处言及"御"。言"射"尚有几处，如："君子无所争。必也射乎！揖让而升，下而饮。其争也君子。"(《论语·八佾》)"子钓而不纲，弋不射宿。"(《论语·述而》)

② 蔡尚思认为，六艺可分为三类，书、数是关于读写的基本知识，礼、乐是贵族政治、宗教行为所需要的基本知识，而射、御是军事行动中的主要技能(参见蔡尚思：《孔子思想体系》，上海：上海人民出版社，1982年，第175页)。

③ 匡亚明走得更远。他比照当代中国的社会主义教育，认为孔子的教育也包括德育、智育和体育三个方面，而射御乃体育之事。

④ 陈大齐认为，孔子的教育哲学基于道德哲学，故而教育目标是理想人格，其焦点则是人格修养；孔子的理想人格是君子，故而孔子的教育旨在教育君子(参见陈大齐：《孔子学说》，台北：正中书局，1964年，第273页)。

⑤ 参见程树德：《论语集释》，北京：中华书局，1990年，第583页。

⑥ 陈大齐：《论语臆解》，台北：商务印书馆，1996年，第172页。

文来看，更好的理解是，多能之于成圣既非不相容亦非不可少。

倘与另一段文字对读，这一点就可以看得更清楚：“樊迟请学稼。子曰：‘吾不如老农。’请学为圃。曰：‘吾不如老圃。’樊迟出，子曰：‘小人哉，樊须也！上好礼，则民莫敢不敬；上好义，则民莫敢不服；上好信，则民莫敢不用情。’”（《论语·子路》）考虑到上引《论语·子罕》中孔子之所言，或许我们不能说孔子欠缺农业和园艺方面的技能。跟我们的讨论特别相关的是，它不仅告诉我们孔子没有教学生各种技能（即便他有这些技能），而且告诉我们他教学生的乃是礼、义、信。

《论语》中有一章极简，仅四字，却很难解：“君子不器”（《论语·颜渊》）。最具影响力的解释莫过于汉儒包咸（前 7—65）之说：“器者各周其用，至于君子，无所不施。”[1]包括当代学者在内的诸多注解家均接受此说。例如，钱穆说道：“器，各适其用而不能相通，今之所谓专家之学者近之。不器非谓无用，乃谓不专限于一材一艺之长，犹今之谓通才。”[2]我原先在美国就职的大学除了现有的传统专业学科之外，新设一本科生专业，名曰“通识教育”。如按包氏之说，“通识教育”专业的学生都是君子，或者至少是后备君子，而那些学习传统专业分科的学生只能至于“器”。此显非孔子之意。在我看来，朱熹的说法已触及孔子之真意：“器者，各适其用而不能通。成德之士，体无不具，故用无不周。”[3]这里重要的是，朱熹不是在一能和多能之间作出区分，而是在技能和美德之间作出区分。有德之士当然可以有一能或多能，但修德并非学习技能。有德之士不是“器”，因为无论他是老师还是学生，是君还是臣，是父母还是孩子，是艺术家还是技师，是天文学家还是医生，有德

① 程树德：《论语集释》，北京：中华书局，1990 年，第 96 页。
② 钱穆：《论语新解》，北京：生活·读书·新知三联书店，2005 年，第 38 页。
③ 程树德：《论语集释》，北京：中华书局，1990 年，第 96 页。

之士所拥有的美德都可以展示出来。[①]

四、美德能教吗，如何教？

我们已经看到孔子的教育是道德教育。换言之，其教育目标主要不是为了让学生知识渊博或技艺纯熟，而是使他们成为有德之士。我们再来看一下另一令人困惑的陈述："民可使由之，不可使知之。"（《论语·泰伯》）这里的所"知"者显然既非理论知识，亦非技艺，而是作为美德的知识（knowledge as virtue）或作为知识的美德，后者有别于关于美德的知识（knowledge about virtue）。如果我们告诉某人，一个人应该有美德（如爱父母），他自然明白这是什么意思。这是关于美德的知识，一种知性理解。然而，孔子说"知德者鲜矣"（《论语·卫灵公》），他所抱怨的，显然不是关于美德的知识，而是作为知识的美德或作为美德的知识。在孔子看来，作为美德的知识有两个特点。第一个特点和它的来源有关。关于美德的知识或一般的理智知识只依赖智力（mind），而作为美德的知识还依赖心（heart）；它需要一个人"默而识之"（《论语·述而》），即在知的过程中获得属己的内在体验。第二个特点与其功效有

① 因此，显然，尽管成为君子不是学会特定技能，君子常常希望多能。如《论语·卫灵公》篇所说："君子病无能焉，不病人之不己知也。"（《论语·宪问》篇亦曰："不患人之不己知，患其不能也。"）陈大齐引此章，说明多能乃是成为君子的必要品质（陈大齐：《孔子学说》，台北：正中书局，1964 年，第 172 页）。然而，重要的是要注意到，孔子在上述一章中所讨论的是，君子究竟应该忧心自己无能，还是应该忧心别人不知道自己有能。此章没有涉及，让人成为君子的，究竟是有能还是有德。君子固然可以多能、希望多能，常常实际上也做到了多能，但他之为君子并不是因为多能而是因为美德。例如，君子爱父母，此为德性之知；但要想找到爱父母的最佳方式，他必须学会一些技能（如冬温夏凊）。然而，如果一个人倘因天生智力缺陷而没有这些技能，相较于具有这些技能的人来说，他的孝心无损一分。

关。它不仅仅是对美德的一种冷静的理解。它还促使一个人行美德，成为有德之士。孔子说“民不可使知之”，他的意思实际上是说，不能强迫人们成为善人。你可以强迫一个人去做事情（包括德行），但你不能强迫一个人成为有德之士。

这是否意味着，孔子对苏格拉底问题“美德是否可教”的回答只能是否定的？初看起来似乎如此，因为孔子强调道德自我修养的重要性。例如，他说：“为仁由己，而由人乎哉？”（《论语・颜渊》）他对比了他所钦佩的古人和他所鄙视的今人：“古之学者为己，今之学者为人。”（《论语・宪问》）他还要求“躬自厚而薄责于人”（《论语・卫灵公》），“攻其恶，无攻人之恶”（《论语・颜渊》）。所以，他对比君子和小人：“君子求诸己，小人求诸人。”（《论语・卫灵公》）[①]

然而，这并不意味着孔子认为，有德之士只能对他人行善，却无能教他人行善。倘若如此，他的伦理学也就具有了所谓的自我中心问题。一些当代哲学家认为，这是任何美德伦理学都无法回避的问题。然而，孔子的伦理学虽然也是一种美德伦理学，但它显然没有这种意义上的自我中心问题。儒家教育的目的，就是要使人有德。在孔子看来，最重要的美德是仁，它包括或者至少引导所有其他美德。仁者爱子忠亲，爱弟忠兄，爱下忠上。然而，对于孔子来说，爱某人或忠某人并不仅仅是关心他们的外在福祉：“爱之，能勿劳乎？忠焉，能勿诲乎？”（《论语・宪问》）劳者，劝勉行善也；诲者，进谏规诲也。

---

① 正是在此意义上，陈来（1952— ）认为：“虽然不能断言‘美德可教’，我们可以肯定美德可学……因此，对于苏格拉底和柏拉图美德是否可教的问题，传统儒家倾向于把问题转化为‘美德是否可学’的问题，后者才表达了儒家的问题意识”（Chen Lai, “The Ideal of ‘Educating’ and ‘Learning’ in Confucian Thought.” In *Educations and Their Purposes*, edited by Roger T. Ames and Peter Hersh. Honolulu: University of Hawaii Press, 2008, p.319）。对孔子来说，美德当然可学，但我们这里的问题更为困难：对孔子来说，美德是否也是可教的。

因此，孔子之意，并非不能使人成为有德之士，而是不能像使人做事那样使人成为有德之士；并非美德不可教，而是不能像教理论知识或技能那样教美德。陈来所言甚是："关于美德教育，教师的基本责任是启发学生……并激发他们养成卓绝的品质。教师应该唤醒学生敬重君子并心向往之，希望自己也能成为如此完美之人。"[①]显然，这不能简单地通过发布道德命令甚或刑法来实现，它们至多驱使人们行仁义或避免作恶，但无论如何不能使人由仁义行而成为有德之士。

接下来的问题是美德如何教。我们已经触及孔子教人有德的两种方式。首先，由于无德之人的问题在于，他们没有成为善人的动力，而他们之所以无此动力，部分原因在于他们觉得成为善人是件苦事，因此，诚如考普曼(Joe L. Kupperman, 1936—　)所言：

> 良好的教育也需要激发学生的动力，这样才能积极吸引学生，否则教育过程就会令人感到乏味沮丧。许诺一种最高的快乐可以赋予学生十足的动力。如孔子所指出的，这种满足比较可靠，而认识到这一点可以增加人们获得德性的动机。[②]

因此，孔子反复强调成为有德之士的快乐，并把它跟道德教育中音乐的作用联系起来讨论。[③]

---

① Chen Lai, "The Ideal of 'Educating' and 'Learning' in Confucian Thought." In *Educations and Their Purposes*, edited by Roger T. Ames and Peter Hersh. Honolulu: University of Hawaii Press, 2008, p.322.

② Joe L. Kupperman, "Fact and Value in the *Analects*: Education and Logic." In *Educations and Their Purposes*, edited by Roger T. Ames and Peter Hersh. Honolulu: University of Hawaii Press, 2008, p.408.

③ 亦参见 Yong Huang, "Confucius and Mencius on the Motivation to Be Moral." *Philosophy East and West* vol.60.no.1, 2010, pp.65 - 87。

其次，既然无德之人并不缺乏对美德的知性理解，而是缺乏成为有德之士的情感或愿望，那么激发他们产生相应的情感或愿望就至关重要。我们已经看到，对于孔子来说，诗在道德教育中之所以重要，正是因为它有此之用。此用类似于罗蒂(Richard Rorty，1931—2007)眼中记者或小说家讲述生动、悲伤、感人的故事所起的作用。罗蒂讲道：“波斯尼亚妇女的命运要看电视记者能否像斯托(Harriet Beecher Stowe，1811—1896)报道黑奴那样加以报道——要看这些记者能否让我们这些远远待在安全国家的观众改变以往的感观，感受到这些妇女也跟我们一样是人。”[①]除此之外，还有另一种道德教育的办法，即上章专门讨论的劝谏。道德教育主要由亲教子，或由君教民，不过孔子也意识到，有时亲与君也会有道德上的缺陷。在这些情况下，子与臣以劝谏的方式成为他们的道德老师，劝谏他们不做错事，或者纠正已经做过的错事。

不过，本节接下来及下一节将详细讨论对孔子来说最为重要的一种教人成德的方式，那就是让自己成为堪称典型的君子。这种方式有助于我们理解他说的一些话，那些话初听起来像是主张有德之士应当只关心自己是否有德。孔子说道：“君子笃于亲，则民兴于仁；故旧不遗，则民不偷。”(《论语·泰伯》)；“上好礼，则民莫敢不敬；上好义，则民莫敢不服；上好信，则民莫敢不用情。夫如是，则四方之民襁负其子而至矣。”(《论语·子路》)[②]

---

① Richard Rorty, *Truth and Progress: Philosophical Papers*. Cambridge: Cambridge University Press, 1998, p.180.

② 考普曼也认为，对孔子来说，通过典范而教非常重要。他说道：“正因为此，孔子强调无友不如己(《论语·学而》)。就一个核心家庭而言，这意味着父母的举止至为重要，它在孩子早年生活中起到了关键的榜样作用。父母为孩子的人生定调。只要承认榜样在人们道德发展过程中的重要性，那么家庭内部的早期个人关系的品质就会极为要紧。”(Joe L. Kupperman, “Confucian Civility,” *Dao: A Journal of Comparative Philosophy*, vol.9. no.1, 2010, p.19)

孔子相信以个体典范施教的有效性。他说："德不孤，必有邻。"（《论语·里仁》）在他看来，有德之士的品性和行为可以感染人，所以他必然会有信从者。事实上，只有这样我们才能理解《论语》开头的三句话："学而时习之，不亦说乎？有朋自远方来，不亦乐乎？人不知而不愠，不亦君子乎？"（《论语·学而》）通常的理解不仅忽略了孔子的要义，而且也模糊了这三句话之间的重要联系。孔子之所教与门人之所学乃是成人，而"习"乃是"实践"。所以，首句真正的意思为，把自己所学的关于如何成为有德之士的知识付诸实践真乐事也。[①] 这与孔子对相较于言语的行动的强调相契。我们已经看到，孔子批评那些诵《诗》三百却不会用诗的人（《论语·子路》）。同时，这也反映了孔子关于德行带来快乐的观点。孔子说："知之者不如好之者，好之者不如乐之者。"（《论语·雍也》）虽然"之"的所指并不明确，但它显然指善事。这可以在如下一章中得到证实："饭疏食饮之，曲肱而枕之，乐亦在其中矣。不义而富且贵，于我如浮云。"（《论语·述而》）次句中的"朋"可以解作信从者。"朋""友"在现代汉语中是同义词，但它们在《论语》中却有不同的用法。"友"是相友善之人，而"朋"则是同志或信从者。因此，笔者同意朱熹的解释，他认为次句与首句紧密相连。首句说的是，把自己所学的关于如何成为有德之士的知识付诸实践是件乐事，次句说的是，以善及人而信从者众，故可乐。朱子进而说道，这里的乐并不是因为信从者众足以验己之有德："己既有得，何待人之信从，始可为乐？须知己之有得，亦欲他人之皆得……至于信之从之者众，则岂不可乐！"[②]这一解释与孔子的说法相契合：有一位好的国君，则"近者说，远者来"（《论语·子路》）。

---

① 参见钱穆：《孔子和论语》，台北：兰台出版社，2001年，第143—144页。
② 〔宋〕朱熹：《朱子语类》，北京：中华书局，1986年，第451页。

在此我们可以看到孔子与亚里士多德(至少按照人们对他的一种解读)之间有一显著差异。亚氏的《尼各马可伦理学》中有一段语义模糊的文字：真正的自爱者，除了其他方面，还会“让朋友们去完成某项事业。因为，让朋友去做有时可能比自己去做更高尚。所以在所有值得称赞的事物中，好人都把高尚的东西给予了自己。”[①]有人说，亚里士多德在此回应了那种以美德伦理为自我中心的反对意见。在他看来，有德之士，真正的自爱者关心他人的美德，所以把行美德的机会让给别人。特纳(Christopher Toner)设想以下情境来解释亚里士多德：我们俩人是朋友，一起去执行危险的侦察任务。必须有一个人自愿首先穿过一片开阔地带。我想上前去，但马上想到这样会让你背上懦夫的恶名，而这对你来说是不公平的。为了避免给你带来恶名，于是我保持沉默，让你成为第一个冲上前去的人。[②] 克劳特(Richard Kraut, 1944—　)的解释与此相仿：我认为我的朋友有能力监督大型的市政项目，但他没有太多机会展示自己的价值；于是，我说服监督这些项目的政府官员为他争取机会。[③]

笔者曾在别处论及，且不管这是否就是亚里士多德的意思，有德之士不可能通过把行善的机会让给无德之人这样的方式而使他变得有德。[④] 这里想强调的是，从我们上面的讨论来看，这显然不是孔子建议

---

① Aristotle, *Ethica Nicomachea*. Trans. by W. D. Ross, In *The Works of Aristotle*, vol. 9. Oxford: Oxford University Press, 1963, 1169a33 - 36.（中译参照亚里士多德：《尼各马可伦理学》，廖申白译，北京：商务印书馆，2003 年，第 277 页。——译者）

② 参见 Christopher Toner, “The Self-Centeredness Objection to Virtue Ethics.” *Philosophy*, vol.81(2006), pp.595 - 617, p.611。

③ 参见 Richard Kraut, *Aristotle on the Human Good*. Princeton: Princeton University Press, 1989, p.126。

④ 参见 Yong Huang, “Confucius and Mencius on the Motivation to Be Moral.” *Philosophy East and West* vol.60. no.1, 2010, pp.65 - 87。

有德之士让其他人变得有德的方式。孔子认为，虽然一个人在面对外部利益的时候应当把机会让给别人，但是，“当仁，不让于师”（《论语·卫灵公》）。依照清儒黄式三（1789—1862）的解读，这是说，倘有践习美德的机会，则不应当逊让于众人。[①] 孔子心中所想，并不是克劳特在讨论亚氏关于美德友谊的概念时所讲的“道德竞争”（在道德竞争中，所有竞争者都可能是赢家）。相反，正如朱熹注解“当仁，不让于师”云：“盖仁者人所自有而自为之，非有争也，何逊之有？”[②]此外，亚里士多德的兴趣在于有德的朋友之间的关系，而孔子的主要关注点则在于有德之士与无德之人之间的关系。如果有德之士在这种情况下退让，那就没有人行善了，因为无德之人既为无德之人自然不会去行善的。相反，如果有德之士带头行善，那么无德之人就有可能在道德上被感动，从而变成有德之士。[③]

当然，有德之士之所以可以成为榜样，从而可以吸引信从者，即能让他人变得有德，是因为他及其德行为他人所知。如果他不为人所知，因而没有信从者，那又会怎样呢？这正是第三句话想要说的意思：一个卓越的人不会怨恨别人。这句话通常被理解为，对孔子来说，学习以自我修养为旨趣。因此，一个人只要有德，别人是否知道实在是无所谓的事。[④] 朱熹甚至以吃饭为喻。一个人吃饭是因为他想要吃饱，完全

---

① 参见程树德：《论语集释》，北京：中华书局，1990 年，第 1124 页。钱穆先生亦采此说，言曰：“师之与我，虽并世而有先后，当我学成德立之时，而师或不在”，故“师”字当训“众”（钱穆：《论语新解》，北京：生活·读书·新知三联书店，2005 年，第 422 页）。

② 程树德：《论语集释》，北京：中华书局，1990 年，第 1124 页。

③ 王庆节对道德感动有精彩的论述（参见 Qingjie Wang，“Virtue Ethics and Being Morally Moved.” *Dao: A Journal of Comparative Philosophy* 9[2010]. 3, pp. 309 - 321）。

④ 参见陈大奇：《孔子学说》，台北：正中书局，1964 年，第 5 页。

没有必要去问别人是否知道自己已经吃饱了。[1] 这是有道理的。然而，对孔子来说，一个人不仅要自己有德，而且还要帮助别人有德。事实上，除非一个人也想让别人有德，否则我们就不能认为他是有德的。因此，如果别人没有认识到我们的美德，那我们不能抱怨别人；相反，我们倒应该抱怨自己尚无完德足以感化无德之人。换而言之，有德之士应该提升自己，而不是责怪别人不知道、不信从自己。《论语》对此再三致意焉。孔子说：“躬自厚而薄责于人，则远怨矣。”（《论语・卫灵公》；亦可参见《宪问》）又说：“不患无位，患所以立；不患莫己知，求为可知也。”（《里仁》）所有这些都与我在别处所强调的一个要点一致：在有德之士眼里，只要存在一个无德之人，就表明他还没有充分履行自己的职责。

五、政府在道德教育中的作用

孔子对政府职能的论述，最有名的莫过于下面这段话：“道之以政，齐之以刑，民免而无耻；道之以德，齐之以礼，有耻且格。”（《里仁》）必须指出的是，对孔子来说，问题不在于以刑（惩罚）、政（强制措施）治国没有效果。事实上，它们在阻止人们做不道德的事情方面颇有成效。孔子的关注点在于，如果以刑政治国，普通民众尽管遵纪守法，却会变得无耻。以德、礼治国同样可以防止人们做坏事，孔子提倡德、礼，因为用这种办法治国可以让人们有羞耻感。换言之，在孔子看来，政府的首要职能是对民众的道德教育。正是在这里，我们看到了孔子和当代政治自由主义者对政府职能的理解形成了鲜明对比。

---

① 参见〔宋〕朱熹：《朱子语类》，北京：中华书局，1986 年，第 453 页。

自由主义在当代政治哲学中的独特之处，至少部分归因于它严格区分政治之域和个人之域。这一区分有两个面向。其一，"个人之域不是政治的"：政府的职能仅限于人们在公共领域的生活，而他们在私人领域的生活，尤其是在家庭内部的生活，是受到"保护"的，政府不能加以干预。许多女权主义(Feminism)思想家已经充分指出这一主张的问题之所在。女权主义者正确地主张，个人是政治的。当然，这并不意味着政府可以无孔不入地介入个人生活。然而，自由主义关于政治之域和个人之域的划分尚有第二层含义，女权主义的口号"个人是政治的"并没有抓住它，它所带来的问题不但没有被女权主义所界定，而且还(将)进一步渗透到女权主义所提出的旨在减少个人之域的不公正的程序之中。在自由主义的传统中，不仅个人不是政治，而且政治也不是个人的：政府的职能仅限于建立由法律和公共政策所规范的社会制度，而无关乎究竟什么样的人生活在这些制度之中。换句话说，政府的工作是改善社会制度，使它们公平对待生活在制度中的每一个人，但不是培养个人的德性，当然，也不是要让他们变成恶人。自由主义的这一看法是成问题的。

初看起来，既然自由主义传统坚持认为政治不是个人的，如果它没有援手培养个人的美德，我们可能会认为至少它不会引发恶习。它使人如其所是。它只是制定对每个游戏者来说都公平的游戏规则。实则不然。柯亨(G.A. Cohen，1941—2009)批评自由主义尤其是罗尔斯的正义论，他指出，"社会结构广泛塑造了动机结构"，因为人性在动机方面"可塑性"相当强。[①] 在他看来，自由社会不仅没有改善人性，实际上还鼓励人们成为自私的人。他对罗尔斯的差异原则(第二个正义原则

---

① G. A. Cohen, *If You're an Egalitarian, How Come You're So Rich?* Cambridge, Mass: Harvard University Press, 2002, p.119.

的一部分）尤为介怀，因为它试图证明社会与经济不平等是正当的：最有才的人，如果不多给他们一点东西，就不会充分发挥他们的才能，这样一来其他人也就处于更糟的境地。罗尔斯认为，让最有才的人适当多得一点，以激发他们充分发挥自己的才能，从而让社会上其他每一个人从中受益。在柯亨看来，这一原则鼓励了最有才的人的自私心：如果不允许我们（最有才的人）获得比其他人更大的份额，我们就不作出最大的贡献；不仅如此，它也鼓励了最弱势者的自私心：如果我们不能从最有才的人施展的才华中获得更多的好处，我们就不允许他们拿到更大的份额。①

这已经表明，自由主义者认为政治不是个人的，即政治制度不影响个人品质，这完全是错的。政治是个人的：一种特定的政府不仅决定了将有何种社会，而且在很大程度上决定了将是何种人生活于社会之中。只有在这样的脉络之中，我们才能认识到孔子政治哲学的意义，因为它明确指出，政府的职能之一是对民众的道德教育。不唯如此，在孔子看来，政府实现这一职能主要通过领袖的典范行为而不是通过领袖所制定的规则。正是在这个意义上，孔子的观点也明显不同于亚里士多德的观点，因为有时人们认为我们可以拿后者替代今天的自由主义政治理论。虽然亚氏认为，政府确实承担对公民进行道德教育的功能，然而，亚里士多德的理论有两个独特之处。其一，他主张道德教育是专属于立法者的工作，个体公民（如父母和朋友）不得预于其间，即便立法者通常并不可能像父母了解子女或朋友了解朋友那么熟知公民，也并不必然贤于父母或朋友。这一点关联到亚氏理论的第二个特征：立法者实施道德教育，不是通过他们足以让民众模仿的典范行为，而是通过

① G. A. Cohen, *If You're an Egalitarian, How Come You're So Rich?* Cambridge, Mass: Harvard University Press, 2002, Chapter 8.

他们所制定的法律。在亚氏看来："如果一个人不是在健全的法律下成长的，就很难使他接受正确的德性。因为多数人，尤其是青年人，都觉得过节制的、忍耐的生活不快乐。所以，对青年人的哺育与教育要在法律指导下进行。"①他进而指出，"大多数人都只知恐惧而不顾及荣誉，他们不去做坏事不是出于羞耻，而是因为惧怕惩罚。"②因此，亚里士多德和当代自由主义者都认为，政府的首要职能是制定刑法。差别在于，自由主义者认为，法律相对于人们的品性来说是中立的：它们不会让人变得高尚或邪恶，而亚里士多德则主张，刑法能够并且应该使人有德。

亚氏理论的以上两点，孔子均不会同意。孔子的确区分了有德的个体和政治领袖在道德教育中的作用。政治统治者可以在道德教育中发挥作用，恰恰因为普通的有德之士可以发挥这样的作用。因此，就像普通的有德之士只能通过自己典范性的道德行为来让别人成为有德的人，政治领导者也只能通过他们自己的典范性的道德行为来让民众成为有道德的人。孔子之所以强调政治统治者在道德教育中的重要性，主要并不是因为他们可以通过任何政治或法律措施（这是普通的有德之士所做不到的）实现道德教育，而只是因为他们的行为将被他们治下的所有民众所效仿，而普通有德之士的典范性善行只能影响到身边的小圈子。

正因为此，他在劝谏政治统治者的时候不断强调有德的重要性。例如，他说："苟正其身矣，于从政乎何有？不能正其身，如正人何？"

① Aristotle, *Ethica Nicomachea*, 1179b30－1180a2.（中译参照亚里士多德：《尼各马可伦理学》，廖申白译，第313页。——译者）

② Aristotle, *Ethica Nicomachea*, 1179b11－13.（中译参照亚里士多德：《尼各马可伦理学》，廖申白译，第312页。——译者）

(《论语·子路》)“政”与“正”是同源字。因此，季康子问政，孔子回答说：“政者，正也。子帅以正，孰敢不正？”(《论语·颜渊》)；季康子患盗，孔子告诫他：“苟子之不欲，虽赏之不窃。”(《论语·颜渊》)季康子进一步问“如杀无道，以就有道，何如？”孔子回答道：“子为政，焉用杀？子欲善，而民善矣。君子之德风，小人之德草。草上之风，必偃。”(《论语·颜渊》)在孔子看来，如果统治者“其身正，不令而行；其身不正，虽令不从”(《论语·子路》)；“为政以德，譬如北辰，居其所而众星拱之”(《论语·为政》)。①

当然，尽管孔子是位理想主义者，但并不是乌托邦主义者。他知道，完全放弃刑法还为时过早。他高度赞扬“善人为邦百年，亦可以胜残去杀矣”的说法(《子路》)。这表明，在很长一段时期内，即使一个国家由善人来统治，仍然需要有刑法。不过，孔子的理想是，这样的法律设而不用(《孔子家语·相鲁》)。因此，他说：“圣人之设防，贵其不犯也，制五刑而不用……是以上有制度，则民知所止，民知所止，则不犯。故虽有奸邪贼盗，靡法妄行之狱，而无陷刑之民。”(《孔子家语·五刑解》;《孔子家语·相鲁》)在孔子看来，刑法显然主要用以阻止坏人去做坏事，而非作为一种对付人的计谋。重要的一点在于，坏人被这些刑法阻止做坏事的同时，他们也应该被教导要有美德。孔子也许在反思自己作为大司寇的经历时说道：“听讼，吾犹人也。必也使无讼乎！”(《论语·颜渊》)

当诉讼案件确实出现时，孔子也认为，尽可能寻求法律决定之外的

---

① 《孔子家语·王言解》述之更详：“上敬老，则下益孝；上尊齿，则下益悌；上乐施，则下益宽；上亲贤，则下择友；上好德，则下不隐；上恶贪，则下耻争；上廉让，则下耻节。此之谓七教。七教者，治民之本也。……凡上者，民之表也。表正，则何物不正？”

解决方案很重要。孔子在鲁国担任大司寇时，曾发生过一起父讼子不孝的案件。孔子把他们关在同一间牢房里，关了三个月都没有作出判决。父亲最终请求撤诉，孔子便将他们俩都放走了。有人问，孔子本人一直强调孝对于治国的重要性，但为什么把儿子放了而不是惩罚他。孔子回答说："上失其道而杀其下，非理也。不教以孝，而听其狱，是杀不辜。三军大败，不可斩也。狱犴不治，不可刑也。何者？上教之不行，罪不在民故也。"（《孔子家语·始诛》；《孔子家语·五仪解》；亦参见《荀子·宥坐》）

孔子进而认为，在理想的古代社会，"威厉而不试，刑错而不用"，而在他所生活的当代社会则相反，"乱其教，繁其刑，使民迷惑而陷焉，又从而制之，故刑弥繁，而盗不胜也"（《孔子家语·始诛》；《孔子家语·六本》）。当然，孔子并不想完全放弃刑罚，而是主张惩罚必须在道德教育之后。在他看来，"既陈道德以先服之，而犹不可，尚贤以劝之，又不可，即废之，又不可，而后以威惮之，若是三年，而百姓正矣，其有邪民不从化者，然后待之以刑，则民咸知罪矣"（《孔子家语·始诛》）。

然而，即使作为最后手段的刑罚是必要的，政治领导人仍必须牢记两件重要之事。首先，惩罚主要不应该是报复性的，将罪犯对他人造成的伤害返还给罪犯，而是应该作为一种改造罪犯的措施。由此，孔子更加认同古代社会而不是自己身处其中的社会："古之知法者，能省刑，本也；今之知法者，不失有罪，末矣"；而"今之听民者，求所以杀之；古之听民者，求所以生之"（《孔子集语·论政》）。其次，更重要的是，法官当然应该尽其所能作出正确的司法裁决。不过，即使他们判定一个人确实犯了所指控的罪行，孔子也劝他们"哀矜勿喜"（《论语·子张》）。① 孔

① "哀矜勿喜"已经用作成语，描述我们发现别人做错事之时当持的恰当态度。

子在别处也有类似的说法：“听讼虽得其指，必哀矜之。死者不可复生，断者不可复续也。《书》曰：‘哀矜折狱。’”（《孔子集语·论政》）一个人之所以应该有这样一种哀矜之情，原因在于他应该认识到，如果他教育这个人很成功，就没有必要动用惩罚了，但他现在不得不求助于刑罚作为最后的手段。这是赫斯特豪斯所讲的“道德残余”（moral remainder or residue）：一位有道德的人做了一件不得不做、且是最好的事或者最不坏的事，但在理想状态下他不必做这样的事，这时他就会感到某种内疚、自责或后悔。[①] 这与老子关于战争的说法相似。总体而言，老子是反战的。如果一位明君发现战争不可避免并打了胜仗，他不会认为这值得庆祝，而应以丧礼处之，不仅为那些为他而战死的人，也为死去的敌人（《老子》第三十一章）。

这种悲伤、内疚、悔恨或自责之情本身也是值得称赞的，因为一个人的美德不仅表现在行为上，也体现在情感上。同时，这种“道德残余”也可能具有道德转化的力量。在《孔子家语》中，有个故事很好地说明了这一点。卫国宫廷政变引发混乱。担任卫国刑官的季羔正逃离都城寻找安全之所，这时他意识到守门人曾受过他的惩罚。守门人让季羔从残破的矮墙逃走；季羔拒绝了，说君子不会翻墙。守门人又说走墙下的地道；季羔再次拒绝，说君子不钻地道。最后，他又被告知有一密室。季羔获得藏身之处，从而在混乱中得以保全。当政变结束，季羔出来时，他问守门人：“亲刖子之足矣，今吾在难，此正子之报怨之时，而逃我者三，何故哉？”答曰：“断足，固我之罪；……临当论刑，君愀然不乐，见于颜色，臣又知之。”孔子闻之，曰：“善哉！为吏，其用法一也，思仁恕则树德，加严暴则树怨。”（《孔子家语·致思》；《孔子家语·本姓解》）

---

① 参见 Rosalind Hursthouse, *On Virtue Ethics*. Oxford: Oxford University Press, 1999, pp.75 - 76。

六、结论

孔子经常被认为是中国历史上第一位私人教师。然而，如上文所分析，他并不是通常意义上的教师，因为他的教学内容既不是理论知识也不是技能，而是成德之方。尽管孔子充分认识到，一个人最终只能靠自己变成有德之士，但他确实认为，美德之人可以做很多事情去帮助别人成为有德之人，而其中最重要的是成为美德典范。任何一个有德之士当然都可以做到这一点，不过，孔子更加注重政治领袖，因为他们的影响更广更深。因此之故，在孔子的政治哲学中，政府的首要职能是对民众的道德教育，这与当代政治自由主义形成鲜明对照；此外，政府履行道德教育的职能主要不是通过法律和其他政治手段，而是通过统治者自身的道德典范作用，这又与亚里士多德的观点形成鲜明对照。在孔子看来，法律和惩罚还不能完全废除，但应该仅仅作为临时性的补救措施。即使这样的措施势在难免，一位有德的政治领袖也会自然而然感到悲伤，一方面因为恶人令人遗憾的状态，另一方面因为他自己未能通过其他措施改变恶人。

第二编

宋明儒学对当代美德伦理的贡献

第五章

美德伦理学与道德责任：儒家论道德赞扬与责备

一、引言

随着美德伦理学在当代哲学界的强势复兴，比较哲学领域的学者都试图把各自喜欢的哲学传统与当代美德伦理学联系起来。其中最成功的尝试无疑是儒学与美德伦理之间的沟通，尽管还是有不少人一直致力于用康德主义来解释儒家哲学，特别是儒家伦理学。笔者无意提供新的令人信服的证据或论证以表明儒学确实是一种美德伦理学。相反，我更感兴趣的是，儒学如何能够帮助解决美德伦理的内部问题以及回应来自外部的反对意见。这样的工作固然预设了儒学是一种美德伦理，但它的成功并不取决于这一预设的真实性。笔者曾经撰文，以朱熹为代表，说明儒家思想能够回应关于美德伦理学以自我为中心的批评，[①]并且可以

① 见 Yong Huang, "The Self-centeredness Objection to Virtue Ethics: Zhu Xi's Neo-Confucian Response." *American Catholic Philosophical Quarterly* 84, 2010, pp.651 - 692。

避免美德伦理学所面临的两个两难困境。[①] 本章将采用同样的思路，讨论儒学如何能够处理美德伦理另外两个相关问题：赞扬和责备。我认为它们是道德责任这同一枚硬币的两面。一方面，通常我们认为，一个人因做了难做的好事而应该受到称赞，但同时我们又认为，一个有美德的人在行善时应该无须努力，应该感到快乐，应该不会觉得困难。这就产生了这样一个问题：一个艰难地做了好事的人是否值得赞扬，或者更确切地说，一个艰难地做了好事的人是否比一个轻而易举地做了好事的人更值得赞扬？我将以孔子为中心来讨论这一问题。另一方面，我们可以指责一个人做错某事，当且仅当其明知故犯，但根据美德伦理学，任何有真正道德知识的人，其行为必定合乎道德；而任何人若不做其该做的道德的事甚至做其不该做的不道德的事，只是因为这个人没有关于道德的真知。这就产生了这样一个问题：如果有人不做其该做的好事而做其不该做的坏事，我们是否可以加以责备？由于宋明儒学特别强调知识与行动之间的关系，我将以程颐的思想为中心来讨论这个问题。

二、道德赞扬

按照美德伦理学，无论是在亚里士多德还是在休谟(David Hume，1711—1776)甚至儒家那里，真正有美德的人行道德之事应该无须努力，感到快乐，且轻而易举；然而，从严格意义上讲，美德值得赞扬恰恰是因为我们认为它们关涉到那些对人而言困难的事。这正是菲利帕·

① 见 Yong Huang，"Two Dilemmas of Virtue Ethics and How Zhu Xi's Neo-Confucianism Avoids Them." *Journal of Philosophical Research* 36(2010)：247－281。

富特在讨论亚里士多德美德伦理学时提出的所谓美德困境。富特认为，美德对人的自然倾向甚至人性具有矫正作用。她的意思是说，人类或者不具有一种依美德之要求而行的自然倾向，或者具有一种与美德之要求背道而驰的自然倾向，在这两种情况下美德都是要矫正我们的自然倾向。一方面，有些美德要求我们不要做我们依自然倾向会去做的事。例如，“只因懒惰是一种诱惑，才有勤劳这种美德；只因人们容易太拿自己当回事，才有谦逊这种美德。”①换言之，如果我们没有懒惰这一自然倾向，也就无须勤劳这种美德；如果我们没有自以为是这种自然倾向，也就无须谦逊这种美德。另一方面，有些美德要求我们去做我们依自然倾向不会去做的事。例如，“如果人们把他人的利益看得与自己的利益一样重，那么，仁爱就不再成为一种胜过自爱的普遍美德。如果人们对他人的权利与自己的权利给予同样的关注，那么就不必寻求公正这种美德。”②在富特看来，这两个方面皆表明亚里士多德的观点是正确的：美德关涉到对人而言难做的事。

然而，既然真正的有德之士在行善之时不会有任何困难，富特洞察到这里存在着一个困境：

> 我们倾向于、同时又不倾向于认为，如果一个人在行善之时越是困难，那么，在他确实能够很好行善的情况下他就越是显得有美德。因为一方面，在特别难以行善的情况下，高尚的美德是必要的；而另一方面我们似乎又可以说，行善之难恰恰

① Philippa Foot, *Virtues and Vices*. Berkeley and Los Angeles: University of California Press, 1978, p.9.

② Philippa Foot, *Virtues and Vices*. Berkeley and Los Angeles: University of California Press, 1978, p.9.

> 表明行动主体尚不具备完善的美德：在亚里士多德看来，以行善为乐标志着真正的美德，而能够在行善困难的情况下做到自制则是次佳状态。①

亚里士多德的这一观点与孔子完全相同：真正的有德之士会快乐自如地行善。然而，亚里士多德也认为，美德关涉到对人而言难做的事，而且，正因为美德关涉到对人而言难做的事，我们才赋予德行较高的道德价值。但吊诡的是，真正有德之士应当毫无困难地行善；事实上，正如我们已经看到的，他们在行善时应该无须努力，感到快乐，且轻而易举，即孔子所说的“从心所欲”。

对于这一困境，富特自己提出的解决方案是区分一般人和特定的有德之人：

> 可以肯定的是，关于美德具有矫正作用的观点并不意味着美德对于每一个个体来说都是困难的。一般人很难面对巨大的危险或恶行，甚至很难面对小的危险或恶行，但是，对于我们视为勇敢的人、那些并非盲目或冷漠的少数人来说，即便在极度可怕的情形之下依然无所畏惧……我认为，总的来说美德可以视为对人性的矫正，但这并不是说每种美德对于每个人而言都是困难之事。②

换言之，即使有德之人毫不困难地行善，他的行为仍然值得赞扬，因

① Philippa Foot, *Virtues and Vices*. Berkeley and Los Angeles: University of California Press, 1978, p.10.
② Philippa Foot, *Virtues and Vices*. Berkeley and Los Angeles: University of California Press, 1978, p.11.

为他正在做对于一般人来说困难的事。这个解决方案在我看来并不完全令人满意。美德之所以值得称赞，正是因为它关涉难做的事。但是，如果这些事对于有美德的人来说并不难，为何我们还认为这些人的行为值得赞扬？似乎仅当同样的行为由不具有美德的人来完成时，这样的行为才是值得称赞的，因为这些人在完成这些行动时需要付出极大的努力（以抵抗不这样去做的强烈的自然倾向）。但这无异于说，在具有美德的人和不具有美德的人行同样的善行时，值得称赞的乃是不具有美德的人而非有德之人的行为。这样的说法也是很奇怪的。

对于这一显见的困境，孔子有不一样的解决方案，而且我认为其方案更为合理。该解决方案的要点在于，我们不能只看结果，即具有美德的人和不具有美德的人如何行善（前者轻轻松松，后者感到困难），而是要看过程，即有德之人如果保持美德或者变成有德之人，而不具有美德的人如何缺乏美德或者失去美德。当我们只注意结果，确实可以貌似有理地认为，如果不具有美德的人和具有美德的人做同样的事，前者的行为比后者的行为更值得称赞，因为前者做起来无须努力，而后者则要竭尽全力。然而，孔子认为我们不应该只看最终结果，而是要以历史的眼光看待这件事。

有德之人行善确实无须努力，但我们不能忽视他/她花了很大力气成为有德之人这一事实；不具有美德的人固然尽力行善，但我们不能忘记，这恰恰是因为他/她没有花大力气成为有德之人。事实上，孔子所谓“吾未见好德如好色者”表明，在孔子看来，好德并非好色那样容易。此外，虽然孔子并不否定，可能有天生就好德如好色的圣人，但是，正如蔡尚思指出：“孔子自己也未必相信真有‘生而知之者’，证据就是他不但叹息不得见‘圣人’，不但否认自己是天生圣者，而且还明白承认自己不是‘生而知之者’。”[①]毕竟，孔子自己也不过是“七十而从心所欲不逾矩”。

那么，如何才能成为有德之人？孔子的回答是通过学习。他在自述生平的那句话里列出了其自我修养的六个里程碑。尽管在最后一个阶段即七十岁的时候，他可以从心所欲，但是，他培养自己成为这样的有德之人的努力则始于第一阶段，也就是说，在十五岁的时候“志于学”（《论语・为政》）。孔子认为，正是他的好学把他和大多数人区别开来：“十室之邑，必有忠信如丘者焉，不如丘之好学也。”（《论语・公冶长》）他还说，不敢宣称自己是圣人或仁人；如果关于自己有什么与众不同之处，那就只有“学而不厌，诲人不倦”（《论语・述而》）。

因此，孔子认为，一个人承认无知并没有错，而且他应该“敏而好学，不耻下问”（《论语・公冶长》）。孔子说，“盖有不知而作之者，我无是也。多闻，择其善者而从之”（《论语・述而》）。学习的重要途径之一就是要向别人学习。他说，“三人行，必有我师焉。择其善者而从之，其不善者而改之”（《论语・述而》）；“见贤思齐焉，见不贤而内自省也”（《论语・里仁》）。

关于学习的重要性，孔子在讨论六种道德弊病时说得最清楚。六种道德弊病的产生皆因不注重学习：“好仁不好学，其蔽也愚；好知不好学，其蔽也荡；好信不好学，其蔽也贼；好直不好学，其蔽也绞；好勇不好学，其蔽也乱；好刚不好学，其蔽也狂”（《论语・阳货》）。值得注意的是，这六种品德原本都是积极的，但孔子强调，如果不伴以好学，这些品德都会变得成问题。我们可能会问，好学对于这些美德到底具有什么样的积极意义，或者说，好学为这些美德补充了什么。

---

① 蔡尚思：《孔子思想体系》，上海：上海人民出版社，1982 年，第 99 页。

如果考察一下这六种美好品德若没有伴之好学所导致的弊病，我们可以明白，学习的主要作用在于确保各种品质在不同的场合得以恰当的展现。例如，"仁"这一美德最重要的特征是爱人。如果一个人好仁而不好学，那他就会用完全相同的方式爱所有的人，无论其善恶、贫富、长幼如何。孔子认为这样做是愚蠢的。在孔子看来，尽管应当爱每一个人，但是，对不同的人的恰当的爱应当有所不同，因为需要考虑到每一个所爱对象的独特性，因此学习的作用就在于找到适合于每一独特的所爱对象的爱的方式。又比如，"信"或者说兑现诺言，也是孔子反复强调的积极品德。然而，这并不意味着在任何特定的情形之下一个人都应当遵守说过的每一句话。我答应和我的一位朋友下棋，但在去他家的路上看见一个孩子掉进河里。如果我一味坚持信守承诺而不去救落水的孩子，那么我的行为就会造成伤害。因此，这里与诚信相关的学习的作用在于，识别在每一种特定的情形下是否应当兑现以及如何兑现我的诺言。

总而言之，六种美好品德告诉我们一般而言应当作什么，而学习的作用则是告诉我们如何在特定的情形下恰如其分地体现这些美好品德。在此意义上，我认为当代学者李泽厚关于前引《论语・阳货》一章的评注是正确的，即学习的功能就在于如何"掌握合适的'度'。"[①]这与孔子关于学习的另一观点相一致："学则不固。"(《论语・学而》)[②]"固"

---

① 李泽厚：《论语今读》，香港：天地图书，1999 年，第 338 页。

② 必须指出一点，在《论语》的注疏传统中，此句主要有两种不同的解读，因为"固"或者解为 "坚固"，或者解为"缺乏灵活性"。我们采用后一解读。根据前一解读，"学则不固"只是短语而非完整的句子，它必须和前面的内容合在一起，即"不厚重则无威严，而所学亦不坚固也"(程树德：《论语集释》，北京：中华书局，1990 年，第 33 页)。我认为陈大齐通过考察《论语》中出现的"固"字以及《论语》其他章节中学习的作用已经令人信服地证明，"固"释为"缺乏灵活性"更为妥帖(陈大奇：《论语臆解》，台北：商务印书馆，1969 年，第 6—8 页)。

是孔子告诫我们必须杜绝的四种弊病之一："意"（作无据的推断）、"必"（坚持绝对的确定性）、"固"（缺乏灵活性）、"我"（自私）（《论语·子罕》）。

因此，孔子所要求其学生学习的内容并非书本知识或者专业技能，而是成为有德之人的方式。这一点在他对爱徒颜回的称赞中可以看得很清楚。鲁哀公问孔子哪位弟子好学，孔子回答说："有颜回者好学，不迁怒，不贰过，不幸短命死矣。今也则亡，未闻好学也。"（《论语·雍也》）在这里，孔子将好学关联到颜回的两个突出特点。通常，我们即使有正当的理由对某人发怒，也会很容易地把怒气发泄到碰巧出现的无关的他人身上；而很多时候，在有人已经指出了我们错误的情形下我们仍然固执己见。孔子说，他的弟子颜回好学，这两种情况在他身上都不会发生。因此，在颜回这一特定的个案中，学习对于颜回拥有以上两种重要品质至为要紧。因此，在《颜子所好何学论》这篇名文中，宋儒程颐作了这样的回答："学以至圣人之道也。"他进一步解释说，成圣之道就是要根据人所独有的东西来培养一个人的情感，即"性其情"；与之相反，小人让他的情感决定人之所是，即"情其性"。①

因此，孔子所谓的"学"不是这个字通常所意谓的东西。《论语》记载，孔子的学生子夏有两句话区分"学"的这两种意义："百工居肆以成其事，君子学以致其道"（《论语·子张》）；"贤贤易色；事父母能竭其力；事君，能致其身；与朋友交，言而有信。虽曰未学，吾必谓之学矣"（《论语·学而》）。我们可以想象一下：一个人说他自己没有学过，因为"学"一般指通过看书听讲来获得理论知识或实践技能；就此而言，这个人可能的确没有学过，因为也许他目不识丁。然而，子夏认为，我们必

①〔宋〕程颢、程颐：《二程集》，北京：中华书局，2004年，第577页。

须说这个人学过，因为学的内容在这里就是如何在处理各种人际关系中成为有德之人。除非一个人生而为圣人——而孔子说他从未见过这样的人——否则一个人必须学习成为有德之人；既然这个人已经在处理这些人际关系中具有美德，那么他一定已经学过。

这一点尤为重要，因为对孔子而言学习成为有德之人是人人可为之事。因此，当他的学生冉求说"非不说子之道，力不足也"，孔子就回答说，"力不足者，中道而废。今女画"(《论语·雍也》)，也就是说，冉求不是力不足，而是根本没有用力；一旦努力学习，没有一个人不可以成德。因此，孔子说他从未见过缺乏实践美德之能力的人。重要的是，如果你还没有开始，那么开始即可；而如果你已经开始，就像孔子十五岁时所做的那样，那就不要停下来。孔子说，好比堆土成山，只有把最后一筐土再加上去才可以停下来；又好比填沟壑为平地，纵是刚倒下一筐土，这也已经是开始了(《论语·子罕》)。[①] 这一点在孟子那里得到了进一步发展。在说"所欲有甚于生者，所恶有甚于死者"的同一段落中，孟子说，"非独贤才有是心也，人皆有之，贤者能勿丧耳"(《孟子·告子上》)。因此孟子认为圣人和我们大家都是同类："故凡同类者，举相似也，何独至于人而疑之？圣人，与我同类者。故龙子曰：'不知足而为屦，我知其不为屦也。'屦之相似，天下之足同也。"(《孟子·告子上》)既然圣人和我们大家都是相似的，如果圣人能够在成为有德之人的过程中感到快乐，那么大家也可以这样做。原因在于，人皆有心，这是快乐必须依据的共同基础。

① 孟子也非常强调，人人皆有成为有德之人甚至圣人的能力。他说，"亦为之而已矣……夫人岂以不胜为患哉？弗为耳"(《孟子·告子下》)。这里他提出了有名的关于"不能"与"不为"之别。一个不道德的人之所以不道德，不是因为他不能成为有德之人，而是他不愿意成为有德之人。尽管存在一些非人力所能为之事，如"挟太山以超北海"(《孟子·梁惠王上》)，但成为有德之人不在此列。孟子向齐宣王解释道，说一个人不能行善，就等于说一个人拿不起一根羽毛或看不见眼前的一车柴薪(《孟子·梁惠王上》)。

对有德之人与无德之人在行善时的差异有了这样一种历史性的、而非截面的理解之后，富特的美德困境就不见了。根据这样一种理解，美德所关涉的事情，不仅是对于一般人来说是困难的事，而且对于有德之人来说也同样是困难的事。美德所关涉的事情对于有德之人来说之所以困难，不是因为有德之人在有德之后很难行善，而是因为成为有德之人对于每个人来说都是困难的。因此，即使有德之人快乐、无须努力且轻而易举地行善，他的行为仍然是值得称道的。如果一位没有美德的人作出类似的行为，则并不同样令人钦佩。这个人的确在做对他来说困难的事，因为他必须付出极大努力抵制自己不想做此事甚或想行恶的强烈倾向。但是，他之所以发现行善很难，恰恰是因为他没有首先花大力气成为有德之人。易言之，如果我们知道，成为一个无德之人很容易，因为这就无须作出修身的努力，而成为一位有德之人很难，因为这必须努力修身，那么，美德的确关涉到即便对于有德之人来说也是困难的事情。

三、道德责备

在一篇关于意志软弱问题的文章中，[①]笔者讨论了具有美德的知识与从事德行之间的关系。唐纳德·戴维森（Donald Davidson，1917—2003）及受其影响的哲学家认为，具有美德的知识并不必然导致德行，而造成这两者之间偏离的是意志软弱。然而，通常也是美德伦理学家的古代哲学家一般不承认意志软弱的可能性。比如，苏格拉底就

① Yong Huang，"How Is Weakness of the Will Not Possible? Cheng Yi on Moral Knowledge." In *Educations and Their Purposes: A Conversation Among Cultures*, edited by Roger Ames and Peter Hershock. Honolulu：University of Hawaii Press，2007.

认为，“不会有人知道或相信有另一种可能的、他可以选择的行为过程比其正在从事的行为过程更好”。① 这是因为，如果他知道或相信有比他正在做的行为更好，而且他可以做这个更好的行为，那么他就不会做他正在做的行为，而会做这更好的行为。换言之，如果一个人有美德的知识，那么他必然会行善，而任何没有行善的人必定对美德无知；如果他显得对美德有知的话，那么他关于美德的知识一定非常近视（例如，一个人可能知道抽烟不好，但知道抽烟也可以给他带来快乐。由于抽烟的坏处在将来，而抽烟的好处则在眼前，所以这个人会决定抽烟。这是一种人们很容易犯的近视的毛病，因为人们往往不知不觉地放大眼前的东西而缩小较远的东西，就好像我们可能会认为月亮比太阳大，因为月亮离我们近，而太阳离我们远）。亚里士多德也认为，为了成为有德之人，一个人在行善的同时还必须满足三个条件，而第一个条件就是知识。② 因此，他赞同苏格拉底的观点，认为一个具有美德知识的人一定会行善，而一个不能行善的人必定要么无知，要么——此处他开始略微偏离苏格拉底——仅有不完备的知识，如果他显得有知的话（比如，一个人可能知道盗窃不对，但并不知道一种既定的行为是否属于盗窃范畴，从而从事这种行为），③要么虽然拥有知识但不能运用知识（正如睡着的人不能运用其拥有的知识）。④ 儒

① Plato, *Protagoras*. In *The Collected Dialogues of Plato*, edited by Edith Hamilton and Huntington Cairns. Princeton: Princeton University Press, 1963, 358b-c.

② Aristotle, *Ethica Nicomachea*. In *Works of Aristotle*, vol. IX. Oxford: Oxford University Press, 1963, 1105a30.

③ Aristotle, *Ethica Nicomachea*. In *Works of Aristotle*, vol. IX. Oxford: Oxford University Press, 1963, 1146b5-1147a9.

④ Aristotle, *Ethica Nicomachea*. In *Works of Aristotle*, vol. IX. Oxford: Oxford University Press, 1963, 1147a7-18.

家同样强调知识的重要性，这一点在宋明儒学那里表现得尤为激进。比如，程颐即主张，“无有知之而不能行者。知而不能行，只是知得浅。饥而不食乌喙，人不蹈水火，只是知。人为不善，只为不知”。[①] 在他看来，说一个人知而不能行是矛盾的：“人知不善而犹为不善，是亦未尝真知”。[②]

因此，美德伦理学，无论是在亚里士多德还是在儒家那里，都强调知识和行动之间的紧密联系。这就引出了一个关于道德责任的严肃问题：我们是否能够责备一个没有行善甚至作恶的人。责备一个人就是要这个人为其行为负责，但我们通常认为，只有在两个条件之下，我们才可以要求一个人为其行为负责：其一，这必须是他的自由行动。易言之，他可以选择做或不做这一行为。如果他不可以不做这一行为，易言之，如果这一行为不是其自由选择的结果，那么要求他对这一行为负责就立刻变得有问题；其二，他应当知道他的所作所为。因此，我们往往并不要求孩子、智障者或精神病人对他们的行为负责。[③] 尽管道德责任不同于法律责任，但与法律责任相关的两个基本概念有助于我们更好地理解本文所关注的道德责任。第一个概念是犯罪意图(*mens rea*)：我们认为一个人对其犯罪行为负有法律责任，当且仅当他/她在作出那一行为时有犯罪之心。然而这是有争议的，因为人们普遍认为不懂法不能作为犯法的借口。尽管如此，这个观念通常

---

① 〔宋〕程颢、程颐：《二程集》，北京：中华书局，2004 年，第 164 页。

② 〔宋〕程颢、程颐：《二程集》，北京：中华书局，2004 年，第 16 页。

③ 这一观点可以追溯到亚里士多德。亚里士多德认为，只有自愿的行为和激情应受到谴责或值得赞扬。换句话说，我们只能要求人们对其自愿的行为和激情负责。接着他解释说：“因我们认为强制或无知而发生的事不是自愿的事”。参见 Aristotle, *Ethica Nicomachea*. Trans. and ed., Roger Crisp. Cambridge: Cambridge University Press, 2004, 1109b35 – 1110a1。

仍然被视作一个恰当的标准。[①] 即使那些拒绝这一观念的人也是主要出于实际的考虑：我们无法决定一个人的犯罪意图。如果法官如上帝那样全能的话，那么我们完全没有理由不将它作为断定法律责任的标准。换言之，这样一个标准并没有理论上的问题。如果是这样，那么，即使这一观念用之于法律还有实际的困难，我们完全可以用之于道德责任。[②] 第二个概念是犯罪精神病。1843 年由英国国会上议院所提出的著名的迈克纳顿法规（M'Naghten Rules）规定，仅当"被告人在实施行为时因精神疾病的影响而有理性缺陷，以至不知道自己当时行为的性质，或者即使知道当时行为的性质，他也不知道他正在做错事"，一个人就不应当为其行为负法律责任。[③] 我认为，法律实践中的这两

① 例如，斯蒂芬·莫尔斯（Stephen Morse）认为，"只要我们现在关于我们自身的概念保持不变，也就是说，把我们理解为意向性的、具有潜在的理性的动物，理解为人而不仅仅是机器，那么，刑法中的犯罪意图这一要求就既是不可避免的，又是可取的"（Stephen Morse, "Inevitable Mens Rea." *Harvard Journal of Law & Public Policy* 27[2003]: p.51）。

② 约翰·洛克（John Locke, 1632—1704）对这一关系有一个很好的观点："虽然刑罚附于人格，人格附于意识，而喝醉的人也许并没意识到自己所做的事，可是用人类的法律严惩于他仍是公正的；因为我们只能证明他实施此事的事实，却不能证明他缺乏实施此事的意识。不过在末日审判之时，一切人心的秘密都会暴露无遗，因此我们就可以合理地想象，无人会对于自己所不知道的事情负责"（John Locke, *An Essay Concerning Human Understanding*. London: George Routledge and Sons, Book II. 27.22）。洛克在这里考虑到的就是这个法律要求的实际可行性问题：如果我们不要求人们对其无意的违法行为负法律责任，那么每个人都会以此为借口而从事非法行为，因为在大多数情况下我们无法断定一个人的违法行为是否有意。

③ House of Lords, "The M'Naghten Rules." In *Philosophy of Law*, 6th ed., edited by Joel Feinberg and Jules Coleman. Belmont, CA: Wadsworth/Thompson Learning (2000), p.668. 在美国，与此相应的是 1956 年由美国法律协会提出的"精神病辩护"："一个人因精神病或精神缺陷使能力受到严重损害，无法理解其行为有罪，或者使其行为遵守法律要求，故不能公正地承担责任，这时，他无须为其犯罪行为负责"（The American Law Institute, "The Insanity Defense." In *Philosophy of Law*, 6th ed., edited by Joel Feinberg and Jules Coleman. Belmont, CA: Wadsworth/Thompson Learning [2000], p.669）。

个概念基本上对应于道德理论中的上述两个标准。

当代追随戴维森的哲学家坚持认为意志软弱不仅可能而且真实存在。如果我们接受道德责任的观念，那么这些哲学家就自然地会主张，意志软弱的人要为自己的行为负责，因为他们在实施行为的时候知道自己正在做什么并且能够决定不去实施这些行为。与此相反，如果我们追随苏格拉底，认为所有做坏事的人这么做完全因为他们缺乏知识，或者因为他们近视，那么我们可能就会认为任何人都不应该为其不道德行为负责；而如果我们追随亚里士多德，认为那些所谓的不能自制者(akrates)在做坏事的时候与睡着、喝醉或发疯的人毫无二致，那么我们就应当免除他们对其不道德行为的道德责任，因为他们的行为是不自由的。① 这正是为什么美德伦理关于意志软弱的怀疑论观点在今天经常得不到重视的原因之所在，因为似乎存在一个普遍现象，即一个人知道什么是善但其行为却违背这种知识，而且似乎我们也有共同的直觉，即这些人应该对他们的行为负责。

在此，我认为宋儒程颐可以为这一问题提供一个比西方美德伦理学家所能提供的更好的答案。程颐强调闻见之知与德性之知的区别，这一区分最初由另外一位宋儒张载(1020—1077)所提出。闻见之知是通过听、看、读等所学到的知性的知识，而德性之知则是从个人自己的内在体验所获得的内在知识。程颐主张知识必然导致行动，他所讨论的知识正

---

① 因此，杜维明(Wei-Ming Tu, 1940—　)认为，"'不道德的行为涉及实践智慧的缺乏，也就是说，在本质上涉及对何为善的无知'——苏格拉底的这一立场未能论及道德主体必须为之负责的自愿的不道德行为的核心问题。亚里士多德试图在性格因素上寻找意志软弱(akrasia)的根源(比如，识别某种不能自制的无知)，这一做法从孟子的视角来看似乎是片面的"(Tu Weiming, "Akrasia and Self-Cultivation in Mencius." In *Philosophy and Culture*, vol. 4, edited by Venant Cauchy. Montreal: Ed-Montmorency [1988], p.222)。

是德性之知。[①] 从程颐的儒家观点来看，西方哲学中所谓意志软弱的人有闻见之知却无德性之知。一个人知道（在闻见之知的意义上）偷窃不好但可能还是会偷东西，因为他/她并非从内心明白这一知识，所以并不具有真知，即德性之知。问题在于，我们是否应该主张，一个只有闻见之知而没有德性之知的人需要对其不道德行为负责。程颐的回答是肯定的。这并非因为那个人所具有的闻见之知满足了道德责任的两个条件之一，因为程颐清楚地表明这样的知识不是真知。为了理解他的观点，我们需要记住，道德责任不是一个关于最终状态的截面概念而是关于一个过程的历史概念。换言之，当我们决定是否一个人该为其行为负责时，我们不能只看他作出行动的那一刻是否知道（在德性之知的意义上）这一行动是错的；我们知道他并没有这样的知识。我们需要进一步看这个人为何没有这样的知识。在程颐看来，一个做错事的人并不知道自己做了什么，在此意义上他不用对其行为负责。但是，他应当对其无知负有直接的责任，从而应当对其因无知而导致的不道德行为负有间接的责任。

这里最为关键的是，有些无知讲得过去或情有可原，而有些无知则并非如此。假设我不知道高速公路的最高时速而超速行驶并被交警抓到，这样的无知显然讲不过去或情无可原。[②] 另一方面，我没有获得那

---

① 〔宋〕程颢、程颐：《二程集》，北京：中华书局，2004 年，第 317 页；另见 Yong Huang, "How Is Weakness of the Will Not Possible? Cheng Yi on Moral Knowledge." In *Educations and Their Purposes: A Conversation Among Cultures*, edited by Roger Ames and Peter Hershock. Honolulu: University of Hawaii Press, 2007, pp.444 - 449。

② 关于讲得过去/情有可原的道德无知与讲不过去/情无可原的道德无知之间区别的讨论，参见 Michael Zimmerman, "Moral Responsibility and Ignorance." *Ethics* 107 (1997), pp.410 - 426 和 "Controlling Ignorance: A Bitter Truth." *Journal of Social Philosophy* 33 (2002), pp. 483 - 490; James Montmarquet, "Zimmerman on Culpable Ignorance." *Ethics* 109 (1999), pp.842 - 845; Nenad Dimitrijevic, "Moral Knowledge and Mass Crime: A Critical Reading of Moral Relativism." *Philosophy and Social Criticism* 36 (2010): pp.131 - 156; Geoffrey Scarre, "Excusing the Inexcusable? Moral Responsibility and Ideologically Motivated Wrongdoing." *Journal of Social Philosophy* 36(2005): pp.457 - 472。

种只有凭爱因斯坦的能力才可以获得的知识却情有可原。在程颐看来，一个人缺乏德性之知既讲不过去，又情无可原。首先，对于程颐而言，我们认识的对象即道或理内在于我们每个人之中。① 其次，与从事科学研究、哲学沉思或诗歌创作的能力不同，获得德性之知的能力也内在于我们每个人之中。它就是心，心是我们作为人的特殊标志。因此，程颐认为，"人皆有是道，唯君子为能体而用之。不能体而用之者，皆自弃也。故孟子曰：'苟能充之，足以保四海；苟不能充之，不足以事父母。'夫充与不充，皆在我而已。"②

一方面，程颐在这里指出了君子与小人的区别，在于前者努力通过自己的心认识内在于自己的道，而后者没有；另一方面，他明确指出君子与小人之间存在这种区别，不是因为君子比小人更聪明，或者君子具有小人没有的天赋。就这些方面而言，君子与小人、圣人与凡人在出生时并无太大差异。君子和圣人之所以成为君子和圣人，是因为他们用心发展了他们生而具有的能力，而小人之所以成为小人，原因在于他们放弃发展自己天赋的努力。因此，程颐在引用《孟子》关于人与"非人"之间的区别在于他们是否扩充了各自天生的四端的话之后又补充说，是否发展它们完全取决于我（"充与不充，皆在我而已"）。无疑，这一思想与孟子是一致的。孟子在同一章里主张，"有是四端而自谓不能者，自贼者也"（《孟子·告子上》）。③ 在这一意义上，一方面，获得德性之

① 〔宋〕程颢、程颐：《二程集》，北京：中华书局，2004年，第316页。
② 〔宋〕程颢、程颐：《二程集》，北京：中华书局，2004年，第321页。
③ 杜维明也讨论了《孟子》中的这一段话，然后他正确地指出，"一个值得尊敬的人可能没有意识到他的天性中无法现实化的潜能，比如科学或艺术才能。这一点完全可以理解。但是很难想象，在孟子的意义上，成熟的社会成员可以对他的善端无所知，从而无法对他作为道德主体的行为负责"（Tu，Weiming，"Akrasia and Self-Cultivation in Mencius." In *Philosophy and Culture*，vol. 4，edited by Venant Cauchy. Montreal：Ed-Montmorency [1988]，pp.222 - 223）。

知比获得科学知识更容易，因为每个人生而具有获得前者的能力，但未必有获得后者的能力；另一方面，获得德性之知比获得科学知识又更难，因为它要求心的理智(mind)与情感(heart)部分一起发挥作用。然而，程颐指出，“圣人未尝言易，以骄人之志；亦未尝言难，以阻人之进。”①因此，和孔子一样，程颐总是强调学习的重要性。

正是在这一语境之下，我们可以理解程颐对“唯上知与下愚不移”(《论语·阳货篇》)的阐释的重要意义。既然如此强调学习，那么他一定不会承认有人生来愚笨，更不必说这样的人是不可改变的。因此，在程颐看来，所谓“唯上知与下愚不移”，孔子“非谓不可移也，而有不移之理。所以不移者，只有两般：为自暴自弃，不肯学也。使其肯学，不自暴自弃，安不可移哉。”②所以根据程颐的解释，孔子所谓“不移”的实为这样的准则：如果一个人自暴自弃，那么这个人无论多么聪明也不会成为智者；如果一个人不断地学习，那么再愚蠢的人也一定会成为智者。在另一处讨论《论语》同一章节内容时，程颐认为，“时者圣人所不能违，然人之智愚，世之治乱，圣人必示可易之道，岂徒为教哉。”③这是否是《论语》观点的本义这里并不重要。重要的是，对程颐而言，人们缺乏必要的德性之知不是因为他们愚笨，而是因为他们不想学习。因此，他认为，“故君子莫大于学，莫害于画，莫病于自足，莫罪于自弃。学而不止，此汤、武所以圣也。”④所以，我们获得智慧的真正障碍在于我们自己自暴自弃。因此，程颐说，“行之失，莫甚于恶，则亦改之而已矣。

---

① 〔宋〕程颢、程颐：《二程集》，北京：中华书局，2004 年，第 209—210 页。
② 〔宋〕程颢、程颐：《二程集》，北京：中华书局，2004 年，第 252 页。
③ 〔宋〕程颢、程颐：《二程集》，北京：中华书局，2004 年，第 122 页。关于程颐对这段文字的解释，笔者有更为详细的讨论。参见 Yong Huang, “Neo-Confucian Hermeneutics at Work: Cheng Yi’s Philosophical Interpretation of *Analects* 8.9 and 17.3.” *Harvard Theological Review* 101(2008), pp.186 - 195。
④ 〔宋〕程颢、程颐：《二程集》，北京：中华书局，2004 年，第 325 页。

事之失，莫甚于乱，则亦治之而已矣。苟非自暴自弃者，孰不可与为君子。"①

上述讨论已经清楚表明，为何程颐认为，一方面所有做了不道德行为的人都是出于无知，而另一方面，他们要为自己的不道德行为负责。我们已经提及，程颐的道德责任概念是一个关于过程的历史概念而不是一个关于最终状态的截面概念。无知的人不是因其缺乏认知的能力，因为人人都有这种与生俱来的能力。相反，那是因为这个人疏于发展他/她与生俱来的能力。诚然，这个人不具备施行他/她想做之事所必需的知识，但他/她仍然要对其所作所为负责：如果不是因为疏于发展与生俱来的潜力，他/她本来能够也应当具有所需要的知识。最终，我们的问题不在于我们是否可以成为有德之人，因为我们当然可以，而在于我们是否愿意成为有德之人。我们知道，孟子对"不能"和"不为"作了著名的区分。孟子向齐宣王解释道，一个人不能做道德的事，就像是说一个人举不起一根羽毛或者看不见眼前的一车柴薪(《孟子・梁惠王上》)。因为在孟子看来，就像人人生而有四肢，每个人天生具有道德上的"四端"：恻隐之心、羞恶之心、辞让之心和是非之心。孟子认为，有了这"四端"，"亦为之而已矣。夫人岂以不胜为患哉？弗为耳。徐行后长者谓之弟，疾行先长者谓之不弟。夫徐行者，岂人所不能哉？所不为也"(《孟子・告子上》)。程颐接受了孟子关于"不能""不为"的区分。有时候学习好比登山：容易时迈开大步而困难时会放弃。然而，程颐认为这一比喻并不恰当："山高难登，是有定形，实难登也；圣人之道，不可形象，非实难然也，人弗为耳。"②

---

①〔宋〕程颢、程颐：《二程集》，北京：中华书局，2004年，第69页。
②〔宋〕程颢、程颐：《二程集》，北京：中华书局，2004年，第193页。

问题在于，如何避免道德疏懒并承担起获得所需知识的责任。因为所需的知识是德性之知，那么所需要的不仅是由心的“理智”来完成的智性努力，也包括由心的“情感”来完成的道德修养。这里我们注意到程颐著名的训导：“涵养须用敬，进学在致知。”[①]表面上看，这一训导似乎表明，道德涵养和知识精进是两件相互分离的事情：知识精进提高我们的理智学问而不是我们的德性涵养，正如敬有助于我们的道德涵养而非理智学问。[②] 然而，这是一种误解。我们可以从两个不同的方面考察两者的关系：一方面，在程颐看来，认为知识精进与我们的道德修养无关显然是错误的，因为他明确指出，知道何为善的人必然会按照这一知识行动，即作善。为了理解得更清楚，我们可以看一下程颐对“敬”的理解。在程颐那里，道德涵养依靠用敬。首先是虚静：“敬则自虚静。”[③]这是说，要清空心中的人欲(artificial desires)。这就是为什么他还把敬视为无己可克，视为回到礼，因为有待克服的自我正是私欲。[④] 把敬解为虚静，这听起来很像道家和佛家的概念，因此程颐又增加了第二个要素：“主一”。一个人何以虚静？非常有意思的是，程颐并不认为我们应该保持我们的心灵一如空瓶。相反，我们应该让我们的心灵由“主一”即“道”或“理”充分占据。[⑤] 在程颐看来，“有主则虚，虚则邪不能入。无主则实，实谓物来夺之。今夫瓶罂，有水实内，则虽江

---

① 〔宋〕程颢、程颐：《二程集》，北京：中华书局，2004 年，第 188 页。

② 因此，张君劢(1887—1969)认为程颐“是宋儒中第一个重视认知过程，并认为认知过程和价值判断不同的人”(Carsun Chang, *The Development of Neo-Confucianism*, vol.1. New Haven: College and University Press, 1963, p.219)。

③ 〔宋〕程颢、程颐：《二程集》，北京：中华书局，2004 年，第 37 页。

④ 〔宋〕程颢、程颐：《二程集》，北京：中华书局，2004 年，第 157 页。

⑤ 尽管程颐没有就此作过明确阐释，但显然他是用“一”意谓道或理。劳思光持有相同的看法：“所谓‘主一’即心合于理，不为外物所引之意”(劳思光：《新编中国哲学史》，台北：正中书局，2003 年，第 238 页)。庞万里对此也表示赞同(庞万里：《二程的哲学体系》，北京：北京航空航天大学出版社，1992 年，第 246 页)。

海之浸，无所能入，安得不虚？无水于内，则停注之水，不可胜注，安得不实？大凡人心，不可二用，用于一事，则他事更不能入者，事为之主也。事为之主，尚无思虑纷扰之患。”[①]换言之，私欲能进入人心只是因为心尚无所主，就如水能进入瓶子，仅仅因为瓶子还没有充满。显然，如果不了解道，人心就不会有主；如果人心无主，私欲就会进来扰乱人心；如果人心扰动，人的道德品格就会下降。正是在这个意义上，德性涵养也依赖于人对道的了解，因为这种知识对于敬来说是必不可少的。关于这一点，程颐说道，“不知格物而先欲意诚心正身修者，未有能中于理者。”[②]

然而，另一方面，在指出一个人不可能有道德涵养而缺乏对道的知识之后，程颐认为，有知识而没有道德涵养是同样不可能的。如果人心充满人欲，就很难对道有一清晰的了解；同样，如果没有对道有一清晰的了解，就很难清空心头的人欲。我们已经看到，对程颐来说，要在诚意、正心、修身的意义上涵养德性，就必须致知而格物。他甚至主张，“未致知，便欲诚意，是躐等也。学者固当勉强，然不致知，怎生行得。”[③]同时程颐又说，“格物亦须积累涵养”；[④]他要求我们“立诚意去格物”，即诚意先于格物。[⑤] 我们已经看到，对程颐而言，道德涵养须用敬，敬须主一，而主一则须知天理。我们如何能知天理？程颐告诉我们，“入道莫如敬。未有能致知而不在敬者”；[⑥]“但存此涵养，久之自然天理明”。[⑦] 就像致知对于敬非常重要一样，敬对于致知也非常重要。

① 〔宋〕程颢、程颐：《二程集》，北京：中华书局，2004年，第169页。
② 〔宋〕程颢、程颐：《二程集》，北京：中华书局，2004年，第316页。
③ 〔宋〕程颢、程颐：《二程集》，北京：中华书局，2004年，第187页。
④ 〔宋〕程颢、程颐：《二程集》，北京：中华书局，2004年，第164页。
⑤ 〔宋〕程颢、程颐：《二程集》，北京：中华书局，2004年，第277页。
⑥ 〔宋〕程颢、程颐：《二程集》，北京：中华书局，2004年，第66页。
⑦ 〔宋〕程颢、程颐：《二程集》，北京：中华书局，2004年，第169页。

我们应该将这两者置于解释学的循环之中。

四、结论

本章从儒家视域出发考察了美德伦理学所包含的道德责任的两个相关方面。一方面，虽然有德之人行善可以无须努力，无德之人行善需要付出巨大努力，但我们认为前者比后者更值得赞扬。我们确实应该赞美那些行善对他来说是难事的人，而有德之人行善则轻而易举。然而，一个人首先要成为有德之人，而这并非易事。另一方面，尽管我们只有在一个人自觉地做了不道德之事的情形下才能责备其做了不道德的事，而一个无德之人或恶德之人缺乏必要的道德知识，但是我们仍然可以责备他。这个人的确是在无知的情况下行事，但是，如果无知讲不过去且情无可原，那么他对自己的无知负有直接的责任，并且对因无知而造成的不道德行为负有间接责任(因此应该受到责备)。我们在上面主要通过孔子讨论道德赞扬问题，而围绕程颐讨论道德责备问题。不过我们已经看到，这两种解释都采取了一种历史的而非仅关注结果的视角。当我们决定一个特定的道德行为是否值得称赞，我们不能仅仅依靠行为者是否需要作出努力；相反，我们需要追问为什么有人可以轻松行善，而另一个人行善很吃力。同样，当我们决定一个特定的不道德行为是否应当受到责备，我们不能仅仅根据行为者是否自觉；相反，我们需要追问行为者的道德无知——如果他的确是道德无知的话——是否讲得过去或情有可原。

第六章

理学的本体论美德伦理学：二程的德性合一论[①]

一、引论：道德及其可能性

一个最重要的元伦理学问题是事实(fact)与价值(value)或["是"(is)与"应当"(ought)]之间的关系问题。它包括两个方面：一是我们能否从事实(或"是")引出价值(或"应当")。这是关于道德之起源的问题，它由休谟首先提出并给予了否定性回答。休谟认为，"是"与"应当"之间并不存在过渡。[②] 摩尔(G.E. Moore，1873—1958)则进一步主张，任何从"是"引出"应当"的企图都必然导致自然主义的谬误。[③] 因此今

---

① 需要说明的是，"Virtue ethics"国内学术界通常译为"德性伦理学"。但本书作者在这里特别标示出以二程为代表的理学的 virtue ethics，即理学的本体论美德伦理学与其他通常所认为的 virtue ethics(包括亚里士多德伦理学、新亚里士多德伦理学与先秦原始儒家的伦理学等)的不同恰恰在于，唯有此种 virtue ethics 主张"德(virtue)"与"性(nature)"的统一。在此意义上，只有理学的本体论美德伦理学才能被恰当地称为"德性伦理学"。——译者注

② 休谟著，L. A. sellby-Bigge 编：《人性论》，牛津：克拉兰顿出版社(Clarendon Press)，1978 年，第 469 页。

③ [英] G.E.摩尔：《元伦理学》(*Principia Ethica*)，剑桥：剑桥大学出版社，1903 年，第 1—17 节。

天，尽管一直存在反对意见，[①]但大多数伦理学家似乎都接受所谓的"休谟定律"，即不能从"是"引出"应当"。至于怎样才能在不陷入主观主义的前提下真正地引出"应当"，伦理学家们尚未达成共识。[②] 二是"应当"(ought)是否蕴含着"能够"(can)。这是关于道德之可能性的问题。相对来说，人们在这个问题上的争论要少得多。我们都会同意当我们说一个人应当作某事的时候，已经假定了他能够做这件事，因为道德不能要求一个人去做一件对他来说不可能的事情。因此，大多数伦理学家都把所谓的"康德原则"当成不言而喻的真理，即"应当"蕴含着"能够"。人们认为是康德第一次论及这一真理，虽然他只是非常简单地提到。[③]

上面这两个问题，对元伦理学感兴趣的人们都不会觉得陌生。不过，由于没有意识到两者之间的相关性，对这两个问题的回答之间所隐含的冲突尚未明晰地进入人们的视野。"休谟定律"——不能从"是"引出"应当"——假定道德价值独立于事实之外。也就是说，一个人应当作什么(ought to do)或应当是什么(ought to be)与他做什么或是什么无涉。但是，"康德原则"——"应当"蕴含着"能够"——却假定，一个人应当作什么或应当是什么不能离开他能够做什么或是什么。"能够"是一个事实问题。当然，通过区分"能够"与"是"，"休谟定律"与"康德原

① 在这方面，约翰·塞尔(John Searle，1932—　)的论文指出"怎样由'是'引出'应当'"(载于《哲学评论》(*Philosophical Review*)73[1964]：第43—58页)至为重要。

② 一些伦理学家试图采取道德实在主义(moral realism)的进路来同时避免自然主义谬误和主观主义。参见D.布林克(D.Brink)：《道德实在主义和伦理学的基础》(*Moral Realism and the Foundation of Ethics*)，剑桥：剑桥大学出版社，1989年；J.丹西(J. Dancy)：《道德理由》(*Moral Reasons*)，牛津：布莱克维尔(Blackwell)，1993年。

③ [德]康德著，N.K.斯密(N.K.Smith)英译：《纯粹理性批判》，波士顿/纽约：贝德福特/圣马丁(Bedford/St.Martins)，1965年。

则”之间的潜在冲突可以得到一定程度的缓解。尽管这种区分不无道理，但我们还是应该注意到“能够”与“是”之间的相似之处，无论是要知道一个人是什么或做什么还是要知道他能够是什么或能够做什么，我们都需要知道关于他的一些事实。这一点在英语中甚至可以找到词源上的关联，表示“能够”的“can”常常可以换成“be able to”。

然而，本章的旨趣并不在于揭示“休谟定律”与“康德原则”之间的不相容，而是试图考察价值是否与事实无涉。最终得到的结论是否定性的。就此而言，笔者认为传统伦理学的两种进路，即康德的道义论(deontology)与边沁(Jeremy Bentham，1748—1832)、密尔的功利主义(utilitarianism)都是成问题的。在康德那里，由绝对律令(categorical imperative)规定的责任(“应当”)来自纯粹理性，而不是来自一个人是什么的事实(包括“能够是”)。他固然宣称道德法则的自我立法，但是，为道德立法的自我属于本体界，而道德法则所要支配的自我却属于现象界。因此，虽然正是康德自己认为“应当”蕴含——或者确切地说，应该蕴含——“能够”，但是他丝毫没有证明一个存在于现象界中的人能够做按其绝对律令“应当”做的事。相形之下，边沁与密尔的功利主义对人类的事实给予了更多的关注。有时人们甚至认为功利主义因过于关注事实而陷入自然主义的谬误：功利主义将人人趋乐避苦作为由之出发的基本事实。但是，功利主义并没有从这个基本事实引出人人应当趋乐避苦的价值。恰恰相反，在它看来，为最大多数人谋求最大幸福才是善。因此，在能够增加社会幸福总量的情况下，一个人应当牺牲自己的快乐或忍受痛苦。在此，边沁与密尔都没有证明，一个人“应当”做的就是他“能够”做的——如果心理学上的“自我中心论”成立的话，情况就显得尤为突出。

相比之下，美德伦理学似乎可以帮助我们更好地理解事实与价值的关系问题。[①] 当代美德伦理学家通过发展这种既新又古（因为它可以追溯到柏拉图与亚里士多德）的伦理学进路以代替——至少是补充——占主流的功利论与道义论，而后两者在当代美德伦理学家看来是有问题的（但他们所认为的问题与我所认为的问题不尽相同）。按照美德伦理学，一个道德的人是一个有美德的人，而一种道德行为正是出自一个有美德的人。一个有美德的人，他或她的所作所为既不是迫于命令，也不是因为行为能够带来好的后果，而是由于内在的倾向。这种内在的倾向至少有助于我们落实"康德原则"（"应当"蕴含着"能够"）。这也是为什么本章要关注这一种道德话语模式的原因。不过，我认为时下的各种美德伦理学——我把它们叫做非本体论的美德伦理学（non-ontological virtue ethics）—— 仍然存在着不足。而且，正如本章第二部分所指出的那样，它们在很多情况下与功利主义、道义论有着相同的问题与困境。在本章的其余部分，我将通过对二程德性合一论的探讨，展示出一种新的美德伦理学，我把它叫做理学的本体论美德伦理学（ontological virtue ethics）。

二、非本体论美德伦理学：新亚里士多德学派与原始儒学

很多倡导美德伦理学的哲学家——虽然不是所有的人——从亚里

① 一些优秀的文集收集了美德伦理学领域的重要文章，这给研究者带来很大的便利。参见罗杰·克利斯普（Roger Crisp）和迈克尔·斯洛特（Michael Slote）编著：《美德伦理学》（*Virtue Ethics*），牛津：牛津大学出版社，1997 年；丹尼尔·斯塔特曼编著：《美德伦理学》（*Virtue Ethics*），华盛顿：乔治城大学（Georgetown University）1997 年；斯蒂芬·达沃（Stephen Darwall，1946—　）编著：《美德伦理学：Blackwell 哲学读本》（*Virtue Ethics: Blackwell Readings in Philosophy*），贝尔蒙（Belmont），马萨诸塞：布莱克维尔，2002 年。

士多德那里汲取灵感。他们当中有G.E.M.安斯康姆(G.E.M.Anscombe，1919—2001)、菲利帕·富特、艾利斯·默多克(Iris Murdoch，1919—1999)、伯纳德·威廉斯、A.麦金太尔、约翰·麦克道威尔、玛莎·努斯鲍姆、迈克尔·斯洛特(Michael Slote)，这些人被称为新亚里士多德学派。正如同属于这一学派的罗莎琳德·赫斯特豪斯所指出的那样，新亚里士多德学派的得名是因为他们“认为亚里士多德只是在奴隶与妇女问题上犯了小错误，同时也因为我们并不把自己限制于亚里士多德所列举的美德德目。他们之为亚里士多德学派，在于他们旨在一切可能的场合下严格地坚持亚里士多德的伦理著述”。①

亚里士多德从人的活动入手讨论美德。既然人的活动是“灵魂的一种包含逻各斯的活动”，②那么一个好人的活动就是“良好地、高尚(高贵)地完善这种(灵魂的合乎逻各斯的)活动”。③ 这种良好的、高尚(高贵)的完善活动就是所谓美德，亚里士多德认为“人的善就是灵魂合乎德性的实现活动”。④ 因此，一方面，美德的养成不是出于天性，因为“天性馈赠我们的所有能力都是先以潜能形式为我们所获得，然后才表现在我们的活动中，但是美德却不同，我们先运用它们而后才能获得它们。这就像技艺的情形一样。对于要学习才会做的事情，我们是通过

---

① ［新西兰］赫斯特豪斯：《美德伦理学》(*On Virtue Ethics*)，牛津：牛津大学出版社，1999年，第8页。另外一些当代美德伦理学家从亚里士多德的传统出发，同时也从尼采等哲人那里汲取理论养料。参见克里斯汀·斯万顿(Christine Swanton)：《美德伦理学：一种多元主义理解》(*Virtue Ethics: A Pluralistic View*)，牛津：牛津大学出版社，2003年。

② Aristotle, *Ethica Nicomachea*. Trans. and ed., Roger Crisp. Cambridge: Cambridge University Press, 2004, 1098a7.

③ Aristotle, *Ethica Nicomachea*. Trans. and ed., Roger Crisp. Cambridge: Cambridge University Press, 2004, 1098a14.

④ Aristotle, *Ethica Nicomachea*. Trans. and ed., Roger Crisp. Cambridge: Cambridge University Press, 2004, 1098a17.

做那些学会后所应当作的事来学的”；[①]另一方面，美德也不是反乎天性的，因为“天性赋予我们接受美德的能力”，[②]人按其本质就是理性的社会的动物。赫斯特豪斯指出，在亚里士多德那里，美德与天性之间有两个相关的特征：美德“让具有美德的人受益，并且使他们成为好人”。[③]

前文指出，亚里士多德学派或新亚里士多德学派的美德伦理学似乎能够避免道德可能性的难题；人可以是道德的，因为作为理性的社会动物，天性已经赋予人接受诸种美德的能力。不过需要指出，这样一种美德伦理学对美德的理解完全是工具主义的：美德的作用在于让具有美德的人受益，并且使他们成为好人。换句话说，诸种美德本身并不是善的；美德之善在于它们能够很好地为其目的服务：帮助具有美德的灵魂根据理性的规则更好地行动。亚里士多德将人性理解为灵魂按照理性原则而采取的活动。我们或许可以说，这一解释实际上是一种自然主义的理解。亚里士多德得到这一理解，是通过寻找为全人类所共有且不为其他物种所具有的特性。在这里，他并没有给出任何理由来解释为什么说灵魂按照理性原则更好地行动“从道德上讲”是善的。如果霍布斯的人性概念是正确的，那么亚里士多德是否还会说人类的美德使人成其为人——也就是说，人类在彼此对抗的战争中变得更好？[④] 在

---

① Aristotle. *Nicomachean Ethics*, trans. and ed., Roger Crisp. Cambridge: Cambridge University Press, 2004, 1103a27 - 33.

② Aristotle. *Nicomachean Ethics*, trans. and ed., Roger Crisp. Cambridge: Cambridge University Press, 2004, 1103a24 - 26.

③ [新西兰] 赫斯特豪斯：《美德伦理学》(*On Virtue Ethics*)，牛津：牛津大学出版社，1999 年，第 247 页。

④ 如果我们能够理解亚里士多德视人性为物中的一类，这个问题就可以变得更加清晰起来。亚里士多德认为：“一事物的美德是相对于它特有的活动而言的”(Aristotle. *Nicomachean Ethics*, trans. and ed., Roger Crisp. Cambridge: Cambridge University Press, 2004, 1139a17)。余纪元也曾经指出，对亚里士多德来说，“善良的 X 就是这样的 X，它圆满完成了它的活动。可以说，任(转下页)

这个意义上，我们或许可以说，亚里士多德也是从“是”引出了“应当”，由此陷入自然主义的谬误。

近年来，西方学者花了很大的力气探讨从美德伦理学的角度解释儒家伦理学的可能性。当然，他们的目光主要集中在原始儒学。① 我认为，这种试图在原始儒家伦理与当代新亚里士多德的美德伦理学之间寻找相似之处的努力是相当成功的。但迄今为止，在这种比较研究中人们对以下问题缺乏更多关注：德与性的关系及其在美德伦理学或一

（接上页）何事物都能通过履行它的活动而具有其特殊的美德。”（“美德：孔子与亚里士多德”[*Virtue: Confucius and Aristotle*]，《东西方哲学》[*Philosophy East & West*]48[1998]：第 323 页。）换言之，亚里士多德仅仅通过与美德或恶行相联系的终极目的来确定它们（假定具有美德或恶行的人们有此目的），但是它似乎并没有估价这些目的，就像这些目的是事物天生的目的一样。因为亚里士多德主张，人性是可以估价的而不是自然的。参见玛莎·纳斯鲍姆：“亚里士多德论人性及伦理学基础”（*Aristotle on Human Nature and the Foundation of Ethics*），载于奥尔瑟姆（Altham）和哈里森（Harrison）主编：《世界、心灵与伦理》（*Word, Mind, and Ethics*）；如对这一论点的回应，参见伯纳德·威廉斯：“答复 reply”，亦见于上书。

① 例如，柯雄文（A.S. Cua）认为，“纵观其历史，儒学强调品德的形成，或者说个人德性的涵养。因此，把儒家伦理的特征刻画为美德伦理似乎是正确。”[柯雄文：《不同的道德理论与不同的传统中国伦理学论》（*Moral visions and Traditions: Essays in Chinese Ethics*），华盛顿：康奈尔大学出版社，第 269 页。]此外，可参见詹姆斯·T. 布雷茨克（Jamse T. Bretzke）：“儒家美德伦理的道”（The Tao of Confucian Virtue Ethics），载于《国际哲学季刊》（*International Philosophical Quarterly*）35（1995）：第 25—42 页；庄锦章（Chong Kim Chong）：“孔子的美德伦理：《论语》中的礼、义、仁、智”（*Confucius' Virtue Ethics: Li, Yi, Ren and Chih in the Analects*），载于《中国哲学杂志》（*Journal of Chinese Philosophy*）25（1995）：第 101—103 页；森舸澜（Edward Slingerland）：“美德伦理、《论语》和公度性问题”（*Virtue Ethics, the Analects, and the Problem of Commensurability*），载于《宗教伦理杂志》（*Journal of Religious Ethics*）29（2001）：第 97—125 页；Young-Bae Song：“东亚文化认同危机论全球化时代儒家伦理的意义”（*Crisis of Cultural Identity in East Asia: On the Meaning of Confucian Ethics in the Age of Globalization*），载于《亚洲哲学》（*Asian Philosophy*）12（2002）；第 109—300 页；黄慧英（Wai-Ying Wong）：“儒家伦理与美德伦理”（*Confucian Ethics and Virtue Ethics*），《中国哲学杂志》28（2001）：第 285—300 页。这些论文皆试图直接运用当代美德伦理学来诠释儒家学说。因就亚里士多德和孔子或者两者的伦理学思想进行一般性比较的论文太多，恕不赘述。

般意义上的伦理学中的意义。任何关于儒家伦理如仁、义、礼、智、信等的讨论，无疑都可以在孔子的《论语》中找到源头。由于本文的兴趣之所在不是规范性的美德伦理学，而是元伦理学的德性关系，因此无须探究仁[①]、义、礼、智、信等诸美德的细节。就德性关系而言，《论语》并没有为我们的思考提供足够的素材。诚如孔子的一位弟子所言，"夫子之文章，可得而闻也；夫子之言性与天道，不可得而闻也。"(《论语·公冶长篇》)因此，孔子关于人性的看法，以及他所讨论的美德与人性之间的关系究竟如何，我们不得而知。

与孔子不同，孟子不仅对人性有清晰的界说，而且为我们解释了美德究竟如何与人性相关联。孟子曰："人性之善也，犹水之就下也。人无有不善，水无有不下。"(《孟子·告子上》)但在他那里，人性善并不是说人生而具有美德。恰恰相反，他告诉我们说，人性只是包含四种善端："无恻隐之心，非人也，无羞恶之心，非人也，无辞让之心，非人也，无是非之心，非人也。恻隐之心，仁之端也，羞恶之心，义之端也，辞让之心，礼之端也，是非之心，智之端也。人之有是四端也，犹其有四体也。"(《孟子·公孙丑上》)换言之，人类天生有向善的趋向，但是他们并非已经是善的。这一点对孟子来说非常重要，在他看来，道德涵养因此只是遵循天然的向善趋向，并扩而充之使其发展为完善的美德。如果人性是恶的，那么道德涵养就意味着扭曲或违背人性。因此，道德的人就成了缺乏(本恶之)人性的人。这未免显得吊诡。正是在这个意义上，仁

① "仁"的确是最重要的儒家美德。该词有多个英文译名，如 benevolence、human good、love、humanity 等，最后一种译法 humanity 由陈荣捷首次使用，现在差不多成了标准译法。如果以上的翻译把握了正统儒家对"仁"的使用的某个方面，但是在理学的使用中没有一种是适当的。所有这些翻译以这样或那样的方式试图把"仁"限于人。然而，我们将在本文的第三部分中看到，对二程来说，"仁"不仅仅是人的美德，而且还与万物最高的实在合一。

义等美德对人来说将成为祸害。(《孟子·告子上》)同时，如果仁义礼智等美德已经包含在人性之中，而且人之为人生而为善，那么就不会有恶人，也就无须道德涵养。这显然不是真的。

在这个意义上，我们确实可以说孟子从“是”引出“应当”：一个人应当具有仁义礼智四种基本美德，因为这些美德的种子已经包含在人性之中。然而，我们不能由此断言孟子犯了自然主义的错误。在他那里，我们之所以应当具有美德，并不是简单地因为美德的种子已经包含在人性之中，而且在于人性已经是善的。换言之，孟子由之抽绎出价值或“应当”的事实或“是”并不是价值中立的事实，恰恰相反，它们乃是内含着价值的事实。但不甚清楚的是，在孟子看来道德何以可能：虽然我们“应当”发展人性中的美德种子，但我们是否“能够”做得到呢？在孟子看来，人性之恶有两个起因：一是“小体”，二是环境。“小体”与生俱来，却不是人性的一部分，因为孟子所界定的“人性”乃是把人与其他存在物区分开来的东西。我们不太肯定，在孟子那里，人性中的“大体”是否“能够”克服“小体”，是否“能够”抵制不良环境的影响。因此，虽然很显然我们应当发展天生的四端，但是否“能够”做到这点却不甚显然。

与孟子不同，荀子认为人性是恶的：“今人之性，生而有好利焉，顺是，故争夺生而辞让亡焉，生而有疾恶焉，顺是，故残贼生而忠信亡焉，生而有耳目之欲有好声色焉，顺是，故淫乱生而礼义文理亡焉。”(《荀子·性恶篇第二十三》)因此，为了培养某人具有美德，需要运用一些外部的力量。不直的木头必须加热和弯曲才能变直，钝的金属必须放在地上打磨之后才能变得锋利。所以，“古者圣王以人之性恶，以为偏险而不正，悖乱而不治，是以为之起礼义，制法度，以矫饰人之情性而正之，以扰化人之情性而导之也”。(《荀子·性恶篇第二十三》）[①]当然，既然所有人都可能变得善良而动物则不可能，那么在人的天性里一定有某种动物所不具有的东西。在荀子看来，这种东西就是认识和践履美德的能力；“今以仁、义、法、正为固无可知可能之理邪？然则唯禹不知仁、义、法、正，不能仁、义、法、正也。”（《荀子·性恶篇第二十三》）人们天生具有认识和践履美德的能力，却因天性邪恶而不愿去践履。

荀子的理论涉及了一个有关道德之可能性的更加重要的问题，即如果人性是恶的，那么人能否成为善人？且不管这在孟子的意义上将意味着一场灾难，人由此失去本初的人性而不再成其为人。孟旦（Donald Munro，1931—　）考察了《荀子》中的一些段落，这些段落显然表明荀子有时的确认为人性中有善。[②] 尽管此处不宜对这些段落的细节进行分析，但是我认为它们所显示的，无非是人不仅具有（而动物不具有）潜能，而且事实上能够改造自身、能够改变邪恶本性从而成为圣人。不过，在荀子那里似乎的确有一个问题。在荀子看来，成为善人

---

① 也许有人会问，在这个意义上是否《荀子》的伦理学是美德伦理学？因为，陈荣捷曾经指出，“适当的规则从一种个人道德涵养的方式变成了社会控制的一种手段”（《中国哲学原著资料集》[*A Sourcebook in Chinese Philosophy*]），普林斯顿大学出版社，1963 年，第 129 页。然而，这并不是本文主要关注的问题，因为这里我的兴趣之所在首先是美德与天性的关系问题。我认为，把《荀子》的伦理学看作是美德伦理学至少是可能的。必要的外部压力或社会控制仅仅被用来改变邪恶的人性。然而，一旦人性之恶被改变，人成为善良的人，也就不再需要这种外部的压力与社会控制。

② 参见孟旦：“《荀子》中的恶”（*A Villain in the Xunzi*），载于艾文贺（Philip J. Ivanhoe，1954—　）主编：《中国语言、思想与文化：倪德卫及其批判》（*Chinese Language*, *Thought*, *and Culture: Nivision and His Critics*），芝加哥：开放法院（Chicago: Open Court），1996 年。对孟旦的回应文章参见埃里克·赫顿（Eric Hutton）：“荀子是否有一贯的人性论？”载于 T.C.克林（T.C. Kline Ⅲ）和艾文贺主编：《荀子中的美德、天性以及道德主体》（*Virtue*, *Nature*, *and Moral Agency in the Xunzi*），印第安纳波利斯（Indianapolis），哈克特出版公司（Hackett Publishing Company），2000 年。

离不开外部影响、圣人以及圣人所设的礼仪，而圣人在荀子那里同样具有邪恶的人性。(《荀子·性恶篇第二十三》)因此，问题仍然存在：圣人如何首先成圣(或者说第一个圣人如何成圣)？既然他们在成圣之前不是圣人，是否也就没有由圣人所设立的礼仪从外部影响他们？

由上可知，对于德与性的关系至少有三种不同的理解。在荀子那里，美德反乎人性；在亚里士多德那里，美德有助于人们充分实现人性，但我们不知道人性是否会趋近于美德；而在孟子看来，美德不仅与人性相一致，而且促使人性进一步发展。然而，这三种立场都没有说美德就是人性。之所以如此，其原因也许很清楚：如果人性已经包含了美德，那么每个人则生而有德，道德涵养因此也就没有必要。不过，德性合一论恰好是二程所要倡导的思想。

三、二程德性合一论

宋代理学家二程兄弟——程颢和程颐——继承了孟子的路线。事实上，思孟学派能够在宋代之后成为儒学正统，二程功不可没。在人性论上，他们坚持了孟子的性善论立场。与此同时，他们在性善论上又有重大的发展，某些方面甚至可以说是根本性的转变，尽管他们认为自己仅仅是解释包括《孟子》在内的儒家经典。

首先，在二程那里，"性"是一个宇宙论本体论的概念，而不再是一个人类学/心理学的概念，性与道、心、天合一。而且，更重要的是性亦与理合一。[①] 众所周知，理是二程哲学的核心。程颢说，"吾学虽有所受，天理二字，却是自家体贴出来。"[②]在他们看来，理是世间万物

---

① 〔宋〕程颢、程颐：《二程集》，北京：中华书局，1985 年，第 321 页。
② 〔宋〕程颢、程颐：《二程集》，北京：中华书局，1985 年，第 242 页。

(包括人)的根本实在。二程所奠基的宋明"理学"正是由此而得名。那么，万物包括人之性与理之间的关系如何？对此，程颐明确地说，"性即理也，所谓理，性是也。"①孟子谈人性由人禽之别入手，而在二程看来，人性与万物之性并无不同之处。事实上，他们根本没有专门在"性"之前加上"人"字以作限定，他们只是简单地使用"性"。程颢曾经强调说，"天人本无二，不必言合。"(《遗书》卷第六；第 81 页)试图与天合一的人实际上是个无知者，这一点尤为清楚地体现在程颢与张载讨论"定性"的著名书信中。张载问程颢性因外物而动，怎样才能让它平静下来呢？程颢回答说：之所以会有此一问，是因为"苟以外物为外，牵己而从之，是以己性为有内外也"。② 实际上，性并无此内外之分。

其次，程颐区分了"性"的两个层面，即"生之谓性"与"天命之谓性"。他认为，我们不应该将这两者混淆起来。"'生之谓性'，止训所禀受也；'天命之谓性'，此言生之理也。今人言天性柔缓，天性刚急，俗言天成，皆生来如此，此训所禀受也。若性之理也则无不善，曰天者，自然之理也。"③"生之谓性"与"天命之谓性"，前者是形而下或实体意义上的性，而后者则为形而上或本体意义上的性。④ 两者的区分

---

① 〔宋〕程颢、程颐：《二程集》，北京：中华书局，1985 年，第 292 页。

② 〔宋〕程颢、程颐：《二程集》，北京：中华书局，1985 年，第 460 页。

③ 〔宋〕程颢、程颐：《二程集》，北京：中华书局，1985 年，第 313 页。

④ 张君劢则将两者之别刻画为气禀(physical nature)与性之本(essential nature)的区分："我们发现，像张载和二程这样的哲学家已经开始区分气禀与性之本。在这两者之间作出区分是必要的，不然就难以说明实际生活中显然存在的恶。宋代理学家解释说，虽然人性本善，但人一出生便为气禀所拘，后者正是恶的本源之所在。区分气禀与性之本，就可以在坚持孟子学说的同时更加合理地说明事实上存在的人性恶。换言之，恶起源于气禀。"[《宋明理学的发展》(*The Development of Neo-Confucianism*)，纽黑文(New Haven)：学院及大学出版社(College and University Press)，1957 年，第 194—195 页]

至关重要，对于克服上文提及的孟子人性论的不足之处尤其具有意义。孟子没有对性作出区分，因此他所能讨论的只能是人性中的“大体”与“小体”。结果，他的人性论难以保持内在的一致性，“大体”为善而“小体”为恶。在程颐那里，本体意义上的“性”与孟子所谓的“大体”相当。但是，与孟子不同的是，程颐本体意义上的“性”不仅仅是人与生俱来或使人区别于其他物种之物，它是使得人类存在并继续存在的东西——或者毋宁说，它是且就是人真实的生存。正是在此意义上，人性永远是善的。孟子所说的“小体”为形而下而非形而上之本性，它是人与生俱来的一切东西。相形之下，二程显然已经注意到形而上意义上的人性：性（包括人性）即理，性即天，性即道。①

第三，二程虽然像孟子那样主张“性”在形而上的意义上本善，但在孟子那里，所谓性善只是说人性有四种善端，扩而充之则可以发展出儒家的四种基本美德；而在二程那里，人性本来就具有美德，因为德归属于性，德与性是统一的。比如，程颢将儒家的五种美德归诸于性“仁者公也……义者宜也……礼者别也，知者知也，信者有此者也。万物皆有性，此五常性也。”②与此相似，程颐也主张德性合一：“仁、义、礼、智、信五者，性也。”③

对于西方人来说，德归属于性是一种很奇怪的说法，因为美德通常被认为是通过培养和道德涵养而得到的。为了更好地理解二程究竟在何种意义上讲儒家美德归属于人性及其普遍的万物之性，我们最好考

---

① 程颐认为，性的两个层面可以解释孔孟言性之不同：“孟子言性之善，是性之本；孔子言性相近，谓其察受处不相远也。”（《遗书》卷第二十二上，北京：中华书局，1985年，第291页）

② 〔宋〕程颢、程颐：《二程集》，北京：中华书局，1985年，第105页。

③ 〔宋〕程颢、程颐：《二程集》，北京：中华书局，1985年，第14页。

察一下他们对仁——五种美德中最为根本的美德——的讨论。[①] 这里有一个至关重要之处。当二程讲性、理、道、天为万物之根本实在的时候，他们并没有把根本实在理解为超越万物（包括人在内），或在万物之下、之后或之前创造万物并维持其生存的东西。恰恰相反，它就是"生"本身。换言之，性、理、道、天都不是某种能够"生"的形而上存在，而是体现在万物之中的"生"之本身。这一点程颐讲得很清楚："道者自然生万物。今夫春生夏长了一番，皆道之生……道则自然生生不息。"[②]这就是《易传》所说的"天地之大德"。程颢则直接把"仁"跟"生"联系在一起"'天地之大德曰生'，'天地絪缊，万物化醇'，'生之谓性'，万物之生意最可观，此元善之长也，斯所谓仁也。人与天地一物也。"[③]

作为道德美德的"仁"和作为世界最高实在的"生"，这两者在二程那里究竟是怎样关联起来的呢？这一点最直接地表现在程颐对谷种之喻的解释上。人们常常把仁比作赋予新的谷子以生命的谷种。但在程颐看来，仁与其说是种子本身，倒不如说是种子生生不息的生命活动。

---

① 孟子只讲四种美德仁、义、礼、智。后来的董仲舒（前 179—前 104）加上了第五种美德，即信。二程有时讲四种美德，有时则讲五种美德。至于仁与其他美德之间的关系，程颐说，"仁者，全体，四者，四支。"（《遗书》卷第二上，北京：中华书局，第 14 页）"四德之元，犹五常之仁，偏言则一事，专言则包四者。"（《易传》卷第一，北京：中华书局，第 697 页。亦可参见《遗书》卷第十五，北京：中华书局，第 154 页）因此，"仁"有时候单指一种特定的美德，跟义、礼、智、信并列；有时候则统指其他四种美德，或者作为它们的基础，或者是它们的整体。牟宗三对此有一个很好的解释："仁甚至亦不是一固定之德目，甚至亦不为任何德目所限定。……仁不为任何一德目所限定，然而任何一德目亦皆足以指点仁。仁是超越一切德目之上而综摄一切德目，是一切德性表现底根源，是道德创造之总根源，故仁是全德。"（参见牟宗三：《心体与性体》，台北：正中书局，1982 年，第二册，第 222—223 页）。林继平认为，仁与其他美德之间的关系是体与用的关系，或形而上与形而下的关系。这显然是错了（参见林继平：《宋学探微》，台北：兰台出版社，2002 年，第 281 页）。

② 〔宋〕程颢、程颐：《二程集》，北京：中华书局，1985 年，第 149 页。

③ 〔宋〕程颢、程颐：《二程集》，北京：中华书局，1985 年，第 120 页。

因此，他说道，“心是所主处，仁是就事言。”“心譬如谷种，生之性便是仁也。”[①]程颢则喜欢用中医所说的“不仁”来解释“仁”之为“生”：“医书言手足痿痹为不仁，此言最善名状。仁者，以天地万物为一体，莫非己也。认得为己，何所不至？”[②]手足一旦麻木（不仁），不仅感受不到生命，而且其本身也可以说是丧失了生命。因此，他将医学上的“不仁”跟儒家道德学说中的“不仁”作了类比。“医家以不认痛痒谓之不仁，人以不知觉不认义理为不仁，譬最近。”[③]

由此，二程自然而然便得出结论。美德归属于人性，人性是有德的。由于“性”是有德的，程颐说，“自性而行，皆善也。圣人因其善也，则为仁义礼智信以名之。”[④]也就是说，美德不再仅仅是道德品质，恰恰相反，美德构成了人及万物的形而上意义的实在。正基于此，程颢在讨论有德之性和性之德时说道，“‘德性’者，言性之可贵，与言性善，其实一也。‘性之德’者，言性之所有。”[⑤]有必要指出的是，我们之所以应当依照人性而行动，不是由于行动因合乎人性而善，而是因为表现在行动之中的人性是善的。换言之，不能把人性理解为与价值无涉的事实，然后从它引出价值。人性本身就已经是道德事实，在这个

---

① 〔宋〕程颢、程颐：《二程集》，北京：中华书局，1985 年，第 183—184 页。

② 〔宋〕程颢、程颐：《二程集》，北京：中华书局，1985 年，第 15 页。

③ 〔宋〕程颢、程颐：《二程集》，北京：中华书局，1985 年，第 33 页。朱熹不同意程颢对“仁”的看法，认为“知觉”固然包括在“仁”之中但毕竟不等于“仁”。牟宗三则回应说，程颢不是从认知关系理解“知觉”。因为麻木不识痛痒即是死，因此有知觉正意味着生命。参见《心体与性体》，第二册，第 33 页。

④ 〔宋〕程颢、程颐：《二程集》，北京：中华书局，1985 年，第 318 页。

⑤ 〔宋〕程颢、程颐：《二程集》，北京：中华书局，1985 年，第 125 页。葛瑞汉（A. C. Graham，1919—1991）错误地认为程颢对人性的看法与程颐不同。在葛瑞汉看来，程颢并不认为人性是善的；恰恰相反，程颢相信，“行善就是率性而为，行恶则是逆性而为，但是，性本身则不能叫做善。”[《两位中国哲学家》（*Two Chinese Philosophers*），La Salle：open court，1992 年，第 45—46 页]

意义上，二程虽然由"是"抽绎出"应当"，但他们却并没有因此陷入自然主义的谬误。

四、形上之德与形下之情

由上观之，在二程那里，人性不再是一个人类学或心理学的概念，而是一个本体论或形上学意义的概念。因此，通过将仁、义、礼、智、信等传统儒家的美德归之于人性，甚至将其等同于人性，二程不仅得出人性本善的结论，而且将这些伦理美德转化为一切存在的本体论基础。不过，对此我们可以提出如下疑问：第一，如果人性与人的美德不仅仅是人类学、心理学或者宇宙论意义上的，而且还是形上学或本体论意义上的，那么如何认知这样一种具有美德的人性？第二，如果人性不是如孟子所言的德性之端，而是既成的完满美德，那么是否会得出相反的结论，即每个人都已具有美德，故而无须道德涵养？第三，如果恶还是如其所显得那样存在着，那么恶的根源何在？如何祛恶？

为了回答上述问题，有必要检省一下二程关于形上之性（the metaphysical nature）和形下之情［the physical feelings (qing)］的讨论。在二程看来，形下之情源自形上之性，而形上之性只能在形下之情中得到体现。程颐指出："才有生识，便有性，有性便有情。无性安得情？"[①]在一段有时被认为是程颢所说的文字里，他更明确地说，仁、义、礼、智、信"此五常性也。若夫恻隐之类，皆情也凡动者谓之情"。[②] 这里，恻隐或爱之情是"仁"的体现，羞恶之情是"义"的体现，长幼有序和

① 〔宋〕程颢、程颐：《二程集》，北京：中华书局，1985年，第204页。
② 〔宋〕程颢、程颐：《二程集》，北京：中华书局，1985年，第105页。

恭敬之情是“礼”的体现，是非之情是“智”的体现。[1] 正是在这个意义上，程颐认为将“仁”释为“爱”（恻隐）或孝悌是不对的。关于“爱”，“孟子曰‘恻隐之心，仁也’。后人遂以爱为仁。恻隐固是爱也。爱自是情，仁自是性，岂可专以爱为仁？孟子言恻隐之仁，盖为前已言‘恻隐之心，仁之端也’，既曰之端，则不可便谓之仁。退之言‘博爱之谓仁’，非也。仁者固博爱，然便以博爱为仁，则不可。”[2]那么，《论语》为什么还说“孝弟也者，其为仁之本与”（《论语·学而》第一）？是因为“仁”植根于“性”，故而属于“性”而不属于“情”吗？为了回答这个问题，程颐对“孝弟也者，其为仁之本与”这句话作了独特的解释。这个句子在英语中通常被译为“filial piety/brotherly love is the root of *Ren*”。然而对于程颐来说，这句话的真正含意在于：“谓行仁自孝弟始。盖孝弟是仁之一事，谓之行仁之本则可，谓之是仁之本则不可。盖仁是性也，孝弟是用也。性中只有仁义礼智四者，几曾有孝弟？仁主于爱，爱莫大于爱亲。”[3]因此，在二程看来，孝悌只是一种特定的爱，它们属于情而不是属于性。

通过区分性与情，二程为我们在本节一开始提出的第一个问题（我们如何认知形上之性？）提供了答案：形上之性只能通过形下之情体现自身，而形下之情总是对形上之性的体现。我们可以通过“性”在

---

① 有意思的是“信”这一形上之德没有被提及其在“情”中的体现。程颐认为，在五种德性中，“惟四者有端而信无端。只有不信，更无信。”（《遗书》卷第十五，北京：中华书局，1985 年，第 168 页）另外，他还解释道，“信只是有此，因不信然后见，故四端不言信。”（《遗书》卷九，北京：中华书局，1985 年，第 105 页）关于这一问题的研究，参见[英] 葛瑞汉：《两位中国哲学家》，郑州：大象出版社，2000 年，第 53—55 页；成中英：《合外内之道：儒家哲学论》，北京：中国社会科学出版社，2001 年，第 226 页。

② 〔宋〕程颢、程颐：《二程集》，北京：中华书局，1985 年，第 182 页。

③ 〔宋〕程颢、程颐：《二程集》，北京：中华书局，1985 年，第 183 页。程颢对程颐的这个解释完全赞同（参见《遗书》卷第十一，北京：中华书局，1985 年，第 125 页）。牟宗三认为，虽然程颐直以“行仁”解“为仁”，不合原句之语法，而于语意所表示之义理之实则未尝不合。（牟宗三：《心体与性体》，第二册，台北：正中书局，1982 年，第 304 页）

“情”中的体现得以体验到性。程颐告诉我们说，人性之善“于四端之情可见”。[①] 比如，我们可以“因其恻隐之心，知其有仁”。[②] 正因为相信性必达于情，他们反驳了敦促我们放弃情感的佛家教诲：“人之有喜怒哀乐者，亦其性之自然，今佛者强曰必尽绝，为得天真，是所谓丧天真也。”[③]

有了第一个问题的回答，现在我们可以来看看第二个问题。如果形上之性具有自足的美德，而且这种“性”按其生生不息的“本性”必须达之于“情”，那么达“性”之“情”也必然是善的。如果情况果真如此，那么，道德何以必要？这个问题实际上也和“应该”蕴含“能够”的“康德原则”相关。正如我们在本章的第一部分中所言，这一原则关系到道德何以可能。如果我们应该做的实际上是人做不到的，那么道德就是不可能的。然而，这只是问题的一面。另一面则是，如果我们应该做的是人不能不做的，那么道德依然是不可能的——尽管以不同的形式出现。[④] 当然，二程对此问题的答案早已成竹在胸。他们认为，尽管“性”总是善的，但“情”可能为善也可能为恶。何以如此？通过对《中庸》首章中的一句名言的解释，二程回答了这一问题。《中庸》首章称：“喜怒哀乐之未发谓之中，发而皆中节谓之和。”在二程看来，已发之情若得其中道而程度适宜，则所发之情为善，已发之情无论过或不及皆为恶。由此，程颐问道，既然

---

① 〔宋〕程颢、程颐：《二程集》，北京：中华书局，1985 年，第 291 页。

② 〔宋〕程颢、程颐：《二程集》，北京：中华书局，1985 年，第 168 页。

③ 〔宋〕程颢、程颐：《二程集》，北京：中华书局，1985 年，第 24 页。蒙培元正确地指出，在二程那里，“性虽是‘形而上’的道德理性，但必须通过情才能实现……从这一点说，他们并不主张灭情。”（蒙培元：《理学范畴系统》，北京：人民出版社，1998 年，第 255 页）

④ 约翰·丹利（John Danley）指出，“康德原则”实际上表达了这样的意思：“‘应当’也蕴含着‘不能’，因为道德主体在行动中遵循自由或自由决定的法则。”“‘应当’包含‘能够’，或公司理论的道德适当性”（“‘Ought’ Implies ‘Can’, or, The Moral Relevance of a Theory of the Firm”），载于《商业伦理》（*Journal of Business Ethics*）7(1988)：第24 页。

同于理之性总是善的，那么，“喜怒哀乐未发，何尝不善？发而中节，则无往而不善。凡言善恶，必先善而后恶。”①因此，简而言之，二程认为，即使“人性”，本为至善，但达乎“情”则可善可恶。“情”只有程度合适并达到和谐才可能是善的，而在它不当出现之际则为恶。比如，以爱人子之道爱人妻是不对的，以爱善人之道爱恶人是不对的，以爱鸟之道爱人也是不对的。②

---

① 〔宋〕程颢、程颐：《二程集》，北京：中华书局，1985年，第292页。二程早年论“情”曾提及孟子的四端说。程颐在这里所讨论的则是另一组情感：喜、怒、哀、乐。而在《颜子所好何学论》(《文集》卷第八，北京：中华书局，1985年，第577页)及其他许多地方，程颐与程颢一样，提到了《礼记》中的“七情”，即喜、怒、哀、惧、爱、恶、欲。四端与七情之间究竟是何种关系？二程对此并无清楚的言说。不过，这个话头却在韩国性理学史上引发了一场最重要哲学论争，即所谓的“四七理气论论辩”。论辩的一方以李滉(李退溪)为代表，主张四端发于理，七情发于气。另一方则以高峰(奇大升)以代表，主张四端与七情都生于理，它们之间唯一的差别在于，七情是人类情感的通名，囊括了所有的人类情感，而四端只是其中的一部分。但争辩双方都承认，四端总是善的，而七情可善可恶。[关于这场争辩的原始材料，可参见M.C.卡尔顿编译：《四七理气论论辩》(*The Four-Seven Debate*)，奥尔巴尼：纽约州立大学出版社，1993年。有关这场争辩的讨论，可参见成中英：“李退溪四七论新解：从孟子与朱熹的观点看”(*A New Interpretation of Yi T'oegye's 'Four-Seven' Theory in the Light of Mencius and Chu Hsi*)，载于《退溪研究》(*T'oegye Hakpo*) 52,(1986)：第99—118页]韩国哲学史上的这场重要论争很有意义，对新儒家的程朱学说作出了独特的贡献。但在我看来，二程学说并没有在这场论争中得到正确的理解。我的观点恰恰相反，四端是人类情感的通名，而七情实际上另外还有很多有名或无名的情感是四端的不同表现。比如，爱(仁之端)可以表现为孝悌，也可以表现为恶(唯仁者能恶)……当这些不同形态的爱在恰当的时机、以恰当的方式和程度施于恰当的人——一言以蔽之，达到“和”的状态，它们就是善的。反之则为恶。换言之，发于四端者若非适度则为恶习。诚如程颢所言：“谓之恶者非本恶，但过或不及便如此，如杨墨之类。”(《遗书》卷第二上，北京：中华书局，1985年，第14页)唐君毅似乎有相近的看法：性与外物相接，发而为七情；七情若未达中道，则不能真正地体现仁、义、礼、智、信等人之性。于此之际，当控制情感，返于性之平和与本真，使仁、义、礼、智、信诸性得以表达自身。(参见唐君毅：《中国哲学原论：原教篇》，台北：学生书局，1990年，第172页)

② 二程对恶作出了两种不同的解释。一方面他们认为，性达于情，过或不及皆为恶；另一方面，他们也从气上说恶：虽然性总是善的，但“气有善不善”(《遗书》卷第二十一，北京：中华书局，1985年，第274页)后一种解释在我看来极不充分，因为它会导出一个站不住的推论：“有自幼而善，有自幼而恶，是气禀有然也。”(《遗书》卷第一，北京：中华书局，1985年，第10页)

不过，这里二程仅仅是解释了恶的性质，还没有回答本节一开始提出的第三个问题，即恶的根源何在以及如何祛恶？程颢认为："人之情各有所蔽，故不能适道，大率患在于自私而用智。"[①]人的自私和用智不是因为人性，而是因为未能充分显现本性，并且误认为人与人、人与物是彼此殊绝的。因此，在二程看来，道德涵养包括两个部分：一是"主敬"，一是"明理""明性"。"主敬"就是"主一"，而此"一"者不是他物，正是"理"或"性"。心即理，但不是每个人都能认识到这一点。"主一"意味着心被"理"或"性"的知识所完全占据，因此"私欲"不能侵蚀人心。正是在这个意义上，"主一"须得"明理"。这也是程颐所说的"涵养须用敬，进学在致知"。[②] 用程颐的话来说，道德涵养的宗旨乃是"约其情使合于中"，[③]而不是像佛家所宣扬的那样要放弃情感。道德涵养的最终目的当然是成圣。圣人"以其情顺万事而无情""圣人之喜，以物之当喜，圣人之怒，以物之当怒"；因此"是以圣人之喜怒，不系于心而系于物也"。[④] 由是观之，程颢的意思是，圣人不是无"情"，而是由于圣人无私坦荡，故而圣人之"情"自然流露而达乎中道，以至于看似无"情"。[⑤]

五、结论：理学的本体论美德伦理学

那么，二程基于德性合一论的美德伦理学能为我们带来什么启示呢？二程美德伦理学是理学的本体论美德伦理学。首先，所有形态的

---

① 〔宋〕程颢、程颐：《二程集》，北京：中华书局，1985 年，第 460 页。
② 〔宋〕程颢、程颐：《二程集》，北京：中华书局，1985 年，第 188 页。
③ 〔宋〕程颢、程颐：《二程集》，北京：中华书局，1985 年，第 577 页。
④ 〔宋〕程颢、程颐：《二程集》，北京：中华书局，1985 年，第 460—461 页。
⑤ 林继平对程颢这段话的理解完全是错误的："个人自然没有喜怒好恶情绪之可言。众人所喜，则喜之；众人所恶，则恶之。个人没有好恶的私心。"（林继平：《宋学探微》上册，台北：兰台出版社，2002 年，第 266 页）

世俗伦理学都要面对的一个问题，即道德何以可能（宗教伦理学或可回避这个问题：上帝会施以援手——一如圣奥古斯丁（Augustine of Hippo，354—430）所信奉的那样。因此宗教伦理学有时会要求世人做超出其能力范围、或至少是他不能独自承担的事）。而借由德性合一论，二程的理论为该问题提供了一种解决方案。建构于这样一种合一论基础上的美德伦理学不仅告诉我们应当作一个什么样的人，并由此指明我们应当如何行事，它还告诉我们，成为应当成为的人是可能的。我们完全能够成为兼具仁、义、礼、智、信等诸种美德的人，因为这些美德原本就在人性之中。我们需要做的事情只是确保由“性”所引导的“情”达到和谐。

其次，正如前文中指出的那样，这种美德伦理学从一个人“是”什么样的人而引出一个人“应当”成为什么样的人。这里面不存在人们所说的“自然主义谬误”。休谟曾经区分了“事实”与“价值”，并声称我们永不可能从事实（“是”）引出价值（“应当”）。这实际上以事实本身的价值中立为隐含的预设。然而，二程的德性合一论全然驳斥了这种预设，有关人性的事实充溢着价值，因为人性是具有美德的。据此，二程呼吁世人率性而为。这不仅仅是由于这就是我们的本性（正如人性若是另外一副面貌，我们的生活就应当相应的不同），亦是由于人性为善。涉及这个话题，人们常会提到的另一个问题是：是因为我们认为人性为善故人性看起来为善？还是因为人性本善故我们认为人性为善？不过，程颢和程颐这样的儒家不会有这样的问题。因为此类的二分式思考预设了人性客体与观察主体的对立。在程颢的思想中，这被批驳为将自我与他人分离，视自我为内在、视他人为外在，而两者原本是一体的。因此，在程颢看来，我们认为人性为善是由于我们所具有的价值，而我们所具有的价值是出于人性为善的事实。因此，这并不是一个非此即彼的问题，而是在此彼之间形成了一种反思性平衡。

其三，如赫斯特豪斯曾指出的那样，所有以某种人性观为基石的美德伦理学都面对一个基本困境：既然看起来并没有一个可供我们客观地审视人性的中立视角，我们何从认知人性到底是什么呢？[①] 那么，我们又何以能够描摹形上之性呢？如前文所见，二程眼中的世界充满着生命的征象。以此为出发点，我们可以考察一下这些征象的理论基础。二程的做法很像是查尔斯·泰勒（Charles Taylor，1931—　）所说的"道德反应的本体论表达"。泰勒认为，这种本体论表达"不仅明述了那些人们早已心照不宣、确认了的思想……而且不论我们是否承认，某种本体论才会是我们道德反应唯一的充分基础。只有通过展现这一点，这种本体论表达才会得以传承"。[②] 二程的思路与此相仿。他们试图提供一种本体论的人性观以期言说那些生命的征象，并继而用观察到的生命征象来核证我们的本体论人性观，两者间存在着一种反思性平衡。这有助于我们日趋精确地理解我们所能观察到的生命征象，以及我们不能以肉眼观察到的生生不息的终极实在。

最后，在本章的第一部分我们曾提到过，康德的"应当"也是从"是"引出的，也就是从人在本体界所是的事实引出的。但接下来我们立刻指出，对于生活在现象界的人来说，这种"应当"远不意味着一种"能够"。这是由于在现象界里，人并不总是能够做他在本体界应当作的事。自始我们一直在强调，二程的人性观也是一种形而上或者本体论的思想。从这个角度看，是否可以说我们也面临着同一个问题：从人性本善这样一个形上事实引出其"应当"的美德伦理学在形下世界是否

---

① [新西兰] 赫斯特豪斯：《美德伦理学》，牛津：牛津大学出版社，1999 年，第 20 页。

② [加] 查尔斯·泰勒：《自我的根源》，剑桥：哈佛大学出版社，1989 年，第 10 页。

不“能够”转化为现实行为？情况并非如此。要了解其中原委，必须了解二程与康德的形而上学说或本体论有着根本的区别。康德假定在此岸世界之上另有一个世界，而二程则不这样认为。作为终极现实的本性并不是世间万物之后、之外、之下的某一物。它就是万物的活动，它就是万物之“生”。换言之，在万物之外不存在本性，且万物无不处于生生不息之中。二程主张生之为性，这种观点撇开其内在性不同，却是海德格尔（Martin Heidegger，1889—1976）意义上更为本真的形而上学。

第七章

朱熹的形上学：解释性的而非基础主义的

一、引言

人们往往把朱熹视为宋明理学的集大成者，这一看法不无道理。相比先秦儒学，宋明理学之所以是“新”儒学，其中一点在于，宋明理学发展出一套道德形上学(moral metaphysics)，为先秦儒学道德价值观作本体-神学的阐明。诚然，先秦儒家并不拒斥形上学。事实上，宋明理学的形上学论述所使用的语汇甚至概念几乎都已见于先秦儒学经典。只不过这些语汇和概念要么缺乏明晰的形上学意义，要么即便有形上学意义也不在其思想体系中占据中心地位。先秦儒家主要关心的是如何过一种道德的生活，而不是为这种道德生活提供形上学说明。

然而，在这个所谓反形上学或后形上学的时代，对于哲学家来说，形上学已经成为一种包袱而非信用。哈贝马斯(Jürgen Habermas，1929—　)在《后形而上学思想》(*Postmetaphysical Thinking*)一书中认为，后形上学思维尊重经验科学的“权威”，因为后者是“不苛感情色彩的”(dispassionate)；在这种思维中，“将首先由科学过程的程序合理性来决定一个句子是否具有真值”。[1] 罗蒂也在一次接受哈佛大学研究生哲学杂志的访谈中指出，我们现在处在一种后形上学的文化之中。“宗教和形上学共有的律令——给思想找一种非历史、超文化、跨时空而无物不适的基质——已经死去，不复存在。在后形上学的文化中，人们会认为，人类创造自己的生活—世界，而不是对上帝或‘实在的本性’负责，不是由上帝或‘实在的本性’告诉我们生活-世界是什么。”[2]可能至少部分是这个原因，英美传统中的儒学研究者倾向于避谈宋明理学。中国的学者如果在不熟悉反形上学或后形上学之思或未受其影响的背景下继续阐发宋明理学的形上学，往往很难回应那些受过后形上学之思训练的学者的责难。本章试图阐明，有两种形上学：一种是基础主义的形上学（foundational metaphysics），一种是解释性的形上学（explanatory metaphysics），当代学者对形上学言之成理的批判大部分指向前者而非后者；朱熹的人性形上学是解释性的形上学而非基础主义的形上学，因此，它可以避免来自后形上学之思所提出的批评。

二、两种形上学：基础主义的形上学和解释性的形上学

形上学依其本性就要讨论超乎感觉的存在。然而，可以有两种形上学的方式，西方传统的做法是寻求基础，构建某一形上学观念或形上学观念体系，此观念或观念体系独立于我们的经验知识与实践知识，必

---

① Jürgen Habermas, *Postmetaphysical Thinking*. Cambridge, MA: MIT Press, 1992, p.6.

② Richard Rorty, “Toward a Postmetaphysical Culture.” *The Harvard Review of Philosophy* (Spring, 1995), p.59.

要时又可以从此观念或观念体系推导出任何经验的或实践的东西。笛卡尔(René Descartes，1596—1650)的哲学就是这方面的典型。不过，既然本章更关心道德形上学，我们还是以一位当代道德哲学家即麦金泰尔为例。

罗尔斯的政治自由主义认为，正义的政治原则必须不依赖任何关于美好生活的宗教概念与形上学概念，我们没有、不能(在某种意义上)，也不应当就什么是美好生活的宗教概念与形上学概念达成共识。麦金泰尔反对罗尔斯的这种自由主义立场，但他同时又同意罗尔斯的说法，“我们的社会不是一个有共识的社会，而是一个分化的、冲突的社会”——当然他还补充了一句话：“至少就正义的性质而言。”[①]在建构正义观念的时候，有人“诉诸不可让渡的人权，有人诉诸社会契约论，也有人诉诸功利标准”。[②] 因此，许许多多相互冲突甚至水火不容的正义原则摆在我们面前：自由主义的、契约论的、功利主义的或其他正义原则。麦金泰尔说道，我们或许试图判定何种正义原则合乎理性，或者较之他者更加合理，但这样做很困难，因为合理性观念本身又具有多样性。有人认为，合理就是“把各种可能的行动过程选项及其后果给自己带来的成本和利益加以核算，然后在此基础上采取行动”；有人认为，合理就是“在任何理性的人、任何不会优先考虑自己利益的不偏不倚的人都将同意接受的约束之下行动”；也有人认为，合理就是“为了实现人类真正的和终极的善而行动”。[③]

---

① Alasdair MacIntyre, *Whose Justice? Which Rationality?* London: Duckworth, 1988, pp.1 - 2.

② Alasdair MacIntyre, *Whose Justice? Which Rationality?* London: Duckworth, 1988, p.1.

③ Alasdair MacIntyre, *Whose Justice? Which Rationality?* London: Duckworth, 1988, p.2.

因此，麦金泰尔赞同自由主义者的以下看法：如果试图就理性进而就正义达成共识，我们需要"某种标准，它独立于争论各方的欲望、偏好和意愿，我们可以通过它来证明为什么支持某一观点的理由要优于支持另一观点的理由"。① 不过，和自由主义者不同的是，麦金泰尔认为，

> 政治共同体要想拥有充分确定的、为共同体成员所共享的、建立在理性基础之上的道德规范，一个必要前提是，共同体成员共享一个可以理性证明的关于人类善的观念。而且……既然在这样一种共同体的公共生活中，诉诸道德规范的做法发挥着作用，那么，关于人类善的共享观念就必须在共同体的生活中得到制度化。②

对于作为一种美德的正义，就像对于作为一种美德的勇气、慷慨、忠诚、仁慈、友爱或任何其他人类品格，我们需要"某种在先的、关于社会生活和道德生活特性的论述，它必须通过这一论述来界定和解释"。③ 在麦金泰尔看来，这种在先的论述不是别的，它就是关于善的人类生活(good human life)的论述。就此而言，"先有善的人类生活的概念，再有关于美德的概念"。④ 麦金泰尔主张，"因此，正义要求什么，回答这一问题需要先就正义的本性达成理性共识，对正义本性的

---

① Alasdair MacIntyre, "Community, Law, and the Idiom and Rhetoric of Rights," *Listening: Journal of Religion and Culture* 26(1991), p.97.

② Alasdair MacIntyre, "The Privatization of Good: An Inaugural Lecture," *The Review of Politics* 52(1990), p.351.

③ Alasdair MacIntyre, *After Virtue*. Notre Dame, IN: University of Notre Dame Press, 1984, p.186.

④ Alasdair MacIntyre, *After Virtue*. Notre Dame, IN: University of Notre Dame Press, 1984, p.184.

理性追问又需要先就善的本性达成共识，而更为根本的则是使善得以界定与理解的那些背景性信念”。[①] 换言之，一种正义观念需要一种美德理论来解释正义的本性，理解美德的本性需要一种关于善的论述，而理解善的本性则需要一个关于人类生活之目标（*telos*）的形上学观念甚至宗教观念。[②]

然而，还有另外一种形上学，即解释性的形上学。解释性的形上学从我们的经验知识和/或实践知识开始，并旨在对它们进行解释：我们的经验世界何以如此，我们的实践世界何以应当如此。诚然，在西方这不是做形上学的惯常方式。不过，也有一个很好的例子，它和我们这里对道德形上学的关切还特别相关，我想到的是道德哲学家泰勒。

泰勒和麦金泰尔都批评政治自由主义。但是，泰勒并不像麦金泰尔那样怀疑自律、权利、个体性等当代道德价值。在这一方面，泰勒赞成自由主义者，认为这些都是我们应当珍惜的价值。不过，泰勒认为自由主义者未能解释为什么它们是好的价值。在他看来，要成功解释为什么它们是好的价值，就需要对诸种自由主义的价值进行形上学的解释，或者用他自己的话来说，进行本体论的说明（ontological articulation）。泰勒认为，既然这种说明把被说明的观念视为理所当然的，它就不能是基础主义的、毋庸置疑的、或外在的，而只能是实践的、从个人偏好出发的、内在的。外在的进路要求我们直接从构成性的善（constitutive good）的道德本体论出发，由此演绎出我们的道德标准，或者判定我们现有的道德标准是否符合上述独立建构的道德本体论。依其世俗形

---

① Alasdair MacIntyre, “Community, Law, and the Idiom and Rhetoric of Rights,” *Listening: Journal of Religion and Culture* 26(1991), p.100.

② Alasdair MacIntyre, “The Privatization of Good: An Inaugural Lecture,” *The Review of Politics* 52(1990), p.344.

式，我们要“首先认识到世界为了善而井然有序，然后从这一事实出发推出我们应当遵守某些道德反应，应当内化某些道德直觉”；依其神学形式，我们要“首先认识到存在一个上帝；他是善的，他是造物主，如此等；这样，我们就会明白我们应当敬奉他，顺从他，如此等”。①

与之相反，泰勒认为，对自由主义道德的构成性的善——使自由主义道德成其为善的善——进行先验的论证、本体论的说明或形上学的解释，就需要从我们深层的、强烈的道德本能出发，比如从那些关系到个体性、自律和人权的本能出发，进而论证，必须存在某些东西，这些本能才是可能、真实和融贯的。泰勒指出，“我们关于世界和自身的明晰信念以某些未系统阐明的（也可能无法系统阐明的）理解作为背景，这些信念只是在与此种背景相联系才有意义”。② 因此，如果反映在我们道德本能中的东西是善的，先验的论证就要找到那个使它们成其为善的东西，也就是说，找到它们的构成性的善。在这里，先验的论证“没有提供一种我们必须不依赖道德本能而加以承认的思考；相反，它试图说明这些本能，使它们更加明了易懂”。③

诚然，后形上学思想家在批评形上学的时候并不区分基础主义的

---

① Charles Taylor, *Sources of the Self: The Making of Modern Identity*. Cambridge, MA: Harvard University Press, 1989, p.73.

② Charles Taylor, “Two Theories of Modernity,” *The Hastings Center Report* 25.2:(1995), p.29.

③ Charles Taylor, “A Most Peculiar Institution,” In *World, Mind, and Ethics: Essays on the Ethical Philosophy of Bernard Williams*, edited by Ronald Beiner and William James Booth. New Haven: Yale University Press, 1995. p.138. 麦金泰尔与泰勒之间的差异当然不能简单化为基础主义的形上学与解释性的形上学之间的差异。尽管这里所突显的差异很重要，但二人之间的差异要复杂得多，涉及很多其他重要问题，虽然这些问题与本文的中心论题关系不大。关于二人之间的差异，更为全面的讨论参见 Yong Huang, *Religious Goodness and Political Rightness: Beyond the Liberal-Communitarian Debate*. Harvard Theological Studies 49. Harrisburg: Trinity Press, 2001, pp.42-50 and 57-102。

形上学和解释性的形上学，不过，他们的批评所指向的主要问题实际上和基础主义的形上学相关。这主要是因为，在西方哲学传统中，形上学通常是寻求基础主义。罗蒂认为，形上学和宗教是堵塞对话的塞子。他援引斯蒂芬·卡特(Stephen Carter)的话说："中止交谈的一个好办法……是告诉一群受过良好教育的专家，你之所以持一种特定的政治立场……是因为你对上帝意志的理解要求你这样做。"①基础主义的形上学之所以能够起到堵塞对话的作用，其原因显而易见，因为我们不能合理地指望受过良好教育的人会同意这样的假定：存在一些独立建构的"基础"，从中可以推导出一切道德的和政治的东西。与之相反，解释性的形上学从一些道德的和政治的信念或本能出发，这些信念或本能无论受过良好教育的人还是普通人都深信不疑，它们可以成为对话的基础，包括那些关系到对它们进行本体论的说明、先验的论证或形上学的解释的对话。即便经过富有成效的、相互启发的对话之后，对话者仍然有可能无法就对他们所共享的东西所进行的说明、论证或解释达成一致意见。就此而言，解释性的形上学和多元主义并行不悖。② 此非

① Richard Rorty, *Philosophy and Social Hope*. London: Penguin Books, 1999, p.171.

② 可能会有人对这里讲的基础主义的形上学和解释性的形上学之间的差异提出问题。一方面，两种形上学似乎都可能止步于意见分歧。确实如此，然而，就解释性的形上学而言，人们会对彼此间的意见分歧没有抱怨。即便他们开始争辩谁的形上学可以更好地解释(如果真的能够解释的话)他们所共享的道德观念和政治观念，他们可以相互学习，他们可能最终意识到几种形上学都可以很好地解释这些相同的道德观念和政治观念。由此，他们坚持了多元主义的立场。相形之下，基础主义的形上学认为，在开始讨论任何道德观念和政治观念之前，我们需要首先建立一个关于人性善的宗教的和形上学的概念，而不同的人有不同的宗教和形上学，所以就没有共同的标准来判断何者更佳(这不同于解释性的形上学，后者试图对共同的道德观念与政治观念进行解释，因此就有一个衡量不同形上学的标准：哪种能够解释得通，哪种不能，哪种解释得更好)，也就不可能就这些形上学与宗教问题达成共识，结果，道德对话和政治对话甚至根本找不到基础。另一方面，也许有人会问：既然解释性的形上学可以合理地假定 (转下页)

寻求基础的形上学所能也。

三、朱熹的人性形上学

追随儒家的孟子一系，朱熹认为人性不只是人与生俱来的东西，而是人所特有的、将人与其他存在者区别开来的东西。问题在于什么使人区别于其他存在者。西方传统中的哲学家几乎一致认为，人与其他存在者的区别在于理性，尽管他们可能对何为理性的看法并不相同。这样一来，似乎令人惊讶的是，包括朱熹在内的儒家几乎没有这样想过。在他们看来，很简单，人之特性一定就是仁（humanness; humaneness; humanity）。① 仁在儒家看来是最重要的美德。因此，对朱熹来说，区别人与动物的不是理性而是仁这一美德，因为它就是人的本性。儒家讲"四德"，仁、义、礼、智（有时加上第五德"信"），它们都属于人的本性。仁虽然是四德之一，但朱熹也讲"仁包四德"。朱熹在《仁

（接上页）社会与政治问题层面的共识，为什么基础主义的形上学假定宗教与形上学问题的共识就是错的。这个问题可以这样来回答：首先，事实上，在奴隶制、宗教迫害，以及自由、平等等根本问题上，我们确确实实有很多共同的道德观念和政治观念，但在宗教、形上学问题上我们并没有类似的共同看法；再者，宗教分歧和形上学分歧是无害的，甚至我们需要这样的分歧，但是，道德分歧和政治分歧（后者尤甚）将是灾难性的（除非作为达成共识的途径），因为一个秩序良好的社会必须建立在（社会内部）普遍适用的法律和社会政策之上；其三，宗教和形上学分歧属于根本性的分歧，而道德与政治分歧往往关于大家都珍惜的价值之间（比如，个体与群体，自律和相互关爱，自由与平等）孰轻孰重的分歧。更详细的讨论，参见 Yong Huang, *Religious Goodness and Political Rightness: Beyond the Liberal-Communitarian Debate*, pp.172 - 184。

① "仁"有时译作"benevolence"。不过，先秦儒学中的"仁"最好译作"humanity"。包括朱熹在内的理学家都是在类似的意义上使用这一术语。然而，正如我们将看到的，对理学家来说，仁也存在于人之外的存在者身上，这样一来译为"humanity"就显得古怪，尽管在随后的讨论所挑明的意义上，我们仍然可以说只有人类才有仁。

说》一文中写道："故语心之德，虽其总摄贯通，无所不备，然一言以蔽之，则曰仁而已矣。请试详之。盖天地之心，其德有四，曰元、亨、利、贞，而元无不统。其运行焉，则为春、夏、秋、冬之序，而春生之气无所不通。故人之为心，其德亦有四，曰仁、义、礼、智，而仁无不包。"①然而，仁之美德在何种意义上统领甚至涵摄了其他一切美德？朱熹认为，这是因为正是仁使人成为人："仁者，仁之本体；礼者，仁之节文；义者，仁之断制；知者，仁之分别。"②他还打了一个比方："性是统言。性如人身，仁是左手，礼是右手，义是左脚，智是右脚。"③

这正是儒家美德说的一个独特面相。亚里士多德讨论过诸种个人美德的统一性，其中没有一种美德在整个的美德系统中居于主导地位。然而，儒家特别是朱熹都认为，仁是居于主导地位的美德，其他的个人美德都由仁所引导，包含于仁之中，或者表现仁的某些方面。朱熹反对佛家以人性为虚，主张人性是实，它的内容正是儒家所讲的四德。因此，在《答陈器之二》中，朱熹写道：

> 性是太极浑然之体，本不可以名字言，但其中含具万理，而纲理之大者有四，故命之曰仁、义、礼、智。孔门未尝备言，至孟子而始备言之者，盖孔子时性善之理素明，虽不详著其条而说自具，至孟子

---

① 〔宋〕朱熹：《朱熹集》，成都：四川教育出版社，1996 年，第 3545 页。
② 〔宋〕朱熹：《朱子语类》卷六，长沙：岳麓书社，1997 年，第 99 页。
③ 〔宋〕朱熹：《朱子语类》卷六，长沙：岳麓书社，1997 年，第 100 页。一位学生对此困惑不解，请教如何解释仁这一美德的首要地位。朱熹回答说："且是譬喻如此。手固不能包四支，然人言手足，亦须先手而后足；言左右，亦须先左而后右。"(《朱子语类》卷六，长沙：岳麓书社，1997 年，第 100 页)因此，代表着人性美德的左手还是第一位的(我们总是说"手足"，从来不说"足手"，总是说"左右"，从来不说"右左")

时，异端蜂起，往往以性为不善，孟子惧是理之不明而思有以明之。[①]

朱熹在这里明确说“性含具……仁、义、礼、智”四德。因此，在朱熹看来，性与德是同一的，它们由相同的东西所构成：仁、义、礼、智。在此意义上，他经常讨论“德性”和“性之德”。[②] 换言之，人性是有美德的，而美德属于人性。在他看来，正是这一点使人有别于动物。朱熹注《孟子·告子上》云：性，形而上者也；气，形而下者也。人物之生，莫不有是性，亦莫不有是气。然以气言之，则知觉运动，人与物若不异也；以理言之，则仁义礼智之禀岂物之所得而全哉？此人之性所以无不善，而为万物之灵也。[③] 孟子认为，“人之所以异于禽兽者几希。庶民去之，君子存之”（《孟子·离娄下》）。一位学生问，君子存之而庶民去之的“几希”之物是什么，朱熹回答说，它是将人与动物区别开来的东西，而不是人与动物共有的东西。听之以耳，视之以目，嗅之以鼻，口能谈论，手能执捉，足能运奔，这些是人与禽兽相同之处，“人所以异者，以其有仁义礼智，若为子而孝，为弟而悌，禽兽岂能之哉”？[④] 正因为这是人与动物的唯一差异，一方面，人“须是存得这异处，方能自别于禽兽”；[⑤]另一方面，“人若以私欲蔽了这个虚灵，便是禽兽”。[⑥]

朱熹讲只有人才有此作为人性的四德，而动物无此四德。这里的

---

① 〔宋〕朱熹：《文集》卷五八，载于《朱熹集》，成都：四川教育出版社，1996年，第2977页。

② 关于德性，朱熹言曰：“大抵人之德性上，自有此四者意思：仁……义……礼……智”（《朱子语类》卷六，长沙：岳麓书社，1997年，第100页）；关于性之德，他说：“仁义礼智皆性之德”（《朱子语类》卷一零一，第2324页）。

③ 〔宋〕朱熹：《四书章句集注》，台北：大安出版社，1994年，第457页。

④ 〔宋〕朱熹：《朱子语类》卷五七，长沙：岳麓书社，1997年，第1203页。

⑤ 〔宋〕朱熹：《朱子语类》卷五九，长沙：岳麓书社，1997年，第1240页。

⑥ 〔宋〕朱熹：《朱子语类》卷五七，长沙：岳麓书社，1997年，第1203页。

“有”是一种特定的“有”，不同于亚里士多德讲的“仅仅具有”。亚氏讨论一个人“有”知识，区分了仅仅具有知识的人和能实际运用知识的人。一个睡觉、疯狂或醉酒的人可能仍有他之前获得的知识，但无法加以运用。① 在讨论人的本性中“有”仁义礼智而其他存在者无之的时候，朱熹对两种意义上的“有”作了类似的区分。朱熹讲只有人有这四种美德，这是说只有人才能真正运用它们。而他讲动物没有这四德，仅仅表示它们不能运用四德而非不具有四德。朱熹认为，人与其他存在者都禀有性（或理）禀有气。尽管性相同，但各自禀受的气有所不同。因禀有相同之性，人和物都有——在“具有”的意义上——仁义礼智；但因气禀不同，人所禀之气清明正通，而动物所禀之气混浊蔽塞，所以只有人有——在实际运用的意义上——性之四德，而人之外的存在者没有——也是在运用的意义上——四德。因此，朱熹在写给老师李侗的信中说道：“天地生物本乎一源，人与禽兽草木之生莫不具有此理……所谓仁也。但气有清浊，故禀有偏正，惟人得其正，故能知其本。具此理而存之，而见其为仁。物得其偏，故虽具此理，而不自知，而无以见其为仁。”②为了解释不同的气如何影响不同存在者所禀受的相同之性，朱熹设譬云，人与物相同之性如同清水，而不同之气则好比盛水的碗颜色各异：同是清水，放白碗中是白色，放黑碗中是黑色，放青碗中是青色。③ 另一个譬喻稍有不同，也许更为妥帖：“性譬之水，本皆清也。以净器盛之，则清；以不净之器盛之，则臭；以污泥之器

---

① Aristotle, *Ethica Nicomachea*; *Ethica Eudemia*; and *Magna Moralia*. In *The Works of Aristotle*, vol. ix., edited by W.D. Ross. Oxford: Oxford University Press, 1915, 1147a17 - 18.

② 〔宋〕朱熹：《延平答问》，载《朱子全书》卷一三，上海：上海古籍出版社，2010 年，第 335 页。

③ 〔宋〕朱熹：《朱子语类》卷四，长沙：岳麓书社，1997 年，第 53 页。

盛之，则浊。”[①]

朱熹在信中说，此“所谓仁也”，强调人与禽兽草木同分一理。对此，其师李侗评论说：“有有血气者，有无血气者，更体究此处。”[②]循着李侗的提示，朱熹指出，尽管所有人禀有正气，所有物禀有偏气，但气仍有清浊昏明之不同。正气内部的差异使得好人不同于坏人，而偏气内部的差异使得动物有别于草木（以及草木有别于非生物）。下一节将考察好人与坏人之间的差异。这里有必要先来分析朱熹关于动物与草木（及非生物）之别。朱熹认为，尽管都是禀受偏气，但相较于草木与非生物所禀之气，动物所禀受的偏气要相对清明。因此，动物所禀之性——它和人及动物之外的存在者所禀之性是相同的——在动物那里的蔽塞程度轻于草木与非生物。[③] 比如，朱熹认为，虎狼之父子间有一点点仁，而蜜蜂与蚂蚁有一点点义。他又打了一个比方，动物之性“恰似镜子，其他处都暗了，中间只有一两点子光”。[④]

四、解释性的形上学而非基础主义的形上学

对朱熹而言，人性是形而上的：“仁义礼智，性之大目，皆形而上

---

① 〔宋〕朱熹：《朱子语类》卷四，长沙：岳麓书社，1997 年，第 66 页。

② 〔宋〕朱熹：《延平答问》，载《朱子全书》卷一三，上海：上海古籍出版社，2010 年，第 335 页。

③ 〔宋〕朱熹：《文集》卷五九，载于《朱熹集》，成都：四川教育出版社，1997 年，第 3067 页。

④ 〔宋〕朱熹：《朱子语类》卷四，长沙：岳麓书社，1997 年，第 52 页。朱熹论人性，有时说它不同于动物之性，有时说与动物之性一样，有时又说相同之性在人那里是完整的，而在动物那里是不完整的。这引起了一些学者的困惑，认为这些观点有不一致之处，只有把它们视为朱熹哲学不同发展阶段所持的观点才能说得通（比如，参见陈来：《朱子哲学研究》，上海：华东师范大学出版社，2000 年，第 124—136 页）。然而，正如前文所示，如果我们注意到，朱熹的这些观点是在不同的意义上说的，那么，它们之间就完全没有矛盾。

者。”[①]在此意义上，它与形而下的气相对：“性是形而上者，气是形而下者。形而上者全是天理，形而下者只是那渣滓。”[②]在这里，朱熹建立了性与理之间的重要关联：性是形而上者，形而上者即是理。因此，他认为程颐的“性即理”说讲得最透彻。性是“形而上者”，其中一个意思是说，它不属于感性世界。因此，朱熹在赞赏程颐的“性即理”之后紧接着说：“今且以理言之，毕竟却无形影……在人，仁义礼智，性也。然四者有何形状？”[③]这与有形有影的形而下者形成了对比。[④] 有形影者才能被感知，因此，朱熹认为，“性无形影可以摸索，只是有这理耳。惟情乃可得而见，恻隐、羞恶、辞让，是非是也”。[⑤]

我们已经概观朱熹的人性形上学。然而，如果人性是形而上的，但形而上者无形影，无形影者不能被感知，那么，我们如何知道有一种所谓人性的东西？更不必说人性之善了。对这一问题的回答也将表明朱熹的形上学究竟是解释性的形上学还是基础主义的形上学。也就是说，朱熹的形上学究竟是独立建构的，从而由此推演出一切的，还是以我们某些经验直觉与实践直觉为基础并旨在解释它们。不过，朱熹的回答已经隐含在上一段末的引文之中，他在那里区分了人性和人情。仁、义、礼、智属于人性，而恻隐、羞恶、辞让以及是非则是与之相应的人情。程颐（朱熹从他那里学了很多东西）曾说：“因其恻隐之心，知其有仁。”[⑥]朱熹认为程颐这句话极富洞见，因为它“也不道恻隐便是仁，又不道掉了恻隐，别取一个物事说仁”。[⑦] 在朱熹看来，虽然我们不能混

---

① 〔宋〕朱熹：《朱子语类》卷一一七，长沙：岳麓书社，1997 年，第 2533 页。
② 〔宋〕朱熹：《朱子语类》卷五，长沙：岳麓书社，1997 年，第 88 页。
③ 〔宋〕朱熹：《朱子语类》卷四，长沙：岳麓书社，1997 年，第 58 页。
④ 〔宋〕朱熹：《朱子语类》卷九五，长沙：岳麓书社，1997 年，第 2175 页。
⑤ 〔宋〕朱熹：《朱子语类》卷六，长沙：岳麓书社，1997 年，第 93 页。
⑥ 〔宋〕程颢、程颐：《遗书》卷一五，载《二程集》，北京：中华书局，2004 年，第 168 页。
⑦ 〔宋〕朱熹：《朱子语类》卷五三，长沙：岳麓书社，1997 年，第 1151 页。

淆人性和人情，但我们也不能把它们彼此割裂开来："有这性，便发出这情；因这情，便见得这性。因今日有这情，便见得本来有这性。"①他在《答陈器之二》中对程颐关于仁与恻隐之心的看法做了概括，并将其运用于人性的其他方面及其相应的情：

> 盖是理之可验，乃依然就他发处验得。凡物必有本根，性之理虽无形，而端的之发最可验。故由其恻隐所以必知其有仁，由其羞恶所以必知其有义，由其恭敬所以必知其有礼，由其是非所以必知其有智。使其本无是理于内，则何以有是端于外？由其有是端于外，所以必知有是理于内而不可诬也。②

因此，尽管我们无法直接感知人性，但我们仍然能够确信人性具有美德，因为我们可以感知到人情之善。在朱熹看来，人性是人情的未发状态，而人情是人性的已发状态。我们所感知到的事物使人性发出来。例如，"见孺子入井，而有怵惕恻隐之心，便照见得有仁在里面；见穿窬之类，而有羞恶之心，便照见得有义在里面"；③同样，过庙宇便生恭敬之情，由此可见人性之礼。简言之，外物刺激我们的感官，内在的人性便被唤醒，其结果则是人情。④ 朱熹用了几个比喻来解释我们从直接感知的人情之善知道无法直接感知的人性之善。他说："如见水流之清，则知源头必清矣。四端，情也，性则理也。发者，情

---

① 〔宋〕朱熹：《朱子语类》卷五，长沙：岳麓书社，1997年，第81页。

② 〔宋〕朱熹：《文集》卷五八，载于《答陈器之二》，《朱熹集》，成都：四川教育出版社，1997年，第2977页。

③ 〔宋〕朱熹：《朱子语类》卷五三，长沙：岳麓书社，1997年，第1152页。

④ 〔宋〕朱熹：《文集》卷五八，载于《答陈器之二》，《朱熹集》，成都：四川教育出版社，1997年，第2977页。

也，其本则性也，如见影知形之意。”[①]他还说，由人情知人性，“恰如有这般儿子，便知得是这样母……譬如草木之萌芽，可以因萌芽知得它下面有根。也不道萌芽便是根，又不道掉了萌芽别取一个根”。[②] 有意思的是，朱熹的萌芽之喻不同于孟子。萌芽在孟子那里指的是可以从中发展出完整的人性的萌芽，而朱熹的比喻则是说必须有根才能发出萌芽。

简言之，我们可以由对人情之善的直接认识间接地知道人性之善，就像我们直接看见流水，从而间接知道水源；直接看见影子，从而间接知道事物；直接看见儿子，从而间接了解母亲；直接看见萌芽，从而间接知道下面的根。因此，朱熹的人性概念显然是解释性的而非基础主义的概念。换言之，朱熹关于人性的形上学概念并非先于或独立于我们的经验知识；相反，它依赖于并且旨在解释我们的经验知识：人类情感一定有它们的根，善的人情表明它们的根一定是善的，即使我们看不到根，也不可能观察它是善是恶。

当然，尽管朱熹认为人性具有美德，他也的确承认人情既可为善又可为恶。因此，他说“性才发，便是情。情有善恶，性则全善”。[③] 如果关于人性的形上学知识是我们试图解释我们所能体验的情感的结果，而情感又可以为善或为恶，那么朱熹似乎并不能断言人性是纯善的。如果从善的情感可以推断引发它们的人性必定为善，那么，我们不也同样可以从恶的情感合理推断人性必定为恶？回应挑战的一个办法便是利用朱熹的譬喻。根据地上草木的萌芽，我们能断定它下面有根；然而，如果地上没有芽，我们不能由此说下面一定没有根；同样地，因为地

---

① 〔宋〕朱熹：《朱子语类》卷五，长沙：岳麓书社，1997 年，第 81 页。
② 〔宋〕朱熹：《朱子语类》卷五三，长沙：岳麓书社，1997 年，第 1151 页。
③ 〔宋〕朱熹：《朱子语类》卷五，长沙：岳麓书社，1997 年，第 82 页。

上的芽是好的，我们可以断定它的根一定也是好的；然而，仅仅因为地上的芽不好，我们并不能断定地下的根必坏。坏根不可能发出好芽；但好根也并不总能长出好芽：可能有其他因素导致不发芽或发芽后变坏（比如，生长的土壤不好，或者施肥、浇水或耕种不当）。当然，我们不能沿这一譬喻走得太远，因为至少不能排除以下可能性：没有芽，是因为没有根；或者芽之所以是坏的，是因为其根也是坏的。然而，朱熹直接排除了人性为恶的可能性。这是否意味着，既然事实上确实存在恶的情感和恶人，朱熹以人性为善的形上学终究是一种基础主义的形上学而非解释性的形上学？①

我们必须认识到，存在善的人情，这仅仅是朱熹关于人性的形上学概念试图加以解释的经验事实之一；它还试图解释另外一种经验事实：人禽之辨。尽管朱熹像大多数儒者一样，认为恶人就事实层面而言无异于禽兽，但他还明确主张，恶人就应然层面而言有别于禽兽。我们通常会说，恶人应该具有美德，但我们不会说动物应该具有美德，因为"应该"蕴含了"能够"：在事实层面，恶人能够被塑造成具有美德的人，而动物则不能。因此，问题在于，何以所有人都可以成为有美德的人而动物则不能。朱熹所提出的人性形上学也要解释这一事实。一位学生向朱熹请教为何万物具有同样的性却仍有差异，他解释说："人之性论明暗，物之性只是偏塞。暗者可使之明，已偏塞者不可使之通也。"②朱熹在这里不仅区分了人与物，还区分了善（以及因善而成为真正的人）和恶（以及因恶而徒有人之名者）。人物之别在于性

① 陈来注意到了这一问题，并设想了几种解决这一问题的逻辑上可能的办法，最终认为朱熹并没有真正这样去解决，而没有说这些解决办法本身是成问题的（参见陈来：《朱子哲学研究》，上海：华东师范大学出版社，2000 年，第 211—212 页）。

② 〔宋〕朱熹：《朱子语类》卷四，长沙：岳麓书社，1997 年，第 51 页。

之通蔽。若性因气之偏而蔽塞，则不可能通。这也是社会性动物为什么不能扩充其四种天赋品质的原因之所在。同样的天赋品质在人那里如果得到充分扩充就会成为人的美德。善恶之人的区别在于性之明暗。没有被人的私欲遮蔽，性明；反之，性暗。在后一种情况中，“人”的行为无异于动物，因为他们已经把人类仅有的独特能力，即将四种品质推向极致的能力弃而不用。不过，无德之人与动物等同，这只是就他们实际上的所为而论，而不是就他们的所能为而论。诚如朱熹所言，（动物的）偏塞之性不可使之通，（无德之人）因私欲之遮蔽而晦暗之性可使之明。紧接着上面那段文字，一位学生说“人之习为不善，其溺已深者，终不可复反矣”，朱熹对此并不赞同。他说：“势极重者不可反，亦在乎识之浅深与其用力之多寡耳。”①换言之，虽然需要比别人付出更多的努力，但那些深溺于恶习的人仍然可以回归正确的轨道。只要他们根据《中庸》所说的去做：“人一己百，人十己千”，便会“虽愚必明”。② 这就是为什么朱熹反复注释《大学》中下面这段文字的原因：“小人闲居为不善，无所不至，见君子而后厌然，掩其不善而著其善”；在朱熹看来，小人对不善行为的遮掩实际上表明他们意不诚，③知不真，④自欺，⑤且错上加错（为不善是错，掩其不善又是错）。⑥ 但在朱熹看来，这也恰恰表明，即使不道德的人也知道具有美德的方式才是人所独有的方式。⑦ 正是

---

① 〔宋〕朱熹：《朱子语类》卷四，长沙：岳麓书社，1997 年，第 51—52 页。
② 〔宋〕朱熹：《朱子语类》卷四，长沙：岳麓书社，1997 年，第 59 页。
③ 〔宋〕朱熹：《朱子语类》卷一五，长沙：岳麓书社，1997 年，第 271 页。
④ 〔宋〕朱熹：《朱子语类》卷一六，长沙：岳麓书社，1997 年，第 291 页。
⑤ 〔宋〕朱熹：《朱子语类》卷一六，长沙：岳麓书社，1997 年，第 297 页。
⑥ 〔宋〕朱熹：《朱子语类》卷一六，长沙：岳麓书社，1997 年，第 298 页。
⑦ 〔宋〕朱熹：《朱熹集》，长沙：岳麓书社，1997 年，第 1384 页。

在这一意义上，人不同于禽兽。①

五、解释性形上学的规范功能

我们看到，朱熹的道德形上学是一种解释性的形上学，它可以避免后形上学思想家所提出的批评，至少不成为堵塞对话的塞子。它没有从某些只有认同儒学传统的人才能够理解和接受的形上学前提出发并推出人之所当是或所当为。相反，它从观察人的两个经验事实开始：① 人生而具有恻隐、羞恶、辞让、是非之心，它们在其他传统中可能有另外的叫法；② 凡是人，无论他有多坏，都能成为有德之人，而动物，无论它表现得多么好，都不可能成为有德的动物。为了解释这两个经验事实，朱熹提出了儒家的人性形上学。其他传统中的人，可能接受它，也可能不接受它，可能想对同样的经验事实提出另外一种形上学解释，也可能不想这么做。然而，如果他们想对同样的经验事实作出解释，那么他们就有了对话的共同基础，可以争论究竟何种解释可以更好地说

① 如果不考虑到孔子所讲的“唯上智与下愚不移”(《论语·阳货》)，朱熹在这个问题上的看法是明确的。程颐对孔子的话做了革命性的解释：所有人，包括极恶的人，只要努力都可以成为善人，而孔子的意思只是说不努力的人不可能成为善人[详细的讨论，请参见 Yong Huang, “Neo-Confucian Hermeneutics at Work: Cheng Yi's Philosophical Interpretation of *Analects* 8.9 and 17.3,” in *Harvard Theological Review* 101.1(2008), pp.169 - 201]。朱熹很犹豫，因为他既不能负义于程颐，又不敢和孔子所明言者相左。在《论语集注》中，朱熹先是说“人之气质相近之中，又有美恶一定，而非习之所能移者”，继而引了一大段程颐的话，说明即便昏愚之至的人只要努力也可以成为贤者(〔宋〕朱熹：《四书章句集注》，台北：大安出版社，1994 年，第 246 页)。有学生指出，朱熹自己的注和程颐的说法明显不合。朱熹先是说，有些愚者不可移，又说应当追随程颐，紧接着又说，孔子说得完整，程颐只对了七成(〔宋〕朱熹：《朱子语类》卷二九，长沙：岳麓书社，1997 年，第 1053 页)。钱穆认为，这些话反映了朱熹在不同哲学发展阶段的看法，而最终极为罕见地站到了孔子一边(参见钱穆：《朱子新学案》，北京：九州出版社，2011 年，第 35 页)。笔者以为，钱穆的说法没有说服力。

明他们试图解释的东西。

由于上述原因，罗蒂也提出了类似的想法。他批评柏拉图、阿奎那、笛卡尔和康德等基础主义哲学家，因为他们认为我们现象意义上的自我应当由背后的本体意义上的自我来规范，而道德必须基于一种与内在的人性、人类尊严或人权相应的世界观。罗蒂进而认为，哲学家应当"总结我们受文化影响的关于在各种情境下什么是正当行为的直觉。借助没有争议的前提，从这些直觉归纳总结出一般性的结论。我们不是用一般性的结论为直觉奠基，而是对直觉作出总结"。① 罗蒂想说的意思和本章所讲的解释性的形上学虽然不尽相同，但无疑相当接近。

也许有人会问，既然这种解释性的形上学已经假定了所要解释的知识之真，我们为什么还要从事这样一种形上学工作。可能有很多种回答，以下是一种。我们很多人——即使不说所有人——有一种倾向，那就是使我们的信念融贯起来。因为，诚如罗蒂本人所言："我们的心灵不得不(在一定程度上自然地要)把我们的信念和欲望综合起来以构成一个合理的明了易懂的整体。"②使我们的信念融贯起来的办法之一，就是建构一个一般原则来支持我们关于特定事物的各种信念，或者，用罗蒂自己的话来说，建构"诸如'自我''知识''语言'和'自然''上帝'或'历史'等实体的模型，进而……把它们焊接起来，直到彼此熔为一体"。③

对于罗蒂来说，这是解释性的形上学唯一能起的作用。在他看来，

---

① Richard Rorty, *Truth and Progress: Philosophical Papers*. Cambridge: Cambridge University Press, 1998, p.171.

② Richard Rorty, "Universality and Truth." In *Rorty and His Critics*, edited by Robert Brandom. Malden, MA: Blackwell, 2000, p.15.

③ Richard Rorty, *Objectivity, Relativity, and Truth*. Cambridge: Cambridge University Press, 1991, p.192.

这种作用达到了形而上学家的自我实现这一私人意图，而非他所讲的公共效用。不过，本节试图论证，尽管朱熹对于人性的形上学阐述，就解释我们的经验直觉与实践直觉而言基本上是客观的，但是，它有一个重要的规范功能。这和医生对人的健康的看法有相似之处。医生对人的健康的看法，如果它是合理的，那就必须是客观的，必须建立在有关人体的科学知识之上。然而，它显然具有规范功能。它可以帮助医生判定某人的身体是否有缺陷，是否需要治疗，是否可以治疗。究其原因，医生对人的健康的看法尽管是客观的，但它不是一个统计学概念，而是一个刻画特征的（characteristic）概念：健康的样式是我们身体的特征，也就是说，我们的身体之为身体可以，而且应该获得并保持健康的样式。这并不意味着所有人或绝大多数人拥有健康的身体。然而，如果一个人的身体在一定的程度上缺乏这样的健康，那么，它就在相应的程度上是有缺陷的，就应当加以治疗。

与之相似，朱熹关于人性的形上学概念也是一个刻画特征的概念而非统计学概念。正是在此意义上，朱熹一方面主张人性是有美德的，另一方面承认某些人（实际上很多人）是无德之人，两者完全不矛盾。朱熹主张人性是有美德的，他不是说每个人事实上都是有美德的。实际上有很多人不具备美德，就此而言，他们不是具有人之特征的人，而是有缺陷的人。换言之，朱熹关于人性的形上学概念的确并不意味着所有人都以符合人的特征的方式行事，它也不需要意味着大多数人以符合人的特征的方式行事。要判断一种方式是否符合人类的特征，那就要看所有人能够做什么样的、使人类区别于其他物种的事情，而不是仅仅看人们的实际作为，后者可能使人类区别于其他物种，也可能使人类无别于其他物种。朱熹无疑会认同当代西方著名美德伦理学家赫斯特豪斯的说法：“刻画特征”这一概念“显然是规范性的，显然要引出下述判断：很多人并不是'以符合人类的特征的方式'生活，因而是有缺陷的人"。①

当然，至少从朱熹的观点来看，身体健康与人性美德之间的类比在一个很重要的方面必须打住。一个人的身体缺陷到了一定程度，比如，得了某种无法治愈的癌症，就不可能重新获得作为人之特征的身体能力。但是，一个人在伦理上的缺陷无论如何严重，只要他愿意勉力为之，总是能够重新获得作为人之特征的伦理方式，因为即便不是所有人、甚至也不是绝大多数人按照作为人之特征的伦理方式生活，这种伦理方式也是所有人可以有且应当有的方式，非如此不足以成为具有人之特征的人。这也是为什么我们不会谴责一个人的身体缺陷，却会谴责一个人的伦理缺陷。因此，朱熹还发展了哲学的，或者更确切地说，伦理的病理学和治疗学。

朱熹认为，人性本善表现于七情，即喜、怒、哀、惧、爱、恶、欲。七情可善可恶，这要看它们是否表现为适当的度。在适当的度上，七情表现为恻隐、羞恶、辞让、是非之心，而它们都是善的。② 七情的表现无论是

---

① Rosalind Hursthouse, *On Virtue Ethics*. Oxford: Oxford University Press, 1999. p.223；另见 Michael Thompson, "The Representation of Life," In *Virtues and Reasons*, edited by Rosalind Hursthouse, Gavin Lawrence, and Warren Quinn. Oxford: Clarendon Press, 1995, p. 295 和 David B. Wong, *Natural Moralities: A Defense of Pluralistic Relativism*. Oxford and New York: Oxford University Press, 2006, p.188。

② 纯善的四端与可善可恶的七情之间的确切关系究竟如何，朱熹的看法并不明确。他曾把四端与七情加以配对：适度的喜怒爱恶是仁义，属恻隐羞恶之心；适度的哀惧主礼，属辞让之心；适度的欲是智，属是非之心（朱熹：《朱子语类》卷八七，长沙：岳麓书社，1997 年，第 2015 页）。不过，他同时承认，四端与七情难以配对。在另外的地方，他甚至还说"四端是理之发，七情是气之发"（朱熹：《朱子语类》卷五三，长沙：岳麓书社，1997 年，第 1160 页）。后来朝鲜理学围绕"四端""七情"有一场著名的论辩，朱熹的上述两种看法成了论辩双方各自援引的资源（参见 Micahel Kalton, [with others], Trans. *The Four-Seven Debate*. Albany: State University of New York Press, 1994）。笔者认为，七情与四端相配（不管以何种方式）更符合朱熹道德心理学的总貌。当然，这已经不是本文的主题了。

过或不及，都会变成恶的。因此，重要的是确保七情恰当地从人性发出来，一直保持合适的度。这在程颐那里叫做“性其情”。同时，要避免程颐讲的“情其性”，即让发得不恰当的情伤害性。① 问题在于怎样做到这些。在朱熹看来，性通过心达乎情。因此，朱熹充分发挥了张载所讲的“心统性情”。② 朱熹所讲的性、情、心三者的关系在一定程度上接近于柏拉图所讲的灵魂的三部分，即理性、欲望和精神之间的关系。③ 在柏拉图那里，精神部分的作用是确保欲望部分追随灵魂中的理性部分；而在朱熹那里，心的作用是确保情从性那里恰当地发出。

在朱熹看来，只有一个心，它的首要功能是知觉。不过，“知觉从耳目之欲上去，便是人心；知觉从义理上去，便是道心”。④ 这里的人心与道心相左，实际上不再是人心，而是无异于禽兽之心，因为它顺从欲望的引导。正是在这个意义上，朱熹说：“人心是个无拣择底心，道心是个有拣择底心。”⑤因此，尽管人性纯善，心则有善恶。⑥ 事实上，正因为心有善有恶，性经由心发出的情才有善有恶。然而，虽然顺从性的心，即道心总是善的，顺从欲望的心，即“人”心并不必然是恶的。比如，“人”心饥而欲食，渴而欲饮，“食其所当食，饮其所当饮，乃不失所谓‘道心’。若饮盗泉之水，食嗟来之食，则人心胜而道心亡矣！”⑦当然，恶的情感与恶的行为显然都发自“人”心，尤其是当“人”心压倒道心的时候。之

---

① 〔宋〕程颢、程颐：《二程集》，北京：中华书局，2004 年，第 204 页。
② 〔宋〕朱熹：《朱子语类》卷五，长沙：岳麓书社，1997 年，第 83 页。
③ Plato, *Republic*, In *Collected Dialogues of Plato*, edited by Edith Hamilton and Hungtington Cairns. Princeton: Princeton University Press, 1980, pp. 436 - 440.
④ 〔宋〕朱熹：《朱子语类》卷七八，长沙：岳麓书社，1997 年，第 1804 页。
⑤ 〔宋〕朱熹：《朱子语类》卷一二，长沙：岳麓书社，1997 年，第 197 页。
⑥ 〔宋〕朱熹：《朱子语类》卷五，长沙：岳麓书社，1997 年，第 81 页。
⑦ 〔宋〕朱熹：《朱子语类》卷七八，长沙：岳麓书社，1997 年，第 1807 页。

所以如此，那是因为构成人心的气在一定程度上是混浊的。

因此在朱熹看来，重要的是要养心，让心一直顺从人性，也就是说，让心成为引导"人"心的道心。朱熹提出很多养心之术，择其要者有三，它们都可以追溯到《孟子》。首先，"养心莫善于寡欲"（《孟子·尽心下》）。朱熹认为，孟子这里讲的欲不是不好的欲，不然的话，孟子就不会说"寡"欲，而是要求我们去欲了。相反，它们是像饥而欲食、渴而欲饮这样一些对于人来说必不可少的欲望。但是，欲望过度便会丧失道心。与之相应，保存道心只需要减少而不是彻底消除这样一些欲望。[①] 第二，三种养心术相互关联：养气或净化气与持志。欲望有时难以抗拒，所以持志坚定很重要；道心被"人"心压倒，是因为气禀不纯，所以养气或净化气很重要。然而，两者密切相关。一方面，朱熹指出，志者气之帅："这志如大将军一般，指挥一出，三军皆随。只怕志不立，若能立志，气自由我使"；[②]"若能持其志，气自清明"；反之，"学者为习所夺，气所胜，只可责志"。[③] 另一方面，气不受控制的话也会削弱志。比如，"若喜得过分，一向喜；怒得过分，一向怒，则气便粗暴了，便是'暴动其气'，志却反为其所动"。[④] 因此，养气同样重要。

六、结论

本章试图论证，有两种形上学，即基础主义的形上学和解释性的形上学。两者之间的差异在于：前者认为，形上学包含的真理独立于我

① 〔宋〕朱熹：《朱子语类》卷六一，长沙：岳麓书社，1997年，第1317—1318页。
② 〔宋〕朱熹：《朱子语类》卷二五，长沙：岳麓书社，1997年，第587页。
③ 〔宋〕朱熹：《朱子语类》卷一七，长沙：岳麓书社，1997年，第333页。
④ 〔宋〕朱熹：《朱子语类》卷五二，长沙：岳麓书社，1997年，第1106页。

们的经验信念与实践信念，而独立的形上学真理可以推导出并决定我们的经验信念与实践信念或者确定这些经验信念或实践信念之真假；后者则从我们的经验真理出发并试图对其加以解释。我们已经论证，当代对形上学的批评大部分指向基础主义的形上学，而解释性的形上学可以避免这些批评。尽管解释性形上学在西方传统中极为罕见，但它却是中国哲学传统的主流。为了说明这一点，本章考察了朱熹关于人性的形上学，它从以下两方面的经验事实出发并试图对这样的经验事实作出解释：① 存在着恻隐之心、羞恶之心、辞让之心和是非之心等人类情感；② 人禽有别：前者可以在道德上臻于完善而后者不可能。因此，本文认为，朱熹关于人性的形上学是解释性的而非基础主义的形上学。事实上，朱熹本人对自己的做法也有自觉的认识。孟子曾说，由情之善知性之善，"乃若其情，则可以为善矣，乃所谓善也"（《孟子·告子上》）。朱熹在答陈器之的信中认为，孟子在这里"溯其情而逆知"人之性。[1] 朱熹把孟子讲的"实在""实情"意义上的"情"解为"情感"，这是一种创造性的误读。因此，我们最好认为朱熹在这里是描述自己关于人性的形上学所依循的方法论：一种解释性的而非基础主义的方法论。[2] 在后形上学家看来，此种解释性的形上学或许是无害的，但它也无甚用处。比如，罗蒂认为，此种形上学仅仅解释我们的道德直觉为什么是可欲的，但是，"通过讨论'适应外界'或'表达人性'"来解释我们道德直觉为什么是可欲的，"就像通过讨论麻醉剂的催眠功效来解释为什

---

① 〔宋〕朱熹：《朱熹集》卷五八，成都：四川教育出版社，1997 年，第 2976 页。

② 刘述先敏锐地指出，朱熹用了一种后天的方法论，即由流溯源（参见刘述先：《朱子哲学思想的发展与完成》，台北：学生书局，1995 年，第 217 页；亦可参见陈来：《朱子哲学研究》，上海：华东师范大学出版社，2000 年，第 211 页）。

么麻醉剂使我们昏睡"一样，是多此一举。[1] 不过，本章已经论证，朱熹关于人性的形上学对我们的道德修养起到一种重要的规范作用，它相当于医生关于健康的看法对保持身体健康的重要作用。

① Richard Rorty, *Contingency*, *Irony*, *and Solidarity*. Cambridge: Cambridge University Press, 1989. p.8.

第八章

为何“信欲”(Besire)不是怪胎(Bizarre)

一、导言

吉尔伯特·赖尔(Gilbert Ryle，1900—1979)在“命题性知识”(knowledge-that)和“能力之知”(knowledge-how)两者之间作出了著名的区别。在本章中,我将表明,这两种知识并没有穷尽所有的知识。在第二部分中,我们会从讨论儒家道德知识概念开始,说明它的含义远远超出“命题性知识”和“能力之知”。在宋明理学中,这种道德知识不是关于道德的知识,而是作为道德的知识,这与他们所谓的闻见之知形成了对照。拥有前者的人会作出相应的行动,拥有后者的人则不会。因此,道德知识之特殊之处在于它包括了它的拥有者作出相应行动的秉性或倾向,而赖尔的命题性知识和能力之知都没有这样的秉性或倾向。然而,儒家的这一种会伴随有相应行动的道德知识概念并没有被当代休谟主义者们所接受,对他们而言,秉性或倾向属于欲望(desire),它不属于任何知识或信念(belief),只有欲望与信念相结合才会导致一个人去行动。根据他们的观点,一种包括信念和欲望的心智状态,即信欲

(besire),根本就是一种怪胎(bizarre),因为按照安斯康姆的看法,信念与世界之间的符合方向同欲望与世界之间的符合方向(directions of fit)是完全相反的。因此,在第三部分,我会提出在哪种情况下,这种单一的心智状态是信欲,但不是怪胎。在第四部分中,我会试图表明,儒家的这个道德知识概念与印度教吠陀(Veda)传统中包括道德知识的灵性知识或解脱知识相似:对知识的拥有者而言,它们都不仅起到传递信息的作用,也起到转化的作用。它们既包括信念,也包括欲望,并构成了信欲这种单一的心智状态。它们两者也都只能通过个人的内在体验而非读书或听课才能得到。最后,我将以简要的总结来结束本章。

二、儒家的道德知识之一:包含而又超出命题性知识与能力之知

赖尔在命题性知识和能力之知之间做了著名的区分。命题性知识是关于某事的知识,而能力之知是关于如何去做某事的知识。这两种知识有着相似性,因为对于它们而言我们都可以学习、发现或遗忘。然而,赖尔强调它们之间的区别:虽然我们可以相信或者思考命题性知识,但“我们从来不说一个人相信或者思考能力之知;而且虽然可以恰当地问某个人在接受一种命题时有什么根据或理由,但却不能对一个人牌技的熟练或投资的谨慎提出这种问题”。[①] 我们可以说命题性知识是理智的知识,而能力之知是实践的知识。

带着这种区别,罗摩·普拉萨德·查克拉瓦尔提(Ram Prasad

① Gilbert Ryle, *The Concept of Mind*. New York: Barnes and Noble, 1968, p.28.

Chakravarthi)在他撰写的《东方哲学》(*Eastern Philosophy*)一书中宣称，儒家的知识主要是能力之知，而非命题性知识，因为"儒家专注于培养一种礼仪生活，适度地融入社会，以及追求国家有序管理"。① 这种实践知识的理念在宋明理学家中得到了极大的推崇，它是一种具有两个维度的实践学问：关注自我修养和待人接物的内在维度，以及关注国家的社会经济秩序的外在维度。② 必须要说的是，查克拉瓦尔提虽然不是儒学专家，但他的这一看法并非孤立。许多著名的儒学专家都持有同样的观点。③

儒家首要关注的是道德知识，毫无疑问他们非常强调修身养性，这一事实清楚地说明了，儒学中的知识不是命题性和理论性知识。确实，如果命题性知识和能力之知已经包含了一切可能的知识类型，我当然会同意儒学中的道德知识属于能力之知，而非命题性知识。然而，我在本章中要表明，这两类知识并没有穷尽所有类型的知识，之后我也会表明，儒家道德知识并非属于能力之知。相反，我会说明，儒家的道德知识具有命题性知识及能力之知所无法包含的内容，因此应该属于另一种知识。为了达到这个目标，我将仔细推敲儒学中的知识，特别是宋明理学的知识，看看查克拉瓦尔提关于能力之知在宋明理学中得到了

---

① Ram Prasad Chakravarthi, *Eastern Philosophy*. London: Weidenfeld and Nicolson, 2005, p.200.

② Ram Prasad Chakravarthi, *Eastern Philosophy*. London: Weidenfeld and Nicolson, 2005, p.210.

③ 参见 Lisa Raphals, *Knowing Words: Wisdom and Cunning in the Classical Traditions of China and Greece*. Ithaca, New York: Cornel University Press, 1992; David Wong, "Universalism versus Love with Distinctions: An Ancient Debate Revived." *Journal of Chinese Philosophy* 18(1989): 241 - 272; Joel L Kupperman, "Morality, Ethics, and Wisdom." In *A Handbook of Wisdom: Psychological Perspective*, edited by Robert J. Sternberg and Jennifer Jordon. Cambridge: Cambridge University Press, 2005。

推崇的看法是否有道理。我会用两位最重要的宋明理学家之一的王阳明(另一位是朱熹)作为实例。

根据王阳明的观点,这个道德知识就是孟子所说的良知,字面意思是“善良的知识”,或简单说是“道德知识”。然而,它并不是关于“善”或“道德”的知识,而是它本身就是善或道德的知识。当他拿良知与性善作比较时,这一点就再清楚不过了:“性无不善,故知无不良。”[①]和孟子的观点一样,在王阳明看来,这种知识是作为人的一个特殊标志,与生俱有。然而,除了(圣人的)特例外,良知通常被私欲所覆盖。因此,王阳明说道德的培养是“致良知”:通过去除这些私欲而恢复良知。[②] 为了理解王阳明“良知”的特征,就需要把它与宋明理学中著名的德性之知和闻见之知之间的区别联系起来。这个区别最先是由张载提出的,之后由程颐发展成形。根据程颐的看法,“闻见之知,非德性之知。物交物则知之,非内也,今之所谓博物多能者是也。德性之知,不假

① “知行录之二·传习录中·启问道通书”,载于《王阳明全集》,北京:红旗出版社,1996 年。

② 我在此把“致良知”理解为去除私欲恢复良知,这与一般的理解有所不同。比如,根据牟宗三的观点,“致”的意思是延伸或发展,等同于孟子四端中的“推”。(牟宗三:《从陆象山到刘蕺山》,上海:上海古籍出版社,2001 年,第 161 页)我认为,这种理解忽视了孟子与王阳明之间的一个重要区别。对孟子而言,虽然四端是与生俱有的,但我们需要发展它们。而对王阳明而言,我们出生时就已经具足良知了。问题是它被私欲遮蔽了,因此修身养性在于去除这种私欲,以恢复而不是发展这种良知。在这方面,我认为秦家懿(Julia Ching, 1934—2001)是正确的,她指出王阳明的良知是不可被增减的,参见 Julia Ching, *Wang Yangming*, New York: Columbia University Press, 1976, p.73。另一个常见的解释是,致良知是将良知赋予行动。然而,如陈来指出的,对王阳明而言,良知是一种知识,但已经包含行动了。(陈来:《有无之境:阳明哲学的精神》,北京:人民出版社,1991 年,第 111—112 页。)根据我的观点,即使良知被私欲遮蔽了,它仍然继续存在。然而,因为它被私欲所遮蔽,所以无法正常发挥作用,因此无法让人相应地有所行动。这样就需要致良知,也即通过去除私欲而恢复良知,使一个人能够相应地去行动了。

见闻。”①

显而易见，这里的闻见之知可看作是赖尔的命题性知识，但德性之知是否就等同于赖尔的能力之知？与通常的解释不同，我对这一问题的答案是否定的。就发端而言，闻见之知属于外在知识：或者是直接来自我们的感官对外界的感知，或者是非直接地来自聆听或阅读。而相反，德性之知是内在的知识，因此它只能来自一个人的内在体验。② 基于此，程颐宣称，“大凡学问，闻之知之，皆不为得。得者，须默识心通。学者欲有所得，须是笃，诚意烛理。上知，则颖悟自别。”③因为它是内在的，所以它是不可言传的。（“默而成之，不言而信”④）也不能通过师传或通过读书而学到。它只能通过内心亲证才能获得。程颐正是以这个角度强调“自得”的重要性：“学莫贵于自得，得非外也，故曰自得。”⑤

与闻见之知相比，德性之知的独特处在于它促使人们按照它去行动：“知之深，则行之必至，无有知之而不能行者。知而不能行，只是知得浅。饥而不食乌喙，人不蹈水火，只是知。人为不善，只为不知。”⑥程颐在此处宣称，一方面，人们因为缺少德性之知，所以不按道德做事或者做不道德的事。而另一方面，人们具备了德性之知后就必

---

① 参见〔宋〕程颢、程颐：《二程集》卷第二十五，北京：中华书局，1989 年。

② 虽然德性之知不需要任何闻见之知就可以单独获得，但宋明理学家也认可，如果属于智性知识的闻见之知不仅能够被头脑所理解，也能被内心所体验，那么它或许能被转化为德性之知。关于这两种知识之间的关系的详细讨论，参见 Yong Huang, “Neo-Confucian Hermeneutics at Work: Cheng Yi's Philosophical Interpretation of *Analects* 8.9 and 17.3.” *Harvard Theological Review* 101.1 (2008), pp.169－201。

③ 参见〔宋〕程颢、程颐：《二程集》卷第十七，北京：中华书局，1989 年。

④ 参见〔宋〕程颢、程颐：《二程集》卷二上，北京：中华书局，1989 年。

⑤ 参见〔宋〕程颢、程颐：《二程集》卷第二十五，北京：中华书局，1989 年。

⑥ 参见〔宋〕程颢、程颐：《二程集》卷第十五，北京：中华书局，1989 年。

然会依其行事,克制自己不要行恶。

王阳明在良知理念中所要强调的也正是道德知识的这一方面:“未有知而不行者。知而不行,只是未知。”①王阳明称这种促使人们行动的知识为良知,或更准确地讲是没有被私欲所遮蔽的良知。这与无法促使人们行动的闻见之知形成了对照。于是他表示:“然知得善,却不依这个良知便做去,知得不善,却不依这个良知便不去做,则这个良知便遮蔽了,是不能致知也。”②这是王阳明著名的知行合一理论的重要之处:良知必然会促使人们行动。③

为了阐述这类能够促使人们相应地行动的知识,王阳明借用了儒家经典之一的《大学》中的著名类比:“故《大学》指个真知行与人看,说:‘如好好色,如恶恶臭。’见好色属知,好好色属行。只见那好色时是好了,非见后而始立心去好也。闻恶臭属知,恶恶臭属行;只闻臭时,已是恶矣,非闻后而始立心去恶也。”④王阳明强调,当我们知道花漂亮时,我们一定有喜欢它的自然倾向。当我们知道一种味道臭时,我们一定有讨厌它的自然倾向。根据他的观点,我们的道德知识即良知也是一样的:我们关于某事为善的良知一定伴随着我们去行这件事的自然倾向,我们关于某事为恶的良知一定伴随着我们不愿意做该事的自然倾向。从这个角度而言,他宣称:“人但得好善如好好色,恶恶如恶恶臭,便是圣人。”⑤

---

① “知行录之一・传习录上”,载于《王阳明全集》,北京:红旗出版社,1996年。

② “知行录之三・传习录下・已下门人黄雀曾录”,载于《王阳明全集》,北京:红旗出版社,1996年。

③ 有时王阳明也宣称,知本身就是行,即心智行动(mental action)。在这个例子中,这个心智行动本身和身体的行动一样,可以用信念及愿望或简单讲信欲来解释。我们会在下一部分中讨论。

④ “顺生录之八・年谱一”,载于《王阳明全集》,北京:红旗出版社,1996年。

⑤ “知行录之三”,载于《王阳明全集》,北京:红旗出版社,1996年。

值得注意的是，在这种情形中，由于一个人根据自己的自然倾向活动，无论是行善还是止恶，他并不需要抗拒相反的自然倾向，因此会乐于从善。基于这一原因，王阳明也强调在道德活动中得到乐趣的重要性。他在“为善最乐文”中说：“君子乐得其道，小人乐得其欲。然小人之得其欲也，吾亦但见其苦而已耳。……营营戚戚，忧患终身，……乌在其为乐也乎？若夫君子之为善，则仰不愧，俯不怍；明无人非，幽无鬼责；……亦何乐如之！”[①]在王阳明运用好好色和恶恶臭的类比来解释我们对善恶的态度时，至少有两点是值得注意的。第一点，既然看见漂亮颜色（好色）和喜欢它（或闻恶臭而讨厌它）并不是两种分离的心智状态，那么知道何为善及想行善（或知道何为恶及讨厌它）也就不是两种分离的心智状态。换言之，良知会自然而然地促使一个人相应地活动。这一点就是我们一直在强调的；第二点，当看到漂亮颜色时，人们会自然而然地喜欢上它。当闻到臭味时，人们会自然而然地讨厌它。这里不需要强迫，无论是直接的还是虚拟的，自主的还是被迫的。事实上，如果我们被命令去喜欢恶臭以及讨厌美色，我们就会觉得难受。同样，当我们带着没有被私欲遮蔽或从私欲恢复正常的良知去行善和止恶时，我们也会感到自然和喜悦，没有任何犹豫的感觉，也不需要任何强迫。如果我们被迫去作恶或不去行善，那我们也会感觉到难受。

在了解了儒学中的道德知识后，我们再去看看赖尔的命题性知识和能力之知之间的区别。假设我们知道应该爱我们的父母。作为赖尔区别中的命题性知识，这样一种命题式的知识与我们实际上并不爱我们的父母是完全相容的。这是宋明理学所称的闻见之知。现在再假设，我们知道如何爱我们的父母（比如，冬天为他们送暖，夏天为他们扇

---

① “悟真录之五”，载于《王阳明全集》，北京：红旗出版社，1996 年。

凉)。如赖尔的区别中的能力之知,它一样与我们实际上并不爱我们的父母完全相容。换言之,赖尔所界定的两种知识——命题性知识和能力之知都不能促使我们根据自己的知识去行动。即使我们知道应该去爱我们的父母(具有命题性知识),并且知道如何爱我们的父母(具有能力之知),我们仍然可能没有去爱我们的父母。

这很容易理解。比如,我们都知道骑自行车对环境更有好处,对我们来说保护环境比为了省时间而开车更重要。我们当然也会骑车,但我们还是会放弃骑车而选择开车。然而,如我们所看到的,儒学中的道德知识或德性之知或良知正是促使我们按照这样的知识去行动的知识。如果我们应该爱我们父母的知识是德性之知而不是闻见之知,那么我们就不仅自然而然地学会如何爱我们的父母(即追求能力之知),也会乐于爱他们,并会因为没能这么做而感到难受。正是在这个意义上,我认为儒学中的道德知识既不能简单地归于能力之知,也不能归于命题性知识:它包括两者,但不止于此。它超出命题性知识和能力之知。那么不止的又是什么呢?如我们所见,它就是一个具有良知的人能够按照这一知识去行动的倾向或秉性。

然而,应该指出的是,这个倾向或秉性不同于赖尔所赋予能力之知的那种秉性。比如,他也说,一个具有能力之知的人的能力和技能是"第二本性或后天秉性",[①]不仅仅是因为"当他们(具有能力之知的人)进行这些活动时(开玩笑、欣赏玩笑、按语法讲话、下棋、钓鱼、争论),他们总是想把它们做好,即正确或有效或成功地做好",[②]也是因为"如果

① Gilbert Ryle, *The Concept of Mind*. New York: Barnes and Noble, 1968, p.42.

② Gilbert Ryle, *The Concept of Mind*. New York: Barnes and Noble, 1968, p.28.

他犯了错误，他不愿意再重复它，如果他发现一个新的有效的窍门，他会愿意继续使用它，并改善它”。[①] 在儒家的道德知识（特别是王阳明的良知）中的秉性与赖尔的能力之知中的秉性之间的区别是，一个具有能力之知的人在做事的时候想要、倾向于、有意把事情做好。一个具有良知的人在做事的时候则不仅仅想要、倾向或有意把善事做好，而且也想要、倾向于或有意去行善。换言之，具有赖尔的能力之知的人和具有儒家道德知识的人在做事的时候都想把事情做好。但前者不必非要有去做他（她）能做好的事的意愿，而后者则有意去做它们。

三、儒家道德知识之二：是信欲但非怪胎

在当代行动哲学、心智哲学和道德心理学中仍然占主导地位的休谟主义认为，儒家关于良知包含而又超越命题性知识和能力之知的看法是令人费解的。如我们刚刚看到的，他们所认为的良知之“超出”或“不止”命题性知识和能力之知的是其使人从事相应行动的倾向或动机。然而，动机并不是知识，也不属于知识范畴，无论是命题性知识还是能力之知，而是知识以外的东西：欲望（desire）。根据休谟主义的看法，为了让一个行动发生，既需要信念，也需要欲望：信念告诉一个人做什么，欲望则驱使一个人去行动。没有欲望，信念不会促使人们去行动；没有信念，欲望不会告诉人们采取什么行动及怎样采取行动。虽然有些当代行动哲学家并不是休谟主义者，甚至宣称是（或者被别人称为）反休谟主义者，但他们大多数人仍然同意，信念和欲望是两种分离的心智状态。只有当他们试图对行动提供一种不同于休谟主义的解释时，他们才是反休谟主义

① Gilbert Ryle, *The Concept of Mind*. New York: Barnes and Noble, 1968, p.42.

的。一方面，那些作为认知主义者或理性主义者的反休谟主义者声称，只靠知识就可以激发一个人去行动，这一解释认为无须欲望。比如，托马斯·斯坎隆(T.M. Scanlon, 1940—　)坚持认为，“一个有理性的人根据令人信服的理由而判断去做A的时候，通常会形成去做A的意愿，这一判断足以对那个意愿及依其发生的行动作出解释(因为这一行动是该意愿所参与的一部分)。不需要再去引用额外的动机形式”[①]。另一方面，也有一些作为非认知主义者或情绪主义者的反休谟主义者宣称，所有介入我们行动的只有欲望或情绪。比如，艾耶尔(A.J. Ayer, 1910—1989)认为，如果“道德判断”确实是一种判断(信念)，它就不会是关于道德的，因此就不会引起行动(换言之，信念与行动毫不相关)。如果它确实是关于道德的因而能够引起行动，那么它就不会是一种判断。在后一种情况下，道德陈述实际上并不是陈述，而只是“情绪的表达，它既非真也非假”；[②]而且，艾耶尔补充说，“值得一提的是，伦理术语并不仅仅用于表达情感。它们也可用于唤起情感，并激发行动”。[③]

也有少数反休谟主义者宣称，一个人的行动既不能仅被信念所解释(如反休谟主义的认知主义者所宣称的)，也不能仅被欲望所解释(如反休谟主义的情绪主义者所宣称的)，而必须结合信念和欲望两者来解释，但信念和欲望在这里不是两种分离的心智状态(如休谟主义者所宣称的)，而是一种单一的心智状态，一种包含了信念与欲望的状态。奥尔瑟姆甚至杜撰了一个词“信欲”(besire，代表 belief + desire)以表达

---

① 为了表明欲望对行动而言不是必需的或足够的，斯坎隆也提到几种情形：我们没有欲望却去做一些事情，或我们有欲望但却不去做事。参见 T.M.Scanlon, *What We Owe to Each Other*. Harvard University Press, 1998, pp.33 - 34。

② A.J. Ayer, *Language, Truth, and Logic*. London: Gollancz, 2nd Edition, 1946, p.103.

③ A.J. Ayer, *Language, Truth, and Logic*. London: Gollancz, 2nd Edition, 1946, p.108.

这种心智状态。[①] 比如，麦克道威尔说，行动不能用一个理由和一个独立的欲望来解释，而是应该由既是欲望（愿望）又是认知（信念）的单一心智状态来解释。他在与伯纳德·威廉斯辩论行动的理由是内在的还是外在的时，最清晰地发展了这一观点。作为休谟主义者，威廉斯是一位内在主义者，他宣称一个人采取行动的任何理由或信念一定会先与一个人的"主观动机定式"中的因素相联系，它包括欲望和其他激发因素，之后，这一理由或信念才会引起行动。[②] 威廉斯在这里主要是反驳提倡道德理由的外在主义者，如斯坎隆等人。外在论者宣称道德理由是自足的，不需要任何额外的欲望这种心智状态就可以导致一个人的行动。麦克道威尔试图在这两个立场中间找出一个解决方法：他同意威廉斯的看法，对导致一个人的行动而言，信念和欲望两者都需要；然而他不同意威廉斯的信念与欲望是两种分离的心智状态的观点，而是认为，它们应该是同时发生的单一心智状态。因此，他宣称：

> 如果我们以一种大致的亚里士多德的方式来看待伦理修养，把它作为一个使人习惯于某种恰当的行为模式中的过程，而这个过程又与使人具有某种特定的思维模式的过程密切相关，那么，我们就无须神秘的说法就可以解释，我们如何可以同时获得看待事物的方式（信念）和汇集各种动机方向或各种实际关注（欲望），这是一个通过使用看待事物的某种方式而以某些特定情形为核心并

---

① J. E. L. Altham, "The Legacy of Emotivism." In *Fact, Science, and Morality: Essays on A. J. Ayer's Language, Truth, and Logic*, edited by Graham Macdonald and Crispin Wright. Oxford: Blackwell, 1986.

② Bernard Williams, "Internal and External Reasons." In *Moral Luck: Philosophical Papers, 1973－1980*. Cambridge: Cambridge University Press, 1981.

在这些情形中实现的过程。[①]

然而，这样一种既包括信念又包括欲望的单一心智状态的概念，即“信欲”(besire)，却受到了严重的挑战，被一些休谟主义者视为某种怪胎(bizarre)。他们提出的问题是，信念和欲望是两种截然不同的心智状态。信念告诉我们应该做什么，欲望驱使我们去做某件事。信念表象着世界，因此它是真还是假要根据它是否恰当地表象世界；如果它与世界不符，那就要被改变以便符合世界。相反，欲望并不表象世界，因此无论是否得到满足，它既非真亦非假。当与世界不符并因此不能得到满足时，它(欲望)不必要被改变。相反，我们经常想要改变世界以符合我们的欲望。因此，安斯康姆使用“符合方向”解释信念和欲望之间的不同。在世界和信念之间，以及在世界和欲望之间，都需要某种符合。然而，这两种符合的方向是不同的。外在世界与信念之间的符合是通过改变信念以符合世界而得到的：这里的方向是从心智到世界。相反，世界与欲望之间的符合是通过改变世界以符合欲望而得到的：这里的符合方向是从世界到心智。[②]

现在这些休谟主义者们会问：如果存在这么一种包括信念和欲望两者的信欲这种单一的心智状态，那么在这种心智状态与世界之间存在着一种什么样的符合方向？作为一种信念，我们需要改变心智状态，

---

① 参见 John McDowell, *Mind*, *Value*, *and Reality*. Cambridge, MA: Harvard University Press, 1998, p.101; Mark de Bretton Platts, *Ways of Meaning: An Introduction to a Philosophy of Language*. Long, Henley, and Boston: Routledge and Kegan Paul, 1979; David McNaughton, *Moral Vision: An Introduction to Ethics*. Oxford and New York: Blackwell, 1988, chapter 7; Jonathan Dancy, *Moral Reasons*. Oxford: Blackwell, 1993, p.20。

② G. E. M. Anscombe, *Intention*. Oxford: Blackwell, 1957, section 2.

以使信念符合世界。然而，作为一种欲望，我们必须改变世界，以符合心智状态。但是，既然信欲是一种包括信念与欲望两者在内的单一心智状态，那么对于如何在这种心智状态与世界之间符合会使我们感到困惑不解，因为这里同时运作的是两种相反方向的符合：是改变心智状态以符合世界，还是改变世界以符合心智状态？[①] 正是在这个意义上，一些休谟主义者宣称，信欲是一种自相矛盾的概念，[②]只不过是某种类似怪胎一样的东西。[③]

虽然宋明理学家们，特别是王阳明，在讨论道德知识时没有采用休谟主义者与反休谟主义者在当代辩论中的词汇，特别是诸如信念、欲望和信欲这样的词汇，但他们关于道德知识的概念即德性之知或良知明显地既不仅仅是信念也不是纯粹的欲望，而是一种信念和欲望两者都包含在内的单一心智状态；它就是信欲。然而，难道它真是怪胎吗？宋明理学家们当然不这么认为。他们的回应可以分两步。

第一步只是表明，无论是否是怪胎，信欲这种心智状态事实上确实存在。在这方面，我认为王阳明运用的《大学》中良知与好好色（或恶恶臭）的比喻时非常令人信服。我们对漂亮颜色的认知和我们对它的喜爱是一种单一的心智状态：既不是我们先相信它是漂亮的，然后才产生一种喜爱它的欲望，也不是我们先有一种喜爱它的欲望，然后才相信它是漂亮的。如果我们不能同时相信它是漂亮的，就不可能喜

① David McNaughton, *Moral Vision: An Introduction to Ethics*. Oxford and New York: Blackwell, 1988, p.109.

② Michael Smith, *The Moral Problem*. Oxford and Cambridge, MA: Blackwell, 1994, p.118.

③ Margaret Olivia Little, "Virtue as Knowledge: Objections from the Philosophy of Mind." *Noûs* 31(1997), p.66.

爱上它，而如果我们不能在同时喜爱上它，也不可能相信它是漂亮的。根据宋明理学家的观点，良知或德性之知是一种相似的包含信念与欲望的单一心智状态，即信欲这种状态。比如，假设我们不能同时具有爱我们父母的欲望，我们就不会相信我们应该去爱他们。我们既不是首先相信我们应该去爱我们的父母，然后才产生爱他们的欲望，也不是我们先有个欲望去爱我们的父母，然后我们才相信我们应该去爱我们的父母。它们发生在同一时刻，在这一时刻我们的良知得到了恢复，我们相信我们应该爱我们的父母，并且我们有爱我们的父母的欲望。把信念拿走，欲望也就不复存在了。把欲望拿走，信念也一样不复存在。因此信念和欲望是合一的，是同样的单一心智状态：信愿。

关于第一步，我们需要记住两件事。一方面，道德知识是一种单一心智状态，它包含信念和欲望两者，宋明理学家们不必宣称这是唯一的心智状态，因而否定信念的心智状态的单独存在，或者欲望的心智状态的单独存在。实际上，他们所说的闻见之知是一种尚没有伴随着按照这种信念去行动的欲望的信念这种心智状态。他们所要辩论的只是，除了信念与欲望外，信欲是一种同样合法的而且是更好的心智状态。另一方面，说道德知识是信欲这种单一的心智状态并不是说它是仅有的一种信欲。显而易见，一个人知道臭味是恶的并有讨厌它的倾向，一个人知道花是漂亮的并有喜爱它的欲望，也属于信欲这种心智状态。更有意思的是，可能还有一种与道德知识截然相反的心智状态，可称其为“邪恶的”知识，它也可以是作为单一的心智状态的信欲。如我们所见，道德知识与君子(有德性的人)关系密切，因为君子是具有道德知识的人，这种知识促使他(她)相应地行动。一位君子与康德所说的那种采取最典型的道德行动的人不同：那种人并不是因为有欲望才去做道德的事，而只是因为道德律法要求他（她）必须那么做。从这个角度讲，如康德所承认的，这样的人并不是经常快乐的人。相反，一位君子行道德之事是出于自愿和快乐，因此做起来轻而易举。那么与这种君子相反的人物既不是像康德说的那种行道德之事的人，也不是只是简单地去行恶的人，而是出于自愿和快乐，并且轻而易举地去行恶。比如，一个认为女性不如男性的人会自然而然地有一种歧视女性的欲望，那么他的信念和欲望就有可能构成一种单一的信欲这种心智状态。这个人就会自发地、快乐地、轻而易举地采取歧视女性的行动。

宋明理学家回应对信欲是怪胎的批评所采取的第二步是表明，信欲确实不是怪胎，换言之，是表明在信欲与世界之间并不存在两个相反的或矛盾的符合方向。要做到这点，就需要区分两种不同的信念，一个是事实的，另一个是规范的。假设我相信，太阳绕着地球转，但实际上太阳并没有绕着地球转，那么我就要改变自己的信念以符合这个世界，从而获得真实的信念。然而，如果我相信人们应该爱他们的父母，那么即使世界上没有一个人爱他（她）的父母，我所认为的人们应该爱他们的父母的信念也并不因此就必定是假的。换言之，这并不意味着我必须把我的信念改变成人们不应该去爱他们的父母。相反，我应该力所能及地让人们去爱他们的父母，只要他们有能力去爱他们的父母，这样世界就会变得符合我的信念。我们在事实的信念与规范的信念之间的这种区分实际上是康德作出的，他在思辨理性的对象与实践理性的对象之间做了区分。在前者，对象是我们与关于它的知识的原因，我们的知识必须要符合真相；然而在后者，对象无法与我们的信念、我们的意欲以及作出相应行动的能力分割开来的。根据康德的看法，辨别后者中的对象“只是去辨别愿意行动的可能性或不可能性，假设我们有相应的能力，通过这个行动能使某个目标成为现实”。[1]

关于这个第二步，我们也需要记住一件事。在上面引用的段落中，康德有一个附带条件：“假设我们有让它成为现实的能力”。这个附带条件是必需的。当我们说我们应该改变世界以符合我们的规范性信念时，与改变我们的描述性信念以符合世界相反，我们不会说，不管是什么样的规范性信念，无论它如何荒谬，我们都会坚持，并要求世界符合它。比如，我们不会坚持“人应该不朽”这样一个规范性信念，并试图改变世界以符合我们的信念，即人人不朽。原因是，让人不朽是不可能的，或者改变世界以符合我们的信念非我们能力所及。这确实就是“应该隐含能够”(ought implies can)这条口号的意思：我们认为人们应该做的事一定是他们能够做的事(虽然它不必是人们实际上做的事，因为人们也许并不做他们能够做的事)，这样，当人们不去做我们相信他们应该做的事时，我们就可以责备他们，以便让他们去做那件事(如改变世界以符合我们的信念)。比如，根据弗拉纳甘的最低心理现实主义原则，我们需要“确定，当构建一种道德理论或表达一种道德理想时，其特点、判定过程及行为规定对我们这样的存在物而言是可能的，或者大家认为是可能”。[2] 然而，这并不只是适用于规范性的，要求世界与之符合的道德信念，欲望也一样。当我们说我们有改变世界以符合我们的欲望时，它也表明我们的欲望必须是现实的。如果我们的欲望是我们

---

① 参见 Immanuel Kant, *Critique of Practical Reason*. New York: Macmillan Publishing Company, 1956, p.59。约翰·罗尔斯(也是一位康德主义者)以一种更加容易理解的方式对康德的这一区别进行了诠释：“实践理性关注的是根据某些东西的概念来生产这样的东西……，而思辨理性则关注的是关于特定对象的知识”，参见 John Rawls, *Political Liberalism*. New York: Columbia University Press, 1993, p.93。

② Owen Flanagan, *Varieties of Moral Personality: Ethics and Psychological Realism*. Cambridge, MA: Harvard University Press, 1991, p.34.

永远不会死亡，那么也许我们永远无法改变世界，使它符合我们的欲望。

当休谟主义者宣称，因为在信欲和世界之间存在着冲突的符合方向，所以信欲是怪胎时，他们显然心中只想着事实的信念。事实的信念与世界之间的符合方向和欲望与世界之间的符合方向确实是对立的，因此如果它们存在于一种单一的心智状态中，它就确实会是怪胎。然而，道德信念与世界之间的符合方向和道德欲望与世界之间的符合方向完全可以是连贯的。当这个世界中没有人爱他(她)的父母时，我关于人们应该爱他们父母的欲望当然要求改变世界以符合我的欲望，这样人们能够开始去爱他们的父母。同样，当世界上没有人爱他(她)的父母时，我关于人们应该爱他们的父母的信念并不会自动地成为假的。相反，在这个特例中，我的信念和世界之间缺乏符合表明，世界并不是像它应该是的那个样子，因此必须加以改变使之符合我的信念。这里，世界必须同时符合我们的欲望和我们的信念：而这两种符合的方向是一致的，因为两者都是从世界到理智。

四、印度教中的道德知识

我有一种预感，一种与儒家道德知识相似的东西，包含而又超出命题性知识和能力之知的信愿也存在于印度教中。由于笔者对印度教了解有限，我在这一部分中的讨论只能是试探性的，无法过于超越这种预感。

印度教吠陀传统的终极目标是解脱(mokṣa)，最终从生死轮回中解脱出来，达到梵我同一。与本章特别相关的主题是吠檀多学派所强调的那种解脱方法，即认知方法或知识。比如，商羯罗宣称，解脱是知识的结果,因为"解脱不是被带来的,其本性是永恒确立的,是通过知识才能达到的,"[①]"不朽可以被视为对自我的知识的结果",[②]完美的知识"是通往圆满福祉之门",[③]"对梵我合一的认识是终极解脱的手段"。[④] 此处讨论的知识是"汝为梵"或"梵为汝"的知识,[⑤]即我是大梵,我的自我与梵合一。

尽管吠檀多知识主要是灵性知识,其目标是终极解脱,但至少有两点是确定的: ① 它也包括道德知识,及② 无论是作为灵性知识还是道德知识,它都不仅仅是一种命题性知识,也不仅仅是技术性的能力之知。关于①,由于追求的知识是我的自我,如同其他所有人的自我,与大梵合一,因此在我的自我和他人的自我之间没有区别。这样,我所做的任何恶行都会表明,我缺乏为终极解脱所必需的知识,因为所有恶行的前提就是我的自我与他人的自我相互分离。由于这一原因,拉达克利须南(S. Radhakrishnan)拒绝将印度教传统中的灵性人物与希腊传统中的道德人物进行对比。按这种对比,希腊传统中的道德人物是一个他/她所拥有的知识让他/她行善的人,而印度教传统中的灵性人物

① Śaṅkara, *The Vedānta Sūtras with the Commentary by Śaṅkarācārya*. In *A Sourcebook in Indian Philosophy*, edited by Sarvepalli Radharkrishnan and Charles A. Moore. Princeton: Princeton University Press, 1989, III.iv.51.

② Śaṅkara, *The Vedānta Sūtras with the Commentary by Śaṅkarācārya*. In *A Sourcebook in Indian Philosophy*, edited by Sarvepalli Radharkrishnan and Charles A. Moore. Princeton: Princeton University Press, 1989, I.iv.22.

③ Śaṅkara, *The Vedānta Sūtras with the Commentary by Śaṅkarācārya*. In *A Sourcebook in Indian Philosophy*, edited by Sarvepalli Radharkrishnan and Charles A. Moore. Princeton: Princeton University Press, 1989, I.iv.22.

④ Śaṅkara, *The Vedānta Sūtras with the Commentary by Śaṅkarācārya*. In *A Sourcebook in Indian Philosophy*, edited by Sarvepalli Radharkrishnan and Charles A. Moore. Princeton: Princeton University Press, 1989, II.i.14.

⑤ Śaṅkara, *The Vedānta Sūtras with the Commentary by Śaṅkarācārya*. In *A Sourcebook in Indian Philosophy*, edited by Sarvepalli Radharkrishnan and Charles A. Moore. Princeton: Princeton University Press, 1989, I.iv.22.

则是一个他/她所拥有的知识使他/她的行善变得毫无意义，因为他/她是在一个摩耶世界中行善，而他/她的灵性知识教导说这个摩耶世界不是真实的。与此相反，拉达克利须南宣称，具有灵性知识的人是那些“克服了自私假我的人”，对他们而言“道德是他们存在的必要条件，是在爱中履行的律法。对他们而言行恶是不可能的”。①

关于②，拉达克利须南说：

> 这门知识并不仅仅是智性的，就像无明不仅仅是一种错误一样。无明……和私欲……是一种现象的两个阶段。……只有当一个人变得平和，毫不执着私欲地活动时，他才真正获得自由。我执是我们无明状态持续的结，只要我们还活在我执中，我们就无法分享宇宙精神的快乐。为了了解真相，我们必须停止将我们自己认同于那个封闭在由肉体、生活和头脑构筑成的高墙内的自我……再重申一次，从虚幻中解脱是不可能靠抽象知识达到的。②

查克拉瓦尔提对此表示同意。对他而言，虽然这种知识是关于“阿特曼”“是”“梵”的基本知识，但它不只是一门哲学，也不是简单地在哲学上领会“阿特曼”“是”和“梵”的意思。相反，

> 一个人对某种知识的深入理解具有一些特性，它们一定会转化其与这种知识的关系。这些特性不仅必须传递对这种知识的某

① S. Radhakrishnan, *Indian Philosophy*. Vol. 1. New York: Macmillan, 1962, p.228.

② S. Radhakrishnan, *Eastern Religions and Western Thought*. New York: Oxford University Press, 1959, p.95.

> 种态度,也要在更一般的意义上传递知识主体的倾向、优先选择、价值和关注点。与主体相关的生活工作使这种知识的意义——从它对主体产生的影响而言——具有彻底的转化功能,而纯哲学知识不会有这样的效果。①

拉达克利须南和查克拉瓦尔提的这个观点完全以奥义书和商羯罗的著作为基础。比如,奥义书中有两类不同的知识:“下等知识由《黎俱吠陀》《耶柔吠陀》《萨摩吠陀》《阿塔婆吠陀》及语音学组成……而高等知识则由觉悟不灭者的知识组成”。② 换言之,这里所说的关于梵的知识不是你通过研习吠陀经典就可以得到的,因为它并不是书本知识。③ 下等知识与上等知识的区别在于它能否转化拥有知识的人。比如,我们从奥义书中了解到,“圣哲们满足于知识,觉悟大我,摆脱激情而平和,自我圆满”。④ 知识的转化力量如同在儒学中一样得到了明确的肯定。商羯罗作出了一个更像儒家的声明:“人一旦领悟了梵就是自

---

① Ram Prasad Chakravarthi, *Indian Philosophy and the Consequences of Knowledge*. Hampshire, England: Ashgate, 2007, p.103.

② *Muṇḍaka Upaniṣad*. 1. 14 - 5. Patrick Olivelle Trans. *Upaniṣads: A New Translation*. Oxford and New York: Oxford University Press, 1996.

③ 从这个意义上讲,拉达克利须南宣称“奥义书的态度并不倾向于吠陀经典的神圣性”,因为“人们公认,吠陀知识相对真正的神性觉悟而言属于低等知识,它不会使我们解脱”。参见 S.Radhakrishnan, *Indian Philosophy*. Vol. 1. New York: Macmillan, 1962, p.149。当然这并不意味着吠陀知识与关于大我或梵的知识毫无关系。参见 Thomas A. Forsthoefel, *Knowing beyond knowledge: epistemologies of religious experience in classical and modern Advaita*, Hampshire, England: Ashgate, 2002, pp.58 - 62。它的意思是说,仅仅研习吠陀经典的文字,而不是按照这些文字内容来结合内在实证,就不会产生关于自我的具有转化性的知识,这与宋明理学家有关儒家修身养性作用的观点极为吻合。

④ *Muṇḍaka Upaniṣad*. 3.2.5.Patrick Olivelle Trans. *Upaniṣads: A New Translation*. Oxford and New York: Oxford University Press, 1996.所有奥义书的引文来自 Olivelle 1996。

我时，就不属于这个他曾经属于的轮回世界了。而仍像过去一样属于这个轮回世界的人并没有领悟梵就是自我”。[①] 这种儒家式的声明让我们想起了王阳明的话：有良知者不行恶，行恶者无良知。换言之，如同对王阳明而言，一个人是否真的具有道德知识并不是靠该人背诵知识甚至解释知识的能力来衡量的，而是靠该人行善的真正秉性来衡量的。因此对商羯罗而言，一个人是否真的了解梵并不是靠他对“汝为梵”的分析理解来衡量的，而是靠该人真正超脱这个世界来衡量的。毫无疑问，这种知识并不是无涉利害的纯理智知识，无论它是命题性知识还是能力之知，其都是一门存在主义的转化性知识，即能够转化它的拥有者的知识。

那么对于一个知道他的自我就是梵的人来说，他所经历的是什么样的转化呢？根据奥义书，这种人会展示一些非凡的特征，它们包括① 不迷惑，不悲哀：“当一个有辨别能力的人的自我成为万物时，对于这个已经成为万物的自我，还有什么迷惑和悲哀呢？”；[②] ② 无欲：“当认识到这个自我是梵，婆罗门就会弃绝对子女的欲望，对财富的欲望和对世俗的欲望”；[③] ③ 无惧：“知悉梵乐者永不恐惧”；[④] ④ 无恶：“故知

① Śaṅkara, *The Vedānta Sūtras with the Commentary by Śaṅkarācārya*. In *A Sourcebook in Indian Philosophy*, edited by Sarvepalli Radharkrishnan and Charles A. Moore. Princeton: Princeton University Press, 1989, I.i.4. 斯库格(Kim Skoog)也宣称，这种知识可能“带来一种全新的方法，它是一种心理上的完全转化，在这种转化中，个人的身份感和对世界的感知会经历一种戏剧性的、完全的交替”。参见 Kim Skoog, *The Epistemological Status of Liberative Knowledge* (with Special Reference to Advaita Vedanta). Ph.D. Dissertation, University of Hawaii at Manoa, 1986, p.30。

② *Īśā Upaniṣad* 7. Patrick Olivelle Trans. *Upaniṣads: A New Translation*. Oxford and New York: Oxford University Press, 1996.

③ *Bṛhadāraṇyaka Upaniṣad* 3. 5. Patrick Olivelle trans. *Upaniṣads: A New Translation*. Oxford and New York: Oxford University Press, 1996.

④ *Taittirīya Upaniṣad* 2. 4. Patrick Olivelle trans. *Upaniṣads: A New Translation*. Oxford and New York: Oxford University Press, 1996.

此者平和、沉着、冷静、容忍和镇定。他只在他的自我(ātman)中看到自我(ātman),把一切都看作是自我。罪恶不能跨越他,而他却能跨越一切罪恶。他不会被罪恶所燃烧,却能烧毁一切罪恶。他成为婆罗门——无恶、无染、无惑”;[①] ⑤ 净化:“苦行者通过完美的吠陀知识目标坚定,以舍戒而净化他们的存在”。[②]

如果我们把这样一种转化和经历这种转化的人的行为作为活动,或至少是(如拉达克利须南所说的)一种内在的活动,[③]那么下面这个意在批评吠檀多学派强调知识、由库玛利拉(Kumārila)所表达的看法就离题了:“正确的认知并不会与潜在的活动形成对立。虽然人们接受,缺乏正确的认知会带来(错误的)活动,如产生执着及相似的行为(比如成为正常生活的障碍)但它们不会被(正确的)认知所消除”。[④] 显然,在这个批评中,库玛利拉所考虑的知识类型,无论是道德知识还是灵性知识,是宋明理学家称为闻见之知的那类知识,而不是吠檀多所强调的、宋明理学家称其为德性之知的那类知识,它的一个独有特征是促使知者相应地活动。很清楚,以吠檀多的角度而论,获得“我是梵”知识的人不会做任何自私的事。如上所述,对商羯罗而言,一个觉悟的人不再执着于俗世,而还执着于这个俗世的人并没有觉悟。既然有这么明确的声明,库玛利拉怎么能说正确的知识不能够消除与这

① *Bṛhadāraṇyaka Upaniṣad* 4. 4. 22. Patrick Olivelle trans. *Upaniṣads: A New Translation*. Oxford and New York: Oxford University Press, 1996.商羯罗也指出,对作为最高目标的梵的彻悟“摧毁包括无明在内的一切罪恶的根基”(Śaṅkara 1989, I.i.1)。

② *Muṇḍaka Upaniṣad* 3. 2. 6. Patrick Olivelle trans. *Upaniṣads: A New Translation*. Oxford and New York: Oxford University Press, 1996.

③ S.Radhakrishnan, *Eastern Religions and Western Thought*. New York: Oxford University Press, 1959, p.107.

④ Ram Prasad Chakravarthi, *Indian Philosophy and the Consequences of Knowledge*. Hampshire, England: Ashgate, 2007, p.105.

种知识不一致的活动呢？在吠檀多中，不仅是错误的信念导致错误的活动，真实的信念导致正确的活动，对此库玛利拉是认同的，而且真正的信念也能消除错误的活动，而错误的信念则会阻碍正确的活动。

因此印度教中作为获得解脱的手段的知识就像儒家中的道德知识一样超出命题性知识和能力之知，因为命题性知识或能力之知都不能引起觉悟者的存在性转化。那么，我们是否也能把印度教吠檀多学派中的知识看作是一种信欲的心智状态，一种信念和欲望两者都包括在内的状态呢？表面上我们不能这么看，因为如上所述，拥有这种知识的人的非凡特征之一是无欲望。然而，我们需要注意，在奥义书和商羯罗著作中，在两种欲望之间存在着一种区别。一位获得解脱知识的人不再具有的那些欲望都是世俗欲望，对子女的欲望，对财富的欲望，对世俗的欲望。然而，有一种欲望是求道的人必须有的："如同一个男人被他所爱的女人所拥抱会忘记内外的一切，这个被由知识组成的自我(ātman)所拥抱的人也忘记内外的一切。很清楚，这就是一切欲望都得以实现的境界，这里，自我是唯一欲望的目标，是消除了一切欲望的目标，它远离悲哀的世界"。[①] 换言之，就像一位恋人除了爱自己的情人的欲望外别无他求一样，一个觉悟了梵的人除了成为梵的欲望外没有别的欲望。如萨拉斯瓦提·陈纳克萨万(Sarasvati Chennakesavan)所指出，"要想达到解脱，首先要有达到解脱这个欲望。古圣们能够达到解脱，因为他们对它怀着极为强烈的欲望"。[②]

当商羯罗讨论追求梵所具备的先决条件时，他对应该熄灭的世俗欲

---

① *Bṛhadāraṇyaka Upaniṣad* 4. 4. 21. Patrick Olivelle trans. *Upaniṣads: A New Translation*. Oxford and New York: Oxford University Press, 1996.

② Sarasvati Chennakesavan, *Concepts of Indian Philosophy*. Columbia, MO: South Asia Books, 1976, p.203.

望与解脱必备的灵性愿望之间的区别阐述得很清楚。这些先决条件包括“对外在及非外在的辨别,舍离现在及将来一切享受(自己活动的)成果的欲望,获得宁静、自律和其他手段,以及终极解脱的欲望”。[①] 这里的突出之处在于,四个条件中明确提到两个,分别是舍离世俗欲望和获得终极解脱的欲望。而且,在商羯罗的观点中,这两个条件密切相关:我们需要具备觉悟梵的欲望,因为它摧毁我们的世俗欲望:“只要学问能够以知识的方式摧毁障碍,知识就会出现”。[②] 因此,没有觉悟梵的欲望,俗欲就不会被摧毁;想要保持俗欲的人不大可能怀有解脱的欲望。从这个角度讲,我们可以正当地宣称,在印度教中作为终极解脱手段的知识,和儒家中的道德知识一样,不仅超出命题性知识和能力之知,而且它超出这两种知识的理由正是因为它是单一的信欲这种心智状态,一种包括信念和欲望的心智状态。

那么由于吠檀多中的知识是一种信欲,如同儒家中获得道德知识的方法一样,得到它的方法就不仅仅是智力练习那么一回事儿了。比如,商羯罗宣称,“根据经典,依靠纯粹推理获得觉悟是行不通的”。[③] 我们需要做的是一种深入冥想。因此商羯罗告诉我们:“从对梵的虔诚冥想中

① Śaṅkara, *The Vedānta Sūtras with the Commentary by Śaṅkarācārya*. In *A Sourcebook in Indian Philosophy*, edited by Sarvepalli Radharkrishnan and Charles A. Moore. Princeton: Princeton University Press, 1989, I.i.1.商羯罗在另一处表示,一个人觉悟到“我是梵”后也就“一无所愿了,因为这种觉知状态……的目标就是与宇宙大我合一……除了与大梵的绝对合一外,没有什么其他愿望”。另见Śaṅkara, *The Vedānta Sūtras with the Commentary by Śaṅkarācārya*. In *A Sourcebook in Indian Philosophy*, edited by Sarvepalli Radharkrishnan and Charles A. Moore. Princeton: Princeton University Press, 1989, II.i.14。

② Śaṅkara, *The Vedānta Sūtras with the Commentary by Śaṅkarācārya*. In *A Sourcebook in Indian Philosophy*, edited by Sarvepalli Radharkrishnan and Charles A. Moore. Princeton: Princeton University Press, 1989, III.iv.27.

③ Śaṅkara, *The Vedānta Sūtras with the Commentary by Śaṅkarācārya*. In *A Sourcebook in Indian Philosophy*, edited by Sarvepalli Radharkrishnan and Charles A. Moore. Princeton: Princeton University Press, 1989, II.i.11.

可以结出果实，终极解脱。”[①]下面这段摘自奥义书的内容也确定了这点：“了悟他的方法非依视，非依言，非依任何其他感官，非依苦行或仪式。只有在进入冥想时，存在才得以净化，通过澄明的知识才能见到整体大我”。[②] 这种觉悟的方法类似于儒家的内证。这样，我们知道“在冥想中灵魂得到净化，融入阿特曼——此等人所觉知到的福祉不可估量！此时此景言语道断，唯于心底深处可证”。[③] 鉴于这是一种内证，知识是不可能从外部强迫灌输的，一定是通过自我而获得的。但有些吠陀段落也提到最高梵可以被见、被听等，那它们的意思到底是什么呢？对此商羯罗回答说，它们的目的：

> 不是要我们获得有关真理的知识，而仅仅是要把我们的注意力转向它……即使某人与某个可觉知物面面相对，觉知有可能生起也可能不生起；另一位希望把这个物体告诉他的人所能做的一切就是向他指明这件物体……真正的知识……既不可能通过数以百计的训令带来，也不可能通过数以百计的禁令制止。[④]

---

① Śaṅkara, *The Vedānta Sūtras with the Commentary by Śaṅkarācārya*. In *A Sourcebook in Indian Philosophy*, edited by Sarvepalli Radharkrishnan and Charles A. Moore. Princeton: Princeton University Press, 1989, I.i.4.

② *Muṇḍaka Upaniṣad* 3.1.8. Patrick Olivelle trans. *Upaniṣads: A New Translation*. Oxford and New York: Oxford University Press, 1996.

③ *Maitrī Upaniṣad* 6.3.转引自 Paul Deussen. *The Philosophy of the Upanishads*. New York: Dover Publications, 1966。

④ Śaṅkara, *The Vedānta Sūtras with the Commentary by Śaṅkarācārya*. In *A Sourcebook in Indian Philosophy*, edited by Sarvepalli Radharkrishnan and Charles A. Moore. Princeton: Princeton University Press, 1989, III.ii.21.关于这一点，斯库格指出，这种他称其为解脱知识的灵性知识不会“在人类意识的认知层面发生作用。只是告诉某人他是无明的，或试图让某人认识到自己的无明（在认知层面上）并不能马上消除这种‘无明’。只有通过对真理的沉思和亲证才能使一个人得到解脱——一个本性中非认知的过程”。Kim Skoog. *The Epistemological Status of Liberative Knowledge (with Special Reference to Advaita Vedanta)*. Ph.D. Dissertation, University of Hawaii at Manoa, 1986, p.27。

这在本质上与儒家的自得是相同的概念。

五、结论

在本章中，我提出儒家的道德知识和印度教包括道德知识的灵性知识不是命题性知识或能力之知。确实，它们包含命题性知识和能力之知，因为一位掌握儒家道德知识和印度教灵性知识的人不仅知道做什么，也知道如何去做。然而，它们也包含命题性知识和能力之知之外的东西，因为一位掌握命题性知识和能力之知的人当然知道做什么和怎样做，但却不一定有做这件事的倾向。但是，一位具有儒家道德知识和印度教灵性知识的人却有依其活动的倾向。因此，用现代行动哲学的词汇来讲，不仅这种知识包含信念和欲望，而且信念和欲望在这里并不是两种分离的心智状态：它们形成一种单一的心智状态，即信欲。这种心智状态并不是像当代休谟主义者所主张的那样是怪胎，因为这一既是信念又是欲望的心智状态，即信欲，与世界之间的符合方向是从世界趋向心智的：当世界与心智之间出现冲突时，我们要求改变世界以符合心智。

第九章

论王阳明的良知概念：命题性知识，能力之知，抑或动力之知？

一、引言

赖尔提出了命题性知识（knowing-that）与能力之知（knowing-how）的著名区分：前者是纯理智的，而后者是实践性的。很多学者认为，儒家、特别是其中的阳明心学所讲的知识不仅是理智的，而且是实践性的，所以它应该属于能力之知，至少非常接近能力之知。本章试图论证，王阳明的知行合一之知（良知）既不是命题性知识，也不是能力之知，而是第三种知识：知道去做的知识或动力之知（Knowing-to）（第四部分）。动力之知具有命题性知识和能力之知都没有的独特特征：具备动力之知（比如，知道去爱父母）的人会作出相应的行动（比如，爱父母），但是，无论是单独的命题性知识（比如，知道一个人应该爱父母）或能力之知（比如，知道怎样爱父母），还是两者相结合，都不会驱使具备这些知识的人作出相应的行动（比如，爱父母）（第五部分）。这一观点是以两个预设为前提的：① 赖尔对命题性知识与能力之知的区分是有道理的；[2] 王阳明正确地指出，有一种心智状态既具有认知功能(cognitive)又具有情感驱动功能(affective)。然而，这两个预设都不是没有争议的。因此，在论证动力之知是另外一种知识类型之前，本章先简要地回应一些反对意见，为赖尔对命题性知识和能力之知的区分作辩护(第二部分)，也为王阳明的知行合一概念作辩护(第三部分)。笔者在结语部分则简要论述除了道德知识以外的动力之知(第六部分)。

二、命题性知识与能力之知的区分：为赖尔一辩

赖尔在命题性知识和能力之知之间做了一个著名的区分。命题性知识就是知道某一事实，而能力之知则是(例如)知道“怎样开玩笑和欣赏玩笑，知道怎样合乎语法规则地谈话，知道怎样下棋，知道怎样钓鱼或怎样进行论证”。[1] 这两种知识之间有其相似性，比如这两种知识我们可以习得、发现或遗忘。但是，赖尔强调了两者之异：“我们从不说一个人相信或以为‘怎样(做某事)’，并且，虽然我们可以问某个人接受一个命题有什么根据或理由，却不能对某个人的牌技的熟练或投资的慎重提这种问题。”[2]我们可以说，命题性知识是理智的，而能力之知是实践性的。

传统的认识论几乎只关注命题性知识，或者认为能力之知只是某种特定的命题性知识，赖尔称之为理智主义(intellectualism)的传统。赖尔本人旨在证明，能力之知有别于命题性知识，它既不能还原为命题

---

① Gilbert Ryle, *The Concept of Mind*. New York: Barnes and Noble, 1949, p.28.(中译参考了赖尔：《心的概念》，徐大建译，北京：商务印书馆，1992年。本章下同，不再一一注出。偶有在文字上略有调整。——译者)

② Gilbert Ryle, *The Concept of Mind*. New York: Barnes and Noble, 1949, p.28.

性知识，也不能从命题性知识中推演出来。出于这个原因，人们认为赖尔自己是持一种反理智主义的观点。那么，能力之知有什么独特之处呢？首先，赖尔指出，我们说某人知道怎样做某事，不仅意味着这个人的行为符合某些标准，满足某些准则，因为（例如）设计精准的钟之报时也符合了某些标准或准则；而且还意味着他的行为以明智的方式(intelligently)符合某些标准或准则。这是因为，"他在行动中随时准备发现并纠正失误，随时准备重复已经取得的成功并努力加以改进，随时准备吸取他人的教训等等。他在批判地进行活动的过程中运用了准则，也就是说，在力求把事情做好的时候运用了准则"。①

然而，赖尔所讲的理智主义的传统恰恰误解了能力之知的这个首要特征，即智力特征。按照理智主义的传统，"智力的行为包含着对于规则的遵守或对于准则的运用。由此可见，对于这些规则或准则的一种理智上的认识必定先于被刻画为显示了智力的活动"。② 因此，根据理智主义的传统，明智地做某事实际上就是先后做两件事：先考虑某些规则和标准，然后将它们运用于实践。这些规则或标准以命题的形式表征，因而属于命题性知识，所以我们可以把能力之知归并到命题性知识。赖尔批判这样的见解：一方面，他指出，"有许多种类的行为都显示了智力，但它们的规则并没有明确表述出来"。③ 我们已经看到他举的例子，如开玩笑和欣赏玩笑、美学品位、得体的举止和技术发明。另一方面，赖尔承认一个知道怎样做某事的人确实会思考，但他说这个人不是在做两件事。在这里，他就理智主义的传统中无穷倒退的谬误

① Gilbert Ryle, *The Concept of Mind*. New York: Barnes and Noble, 1949, pp.28 - 29.
② Gilbert Ryle, *The Concept of Mind*. New York: Barnes and Noble, 1949, p.29.
③ Gilbert Ryle, *The Concept of Mind*. New York: Barnes and Noble, 1949, p.30.

作了有名的，但后来也颇具争议的论证：如果说，明智的行为要成为明智的行为，必须首先考虑某些命题（命题性知识），那么，这种考虑本身就是一种行为，而且它必须是明智的行为；但是，这一在先的明智行为要成为明智的，也必须首先考虑其他命题（命题性知识）；赖尔指出，“任何人要打破这种循环在逻辑上都是不可能的”。① 既然在逻辑上不可能，那么也不可能真的在一个明智的行为中发生。因此，赖尔总结道：我明智地做某事，我确实在思考我正在做的事情，但是“‘思考我正在做的事情’并不意味着‘既在思考所作的事情又在做这件事情’。当我明智地做某事时，亦即当我思考我正在做的事情时，我在做一件事而不是在做两件事”。②

此外，赖尔不仅想论证理智主义是错误的，而且还要证明他的反理智主义是对的，即证明能力之知有别于命题性知识，且不能还原为命题性知识。为了证明这一点，赖尔指出，一个人能（或不能）记住与某一行为相关的一切准则，这并不能说明他知道（或不知道）怎样去做这件事。一个熟记规则的人也可能仍然不知道怎样去做；而一个知道怎样行动的人也许不能准确地阐述规则，即使他总是遵守规则。例如，一个棋手“所具有的能力之知，即关于怎样下棋的知识的运用，主要在于他走出的或予以承认的棋步，在于它不走的或予以否定的棋步”。③ 同样，“通过实践我们学会了怎样做，批评和举例的确使我们受到教育，而理论上

---

① Gilbert Ryle, *The Concept of Mind*. New York: Barnes and Noble, 1949, p.30.

② Gilbert Ryle, *The Concept of Mind*. New York: Barnes and Noble, 1949, p.32. 斯坦利（Jason Stanley）、威廉姆森（Timothy Williamson）等学者认为，赖尔关于无穷倒退之谬误的论证本身就是一种谬误（参见 Jason Stanley, and Timothy Williamson, “Knowing How.” *The Journal of Philosophy* 98. 8, 2001, p.416）。对赖尔观点的辩护，参见 Jeremy Fantl, “Ryle's Regress Defended.” *Philosophical Studies* 156.1, 2012, pp.121－130。

③ Gilbert Ryle, *The Concept of Mind*. New York: Barnes and Noble, 1949, p.41.

的教导却常常无济于事”。①

能力之知的反理智主义解释看起来是一种行为主义，照这样，似乎不能区分真正明智的行为和与此没有外在差别但无须借助智力的行为。为了解决这个问题，赖尔用了两个相关的概念：倾向(disposition)和智能(capacity)。他举了这样一个例子：“当某人说出了一些句子之后，一只鹦鹉也许能立刻粗声地叫出由那些句子得出的结论：‘苏格拉底会死’。一个正在思考他所作事情的男孩会对一个乘法运算问题作出正确的回答，而另一个正想着板球运动的男孩可能也会机械地对那个问题作出同样正确的回答”。② 我们不能说第二个男孩知道怎样做数学题，因为他没有表现出正确解答乘法问题的倾向。在赖尔看来，“具有一种倾向性特性并不是处于一种特殊的状态，也不是经历了一种特殊的变化；具有一种倾向性特性乃是，一旦具备某个特定的条件，就必定会或易于处于一种特殊的状态，或必定会或易于经历一种特殊的变化”。③

然而，倾向不同于习惯——简单地重复同样的行为，例如，鹦鹉每次听到同样的话之后都可以粗声地叫出同样的话。相反，与智力行为相关的倾向是基于智能的。习惯与智能运用的区别在于，“纯粹的习惯性行事方式的本质是，一个行为是它的先前行为的复制品。显示出智力的行事方式的本质是，一个行为靠它的先前行为得到修正。行动者仍然在学习”。④ 行动者依然在学习，因为“如果他犯了一个错误，他就力图不再重犯，如果他发现了一种新的技法有效，他就会继续使用它并改进它”。⑤ 一个人的倾向和智能虽然不像他的行为那样容易观察，但它

① Gilbert Ryle, *The Concept of Mind*. New York: Barnes and Noble, 1949, p.41.
② Gilbert Ryle, *The Concept of Mind*. New York: Barnes and Noble, 1949, p.40.
③ Gilbert Ryle, *The Concept of Mind*. New York: Barnes and Noble, 1949, p.43.
④ Gilbert Ryle, *The Concept of Mind*. New York: Barnes and Noble, 1949, p.42.
⑤ Gilbert Ryle, *The Concept of Mind*. New York: Barnes and Noble, 1949, p.42.

们不是“机器中的幽灵”——赖尔用这个词来形容理智主义对能力之知的解释。它们不能直接观察到，但体现在一个人的行为中，而一个人的行为是可以直接观察到的。① 出于这个原因，我们仍然可以区分智力行为和与智力行为没有明显差别但无须借助智力的行为。

当代关于能力之知和命题性知识的讨论主要集中在两个相互关联的问题上。一是能力之知的性质问题，更明确地说，能力之知和能力(ability)之间的关系问题；二是这两种知识类型之间的关系，即其中的一种到底是否可以还原为另一种的问题。

在第一个问题上，我们已经看到，依赖尔之见，一个具有命题性知识的人拥有一个信念或命题，而一个具有能力之知的人拥有一种能力或智能。但一些当代学者认为，这样的能力对能力之知来说既不充分也不必要。② 一方面，卡尔(David Carr, 1940—　)举了一个例子：一个刚摸弓箭的新手第一次射击时侥幸射中了靶子，这说明一个人可能具有做某件事的身体能力(因为他确实做到了)，但显然并不知道如何做这件事。在这种情况下，能力对于能力之知可能是必要的，但不是充分的。③ 要驳倒这一论证比较容易。即使我们可以说，卡尔所举例子中的新手确实有能力展示一种高难度的本领(在以下意义上：既然他

① 关于倾向和智能的这一特征，赖尔指出：“若说倾向是已见的或未见的、已记录下来的或未记录下来的，那就把它归入错误的逻辑类型了……在公开的或内心的活动中人们所运用的各种技能、鉴赏力和爱好，其本身也不是公开的或内心的、可见的或不可见的。传统的心灵理论把‘倾向’与‘运用’之间的‘类型不同’错误地解释为它的神秘的两叉了：不可见的心理原因和这些心理原因的可见的物理结果。”(Gilbert Ryle, *The Concept of Mind*. New York: Barnes and Noble, 1949, p.33)

② 笔者在本文中用“能力之知”来翻译“knowing-how”已经表明我们认为能力与knowing-how有紧密联系。如果我们接受这些批评者的看法，我们就不能将其翻译成“能力之知”。

③ David Carr, “Knowledge in Practice.” *American Philosophical Quarterly* 18, 1981, p.53.

确实做到了，那就一定具备这种能力)，正如我们看到的，赖尔没有说能力之知是任何一种能力(ability 或 capacity，他更常用后面这个词)；赖尔说的是，能力之知是一种智力类型的能力。赖尔指出，表现出智力的行为，是“白痴、梦游者、惊慌失措的人、心不在焉的人或神志昏迷的人，甚至有时是一只鹦鹉不能偶然地或‘机械地’作出来的”。[①] 斯诺登(Paul Snowdon)也设想了四个反例来证明一个对某件事没有能力之知的人可以有能力去做这件事。有些反例与卡尔举的例子性质一样，因此上述赖尔的观点可以对此作出同样的回应。其他的例子确实性质不同，但我认为它们同样不能说明他的观点。例如，斯诺登设想："一个人在一房间里，他什么都没有查看，所以不知道怎样走出房间。实际上，那里有一个很显眼的出口，也很容易打开。他完全具备出去的能力，他能出去，但是他(还)不知道怎样出去。"[②]在这个例子中，我们最多只能说他一定能出去，也就是说，他一定知道怎样出去。但是在他知道怎样出去之前，我们不能说他已经获得出去的能力。

另一方面，斯坦利和威廉姆森在他们颇有影响的论文中举了一个例子。一位钢琴家在一场惨烈的车祸中失去了双臂，以此说明，一个人虽然不再有能力做某件事(比如，弹钢琴)却仍然知道怎样去做这件事(比如，弹钢琴)。[③] 在这种情况下，能力对于能力之知来说是充分的但并非必要的。这一质疑可能有点难以应对，因为我们似乎都认为这个钢琴家确实还知道如何弹钢琴，却失去了弹钢琴的能力。但我们还是可以作出两个不同的回应。首先，我们可以求助于赖尔的观点：能力

① Gilbert Ryle, *The Concept of Mind*. New York: Barnes and Noble, 1949, p.45.

② Paul Snowdon, "Knowing How and Knowing That: A Distinction Reconsidered." *Proceedings of the Aristotelian Society* 104.1s, 2014, p.11.

③ Stanley and Williamson, "Knowing How." *The Journal of Philosophy*. 98. 8, 2001, p.416.

之知是一种倾向性的而不是事件性的能力。为了说明这两种能力之间的区别，赖尔指出："'知道''拥有'和'渴望'这些动词与'奔跑''醒了'或'感到刺痛'这些动词的用法不同。"①前者是倾向性的，后者只是事件性的。因此，我们可以说一个人跑了半个小时，然后停了下来，但是我们不能说一个人对某个事物知道了半小时，然后就不再知道了。因此，如果我们知道钢琴家知道怎样弹钢琴即具有弹钢琴的能力，他/她一定表现出了相应的倾向，倾向不是来得快去得快的。这就是说，这个钢琴家在事故以后不仅还知道如何弹钢琴，而且继续具有弹钢琴的能力。② 但我们会说，如果他/她还有弹钢琴的能力，那为什么他/她不能弹钢琴呢。这里我们必须看到，一个人拥有弹钢琴的能力是一回事，他/她真的在某个特定场合能否弹钢琴是另一回事。后者取决于若干条件。钢琴家有弹钢琴的能力，但是真的要他/她弹钢琴，就得有一架钢琴，他/她是醒着的，而且是自由的……（我们还可以补充说）他/她得有一双手。这里，正如诺埃（Alva Noë，1964—　）所言："（就其重要性而言）我们认为他/她失去手臂相当于失去钢琴。"③诺埃举了斯坦利和威廉姆森也用过的跳台滑雪老教练的例子，并作了类似的评论。即使

---

① Gilbert Ryle, *The Concept of Mind*. New York: Barnes and Noble, 1949, p.116.

② 贝克（Cline M. Beck）的论述很有帮助："知者的某种状态——在一种宽泛但又常见的意义上，我们不要求'状态'持续不断地表现出来——可以说是一种拥有，它是（过去）某一独特经历或一系列经历的结果，不管它是正式还是非正式的，有意识的还是无意识的。这一状态可以说是此种（过去）经历留下来的痕迹"（Cline M. Beck, "Knowing That, Knowing How To, Knowing To and Knowing How." *Philosophy of Education* 24, 1968, p.172）。诚然，贝克这里讨论的是"命题性知识"，但在这里没有太大的关系。一方面，贝克是理智主义者，认为能力之知只是命题性知识的一种，所以他关于命题性知识的一般讨论一定也适用于特定的能力之知；另一方面，赖尔本人同时用"倾向"来刻画能力之知和命题性知识的特点。

③ Alva Noë, "Against Intellectualism." *Analysis* 65.4, 2005, p.283.

他/她现在玩不了跳台滑雪了，我们仍然相信他/她知道怎么玩，其理由在于：

> 他/她过去一直在做，而且技艺非常高超。不免想象一下，他/她是非常有经验的跳台滑雪运动员，只是现在年事过高，或者受了重伤而不能再跳。这种情况和那位钢琴家类似。跳台滑雪教练知道怎么跳，这一知识包含在他/她能这么做的真实能力之中。但不幸的是，现在有个障碍使他/她无法发挥这样的能力做这些事。他/她不能用衰老羸弱的身体去施展他/她跳跃的技艺。①

当然，有人可能会认为，钢琴家失去手臂和跳台滑雪教练年事过高不是来得快去得快的事情，而是恒久的事情，因此很难说他们依然有能力做他们过去能做的事情。但我们可以问：如果是这样，我们难道仍然可以说他们知道怎样做他们过去知道怎样做的事情吗？因此，我们代表赖尔对这个问题可作的第二个回应可以是这样：钢琴家已经失去了弹钢琴的能力，因此他/她现在没有关于弹钢琴的能力之知，即使他/她仍然能教别人怎么弹琴即具有教人弹琴的能力之知。关于跳台滑雪教练也同样如此，斯诺登也设想了一些反例。其中几个例子与斯坦利和威廉姆森举的例子的性质是一样的。例如，世界级的大厨师在失去双臂之后，虽然不能再做煎蛋卷了，但仍然知道怎么做。这些例子可以用类似的方式回应。但是，斯诺登所举的另一类性质的例子也或多或少是错误的。例如，他说当他来到新西兰的时候，他虽然不能，即没有能力打开他在英国的保险箱但仍然知道怎么打开。然而，如果他想在

---

① Alva Noë, "Against Intellectualism." *Analysis* 65.4, 2005, pp.283 - 284.

新西兰打开他在英国的保险箱，那么他既没有能力也不知道怎样做；如果他是想回英国后再打开他的保险箱，他既知道怎样打开，也有能力去做。

关于第二个问题，即能力之知与命题性知识的关系问题，仍然有人坚持赖尔弱的反理智主义主张，即命题性知识和能力之知在根本上是相互独立的，即前者既不能划归为后者，也不能从后者中推演出来，反之亦然。不过，也有人反对赖尔的看法而支持理智主义观点，认为能力之知可以还原为命题性知识，或者可以从命题性知识中推衍出来。也有人把赖尔的观点极端化而持一种强的反理智主义观点，认为命题性知识能还原为能力之知，或者从能力之知中推衍出来。斯坦利和威廉姆森可能是声音最响亮的理智主义的代表。在他们看来，能力之知就是知道有方法做某件事这一命题，更确切地说，就是知道知识的拥有者有方法去做某件事这一命题。在这个意义上，能力之知就是命题性知识。例如，“汉娜知道怎么骑自行车”(Hannah knows how to ride a bicycle)可以解释为“汉娜知道她能怎么骑自行车”(Hannah knows how she could ride a bicycle)，后者又可以进一步解释为“汉娜知道 w 是她骑自行车的一种方式这一命题”(Hannah knows that w is a way for her to ride a bicycle)，而这就是一种命题性知识。[①] 当然，斯坦利和威廉姆森承认，有可能汉娜知道 w 是她骑自行车的方式但仍然不知道怎样骑自行车。例如，假设汉娜不知道怎样骑自行车。苏珊指着正在骑自行车的约翰告诉汉娜这是她(汉娜)骑自行车的方法。结果，汉娜可能知道有一种方法让她去骑自行车(坐在座垫上，把手放在车把手上，把脚放在脚踏板上，踩踏板让它转圈，同时保持身体平衡)，但仍然

---

① Stanley and Williamson, “Knowing How.” *The Journal of Philosophy*. 98. 8, 2001, pp.424 - 425.

不知道怎么骑自行车。[①] 为了解决这个问题，斯坦利和威廉姆森说道，我们必须区分汉娜具有以指示（demonstrative）形态表征出来的命题性知识和以实践形态表征出来的命题性知识。上述问题的出现是因为汉娜关于骑车的知识以指示形态表征出来的。如果这种知识以实践形态表征出来，这个问题就不会出现，因为以实践形态表征出来的命题性知识“意味着拥有某种复杂的倾向”。[②] 换言之，在实践形态下，知道 x 是我骑自行车的方法，这对我来说就是该方法的一次具体落实（instantiation）。然而，正如凡特尔（Jeremy Fantl）指出的，如果是这样，为了知道 x 是我骑自行车的方法，我必须已经知道怎么具体落实该方法了，但这证明，能力之知不能像斯坦利和威廉姆森试图证明的那样还原为命题性知识或从命题性知识中推衍出来，即便它没有证明命题性知识可还原为能力之知或从能力之知中推衍出来。[③] 此外，诺埃也指出，即使接受斯坦利和威廉姆森的观点，即能力之知可以用他们所讲的办法还原为命题性知识，但这“并没有消除两者之间的区分，也没有给接受这一区分的人放弃它的理由；斯坦利和威廉姆森的观点只是将这一区分挪了个位置”，[④]因为他们试图将能力之知归入其中的命题性知识并非赖尔所讲的命题性知识，两者相去甚远。结果斯坦利和威廉

---

① Stanley and Williamson, “Knowing How.” *The Journal of Philosophy*. 98. 8, 2001, p.428.

② Stanley and Williamson, “Knowing How.” *The Journal of Philosophy*. 98. 8, 2001, p.429.

③ Jeremy Fantl, “Knowing How.” *Stanford Encyclopedia of Philosophy*. Edward N. Zalta (ed.), 2008, p.461. 威金斯（David Wiggins, 1933—　）进而认为，“斯坦利和威廉姆森坚持认为，在他们所讲的‘表征的实践形态’（他们未对此下定义）之下，所讨论的命题引入了方法 w，这一倾向”恰恰“支持了”赖尔相反的观点。（David Wiggins, “Practical Knowledge: Knowing How To and Knowing That.” *Mind* 121, 2012, p.118.）

④ Alva Noë, “Against Intellectualism.” *Analysis* 65.4, 2005, p.286.

姆森告诉我们，不存在赖尔所讲的命题性知识与能力之知的区分，但却存在以指示形态表征出来的命题性知识和以实践形态表征出来的命题性知识的区分。两种知识之间的区分依然存在：用赖尔的话来说，它们是理智与实践之别；用斯坦利和威廉姆森的话来说，则是指示与实践之别。我们不知道，后者的区分是否比前者更加清晰易懂。

另一方面，强的反理智主义者认为，不仅能力之知不能还原为命题性知识或从命题性知识中推衍出来，而且进一步，命题性知识可以还原为能力之知或从能力之知中推衍出来。① 最早提出这一观点的学者包括哈特兰德-斯旺（John Hartland-Swann）。哈特兰德-斯旺认为，既然在赖尔看来能力之知的独特之处在于它是一个能力词，那么，像知道苏塞克斯（Sussex）是英国的一个郡这样的命题性知识，就相当于这样一种能力之知：能（知道怎么）正确地回答苏塞克斯是否是英国的一个郡这样的问题。② 最近赫瑟林顿（Stephen Hetherington）在论证其实践主义（practicalism）的过程中更全面地发展了这一观点。在他看来，"命题性知识 p 就是能力或能力之知，比如，知道如何精确地对 p 作出反应、或回应 p、或表征 p，或对 p 进行推理（简言之：它是一种能力，即知道如何精确地显示 p）"。③ 为了说明他的观点，赫瑟林顿举了一个例子——

---

① 在 1945 年发表的经典论文中，赖尔似乎也持有这一强的反理智主义观点。他认为，命题性知识以能力之知为前提，因为一个人要知道一个真理就得知道怎样找到这个真理；不仅如此，他甚至还认为，"对命题性知识的有效拥有包括必要时知道如何使用这一知识，以便解决其他理论或实践问题"（"Knowing How and Knowing That." *Proceedings of Aristotelian Society* [New Series] 46，1945，p.16.）。我认为赖尔的第一个看法没什么问题，但我会在下文证明第二个看法是有问题的。但不管怎么说，几年之后，赖尔在《心的概念》（*The Coneept of Mind*）的第二章中讨论同一问题时没有持同样的看法。

② John Hartland-Swann，"The Logical Status of 'Knowing That'." *Analysis* 16.5，1956，p.113.

③ Stephen Hetherington，*How to Know: A Practicalist Conception of Knowledge*. Malden，MA：Wiley，2011，pp.44－45.

“你知道你身处某室”等同于如下某些或所有的能力之知：“你知道如何准确地相信你在房间里”；“你知道如何准确地处理相关材料（例如视觉材料）”；“你知道如何准确地在心理表征该情景”；“你知道如何准确地描述这一情景”；“你知道如何准确地运用相关概念”；“你知道如何提出并/或回答与这一状况确切相关的解释性的问题”；“你知道如何准确地作出与此状况相关的推理（例如把你身处某室的信念准确地与其他信念联系起来）”，如此等。[①] 我认为这一还原论的或强的反理智主义也有一些问题。一方面，哈特兰德-斯旺和赫瑟林顿说命题性知识是回应、答复和表征等的能力，我不知道他们真的证明了（虽然他们自认为已经证明）命题性知识不过就是这些能力；还是恰恰证明了（我认为他们实际上证明了），所有这些能力都是从命题性知识派生出来的：如果我不知道那个事实，我就不能（不知道如何）作出妥当的回应、答复或表征等。倘若如此，他们就没有成功地把命题性知识还原为能力之知。另一方面，如罗兰（Jane Roland，1929— ）所言，即使我们赞同命题性知识可以还原为能力之知，我们还得明确区分两种不同类型的能力之知。[②] 且看三种智能：“知道如何陈述 x 谋杀了 y”（一种能力之知，所谓由命题性知识还原而来的能力之知）涉及的智能 a；“知道如何游泳”（赖尔所指的能力之知）涉及的智能 b；“知道怎么拉小提琴”（赖尔所指的能力之知的另一个例子）涉及的智能 c。较之智能 b 与智能 c 之间的差别，智能 a 与智能 b（或者智能 a 与智能 c）之间的差别更为根本。由此我们不难看出两种能力之知之间的差别。差别何在？在罗兰看来，获

---

① Stephen Hetherington, *How to Know: A Practicalist Conception of Knowledge*. Malden, MA: Wiley, 2011, p.44.

② 我们可以看到，这个观点与诺埃的看法有类似之处：斯坦利和威廉姆森试图把能力之知还原为命题性知识，结果却得到两种差异甚大、必须明确区分的命题性知识。

得智能 b 和智能 c 需要实践（一个人不通过实践就无法拥有游泳或拉小提琴的能力，不管他怎么有天赋），而智能 a 不依赖这样的实践（一个人不需要反复练习陈述“x 谋杀了 y”这样的行为就有能力陈述它）。这里，智能 a 包含在赖尔所讲的“命题性知识”中，而智能 b、c 包含在赖尔所讲的“能力之知”中。因此，赖尔所作的区分依然存在，只是被挪动了位置罢了。[①] 而且，我们不清楚强的反理智主义对这两种能力之知的区分是否与赖尔原来所讲的命题性知识与能力之知的区分有何不同。

一言以蔽之，我认为，自赖尔作出命题性知识和能力之知的区分之后，半个世纪以来引发了大量讨论，人们从各种角度提出的批评基本上没有驳倒赖尔。

三、知行合一：为阳明一辩

阳明良知概念的标志之一是知行合一说：“未有知而不行者。知而未行，其实未知。”[②]当然，这并非阳明独有的思想，而是整个儒家传统，尤其是阳明知行合一说直接针对的程朱理学的核心思想。例如，程颐说：“知之深，则行之必至，无有知之而不能行者。知而不能行，只是知得浅。饥而不食乌喙，人不蹈水火，只是知。人为不善，只为不知。”[③]

阳明良知概念的独特之处在于，在他看来，不仅知者必行，而且知与行实际上就是合一的。这包含两层意思。首先，知与行同时发生。这一点很独特，因为很多其他主张有知必有行的儒者往往认为知先于

① Jane Roland, “On ‘Knowing How’ and ‘Knowing That’.” *The Philosophical Review* 67.3, 1958, pp.381 - 382.
② 〔明〕王阳明：《王阳明全集》卷一，上海：上海古籍出版社，1992 年，第 4 页。
③ 〔宋〕程颢、程颐：《二程集》，北京：中华书局，1989 年，第 164 页。

行。例如，程颐就说："须是识在所行之先，譬如行路，须得光照。"[①]朱熹也用了这个类比。在他看来，"论先后，知为先；论轻重，行为重"。[②] 阳明反对说，这样的观点不仅在理论上站不住脚，而且在实践上是有害的："今人却就将知行分作两件去做，以为必先知了然后能行，我如今且去讲习讨论做知的工夫，待知得真了方去做行的工夫，故遂终身不行，亦遂终生不知。此不是小病痛，其来已非一日矣。某今说个知行合一，正是对病的药。"[③]

阳明通过很多论断来解释这种意义上的知行合一。例如，他说"(1a)知是行之主意，(1b)行是知之功夫。(2a)知是行之始，(2b)行是知之成"。[④] 在(1a)中，阳明指出，不同于动物的本能冲动，人的行为是有方向性的，我们称之为知识的东西正是行动的方向性。然而，这并不意味着一个人在行动之前就有了行动的方向，因为知的功夫，即努力去知正是我们所讲的行(1b)。这一点阳明在另外一组论断中讲得更清楚了："(3a)知之真切笃实处，即是行；(3b)行之明觉精察处，即是知。"[⑤]这意味着，一方面，一个人可能有不真切笃实的知识，即没有行动的知识，但这并非真知。这种人"茫茫荡荡悬空去思索，全不肯着实躬行，也只是个揣摩影响，所以必说一个行，方才知得真"。[⑥] 另一方面，一个人的行动也可能是不明觉精察的，即，没有知识的行动，但这不是真正的行动。因此，这种人"懵懵懂懂的任意去做，全不解思惟省察，

① 〔宋〕程颢、程颐：《二程集》，北京：中华书局，1989年，第67页。
② 〔宋〕朱熹：《朱子语类》卷九，北京：中华书局，1986年，第148页。
③ 〔明〕王阳明：《王阳明全集》卷一，上海：上海古籍出版社，1992年，第4—5页。
④ 〔明〕王阳明：《王阳明全集》卷一，上海：上海古籍出版社，1992年，第4页。本段落及下一段落中的"1a""3b"等编号为笔者所加，为说理方便计。
⑤ 〔明〕王阳明：《王阳明全集》卷二，上海：上海古籍出版社，1992年，第42页。
⑥ 〔明〕王阳明：《王阳明全集》卷一，上海：上海古籍出版社，1992年，第4页。

也只是个冥行妄作，所以必说个知，方才行得是”。[①] 所以，真知即知之真切笃实处已经是行（3a），而真行即行之明觉精察处依然是知（3b）。正是在这个意义上，真知与真行只是一件事。

因此，上文阳明所讲的第一组论断（1a，1b）和第三组论断（3a，3b）讲得很明白，知与行在同时发生的意义上是合一的。然而，上述第二组论断（2a，2b）常被认为含有知先于行的意思。例如，陈来认为，阳明所讲的知必会促成行的观点允许知和行之间存在一定的时间差，而我们正在考察的第二组论断并没有消除这一时间差。这一组论断固然意味着知与行总是有关联的，但是，（2a）表明知是行的第一阶段，而（2b）表明了行是知的最后阶段。这样一来，阳明的观点与朱熹的知先行后说并无二致。因此，在陈来看来，阳明真正想说的是知必会促成行，而这一点并不需要他的知行合一说。[②] 我不赞同陈来对第二组论断的解释，以及由此引出的结论：如果阳明坚持和朱熹之间的差异，那王阳明就一定错了；只有同意朱熹的观点，王阳明才能把道理说通（如第二组论断）。稍后我会讨论陈来的结论，这里我想指出的是，我们只有把第二组论断理解为（2a）知之终是行之始，以及（2b）行之始是知之终，陈来对第二对断言的解释才说得通。然而，这在我看来不是阳明想要讲的意思。从上下文来看，尤其是与他之前提出的第一组论断联系起来看，我们可以肯定阳明的意思是说，（2a）知之始同时就是行之始，（2b）行之成方是知之成。易言之，知与行同时发生：同时开始，同时结束。

---

① 〔明〕王阳明：《王阳明全集》卷一，上海：上海古籍出版社，1992 年，第 4 页。

② 陈来：《有无之境：阳明哲学的精神》，北京：人民出版社，1991 年，第 100 页。陈来认为，阳明在提出良知说，尤其是致良知说之后，就放弃了知行合一说。相反的观点，可参见李明辉：《从康德的实践哲学论阳明的“知行合一”说》，载苑淑娅编：《中国观念史》，郑州：中州古籍出版社，2005 年，第 528—529 页。在这一点上，笔者更倾向于李明辉的观点。

为了避免可能的误解，我们应该注意两点。第一点，阳明讲知行同时发生，这是就同一件事情中的知与行来说的。很多主张知先于行的人正是漏看了这一点。例如，顾东桥（1476—1545）说知与行之间必有时间先后："知食乃食，知汤乃饮。"①这个意义上的知先于行当然也为阳明所接受。实际上，在这个意义上，阳明也承认行可能先于知。例如，他在《答顾东桥书》中说道："食味之美恶必待入口而后知。"②然而，我们不能因此像李书增等人那样认为，阳明要么自相矛盾，要么已经放弃了他的知行合一说。③ 在阳明看来，之所以在这些情况下，知可以先于行，行也可以先于知，知行不合一，其原因在于，这里的知和行并非同一件事的知行。例如，与喝汤之行合一的知，既不是在行之先的知（这是汤），也不是在行之后的知（汤很美味），而是知道应该去喝那碗汤，此知与喝汤之行同时发生，始于与它不可分割的喝汤之念。

第二点，与第一点紧密相关，知行合一中的知不是描述性知识(descriptive knowledge)，而只是具有或显或隐的"应当……"结构的**规范性**知识(normative knowledge)。例如，我知道深圳在香港北面，这不是**规范性**知识，所以并不与我的行动合一。它可以发生在我从香港北

① 〔明〕王阳明：《王阳明全集》卷二，上海：上海古籍出版社，1992年，第41页。

② 〔明〕王阳明：《王阳明全集》卷二，上海：上海古籍出版社，1992年，第42页。阳明还说："如人走路一般，走得一段，方认得一段"（《王阳明全集》卷一，第20页）；"哑子吃苦瓜，与你说不得。你要知此苦，还须你自吃"（《王阳明全集》卷一，第37页）；"知痛，必已自痛了方知痛；知寒，必已自寒了；知饥，必已自饥了"（《王阳明全集》卷一，第4页）。因为阳明的这些话是在反驳那种挑战其知行合一说的知先行后说，一些学者很自然地——但在我看来是错误地——认为阳明这些话是在论证知行合一（比如，陈立胜：《阳明知行合一说新论》，载于《"经典、经学与儒家思想的现代诠释"国际学术研讨会论文集》，深圳大学，2015年1月24—25日，第67页）。

③ 参见李书增等著：《中国明代哲学》，郑州：河南人民出版社，2002年，第454页。

上的行动之前或之后。在第一种情况下，如果我想去深圳的话，我知道深圳在香港北面这一知识促成了我从香港北上的行动；在第二种情况下，我从香港北上的行动使我获得了深圳在香港北面这一知识。但在这两种情况下，知行都不合一。我在这里强调“规范”，不是说关于规范的知识，而是说这种知识本身就具有规范性，即能促使人作出相应的行动。例如，我可能知道自己应当去深圳，同时却没有去深圳之意；这一知识，虽然包含“应当”，但并非我这里所说的“规范”知识。只有伴随着相应的行动倾向的知识才能成为**规范性**知识。所以，我驱使我从香港北上的关于自己应当去深圳的知识才是**规范性**知识，在此知行是合一的。阳明所讲的与行合一的道德之知也是**规范性**知识。阳明后来把这种知称为“良知”，其字面义为善的知识，不是指关于善的知识，而是指这种知识本身是善的，即能驱使具备这样知识的人去行善的。这一点，他在比较良知之良与性善之善时就讲得更清楚了：“性无不善，故知无不良。”[①]他又说：“然知得善，却不依这个良知便做去，知得不善，却不依得这个良知便不去做，则这个良知便遮蔽了，是不能致知也。”[②]

因此，阳明和大多数先儒一样，认为知必促成行。但另一方面，大多数儒家认为知先行后，而阳明却提出了看起来有问题的知行同时论。但这只是他的知行合一说的一个方面。如果不理解知行合一说的其他方面就不能恰当地理解知行同时论。知行同时发生，不排除这样一种可能性：知与行实为二事，只是恰好同时发生。但是，在阳明看来，知与行在本体(本然状态)上是合一的。我们已经在上文中看到，令阳明感到震惊的是，人们把知与行分作两件事，结果既没有真正的行动也没

---

① 〔明〕王阳明：《王阳明全集》卷二，上海：上海古籍出版社，1992 年，第 62 页。
② 〔明〕王阳明：《王阳明全集》卷三，上海：上海古籍出版社，1992 年，第 119 页。

有真正的知识，于是他提出知行合一说以对治这一顽疾。但阳明指出，虽然他的学说旨在对治知行二分的流俗谬论，但它并非权宜之计；相反，“知行工夫本不可离”，学者将知行分为两件事就“失却知行本体”。[①] 阳明还进一步解释了知行的本体何以丧失。弟子徐爱(1487—1518)曾就知行合一发问：为什么“如今人尽有知得父当孝、兄当弟者，却不能孝、不能弟”？阳明答曰：“此已被私欲隔断，不是知行的本体了。未有知而不行者。知而不行，只是未知。圣贤教人知行，正是安复那本体。”[②]所以，知与行本是合一的；两者分离而失其本体，结果导致虚假的知与行，其原因在于人有私欲；圣贤教人袪除私欲以恢复原本合一之知行本体。如果知与行在本体上是合一的，为什么要用两个不同的词呢？阳明解释说，有人倾向于盲目“行动”，但这不是真正的行动，也有人忙于空想，但这不是真正的知识，“古人所以既说一个知又说一个行者”，“此是古人不得已补偏救弊的说话”。[③] 所以，知与行既不是两样分离的东西，也不是两种独立的功夫；无论就本体还是就功夫而言，它们都是一体的。在阳明看来，“知行原是两个字说一个工夫，这一个工夫须著这两个字，方说得完全无弊病”。[④] 但是，“若会得时，只说一个知已自有行在，只说一个行已自有知在”。[⑤]

为了进一步阐明知行本是合一的，阳明又紧接着说：“《大学》指个真知行与人看，说‘如好好色，如恶恶臭’。见好色属知，好好色属行。只见那好色时已自好了，不是见了后又立个心去好。闻恶臭属知，恶恶

① 〔明〕王阳明：《王阳明全集》卷二，上海：上海古籍出版社，1992年，第42页。
② 〔明〕王阳明：《王阳明全集》卷一，上海：上海古籍出版社，1992年，第4页。
③ 〔明〕王阳明：《王阳明全集》卷一，上海：上海古籍出版社，1992年，第4页。
④ 〔明〕王阳明：《王阳明全集》卷六，上海：上海古籍出版社，1992年，第209页。
⑤ 〔明〕王阳明：《王阳明全集》卷一，上海：上海古籍出版社，1992年，第4页。

臭属行。只闻那恶臭时已自恶了，不是闻了后别立个心去恶。”[①]阳明在这里强调，如果我们知道某种颜色是漂亮的，必定伴随着喜爱它的自然倾向；如果我们知道某种气味是臭的，必定伴随着厌恶它的自然倾向。在他看来，我们的德性之知即良知也是如此：如果真正知道某事是善的，必然伴随着去做它的自然倾向；如果真正知道某事是恶的，必然伴随着厌恶它的自然倾向。正是在这个意义上，阳明说道：“人但得好善如好好色，恶恶如恶恶臭，便是圣人。”[②]

阳明用好色和臭味打比方来解释我们对道德上的善与恶的态度，其中至少有两点值得注意。第一点，既然看见美丽的颜色和喜爱它（或者闻到臭味并讨厌它）不是两种独立的心智状态，那么，知道什么是善和行善之念（或者知道什么是恶和讨厌恶事之念）也不是两种独立的状态。换言之，良知或道德之知自然会驱使一个人凭良知行事。这是我们一直强调的一点。第二点，有好色，人们自然喜爱它；有臭味，人们自然讨厌它。这里不需要律令，无论是绝对律令还是假言律令，无论是自律还是他律。如果有人命令我们去喜爱臭味或讨厌好色，我们就会痛苦不堪。同样，如果良知没有私欲之蔽或者已经摆脱私欲之蔽，我们行善或避免行恶的时候也会觉得很自然很惬意，略无踌躇之意，亦无须律

① 〔明〕王阳明：《王阳明全集》卷一，上海：上海古籍出版社，1992 年，第 4 页。紧接着这段文字之后，阳明又说：“如鼻塞人虽见恶臭在前，鼻中不曾闻得，便亦不甚恶。”（第 4 页）这里，阳明说得很清楚：一个人不知道恶臭之物是臭的，就不会讨厌它。因此，令人诧异的是，有学者认为阳明在此处是自相矛盾的。例如，侯外庐等人说道：“明‘知’其‘臭’而‘不甚恶’，足见知与行的差别性。”（侯外庐等：《宋明理学史》，北京：人民出版社，1997 年，第 216 页）这里，他们看到了阳明说“虽见恶臭在前”，但没有意识到，一个人虽然“看见”恶臭之物在面前，但他并不知道它是臭的还是不臭的，因为他不能用眼睛看到气味，而只能用鼻子闻到气味。阳明已经说得很清楚：假设这个人鼻塞。

② 〔明〕王阳明：《王阳明全集》卷三，上海：上海古籍出版社，1992 年，第 97 页。

令；如果有人让我们去行恶而不是行善，那我们会痛苦不堪。[①]

因此，好好色恶恶臭这个类比极好地说明了知与行在本体上是合一的。不过，近来有不少学者对此提出质疑：好色恶臭诚然是知，但好好色与恶恶臭并不是行。这与另外一段话紧密相关：阳明曾经抱怨，“今人学问，只因知行分作两件，故有一念发动，虽不是善，然却未曾行，便不去禁止。我今说个知行合一，正要人晓得一念发动处，便即是行了。发动处有不善，就将这不善的念克倒了”。[②] 在批评者看来，阳明把爱憎之类的念（情感/欲望/意向）视为行动是不对的，因为这样可能会导致不良后果。例如，虽然陈来认为阳明把念看成行动有着积极意义，因为它能鼓励人们在作出恶行之前去除恶念，但他问道：“如果这个‘一念发动’不是恶念，而是善念，能否说‘一念发动是善，即是行善’了呢？如果人只停留在意念的善，而并不付诸社会行动，这不正是阳明所要批判的‘知而不行’吗？”[③]杨国荣完全赞同这一点，同时认为：“如果善念即是善行，则一切道德实践便成为多余的了。……同时，将善念等于善行本身，亦易使善恶的评判失去客观的标准。”[④]张祥浩顺着陈来和杨国荣的思路，进一步认为事实上阳明的恶念观也有类似的问题：“如不能把偷窃之念等同于偷窃之行，不能把杀人之念看成是杀人之

---

① 因此之故，阳明也强调道德行为中快乐的重要性。他在《为善最乐文》中说道：“君子乐得其道，小人乐得其欲。然小人之得其欲也，吾亦但见其苦而已耳。……营营戚戚，忧患终身，心劳而日拙，欲纵恶积，以亡其生，乌在其为乐也乎？若夫君子之为善，则仰不愧，俯不怍；明无人非，幽无鬼责。……亦何乐如之！”（〔明〕王阳明：《王阳明全集》卷二十四，上海：上海古籍出版社，1992 年，第 925 页）

② 〔明〕王阳明：《王阳明全集》卷三，上海：上海古籍出版社，1992 年，第 96 页。

③ 陈来：《有无之境：阳明哲学的精神》，北京：人民出版社，1991 年，第 106—107 页。

④ 杨国荣：《心学之思：阳明哲学的阐释》，北京：生活·读书·新知三联书店，1996 年，第 209 页。

行。后世的所谓'思想罪'，即据人曾有的思想而论罪，特别是据人不曾发生社会影响，只有自己独知的一时之偏而论罪，在理论上，即是一种以知为行的错误。"①这些观点大多可以追溯至清代哲学家王夫之，他认为，阳明以行为知，所以他所讲的知并非真知；阳明以知为行，所以他讲的行并非真正的行。② 陈立胜也认为，阳明的问题在于，把原本内在的知识向外扩展，从而把外部行动包含在内，把原本外部的行动内化，从而包含在内在的知识之中。③

尽管这样一些批评有一定的道理，但我觉得还是可以为阳明一辩。陈立胜的观点不妨分而言之：所有内在的心智状态属于知，而行只能指外部的身体活动。然而，第一个论断显然有问题。根据仍然主导当代行动哲学的休谟主义，一个行动可以由两种心智状态来解释：（认知的）信念和（情感驱动的）欲望。前者告诉我们要去做什么，而后者促使我们去做。显然，只有前者属于知识，它本身不活动，只有在欲望的刺激下才活动起来。所以，在这个意义上，作为一种心智状态的欲望即便还不是行动，显然也与行动紧密相关，而阳明只是想进一步说，欲望（即他所谓的念）已经是行动。阳明想说的要点在于，信念与欲望、即真正

---

① 张祥浩：《王守仁评传》，南京：南京大学出版社，1997 年，第 329 页。因此，李明辉正确地指出，没有必要区分阳明的恶念和善念（李明辉：《从康德的实践哲学论阳明的'知行合一'说》，《中国观念史》，郑州：中州古籍出版社，2006 年，第 525 页）。的确，从哲学的角度看，如果阳明的善念观是有问题的，那么相应的恶念观就不可能是正确的；如果他的恶念观没有问题，那么相应的善念观也不可能有问题。

② 〔明〕王夫之：《尚书引义》，北京：中华书局，1976 年，第 76 页。

③ 陈立胜：《阳明知行合一说新论》，载于《"经典、经学与儒家思想的现代诠释"国际学术研讨会论文集》，第 55 页。虽然陈立胜试图反驳这样的批判并为阳明辩护，但他得出的结论却是：一念（无论善恶）发动即是行（无论善恶）在阳明那里只是功夫论问题，它告诉我们培养善念、消除恶念是多么重要；换言之，阳明本人并非真的认为念已经是行（陈立胜：《阳明知行合一说新论》，载于《"经典、经学与儒家思想的现代诠释"国际学术研讨会论文集》，第 62—66 页）。

的意义上的知与行无法分开来说。这单个心理-身体状态就是信念与欲望、知与行的统一。问题在于：在什么意义上，我们可以把一个没有发之于身体状态的欲望看成是行动？为了理解这一点，有必要考察一下阳明用来解释知行合一的另一个类比。阳明化用孟子曾用过的类比："知犹水也，水无不就下，此就下之力犹行也。"[①]容器里的水的确不会向下流动。但是，一方面，水不会向下流动的原因在于受到了容器的阻碍，而不是丧失了向下流动的性质；另一方面，即使受到容器的阻碍，水依然施加向下流动的力，如果容器不够牢固，水就会冲破容器开始（在狭义上）向下流动。因此在往下流的水与在容器里的水，就其具有同样的向下流动的倾向而言，没有任何不同。

在阳明看来，与行合一的知亦是如此。本身不会向下流动的水不是真正的水（在此让我们忘记作为科学概念的水 H_2O），同样，没有行动伴随着的知不是真知。有时候知识确实没有伴随着狭义上的行，例如，外部身体的运动，但这一定是因为身体受到了某些阻碍，一如水被限制在坚固的容器里无法向下流动。所以，理解还未引发（狭义的）行动的念已经是（广义的）行动，方法之一便是看到知/行过程可长可短。水会向下流，但是向下流的程度得看情况。水被限制在容器里的时候，显然一点也不会向下流。这就好比还未引发身体行动的念。然而，我们不能说容器里的水没有施加任何向下流动的压力，同样，我们也不能说念没有施加任何引发身体行动的驱动力。水可能向下流得很远，但也可能流了一定的距离后受到某种阻碍停止了流动，但在整个过程中水及其向下流动的动作始终是合一的。在这个过程中，没有任何一刻处于只有水而没有向下流的压力；也没有任何一刻处于只有向下流的

① 〔明〕王阳明：《王阳明全集》卷八，上海：上海古籍出版社，1992 年，第 277 页。

压力而没有水。同样，不管作为心理/身体的知行过程是长还是短，在整个过程中知与行始终是合一的。在这个过程中，没有任何一刻处于只有知而没有行；也没有任何一刻处于只有行而没有知。

因此，当水不向下流动的时候，我们想知道受到了什么东西的阻碍，而不会去责怪水变质了、即失去了往下流的倾向。同样，当念没有引发身体行动的时候，我们也需要知道它受到了什么阻碍，而不会说这个念失去了使人行动的力量。这样的阻碍可以是身体上的。例如，一个生病了只能坐在椅子上而没有力气走动的人，看到一个孩子即将落入井中，惊恐和怜悯之情油然而生，自然而然产生救孩子的欲望，但由于动不了，并没真正在身体上作出救孩子的行动。这样的人在道德上与有身体行动能力真的救了孩子的人同样值得称赞。这里，我认为赫斯特豪斯关于有德之人的论述同样适用于阳明所讲的没有在身体行动中表现出美德的有良知的人：

> 我们可以预料，如果身边亲近的人不诚实，他们会感到痛苦，真诚的批评不会让他们感到生气，明目张胆的欺骗行为会让他们感到（适当的）震惊、愤怒，听到耍花招欺骗别人的故事不会感到高兴，他们会看不起而不是羡慕那些用欺骗的手段获得成功的人，而当诚实取得胜利的时候他们不会感到吃惊，而是感到（适当的）愉快、欣慰。①

除了妨碍知/行的身体因素之外，也可能存在起反向抵消作用的知/行。例如，我看到一位老人在十字路口等待，(a) 我知道我应该帮助他/她

---

① Rosalind Hursthouse, *On Virtue Ethics*. Oxford: Oxford University Press, 1999, p.12.

过街，我也有帮助他/她的欲望。然而，(从狭义上理解的)帮助他/她的行为可能没有真的作出来，因为它受到了另一种知/行的抵消。例如，也许同时我又看到一个孩子即将落入井中，我认识到(b) 我应该去救那个孩子，我心里产生去救孩子的欲望，就作出了(从狭义上理解的)救孩子的行动。在这种情况下，(a)和(b)都值得称赞，狭义上的与(a)有关的行动没有作出来不应该受到道德上的谴责。以上所说都是关于善念没有引发相应的身体行动，我们对于恶念没有引发相应的身体行动也可以作相应的说明。例如，我(作为纳粹)看到一个犹太孩子在井边玩耍可能产生了把孩子推到井里的念头，但这样的行动没有作出来，因为我病了没有力气这样做，或者我没病，而是另有一种能杀死更多犹太人的办法可以选择。在这种情况下，我想把孩子推到井里的念头，即使没有引发相应的身体行动，并不比把孩子推入井里这样的身体行动所遭受的谴责要少。①

简单地说，我认为，大家在批评阳明将善念当作善行，并将恶念当作恶行时，并由此批评其知行合一说时，恰恰忘记了王阳明的知行合一说。因为我们必须看到，根据其知行合一说，他说的善念是(除非有外

---

① 这里，我讲的是纯粹的情况：一个人的良知或德性之知得到充分呈现，于是所有的念，不管有没有引发相应的身体行动，都是好的；或者一个人的良知完全受到蒙蔽，于是所有的念，不管有没有引发相应的身体行动，都是不好的。但是，显然也存在不那么纯粹的情况。一方面，我的善念没有引发相应的身体行动是因为我的恶念更强。例如，我看到一个孩子即将落入井中，我立刻就知道我应该去救孩子，也有去救他的欲望(念)。但是，我意识到这个孩子来自犹太家庭，认为他应该去死(假设我是纳粹)，于是没有作出真正的救孩子的行动。在这种情况下，(a) 我最初的信念是应该救孩子，也伴随着救孩子的欲望，仍然是值得称赞的，但是(b) 我认为犹太人该死的信念以及让这个犹太孩子死去的欲望在道德上要遭受谴责。因为我的善念(a)被恶念(b)抵消，总体上，我作为一个有双重信念和欲望的人应该遭受道德上的谴责。另一方面，也可能存在相反的例子，即(a)最初的恶念被(b)随后更强烈的善念抵消，后者体现在了身体行动中。在这种情况下，虽然恶念(a)应该遭受谴责，但善念(b)和这个人总体上都值得称赞。

在阻碍）必定导致（狭义上的）善行的念，而他所说的恶念也是（除非有外在阻碍）必定导致（狭义上的）恶行的念。

四、非命题性知识，亦非能力之知

如果把阳明的良知说放到当代有关命题性知识和能力之知的讨论中，或者反过来，把当代有关命题性知识和能力之知的讨论放到阳明良知说的语境中，那么，可以清楚地看到，阳明的良知不是赖尔所讲的命题性知识，而赖尔的命题性知识也不是阳明所讲的真知。命题性知识纯属于理智知识，但阳明的知行合一之知显然不是纯理智的而是实践的。阳明弟子徐爱说，如今人尽有知得父当孝、兄当悌者，却不能孝、不能悌。这些人的知属于赖尔所讲的命题性知识，它在阳明看来并非真知。我们已经看到，真知是促使人们作出相应行动的知识。

因此之故，所有熟悉赖尔的命题性知识与能力之知区分的学者在研究阳明心学时都倾向于认为阳明的良知是赖尔的能力之知，或者至少类似于能力之知。艾文贺认为："阳明（关于真知和常知）的区分在某些方面类似于赖尔关于'命题性知识'和'能力之知'的区分。有些人知道运篮球要用一种特定的方法，但可能还是完全不知道怎么运球。他们知道什么是运球但缺乏运球的技能。"①同样，柯雄文（Antonio Cua）在讨论阳明知行合一说时说道，"把这一概念与赖尔的概念加以比较是很有意思的：'知'是一个特别的能力动词，它用来表示被描述的人能完

① Philip J. Ivanhoe, *Confucian Moral Self Cultivation*, 2nd ed. Indianapolis, IN: Hackett Publishing, 2000, p.70 note 15.

成或做好事情”。[①] 陈来的阳明研究很有影响，他在广泛讨论赖尔的命题性知识和能力之知区分之后，作了既细致又微妙的考察。陈来尽管认识到赖尔的能力之知和阳明的良知之间有着重要的差别，但他依然认为：

> 阳明主张德性谓词“孝的”或德性知识“知孝”不是指意识对准则的知性了解，而指其在行为上能正确体现这些性质，因此这些心理谓词并非仅指心理特质而是指心理特质发挥的行为方式，在这些方面显然与赖尔的提法是相通的。他们都承认至少有一类知识是知行合一的，他们共同反对知先于行。[②]

他进而总结道，在这个意义上，赖尔的区分为我们提供了一种解释和理解阳明知行合一说的新的可能性。郁振华最近关于良知的讨论至为详尽，认为阳明的良知是一种能力之知，或者更准确地说，是一种道德的能力之知(moral knowing how)，与之相对，徐爱所讲的“知”，即不会促使人们作出相应行动的知识则是道德的命题性知识(moral knowing that)。[③]

阳明的良知真的能理解成赖尔所讲的与命题性知识相对的能力之知吗？或者，阳明的良知至少更接近能力之知而非命题性知识吗？我认为这两个问题的答案都是否定的。关于第二个问题的回答，我的理

---

① Antonio Cua, *The Unity of Knowledge and Action: A Study in Wang Yang-ming's Moral Psychology*. Honolulu: The University of Hawaii Press, 1982, p.108 note 36.

② 陈来：《有无之境：王阳明哲学的精神》，北京：人民出版社，1991 年，第 117 页。

③ 郁振华：《论道德-形上学的能力之知——基于赖尔与王阳明的讨论》，载于《中国社会科学》，2014 年第 12 期，第 27 页。

由容下一节再提。关于第一个问题的回答，我们应当记得，之所以说阳明的良知不是赖尔所讲的命题性知识，那是因为我们都认为，命题性知识不会促使人们作出相应的行动。假如我们知道应该爱父母。作为赖尔所讲的命题性知识，这种纯理智的知识完全可以和我们并不真的爱父母并行不悖。这就是理学家张载、程颐和朱熹所讲的与德性之知相对的闻见之知。在这方面，能力之知有什么不同吗？没有。假如我们知道如何爱父母（例如，冬温夏清）。赖尔所区分的能力之知也可以与我们并不真的爱父母并行不悖。换言之，赖尔定义的命题性知识和能力之知都不能促使我们作出相应的行动。即使我们知道应该爱父母（具备命题性知识），也知道如何爱父母（具备能力之知），我们可能还是不爱父母。这很容易理解，例如，众所周知，乘坐公共交通比开车更环保，保护环境比享受开车带来的便利更重要，我们也知道怎样从开车转换到乘坐公共交通；但我们可能还是更倾向于开车而不是乘坐公共交通。因此，正如凡特尔所言，“也许有很多事情我们知道怎样去做，却有不去做的倾向”，“知道怎样做某事似乎可以完全不包含去做这件事的倾向”。[①] 但是，我们已经看到，阳明的良知恰恰是促使我们作出相应行动的知识。

正是在这个意义上，我认为不能简单地把阳明的良知说成是能力之知或命题性知识。这是因为，阳明的良知的独特之处在于它能促使人们付诸相应的行动，而赖尔的命题性知识和能力之知并不包含促使人们作出相应行动的倾向。在展开进一步论述之前，有必要避免一种可能的误解。有些解释者已经注意到赖尔用“倾向”（disposition）来刻画“能力之知”，所以认为有能力之知的人会倾向于行动。例如，尽管凡

---

① Jeremy Fantl, “Knowing How.” *Stanford Encyclopedia of Philosophy*, Edward N. Zalta (ed.), 2014, 2.2.

特尔在上文中说了那样的话，但他又认为，“在赖尔看来，知道怎样做某件事就是倾向于以某些方式去行动。很难事先规定这些方式究竟是什么。它们取决于情境以及知者的目标。不过，我们至少可以说：知道怎样做某件事就是倾向于按照各种规则去行动”。[①] 这里有必要重申的是，赖尔用“倾向”刻画“能力之知”，他不是说能力之知能促使具备这一知识的人作出相应的行动。他只是说，“知道”是一个倾向性动词而不是一个事件性动词：一个人不会轻易地获得或失去知识；就此而言，命题性知识和能力之知并无二致。一个具有命题性知识或能力之知的人，会继续拥有这一知识，这不同于以下情形：比如，一个人在此时此地把篮球投进了篮筐，但在彼时彼地却没有。

所以，赖尔在讨论命题性知识和能力之知时所用的“倾向”一词应该不至于困扰我们理解阳明良知的独特性，即促使人们作出相应的行动。但是，赖尔还用了一个意思相近的字，*inclination*，以示区别，我们或许可以用“趋向”来翻译。赖尔的这个用法更容易引起误解，因为虽然他用“倾向”(disposition)同时描述命题性知识和能力之知，但他用趋向这个词所刻画的只是能力之知。这可能会使我们认为，他的能力之知与阳明的良知无异。赖尔说，具备能力之知的人“进行这些活动(开玩笑、欣赏玩笑、合乎语法地谈话、下棋、钓鱼或论证)时，他们趋向于把事情做好，即正确地或有效地或成功地进行这些活动”。[②] 再者，如果他们犯了一个错误，“就趋向于不再重犯，如果他们发现了一种新的技法有效，就会继续使用它并改进它”。[③] 但是，赖尔这里所讲的仍然与

---

① Jeremy Fantl, “Knowing How.” *Stanford Encyclopedia of Philosophy*, Edward N. Zalta (ed.), 2014.

② Gilbert Ryle, *The Concept of Mind*. New York: Barnes and Noble, 1949, p.28.

③ Gilbert Ryle, *The Concept of Mind*. New York: Barnes and Noble, 1949, p.42.

阳明的良知概念所强调的不同。赖尔所讲的具备能力之知的人在做事的时候趋向于把事情做好，而具备阳明所讲的良知的人不仅在他们做道德的事情时趋向于把道德的事情做好（下文将讨论，良知本身不能确保一个人知道如何做道德的事。尽管如此，良知的确要求人们去获得这样的能力之知），而且首先就能确保一个人趋向于做道德的事情。换言之，一个具备赖尔所讲的能力之知的人和一个具备阳明所讲的良知的人在做事情的时候都趋向于把事情做好，但是，前者不一定有去做这些事情的趋向（尽管如果做起来就会趋向于把它们做好），但后者却趋向于去做这些事情。

然而，认为能力之知能够让人倾向或趋向于行动的错误观念不仅是因为我们误解了赖尔对能力之知的刻画，而且也是因为赖尔本人有些误导性的说法。虽然这个说法大多出现在他早期的《良心与道德信念》（*Conscience and Moral Conviction*）一文[发表于 1940 年，先于《能力之知与命题性知识》（*Knowing How and Knowing That*）五年，他在后一篇文章中首次提出了命题性知识与能力之知的经典区分]，但它仍然可以在 1949 年出版的《心的概念》的第二章中找到。赖尔在《良心与道德信念》一文中出色地阐述了良心是道德知识，堪与阳明对良知的阐述相媲美，良知有时恰恰也英译为“conscience”。赖尔认为：“良心绝不仅仅是一种传达结论的能力；它还是一种范导行为的能力。它的实施就是行动或者试图去行动，而不是描述或推荐。我们深信，良心具有权威和知识。也就是说，我们用‘良心’这个词来表示那些在行动或试图行动的过程而非结论之中表现出来的道德信念。”①这说明良心不只是“学术性”知识；相反，它是他所讲的“操作性”知识，即使人倾向于行动

---

① Gilbert Ryle, “Conscience and Moral Conviction.” *Analysis* 7.2, 1940, p.34.

的知识。这个观点符合一般的儒家观点，即良知推动人凭良知做事。此外，赖尔还指出这样的知识“不是引发我感受到某种情感并采取某种行动的倾向，而是由这样的倾向构成的”。① 换言之，不是我首先要获得道德知识或良心，然后这一知识引发我去行动（程朱理学就持这样的观点，而阳明反对程朱理学的这种知先行后说）；恰恰相反，良心同时包含认知面向与范导面向。这一观点相当于本章第三部分所论的阳明知行合一说。

不幸的是，赖尔进而把这种作为道德知识的良心和他后来所讲的能力之知作了一个错误的类比。他举的能力之知的例子是知道如何游泳。他说，光是看教科书或者观察别人游泳，我也许能得到关于游泳的学术性知识，但是我不能通过这个方法获得怎样游泳的操作性知识，后者必须表现为我实实在在能够下水游泳。接着他作了类比：“能恰当表现我的技艺的，是我对技艺的实施而不仅是给别人的指导意见。能恰当表现我的良心的，是我的善行，我不情愿做坏事，或者做坏事之后有悔改的决心。”②尽管良知和能力之知在赖尔所讲的这个意义上确有相似之处，但他没有指出“是否”问题和“如何”问题之间的一个重要区别。一方面，我知道“如何”游泳并不表明我“是否”会去游泳。这种知识不会促使我去游泳，而只是在我真的去游泳时指导我游泳的动作。另一方面，赖尔的良心或阳明的良知会告诉我们“是否”去作某事，但它本身不会直接告诉我“如何”去作这件事。例如，看到人溺水，我的良心或良知会促使我去救他，但它并没有教我如何救人：拨打“110”，扔一根绳子或伸一根竿子给溺水者，我自己跳进水里，以及其他一系列可能的方法，后者都涉及能力之知。这一区别表明，尽管良心或良知和能力之知

① Gilbert Ryle, “Conscience and Moral Conviction.” *Analysis* 7.2, 1940, p.38.
② Gilbert Ryle, “Conscience and Moral Conviction.” *Analysis* 7.2, 1940, p.35.

都必须通过行动表现出来，但两者之间存在着明显的差别。

幸运的是，就在那篇论文的最后一段，赖尔承认："我没有试图说明良心和其他类型的谨慎之间的差别。那不是我目前的困惑之处。"[①]这表明，也许赖尔意识到了良心和能力之知的区别。我们本可以期待他在作了命题性知识和能力之知的区分之后对这个区分作出澄清。但令人失望的是，他不仅没有作出我们期待中的区分，而且似乎继续认为良心是一种能力之知。例如，即使在后来的《心的概念》中，赖尔还把英雄救溺水者的知识、厨师烹饪的知识和棋手下棋的知识等作为能力之知而相提并论。[②] 当然，这三者之间有相似性：英雄（假设他是一位亚里士多德式的有德之士，而不是康德式的有德之士）不需要在救人之前先聆听道德律令，厨师不需要在掌勺之前背诵菜谱，棋手不需要在下棋之前把所有相关的游戏规则在头脑中过一遍。这一相似性标志着这些知识都不是命题性知识，后者只是理智的知识。但是，赖尔忽略了在这三者之间的一个更深层次的区别：良心促使英雄去做道德的事，但没有教他如何去做道德的事，厨师烹饪的知识和棋手下棋的知识不会驱使他们去烹饪、下棋，而只是当他们真的在烹饪和下棋的时候使他们把菜做好、把棋下好。这一区别说明后者（在厨师和棋手那里）是能力之知，而前者（在英雄那里）不是能力之知。证明区别的一个办法：一个人必须多次下厨或下棋才能学会烹饪或下棋，但很显然一个人不需要做很多道德的事才能获得良心——即使我们不接受阳明良知不学而能（虽然在大多数情况下，需要通过祛除私欲来复其良知）的观点。我想，引起困惑的主要原因在于，赖尔没有意识到另有一类与命题性知识和能

---

① Gilbert Ryle, "Conscience and Moral Conviction." *Analysis* 7.2, 1940, p.39.

② 赖尔在1945年发表的论文中还把道德良心和技术上的能力之知归为一类(Gilbert Ryle, "Knowing How and Knowing That." pp.13－14)。

力之知并列的知识形态，尽管他从未说过只存在他所讲的两类知识。①

五、良知是动力之知

如果阳明的良知既不是命题性知识也不是能力之知，那么它是哪种类型的知识呢？我称之为“知道去做的知识”或“动力之知”(knowing-to)。“动力之知”有两种用法，其中一种并不是我在本文中想说的“动力之知”：“动力之知”是“知道在特定时刻去做”(knowing-to act in the moment)的略称，即在新的情况下运用某种技艺的能力。② 在我看来，这

---

① 我怀疑正是赖尔自身的混淆使得郁振华在论文中强调道德的能力之知，其言外之意，则是道德的能力之知和非道德的能力之知(例如，知道怎样游泳)之间存在重要区别：道德的能力之知促使拥有这样知识的人去行动，而非道德的能力之知不会促使人去行动，正如我知道怎样游泳的知识不会促使我去游泳。但是，如果一个人是否倾向于去游泳有别于他是否知道怎样游泳，那么，合理的做法应该是作出一个类似的区分：一个人是否倾向于去做道德的事有别于一个人是否知道怎样去做道德的事。如果一个人去游泳的倾向没有包含在这个人知道怎样游泳的知识之中，那么我们就不明白，为什么一个人去做道德的事的倾向一定要包含在这个人关于怎样作道德的事情的知识之中。(参见郁振华：《论道德-形上学的能力之知——基于赖尔与王阳明的讨论》，载于《中国社会科学》，2014 年第 12 期，第 28 页。)

② 这样的用法参见 Richard Skemp, *Intelligence*, *Learning and Action: A Foundation for Theory and Practice in Education*. Chichester: Wiley, 1979; John Mason and Mary Spence, “Beyond Mere Knowledge of Mathematics: The Importance of Knowing-to Act in the Moment.” *Educational Studies in Mathematics* 38, 1999, pp. 135 - 161; Nadine Bednarz and Jérôme Proulx, “Association Knowing and Using Mathematics in Teaching: Conceptual and Epistemological Clarifications.” *For the Learning of Mathematics* 29.3, 2009, p. 15; Stephen Hetherington, “Knowing to.” *Forthcoming*; Karyn L. Lai, “Knowing to Act in the Moment: Examples from Confucius' Analects.” *Asian Philosophy* 22. 4, 2012, p. 353; Stephen Hetherington and Karyn L Lai, “Practising to Know: Practicalism and Confucian Philosophy.” *Philosophy* 87.3, 2012, pp.375 - 393。

样的动力之知只是能力之知的高级形式，可以划入赖尔所描述的能力之知，因而不足以刻画我所讲的阳明的良知。这样的动力之知不以能力之知为先决条件，反而是或至少应当是能力之知的先决条件；而且稍后我会证明，它实际上更接近命题性知识而非能力之知。据我所知，我想说的“动力之知”由贝克首次使用，尽管作为理智主义的捍卫者与赖尔反理智主义的反对者，他认为动力之知和能力之知以及其他形态的知识都属于命题性知识。罗兰曾指出，道德知识具有的“他知道他应该……”结构可以有两种解释，而贝克使用“动力之知”来描述其中的一种解释。在罗兰看来，一方面，

> “他知道他应该如何”可能指“他知道他理应如何，他知道人们希望他如何，他知道如果他没有做到就会遭到谴责。就此而言，我认为这里的‘应该’是用来表达一个事实性陈述。因此，‘约翰知道他应该保持安静’可能意味着‘约翰知道他的老师希望他保持安静’或者‘约翰知道按照纪律他理应保持安静’，如此等”。[①]

既然在这一解释中，“应该”不是**规范性**的而是事实性的，那么，一个人知道他应该做某事却没有去做这件事是完全可能的。另一方面，罗兰说道，“我们可能用‘约翰知道他应该如何’来表达约翰已经将某一行为准则或道德规范内化于己。如果在这一意义上说‘他知道他应该如何’，那我们一般都会期望这样的行为会展现出来”。[②] 既然这一意义

① Jane Roland, “On ‘Knowing How’ and ‘Knowing That’.” *The Philosophical Review* 67.3, 1958, p.387.
② Jane Roland, “On ‘Knowing How’ and ‘Knowing That’.” *The Philosophical Review* 67.3, 1958, p.387.

上的“应该”是**规范性**的而不是事实性的，那么，正如罗兰本人所言，“说‘他知道他应该但是通常不这样做’是矛盾的”。① 贝克运用谢弗勒(Israel Sheffler, 1923—2014)的区分，把第一种解释称为“不引发行动的”(inactive)解释，而把第二种称为“引发行动的”(active)解释。他又进一步说，在引发行动的解释中，罗兰实际上在讨论动力之知，因为“‘他有动力之知(he knows to)’意味着，在适当的情境下，他会以我们正在讨论的方式去做事情，至少在绝大多数情况下是如此”。②

特别有意思的是，在贝克看来，动力之知以及赖尔所讲的(狭义上的)命题性知识和能力之知都是他所讲(广义上的)命题性知识的不同种类；尽管如此，他又确实认识到动力之知与赖尔所讲的命题性知识与能力之知都不相同。同样，在罗兰看来，动力之知，③以及赖尔所讲的(狭义上的)能力之知和命题性知识都是她所讲的(广义上的)能力之知的不同种类；尽管如此，她又确实认识到动力之知和赖尔所讲的命题性知识与能力之知都不相同。所以，罗兰和贝克都认为动力之知迥异于赖尔的能力之知与命题性知识。他们的分歧只在于，这三种不同的知识形态究竟是应归结为更广义的“命题性知识”还是应归结为更广义的“能力之知”。这里，我赞同他们的一致之处：动力之知迥异于赖尔的能力之知与命题性知识；但我不赞同他们的分歧之处：既然如他们所说，这三种知识形态差别甚大，为避免混淆起见，最好还是不要把它们归结为更广义的“命题性知识”或“能力之知”，而是索性就把它们视为

---

① Jane Roland, “On ‘Knowing How’ and ‘Knowing That’.” *The Philosophical Review* 67.3, 1958, p.387.

② Cline M. Beck, “Knowing That, Knowing How To, Knowing To, and Knowing How.” *Philosophy of Education* 24, 1968, p.176.

③ 当然，她没有用“动力之知”一词。但是，我们已经在前面看到，她区分了“应该”陈述的引发行动的和不引发行动的解释(如谢弗勒所说)，不引发行动的解释就是赖尔所讲的命题性知识，而引发行动的解释则引出我们所讲的动力之知。

三种不同的知识形态。一个具备赖尔所讲的命题性知识的人拥有某个命题，一个具备赖尔所讲的能力之知的人拥有某种能力，而一个具备我们所讲的动力之知的人有从事某种行动的动力。

有意思的是，当代中国学者唐热风在谈论亚里士多德的道德之知的特点时，也用了我们这个意义上的"动力之知"，并将其看作一种不同于命题性知识和能力之知的知识形态。唐热风针对当代的一些质疑，为赖尔的命题性知识和能力之知的区分作了简要的辩护，接着提出了道德知识应如何归类的问题。虽然她也认为它更接近能力之知而不是命题性知识(我稍候会在这一点上表明相反的看法)，但她正确地强调了道德之知和能力之知之间的区别：

> 能力之知关乎方法，而道德之知关乎目的。道德之知与技艺或技术无关。道德之知关乎道德，但能力之知不一定要关涉道德。道德之知不是完成某项任务的能力，而是激励一个人去完成某项任务的能力……一个人具备道德之知，这不是说他能够游水救出溺水者，而是说他倾向于做任何可能的事去救溺水者。①

因此，她认为道德之知既不是命题性知识也不是能力之知："更确切地说，它应该归为第三类知识。我称之为'知道去做正确的事情的知识'，简称'知道去做的知识(knowing to do)'。"②"知道去做的知识"即本章所讲的动力之知。我认为唐热风所论甚是，且极有意义。

然而，就我所知，陈汉生(Chad Hanson)也许第一次既在我们所讲的

① Refeng Tang, "Knowing That, Knowing How, and Knowing to Do." *Frontiers of Philosophy in China* 6.3, 2011, p.436.
② Refeng Tang, "Knowing That, Knowing How, and Knowing to Do." *Frontiers of Philosophy in China* 6.3, 2011, p.436.

意义上使用“动力之知”，同时又没有把动力之知归结为更广义的命题性知识或更广义的能力之知，而是把它看作与其他知识形态具有同等地位的一种知识形态。他在研究中国传统哲学时指出：“中国（古典）思想确实处理知，但没有处理命题性知识。古代汉语在语法上也没有与命题式信念相对应的动词。动词‘知’的语法宾语总是一个名词或动词短语，而不是一个具有主谓结构的句子。在中国人看来，有意义的知识是知道如何做某事、知道去做某事，或者知道关于某事的知识。”[①]他举了动力之知的这样一个例子：“天下雨时如果我在外面我会进屋”(I know to come in out of rain)，[②]试图以此说明动力之知具有激发行动的面向。他在讨论先秦诸子的过程中进一步强调了动力之知的这一面向。例如，他在讨论名家时说道，“动力之知是一种规范性的知识……这种知识体现在行动之中”；“X 知道去采取行动 A”意味着“X 倾向于采取行动 A”。[③] 他在讨论后期墨家认识论时指出，知识“不仅是理智的，而且还包含态度的成分：欲求和厌恶”。[④] 中国古典哲学思想是否真如陈汉生所说完全没有命题性知识的概念，是否先秦各家都像陈汉生所讲的那样有动力之知的概念，这些问题或许可以进一步商榷。重要的是，如本段开头所言，陈汉生使用了我们所讲的动力之知，而且还把它作为一种和命题性知

---

① Chad Hanson, *A Daoist Theory of Chinese Thought: A Philosophical Interpretation*. Oxford: Oxford University Press, 1992, 44 note *; see also 8, 86, and 252. 这里我把英文中表示动力之知的知(knowing-to)用中文的“会”来表示，这与我们有时将英文中表示能力之知的知(knowing-how)用中文的“会”表达(如“我知道怎样游泳”也可以用“我会游泳”来表示)不同。在表示动力之知时，“会”表示的是一种倾向，而在表示能力之知时，“会”表示的是一种能力。

② Chad Hanson, *A Daoist Theory of Chinese Thought: A Philosophical Interpretation*. Oxford: Oxford University Press, 1992, p.254.

③ Chad Hanson, *A Daoist Theory of Chinese Thought: A Philosophical Interpretation*. Oxford: Oxford University Press, 1992, p.253.

④ Chad Hanson, *A Daoist Theory of Chinese Thought: A Philosophical Interpretation*. Oxford: Oxford University Press, 1992, p.252.

识与能力之知[而且陈汉生还提到知道关于某物的知识(knowing-of/about)]并列的知识形态。更进一步，与本章主题尤为相关的是，他在讨论孟子的时候虽简短但明确地把动力之知和阳明的良知关联起来。阳明从孟子那里借用了良知概念。陈汉生首先指出，在孟子看来，圣人知是知非也就是知道做正确的事情同时避免做错误的事情，而"智慧即是圣人所具备的动力之知"。① 接着，他用"动力之知"把孟子的知'道'刻画为知道去实施'道'，而"阳明会说，知之即行之"。②

因此，阳明的良知既不是命题性知识也不是能力之知，而是第三种知识——动力之知。但是，良知作为动力之知与命题性知识以及能力之知的关系如何呢？我们需要兑现上文的承诺，解释一下为什么我认为"良知作为动力之知更接近能力之知而非命题性知识"的看法是错的。有两个通行的看法：阳明的良知要么是能力之知，要么更接近能力之知而非命题性知识。我在前文已经说明了为什么我不同意第一个看法。在说明我不同意第二个看法的理由之前，我想先修正自己在之前发表的一系列文章中的观点：虽然我仍然认为良知既不是命题性知识也不是能力之知，但我现在认识到，我以前认为良知兼摄两者的看法是不对的。③ 我认为，良知或道德之知——至少在阳明及一般儒家那

---

① Chad Hanson, *A Daoist Theory of Chinese Thought: A Philosophical Interpretation*. Oxford: Oxford University Press, 1992, p.173.

② Chad Hanson, *A Daoist Theory of Chinese Thought: A Philosophical Interpretation*. Oxford: Oxford University Press, 1992, p.176.

③ 参见 Yong Huang, "Why Besire Is Not Bizarre: Moral Knowledge in Confucianism and Hinduism." In *Brahman and Dao: Comparative Studies of Indian and Chinese Philosophy and Religion*, edited by Zhihua Yao and Ithamar Theodor. Lexington Books, 2014, pp.119 - 141；黄勇：《在事实知识与技艺知识之外：信念-欲望何以不是怪物?》,《哲学与文化》39.2，2012 年，第 103—119 页；黄勇：《王阳明在休谟主义和反休谟主义之间：良知作为体知＝信念、欲望≠怪物》，载于《体知与人文学》，陈少明编，北京：华夏出版社，2008 年，第 147—165 页。

里——更接近命题性知识而非能力之知，理由如下：良知蕴涵了命题性知识，但它没有蕴涵能力之知。首先，在阳明看来，“良知只是个是非的心，是非只是个好恶”。① 第一句话表明良知是一种命题性知识（有些事情是对的，有些事情是错的），第二句话表明这是一种使人倾向于好是恶非的知识，而良知，即动力之知，既包含知道是非的命题性知识，又包含好是恶非的倾向。没有命题性知识，动力之知就无法成为一种知识形态，而仅仅是一种欲望。但是，我们不应当由此像贝克那样，认为动力之知不是一种独立的知识，而只是一种命题性知识。在贝克看来，动力之知涉及的知是命题性知识，除了命题性知识以外，动力之知涉及的东西完全不是知，而是其他的东西（例如，欲望）。② 虽然贝克的说法有几分道理，但我们有三点理由把动力之知，至少是阳明那里的动力之知，看成是一种与纯命题性知识不同的知识形态。第一，动力之知并非由两个独立的或可分离的部分，即命题性知识和依照命题性知识行动的倾向所构成。如阳明知行合一说所言，知与行（之倾向）不是两样独立的实体；而是描述同一件事的两个词。良知不是由知是知非再加上好是恶非的倾向所构成的；相反，良知就是知道去好是恶非。第二，赖尔最初之所以区分能力之知与命题性知识，原因在于命题性知识是纯理智的，而能力之知是实践性的。就此而言，动力之知的确和能力之知相似，因为它也是实践性的。当然，贝克也可以把所有的知识形态，包括动力之知、能力之知和其他可能的知识形态都归结为命题性知识，把它们看成是命题性知识的不同类型。但是，即使真的可以这么做（对此我心存疑虑），我们也只是得到一个命题性知识大杂烩，把理智的和实

---

① 〔明〕王阳明：《王阳明全集》卷三，上海：上海古籍出版社，1992 年，第 111 页。

② Cline M. Beck, “Knowing That, Knowing How To, Knowing To, and Knowing How.” *Philosophy of Education* 24, 1968, p.176.

践性的知识统统包含在内。第三，如果我们认为，从作为动力之知的良知中抽取出的那部分命题性知识，如罗兰令人信服地证明的，确实是一种事实性知识，那么我们就会看到，命题性知识和动力之知之间存在着很重要的区别：前者是事实性的，而后者是道德的——更宽泛地说，是**规范性**的，本章在总结部分将提到这一点。基于上述理由，我认为最好把动力之知看作是与命题性知识和能力之知并列的独立的知识形态。

上文刚刚说过，就其都是实践性而言，动力之知和能力之知相似，而且在这个意义上它们不同于纯理智的命题性知识。那么，我们在何种意义上说动力之知更接近命题性知识而不是能力之知？原因就在于，动力之知包含命题性知识，但没有包含能力之知。（在阳明那里）这么讲有两个理由，一个是概念性的，另一个和文本有关。一方面，如果我知道去帮助别人，我当然知道我应该帮助别人而且我愿意帮助别人，但是完全有可能我不知道怎样帮助别人或者至少我不知道以什么方式帮助别人是最妥当的。例如，如果我知道要帮患者治疗癌症，我知道我应该帮助患者治疗癌症而且我愿意这么做，但是我很可能不能（找到一种有效的方法）真的做到。另一方面，对于（孟子的追随者）阳明来说，良知作为动力之知是一个人不需要通过学习就具备的。① 阳明说，"心自然会知：见父自然知孝，见兄自然知弟，见孺子入井自然知恻隐，此便是良知不假外求"。② 但是，能力之知显然不是一个人与生俱来的。相反，如赖尔和罗兰所言，需要通过反复练习才能掌握能力之知。

---

① 〔明〕王阳明：《王阳明全集》卷七，上海：上海古籍出版社，1992 年，第 253 页；以及卷八，第 279 页。

② 〔明〕王阳明：《王阳明全集》卷一，上海：上海古籍出版社，1992 年，第 6 页。他还讲过类似的话："孩提之童无不知爱其亲，无不知敬其兄。"（〔明〕王阳明：《王阳明全集》卷一，上海：上海古籍出版社，1992 年，第 34 页）。这些段落中的"知"很难译为"knowing-that"或"knowing-how"；似乎只有"knowing-to"才是唯一确切的译法。

这里必须解决一个问题：如果动力之知不包含能力之知，那么，这是否意味着，一个具备良知即动力之知的人不知道怎样去做道德的事，甚至没有兴趣知道怎样去做道德的事？非也。原因有二。一方面，在阳明看来，如果一个人知道去孝悌，即使他不知道如何孝悌，内在动力也会促使他去孝悌，或者说，至少不会去恨自己的父母兄长。为了说清楚这一点，阳明借用了《孟子》中龙子的一个说法，但与孟子的用意不同。龙子说："不知足而为屦，我知其不为蒉也。"（《孟子・告子上》）孟子以此指出，人都是相似的，人心同样也是相似的。在他写给邹谦之的第二封信中，阳明引用了龙子的话来强调良知的重要性："后世心学不讲，人失其情，难乎与之言礼！然良知之在人心，则万古如一日。苟顺吾心之良知以致之，则所谓'不知足而为屦，吾知其不为蒉矣'。"[①]另一方面，如果一个人知道去孝悌，但还不知道该怎样做，他自然会探求如何孝悌的方法。阳明在答弟子徐爱问时强调了这一点。阳明让弟子转向自己的内心去寻找良知，徐爱说，如果这样做，一个人可能真的知道了去孝忠信仁，但仍有很多事情他可能不知道。"如事父一事，其间温凊定省之类有许多节目，不亦须讲求否？"阳明回答说，当然要讲求。但是，只要一个人没有私欲，有纯孝的心，"冬时自然思量父母的寒，便自要去求个温的道理；夏时自然思量父母的热，便自要去求个凊的道理"。[②] 他进一步解释说，动力之知和能力之知的关系就像树根（根本）和枝条（条件）的关系。枝条（能力之知）会自然地从树根（动力之知）中生长出来。虽然一个知道去爱父母的人（知道一个人应该爱父母，并有动力去爱父母）不一定知道该怎样爱父母，但他自然会寻找爱父母的方法。如果一个不知道怎样爱父母却不去探求爱父母的方

① 〔明〕王阳明：《王阳明全集》卷六，上海：上海古籍出版社，1992 年，第 203 页。
② 〔明〕王阳明：《王阳明全集》卷一，上海：上海古籍出版社，1992 年，第 3 页。

法，就不能说具备了去爱父母的动力之知。因此，虽然动力之知不像包含命题性知识那样包含能力之知，但它自然而然或必定会引发这样的能力之知。①

这样我们就论证了良知是一种动力之知。但是，我们已经看到，只有狭义上的道德知识即良知（*moral* knowledge）才是动力之知。有时候，如果某人知道他应该爱父母却没有爱父母的意愿或倾向，我们也把这样的知识叫做道德知识（moral knowledge），因为它显然不同于非道德知识（例如，他的父亲比母亲长得高这样的知识）。然而，一个人应该爱父母这样的知识，和他的父亲比母亲长得高这样的知识一样，不会使人倾向于作出相应的行动。既然如此，这种宽泛理解的道德知识就不属于可以刻画为动力之知的良知。只有狭义上的道德知识，即阳明所讲的良知（这种知识本身是道德的，而不仅仅是关于道德的知识），或者罗兰所讲的具有“我知道我应该……”结构的知识之引发行动的解释（与不引发行动的解释相对）才能归为动力之知。因此，在属于动力之知的良知和不能算作动力之知的事实性知识之间作一个区分很重要；在这一点上，一方面，我不同意弗里西纳（Warren Frisina）的观点，另一方面，我不同意贝克的观点。弗里西纳认为，在阳明那里，使得动力之知成为可能的知行合一不仅限于道德之知，而且适用于事实性知识。② 如果我想去北京，那么我知道北京在香港之北这一知识可能是有用的，但这一知识本身不会驱使我去或不去北京。

① 关于这个问题更详尽的讨论，参见 Yong Huang, “A Neo-Confucian Conception of Wisdom: Wang Yangming on the Innate Moral Knowledge (*Liangzhi*).” *Journal of Chinese Philosophy* 33.3, 2006，尤其是第二部分。

② Warren Frisina, *The Unity of Knowledge and Action: Toward a Nonrepresentational Theory of Knowledge*. Albany, NY: State University of New York Press, 2002, chapter 4.

贝克则认为，即便良知也是“关于情况如何的知识，关于好坏对错等事实的知识”。[①] 贝克在这里没有认识到，关于好坏对错的知识实际上不是事实性知识而是带有伪装的道德之知：说某事是好的或对的，这是说我们应该去做这件是；说某事是坏的或错的，这是说我们不应该去做它。当然，如果缺乏行动的倾向，关于好坏对错的知识实际上只是关于具体情况的知识，即命题性知识，但倘若如此，我们就忽略了一种重要的知识形态，即动力之知。我们已经看到，贝克本人正是识别出动力之知的第一人。

六、结论

因此，不是广义上的道德知识，而只是狭义上王阳明所讲的道德之知，即只有使人倾向于作出相应行为的道德知识才可以算作动力之知。[②] 那么，良知或道德知识是唯一的动力之知吗？非也。至少有两种其他类型的知识也可以算作动力之知。一种涉及非道德之知（但也不是事实性知识），另一种涉及“不道德的知识”（这个词姑妄用之）。这

① Cline M. Beck, “Knowing That, Knowing How To, Knowing To, and Knowing How.” *Philosophy of Education* 24, 1968, p.177.

② 必须指出的是，如果一个人认为有一种知识必定会激励人去行动，那么他就同时有别于理由内在论者及外在论者。理由内在论者认为，只有满足事先存在于一个人的主观激励设置之中的欲望时，信念才会激励人去行动。理由外在论者认为，信念可以无须任何欲望就能激励人。动力之知是一种心智状态，既是一个信念，又是一种欲望；它是“信念-欲望”(besire)。然而，这个“信念-欲望”没有任何(世界和心灵之间)配合方面的冲突，所以并不是一些当代休谟主义者所讲的怪物。“信念-欲望”概念是理由内在论及外在论的合理替代方案。相关论述可参见 Yong Huang, “Why Besire Is Not Bizarre: Moral Knowledge in Confucianism and Hinduism.” In *Brahman and Dao: Comparative Studies of Indian and Chinese Philosophy and Religion*, edited by Zhihua Yao and Ithamar Theodor. Lexington Books, 2014, pp.119 - 141。

两种知我们在阳明那里都可以找到一些提示。一方面，阳明引用《大学》，认为爱善憎恶的德性之知就如同我们好好色恶恶臭的知识。我们已经看到，阳明强调，我们知道好色之好，同时也就有了好之的欲望，我们知道嗅味之臭，同时也就有了恶之的欲望。必须指出的是，关于好色恶臭的知识和上一段讨论过的关于事情好坏对错的知识一样，不是事实性知识而是**规范性**知识。知道一朵花美，也就是知道我应该喜欢它；说某种气味是臭的，也就是说我应该讨厌它。所以，我知道我应该喜欢这朵花的知识驱使我去喜欢它，我知道我应该讨厌臭味的知识驱使我去讨厌它。尽管这两者都不是道德之知，但都是动力之知。举例来说，我知道我应该在我 65 岁生日的时候退休，我应该在退休后周游世界，我应该在旅途中骑自行车等知识，只要它们驱使我付诸相应的行动，就都是非道德的动力之知。另一方面，有一种可以叫做“不道德的动力之知”的知识（这一点可以会引起争议，但我希望我的说法还是可以成立）。阳明在解释知行合一说的时候说过，不仅一有善念就已经是善行（之始），而且一有恶念就已经是恶行（之始）。引申出去，如果希特勒“知道”犹太人该杀的“知识”促使他去杀犹太人，那么他就有了“不道德的动力之知”。宽泛而言，我们可以说，假如所有的有德之士（与偶尔行善的人相对）具有道德的动力之知；那么，也许我们也可以说，所有的邪恶之人（与偶尔行恶的人相对）有“不道德的动力之知”。①

---

① “不道德的知识”加了引号，因为也许这个说法不妥当。如果我们认为知识是得到辩护的信念，那么，像我们应该互相帮助这样的得到辩护的信念就是知识，而“不应该互相帮助”的信念无法得到辩护，因此也就不构成知识。因此，如果道德信念是知识，那么不道德的信念就不是知识，于是“不道德的知识”就是个矛盾说法。也许，“不道德的信念”是个更好的词。或者，我们可以用陈汉生在讨论《老子》时所用的术语“消极的知识”，即“知道做与通常智慧相反之事的知识”（*A Daoist Theory of Chinese Thought*, p.225）。但至少在第一人称上，我们还是可以用这个词。例如，希特勒可能会说：“我知道犹太人应该从地球上灭绝。”

因此，至少（或者至多，因为我们似乎已经穷尽了所有可能的知识域?）存在有三种动力之知：道德的、非道德的和不道德的。它们都属于**规范性**知识，其内隐的“应该”结构驱使具备这种知识的人作出相应的行动。（但有些范导性知识并不必然包含语法词“应该”。例如，我们已经看到，知道某事是好的或美的，这样的知识可能没有包含语法词“应该”，但确确实实隐含了“应该”结构。）我们可能把驱使具备这样的知识的人作出相应行动的规范性知识叫做**规范性**知识（*normative* knowledge）。它们的**规范性**使它们成为动力之知。然而，命题性知识和能力之知也可以是道德的、非道德的或者不道德的。例如，道德的命题性知识：一个人应该爱自己的父母，而这一命题性知识没有驱使人作出相应的行动；非道德的命题性知识：一个人的父母老了；以及“不道德的命题性知识”：一个人应该讨厌自己的父母，而这一知识没有驱使人作出相应的行动。同样，也可以有道德的能力之知（如何爱自己的父母）、非道德的能力之知（如何游泳），以及“不道德的能力之知”（如何杀犹太人）。因此，命题性知识、能力之知和动力之知这三种知识形态的区别不在于它们有各自独特的领域，因为每一种知识形态都可以涉及三个领域：道德、非道德和不道德，而在于它们的特性：命题性知识是理智的知识，能力之知是关于能力的知识，动力之知是一种激发行动的知识。

第三编

与时贤谈儒家对当代美德伦理的贡献

第十章

与桑德尔谈儒家美德：作为美德之正义，依据美德之正义和关于美德之正义

一、导言

在《正义：该如何做是好？》(*Justice: What's the Right Thing To Do?*)一书中，桑德尔(Michael J. Sandel，1953—)考察了三种正义观。功利主义认为正义是福祉或幸福的最大化；自由主义认为正义即尊重自由与人的尊严；亚里士多德主义认为正义是认可、尊崇和奖励美德。对于这三种不同的正义观，桑德尔并非一视同仁。他认为，主导当代政治哲学的前两种正义观美中不足，他自己致力于提出一种亚里士多德主义理论。[①] 这种理论有两个主要特征，即作为美德之正义(justice as a virtue)和依据美德之正义(justice according to virtues)。

根据这样一种正义观，一方面，正义的作用不只是协调一个群体的

① Michael J. Sandel, "(Distinguished Lecture on) Justice: What's the Right Thing to Do?" *Boston University Law Review* 91(2011), p.1303.

活动并对由此产生的成果加以分配，否则一个黑帮内部推行的规则也可能被视作正义。因此，桑德尔在其早期著作中主张，“如果正义的增长并不必然意味着一种绝对的道德进步，那么，我们就会看到在有些情况下，正义并不是美德而是恶德”。[①] 为了确保正义是美德而非恶德，我们必须采用亚里士多德主义的目的论，把正义作为一种卓越品格，使人类发挥其独特的功能，实现其独特的完满。正是在此意义上，桑德尔认为，“有关正义和权利的争论，必然要依赖某种关于完满生活的特定观念，而不管我们是否承认它”；[②]也正是因为如此，他不赞成自由主义的看法（以罗尔斯为最佳代表）：对于宗教和形而上学的完善概念，我们的正义概念应该保持中立。

另一方面，桑德尔强调，亚里士多德的政治哲学中有两个相关的核心观点：“其一，正义是目的论的。对于权利的界定要求我们弄明白所讨论的社会实践的目的（*telos*，即意图、目标或本性）；其二，正义是荣誉性的。为了思考或讨论一种行为的目的，至少有部分工作是思考或讨论它应当尊重或奖励何种美德”。[③] 在解释桑德尔的意思之前，有必要说明，他在这里谈论的目的论，不同于作为美德之正义所涉及的目的论。后一种目的论关注人类生活本身之目的，依据它可以把一种品格界定为善或恶。然而，前一种目的论关注的是特定社会实践的目的。例如，分配大学教职需要追问大学的目的，这就是桑德尔所认为的亚里士多德政治哲学的第一个核心观点。第二个观点与此密切相关，因为

---

① Michael J. Sandel, *Liberalism and the Limits of Justice*. Cambridge: Cambridge University Press, 1982, p.34.

② Michael J. Sandel, *Public Philosophy: Essays on Morality in Politics*. Cambridge, MA: Harvard University Press, 2005, p.28.

③ Michael J. Sandel, *Justice: What's the Right Thing to Do?* New York: Farrar, Straus and Giroux, 2009, p.186.

正是社会实践的目的告诉我们，一个人为了获得想要的东西应该具有何种美德。[①] 就一所大学来说，一个人必须在相关知识和教学技能方面出类拔萃才能获得教职。在这个意义上，正义就是按照（相关的）美德来分配东西，以认可、尊重、庆祝和奖赏有德之人，并惩罚那些缺乏美德甚至具有恶德之人。[②] 桑德尔举了很多例子来说明自己的观点，我们可以概述其中的两个，一正一反。正例方面，桑德尔提及紫心勋章(the purple heart)的分配："除了能带来荣誉之外，这枚奖章还能使获得者在老兵医院享有诸多特权……真正的问题在于奖章的意义及其所尊崇的美德。那么，相关的美德是什么呢？不像其他的军功章，紫心勋章尊崇牺牲而非勇敢。"[③]反例方面，桑德尔提到美国政府对某些在2008—2009年经营失败的公司实施救助。公众对救助计划感到愤慨，特别是因为一些资金被用于向那些公司的高管发放奖金。诚如桑德尔所言："公众认为这在道德上是难以接受的。不仅仅是这些

---

① 尽管这是两种不同的目的论，但是，我们必须以一种适当的方式把两者联系起来。与特定社会实践相关的目的论必须服从于与人类目的相关的目的论，因为首先是后者决定一个特定的社会实践是否应存在。否则，我们都可以分配窃贼团伙的领导权了（既然窃贼团伙的目的是偷盗，就可以奖励、尊敬和承认与此目的相关的品格）。克劳特说得很好："亚里士多德认为……诚然，功绩(merit)是解决特定问题的基础，但是，究竟应该把何种功绩纳入考量则须参考整个共同体的共同善……一种分配物品(goods)的制度之正义涉及两个方面：首先，制度必须有助于共同善；其次，分配所根据的功绩标准必须从所要达到的共同善来看是适当的。如果一种制度破坏了共同体的福祉，那么它就不符合正义的目标，即使它成功地按照它所使用的功绩标准来分配物品。"参见 Richard Kraut, *Aristotle: Political Philosophy*. Oxford and New York: Oxford University Press, 2002, p.147。

② 桑德尔用的案例大都是关于奖励善而非惩罚恶，不过他确实说过："我们认为，那种趁火打劫的行为应当受到惩罚而非奖赏"。参见 Michael J. Sandel, *Justice: What's the Right Thing to Do?* New York: Farrar, Straus and Giroux, 2009, p.9。

③ Michael J. Sandel, *Justice: What's the Right Thing to Do?* New York: Farrar, Straus and Giroux, 2009, p.10.

奖金，整个经济援助计划似乎都是在有悖常理地奖励贪婪的行为而不是惩罚它。”[①]简言之，正义在此意义上要求奖善惩恶。

接下来，我将首先简要讨论桑德尔关于作为美德之正义的观点（第二节），其余则集中讨论他关于依据美德之正义的观点（第三至第五节）。以上两部分内容的讨论都将汲取儒家资源。在讨论作为美德之正义时，我关心的是，作为一种个人美德的正义和作为一种社会制度之美德的正义的关系，以及儒家对这一问题的贡献。在讨论依据美德之正义时，本章将发展出一种关于美德之正义（justice of virtues）的儒家观点，以修正桑德尔的正义概念。

二、作为美德之正义

说正义是一种美德似乎没什么问题，而且我认为儒学总体上认同这一点。不过，有个问题必须讲清楚。如果我们说正义是一种美德，那当然是在说它不是恶德。然而，无论其美恶，它最初指的是个人的品格。正义的其他含义都是由此派生出来的。例如，我们可能会说某一行为是正义的，这意味着这个行为来自具有正义品格的人；我们也可能说某一事态是正义的，这意味着它产生于具有正义品格的人（人们）。[②] 这与健康有点类似，健康最初的意思与人的身体有关。在派生

---

① Michael J. Sandel, *Justice: What's the Right Thing to Do?* New York: Farrar, Straus and Giroux, 2009, p.14. 尽管桑德尔认为，那些高管得到政府救助资金不是因为他们的贪婪，而是因为他们的失败。

② 正是在此意义上，帕克洛克（Michael Pakaluk）指出：“英语中的‘正义’一词意味着：① 正义的事态，即一种安排或状况是正义的……② 采取行动的意图……或 ③ 品格或美德状态，它引导某人带着正义的意图瞄准正义的事态。在希腊语中有不同的字对应这三种不同的含义。”参见 Michael Pakaluk, *Nicomachean Ethics: An Introduction*. Cambridge: Cambridge University Press, 2005, p.200。

意义上，我们可以说人吃的食物很健康，环境有益于健康，或者某人做了一个对健康有益的决定，这意味着它们都与人的身体健康有关。

就此而言，正义是一种个人美德。然而，当代关于正义的讨论在很大程度上受到罗尔斯《正义论》(*A Theory of Justice*)的启发，所谓正义——如果不是唯一的话——首先与社会正义有关。它所讨论的主要问题，不是一个人在与他人互动或处理互动的过程中正义与否，以及在何种意义上、多大程度上、如何正义；而是一个社会在治理成员之间的互动方面正义与否，以及在何种意义上、多大程度上、如何正义。正是在此意义上，罗尔斯有一句名言，“正义是社会制度的首要美德”。① 因此，这里的正义不是个人美德，而是社会制度的美德。由此产生的问题是：如果正义作为一种美德有两种含义，即作为个人美德的正义和作为社会制度之美德的正义，那么它们之间是如何关联的呢？莱巴尔(Mark Lebar)区分了连接二者的两种方式：

> “第一种方式……认为个人美德具有逻辑上的优先性，个体之间的正义关系构成政治制度的正义。按照这一理解，我们首先看有德之人试图维持的与他人的关系是怎样的……然后追问何种制度和公共规则可以允许和维持这些关系”；相反，“第二种方式……认为，作为国家构成要素的制度、实践等的结构之正义(国家这一政治实体是社会正义、制度正义或政治正义等属性的首要载体)才具有逻辑的优先性。这里，至关重要的是，我们知道正义的社会……应该是什么样子……根据其作为这个社会的成员所具有的

① John Rawls, *A Theory of Justice*. Cambridge, MA: Harvard University Press, 1999, p.3.

义务和理由，我们可以从这个结构中推演出正义的个体所具有的责任”。[1]

第一种方式以亚里士多德为代表，[2]而第二种则以罗尔斯为代表。不过，在我看来，这两种方式都是成问题的。依照亚里士多德模型，社会制度的正义源自个体正义。这正确地强调了政府促使人们有德（在现在这一特定的情形下则是正义这种德）的重要作用。这一点很重要，我们稍后再来讨论。然而，这种模式假定，当且仅当社会中的每个人都正义地行动，社会正义才能实现。进一步的假定则是，无论是在分配方面还是在矫正方面，一切正义都由个体而非政府来完成。第一个假定显然是不现实的，因为如果这样，只要一人不义，社会就不可能正义。至于第二个假定，在一个古老的小城邦中或许确实还有一些合理性，但在一个当代的大型民族国家中显然是不可能的。例如，缅因州的一位农夫不可能知道，在旧金山是否有、以及有多少无家可归的人值得拥有他所生产的东西。在如此大型的社会里，资源的分配必须由国家来完成。仅有个体成员的正义是不够的；国家所做的分配和矫正也应该是正义的。

这似乎正是第二种模型的力量所在。该模式以罗尔斯为代表，强调正义是一种社会制度的美德。问题在于，它如何与作为一种个体品格的正义相关。罗尔斯的正义原则是人们在原初状态之下选择的，因

---

① Mark LeBar, “The Virtue of Justice Revisited.” In *The Handbook of Virtue Ethics*, edited by Stan van Hooft. Bristol, CT: Acumen, 2014, pp.270 - 271.

② 桑德尔似乎赞同这一观点，因为他曾说：“为了实现一个正义的社会，我们必须一起思考完满生活的意义，并创造一种对不免产生的分歧持友好态度的公共文化。”Michael J. Sandel, “(Distinguished Lecture on) Justice: What’s the Right Thing to Do?” *Boston University Law Review* 91(2011), p.1310。

此我们或者可以说，这些正义原则反映或表达了这些在原初状态中的人的美德或正义品性，在此意义上，也可以说罗尔斯的社会制度正义同样源自个体正义。然而，这一解释显然不成立，因为如罗尔斯所述，原初状态的人首先都只关心自己的利益，而漠视他人的利益，因此不可能认为他们是有德的（在一般意义上）或正义的（在特定意义上）。① 正确的理解是，罗尔斯把原初状态作为一种决定社会制度正义原则的独立程序。在他看来，虽然我们知道以这种方式独立决定的规定社会制度的正义原则必须是正义原则，但是，如果社会中的个体不接受这样的原则，社会就会不稳定；因此，从童年开始培养个体的正义感就很重要。例如，罗尔斯认为，"当制度正义时……那些参与这些社会安排的人们就会获得相应的正义感和努力维护这些制度的欲望"。② 然而，即使罗尔斯的正义原则对社会制度而言确实是正义原则，由于推衍这些正义原则的过程丝毫没有考虑（使人成为人的）人类本性，运用它们来决定作为一种个人品格的正义这种美德本质上是成问题的。每一个体应该具有的美德乃是让他们成为完满之人的品格；如果不知道什么是人性，就不可能理解什么能使人成为完满之人；但是，在原初状态中选择正义原则的人那里，任何人性概念都被明确排除在外了。也许，正是在这个意义上，莱巴尔对这样的政治正义概念有所不满，因为罗尔斯"可能会以始料未及的方式限制个体正义的可能性"。③

鉴于连接两种正义的这两种方式都没有希望，莱巴尔哀叹，"我们

---

① 当然，也可以说，既然罗尔斯把原初状态设计为一种能够衍生出正义原则的程序，那么，罗尔斯作为这个状态的设计者的正义的美德就反映或表达在他的正义原则之中了。不过，罗尔斯显然并没有在此基础上论证他的观点。

② John Rawls, *A Theory of Justice*. Cambridge, MA: Harvard University Press, 1999, p.398.

③ Mark LeBar, "The Virtue of Justice Revisited." In *The Handbook of Virtue Ethics*, edited by Stan van Hooft. Bristol, CT: Acumen, 2014, p.274.

可能无法看到，作为个体美德的正义概念可以和制度正义相一致”。[①] 然而，我认为我们有理由更加乐观地看待这一问题。这里，我想到的是斯洛特的进路。斯洛特是一位美德伦理学家，当代大多数美德伦理学家是亚里士多德主义者，而他却是情感主义者。当然我并不认为，一个人非得是情感主义者才能做斯洛特在我们所关心的这个问题上所做的事情。依照他最新的美德伦理学，有德之人具有同感(empathy)能力，而同感被视作一种美德。为了解释那种关联，斯洛特认为，“一个既定社会的法律、制度和习俗就像该社会的行为”；正如个人行为反映或表达主体的品性，它们反映或表达创造它们的社会群体的品性：“因此，一种以同感关怀为基础的情感主义伦理学能够说，如果制度和法律以及社会习俗和惯例可以反映出那些负责制定和维持它们的人所具有的同感的关怀动机，那么它们就是正义的”。[②] 斯洛特和亚里士多德都认为，作为社会制度之美德的正义由作为个人美德的正义派生而来。就此而言，他们的进路是相近的。其区别在于，在亚里士多德的模型中，作为社会制度之美德的正义旨在培养正义的人；而在斯洛特的模型中，作为社会制度之美德的正义确保个体之间的互动或交往是正义的。

儒家大体上会接受斯洛特的观点，认为社会制度的正义反映了领导人的道德品性。他们的内圣外王思想就表达了这个观点。外王，即政治制度，仅仅是内圣即道德美德的表现。如孟子说：“天下之本在国，国之本在家，家之本在身。”(《孟子·离娄上》)“四书”之一的《大学》作

---

① Mark LeBar, “The Virtue of Justice Revisited.” In *The Handbook of Virtue Ethics*, edited by Stan van Hooft. Bristol, CT: Acumen, 2014, p.272.

② Michael Slote, *Moral Sentimentalism*. Oxford: Oxford University Press, 2009, p.125.

了进一步的发挥："欲修其身者，先正其心；欲正其心者，先诚其意；欲诚其意者，先致其知，致知在格物。"这是说，政府是善的（一般意义上）或正义的（特定意义上），只是因为治理它的人是善的。孟子还说："先王有不忍人之心，斯有不忍人之政矣。以不忍人之心，行不忍人之政，治天下可运之掌上。"（《孟子·公孙丑上》）这里他强调，因为领导人有德，政府也就有德。

不过，儒家也不完全同意斯洛特的观点，因为他们的要求要高得多。斯洛特认为，一项法律如果体现或表达了立法者的同感动机就是正义的，但同时他也承认，"一项法律只要没有反映或表现出它的制定者之适当的同感关切之缺失，它也可能是正义的"。① 他解释道，"道德败坏的国家立法者，对同胞福祉和国家利益漠不关心，但可能通过一项不会体现或反映其贪婪和自私的法律。例如，如果他们通过在全国范围内允许车辆在亮红灯的路口右转的法律，那么这项法律还是正义的，或者至少不是不正义的"。② 我们上面看到，斯洛特在社会的正义法律和个人的正义行为之间进行过类比。如果回到这个类比，我们便可以看到斯洛特作出以上让步的问题。斯洛特所想的是，不具备美德或者甚至具有恶德的立法者所制定的法律，如果没有反映其恶德，可能与那些体现并表达有德的立法者之美德的法律无异。这就好像一个具有恶德之人所做的事情，如果没有反应其恶德，也可能与一个具有美德之人的行为没有不同。我们知道，这种具有恶德的人的行为不能被视作有德的行为，而只能视为合乎美德的行为。然而，亚里士多德指出，

---

① Michael Slote, *Moral Sentimentalism*. Oxford: Oxford University Press, 2009, p.126.

② Michael Slote, *Moral Sentimentalism*. Oxford: Oxford University Press, 2009, p.126.

> 合乎美德的行为并不因它们具有某种性质就是（譬如说）正义的或节制的。除了具有某种性质，这个行为者人还必须处于某种特定的状态。首先，他必须知道那种行为。其次，他必须经过选择而那样做，并且因那行为自身之故而选择它。第三，他必须出于一种确定了的、稳定的品质而那样选择。①

他进一步指出，“有些行为之所以是正义的或节制的行为，是因为它们是以正义的和有节制的人所具有的方式作出的行为。一个人被称为正义的人或节制的人，却不是仅仅因为做了这样的行为，而是因为他像正义的或节制的人那样地做了这样的行为”。② 正是出于这个原因，儒家总是强调一个人不仅应该做正直之事，而且应该由正直之心去做。例如，孟子赞扬圣人舜，说他“由仁义行；非行仁义也”（《孟子·离娄下》）。

我们可能会问，一项内容相同的法律出自正义的人或不正义的人，两者之间究竟存在何种实际的差别。一个可能的回答，尤其是从儒家角度来看，是法律永远不可能完美，总是有漏洞。若把一项法律仅仅视作一项法律，我们倾向于从字面上对待它，因此可能会被引导去做一些明显不正义但并不违法的事情。相反，若把法律看作是立法者美德的表达和反映，我们倾向于强调它的精神，因此即使法律允许甚至要求我们去做，我们也不会被引导去做一些明显不正义的事情。我们就用斯洛特举过的例子，法律允许司机红灯时右转。如果只把它当作一项法律，那么，哪怕在交通拥堵红灯右转则会堵塞路口时，或者在看到一辆

---

① Aristotle, *Ethica Nicomachea*. Trans. by W.D. Ross. In *The Works of Aristotle*, vol. 9. Oxford: Oxford University Press, 1963, 1105a28 - 35.

② Aristotle, *Ethica Nicomachea*. Trans. by W.D. Ross. In *The Works of Aristotle*, vol. 9. Oxford: Oxford University Press, 1963, 1105b5 - 8.

车从相反的方向（非法）左转时，我们可能还是会试图在红灯时右转，因为这是合法的。然而，如果我们认为法律反映了立法者的美德，我们就不会这样做，因为我们可以理解，这样的行为不可能是有德之人意愿我们去做的。我们也可以用罗尔斯的差别原则作为另一个例子。假设这个原则是正义的，也就是说，它合乎立法者（或政治哲学家）的美德，但它并不是由一位有德的立法者（或政治哲学家）制定的。如果我是才华出众的人，该原则对我来说意味着，除非我的薪水比别人高，否则我就不充分发挥我的才能让平庸者获得最大的益处；如果我属于平庸之辈，该原则意味着，我不会允许一个有才华的人赚得更多，除非他充分发挥其才能让我受益。① 但是，如果我们认为该原则不只是合乎立法者的正义品性，而是实际上就是正义的，也就是说，它反映和表达了立法者的正义这种美德，那么，如果我才华出众，就会把该原则的意图理解为，我应充分发挥才能以最有效的方式让平庸者受益。因此，即使我的薪水不比别人高，我仍然会充分发挥我的才能（尽管不太容易说，平庸者该如何如何）。②

① G. A. Cohen, *If You're an Egalitarian, How Come You're So Rich?* Cambridge, MA: Harvard University Press, 2002, chapter 8.

② 在本节中我的论证利用了法律和个人行为之间的类比。正如正义的行为反映并体现了行为者的正义这种美德，正义的法律表达并反映了立法者的正义这种美德。不过，有一不相似之处：正义的行为源自个人，而正义的法律源自一群人，即立法者。这就提出了一个问题：在何种意义上，我们可以谈论一群人的美德，即所谓的集体美德或制度美德。这一问题无法在本文展开讨论。关于该话题的一些有意义的讨论，可参见 T. Ryan Byerly and Meghan Byerly, "Collective Virtue." *Journal of Value Inquiry* 50(2016), pp.33 - 50; James Gregory, "Engineering Compassion: The Institutional Structure of Virtue." *Journal of Social Philosophy* 44(2015), pp.339 - 356; Miranda Fricker, "Can There Be Institutional Virtues?" *Oxford Studies in Epistemology* 3(2010), pp.235 - 252; Per Sandin, "Collective Military Virtues." *Journal of Military Ethics* 6 (2007), pp.303 - 314; Anita Konzelmann Ziv, "Institutional Virtue: How Consensus Matters." *Philosophical Studies* 161(2012), pp.87 - 96。

三、依据美德之正义，抑或关于美德之正义？

现在，我们可以转向桑德尔的新亚里士多德主义正义观的第二个特征，我将其描述为依据美德之正义：分配某物，要根据其所认可、尊崇和奖赏的相关功绩、卓越或美德。这一正义概念最适用的领域似乎是分配职位，尤其是政治职位和荣誉，但在分配经济利益方面却不尽然。例如，现在主要是以货币的形式分配经济利益。如果是长笛或其他特定的实体，它们还可能有一个目的，后者可以帮助我们确定，在分配它们的时候何种相关的美德需要考虑。但是，如果追问货币的目的（用来买什么？）和它所认可、尊崇和奖赏的美德（擅长投资或讨价还价？），便多少有点奇怪。社会机构提供的多种服务亦是如此。例如，我们可能会说一家医院的目的是提供医疗卫生服务，因此应该向那些能够比别人更好地服务于这个目的人提供医生职位。然而，若问我们应该如何分配医院提供的医疗服务，以及病人应该具备哪些美德来获得这些服务则有些奇怪。或许我们可以说，应该根据人们对社会的贡献程度分配财富和医疗（服务），这种观点似乎合乎亚里士多德的逻辑。然而，罗尔斯会觉得这非常令人难以置信，因为偶然的自然和社会因素会影响人们对社会所作的贡献大小，不应该由此决定他们应该分配到多少。

桑德尔的一些主张让人觉得，他的依据美德之正义似乎是一种普遍的分配原则，适用于任何被分配的事物。[①] 不过，有时他似乎把它限制于

---

① 例如，桑德尔提出以下问题：依据美德之正义是否只适用于荣誉而不适用于繁荣的成果？他接着指出，“争论经济安排的是非曲直经常把我们带回到亚里士多德的问题，即人们在道德上应得的是什么，以及为何如此”；参见 Michael J. Sandel, *Justice: What's the Right Thing to Do?* New York: Farrar, Straus and Giroux, 2009, p.13。然后他立即掉头讨论上文提到的政府救市问题。

荣誉和政治职位的分配。如上文所言，他的依据美德之正义在这些领域的应用最为合理。至少有两种迹象表明，桑德尔坚持这种受限较多因而也较为合理的观点。第一个迹象，他在比较亚里士多德和当代政治哲学家时认为："今天我们讨论分配正义的时候，主要关心的是收入、财富和机会的分配。对亚里士多德来说，分配正义主要不是关于金钱，而是关于职位和荣誉。"①我们有理由认为，桑德尔讲依据美德之正义，心里想的主要是职位和荣誉。第二个迹象在于，桑德尔肯定"应得"（deserved）概念至少是公平分配的部分基础。众所周知，罗尔斯对基于应得的分配正义提出了强有力的反驳，因为他主张，由于偶然的自然和社会事件的影响，无人应得某物。桑德尔讨论罗尔斯正义理论的这部分内容时持非常赞许的态度。② 即使他（至少在一定程度上）试图捍卫应得概念，他仍然声称罗尔斯的观点在道德上是有吸引力的，因为"它打消了精英社会中人们所熟悉的那种自以为是的幻想：成功乃美德之冠，富人之所以富有是因为他们比穷人应得更多"。③ 当然他也主张，罗尔斯的观点"令人不安"，因为"从政治上或哲学上来说，我们不可能使关于

① 参见 Michael J. Sandel, *Justice: What's the Right Thing to Do?* New York: Farrar, Straus and Giroux, 2009, p.192。凯伊特（David Keyt）持有类似的观点："对亚里士多德而言，分配正义首先关心政治权威的分配……，其次才是财富分配"；David Keyt, "Distributive Justice in Aristotle's Ethics and Politics." *Topoi* 4 (1985), p.24。克劳特也说："正义的首要问题，他（亚里士多德）认为是谁应该拥有权力。"参见 Richard Kraut, *Aristotle: Political Philosophy*. Oxford and New York: Oxford University Press, 2002, p.147。正因为此，亚里士多德"忽略了一点，有时候分配不是基于功绩，而是基于其他某个标准。如果食物和其他资源可供分配给需要的人，那么正义则要求把更多的钱给予那些有更大需求的人"。参见 Richard Kraut, *Aristotle: Political Philosophy*. Oxford and New York: Oxford University Press, 2002, p.146。

② Michael J. Sandel, *Justice: What's the Right Thing to Do?* New York: Farrar, Straus and Giroux, 2009, pp.153 - 166.

③ Michael J. Sandel, *Justice: What's the Right Thing to Do?* New York: Farrar, Straus and Giroux, 2009, p.178.

正义的论证脱离关于应得的争论”。[①] 不过，当他提出这样的主张时，他所举的例子包括“就业和机会”，[②]以及诸如“学校、大学、职位、职业、公共职位”等社会机构中的职位。事实上，整个讨论以大学入学政策结束。[③]

不管怎样，接下来我将着重讨论在我看来似乎是桑德尔正义观最言之成理的部分：根据职位（特别是政治职位）——依其目的——所认可、奖励和尊崇的美德对职位进行分配。我认为，即便关于这个最为合理的部分，儒家也会深表疑惑。解释儒家这一疑惑的最好方法就是强调儒家正义观的一个面向，它不仅仅应该与亚里士多德的正义观（包括桑德尔所发展的版本）相一致，而且实际上也可以成为其组成部分。我称之为“关于美德之正义”。[④] 简言之，如果桑德尔的依据美德之正义是关于依据美德来分配某些事物的正义，那么儒家的关于美德之正义便是关于美德自身的分配正义。换句话说，如果桑德尔的依据美德之正义认为政治职位是被分配的东西，那么，儒家的关于美德之正义把政治职位视为可以用来分配美德的工具之一。谈论美德分配可能听起来

① Michael J.Sandel, *Justice: What's the Right Thing to Do?* New York: Farrar, Straus and Giroux, 2009, p.179.

② Michael J.Sandel, *Justice: What's the Right Thing to Do?* New York: Farrar, Straus and Giroux, 2009, p.178.

③ 一般认为，亚里士多德在《尼各马可伦理学》中讨论了两种特殊的正义，即分配正义和矫正正义。与此不同，斯旺森（Judith A. Swanson）认为，亚里士多德“承认三种（正义）：分配、经济和惩罚（正义）。政府关心分配正义，因为它分配职位和荣誉、权利和特权”。参见 Judith A Swanson, “Michael J. Sandel's Justice: What's the Right Thing to Do?: A Response of Moral Reasoning in Kind, with Analysis of Aristotle's Examples.” *Boston University Law Review* 91(2011), p.1377。虽然斯旺森不同意桑德尔和凯伊特等人，主张经济正义是亚里士多德的核心关注，但她也主张亚里士多德的经济正义原则不同于他的分配正义原则和惩罚正义原则。

④ 既然儒家的关于美德之正义观旨在替代桑德尔依照美德之正义，它同样与经济利益的分配无关。

有点奇怪，因为人们通常会认为美德不是可以被任何人正义地或不正义地分配的东西。以下我会解释。

在任何一个社会里，最可能的是有些人具有美德，有些人缺乏美德或者具有恶德。换言之，人们并不同样地拥有美德。在讨论正义要求我们如何处理这样一种状态之前，我们首先需要了解美德以及恶德的本质。儒家的美德观采用了一种健康模型，我相信亚里士多德或者至少某些当代亚里士多德主义者会接受它。根据这个模型，有德之人犹如健康的人，而恶人犹如身体忍受疾病折磨的人。例如，孟子把人皆有“四端”（恻隐之心、羞恶之心、辞让之心、是非之心）比作有“四体”（《孟子·公孙丑上》），就把道德与身体联系了起来。王阳明是明代最具影响力的理学家之一，他把一个缺乏美德的人或邪恶之人比作身处悬崖边的人。就像后者即便免于一死也将遭受巨大的身体伤害，前者将遭受内在的伤害。[①] 如果有什么不同的话，儒家认为，人的内在健康即美德比外在健康即身体健康更加重要。因此，当两者发生冲突时，应当照顾前者而非后者。正是在这个意义上，孟子作了著名的“小体”（肉身）“大体”（道德心）之区分，嘲笑人们关心处理小事的小体而疏忽处理大事的大体：“体有贵贱，有小大。无以小害大，无以贱害贵。……养其一指而失其肩背，而不知也”（《孟子·告子上》）。

我说过，这样的观点对亚里士多德来说并不陌生。他也经常比较身体的健康和灵魂的健康。譬如，他认为，只听医生不会使病人身体健康，同样只听哲学家不会使人们灵魂健康。[②]《尼各马可伦理学》中关于正义的讨论一开始，亚里士多德便对一个做事正义的正义之人和一

---

① 《王阳明全集》卷二，上海：上海古籍出版社，1992 年，第 80 页。

② Aristotle, *Ethica Nicomachea*. Trans. by W. D. Ross. In *The Works of Aristotle*, vol. 9. Oxford: Oxford University Press, 1963, 1105b.

个健康步行的健康之人进行了类比。[①] 事实上，当他对爱自己外在幸福的粗俗的自爱者和爱自己美德的真正的自爱者进行对比时，[②]他的观点也与儒家的观点相一致：人的内在健康比人的外在健康更加重要。

这样一来就很明显，如果有人有美德，而有人有恶德，正义要求我们做的，不是奖赏有美德的人而惩罚有恶德的人，而是帮助后者摆脱恶德成为有德之人，正如当我们发现健康的人和病人时，正义要求我们所做的不是奖赏前者惩罚后者，而是设法治愈减轻后者的疾病。也许有人会说，把身体上的健康与品性上的美德相类比是不恰当的，因为人的健康超出人的控制范围，而人的品性则在控制范围之内。然而，这种说法并不完全正确。一方面，比如通过保持运动、远离烟草、摄入健康的食物以及保持充足睡眠，人的健康很大程度上在可控范围内；另一方面，人的品性并不完全在一个人的掌控之中。

关于第二点，儒家尤其是宋明理学家有过一个很好的解释。再以王阳明为例。在王阳明看来，一个人之所以缺乏美德或具有恶德至少涉及两个其无法控制的因素。首先，王阳明提到了与生俱来的"气"或"气质"。王阳明认为，"良知本来自明。气质不美者，渣滓多，障蔽厚，不易开明。质美者渣滓原少，无多障蔽，略加致力之功，此良知便自莹彻，些少渣滓如汤中浮雪，如何能作障蔽？"[③]当代哲学家特别是受过西方哲学传统训练者，可能会发现王氏对"气"的形上学讨论很繁琐且难以理解，但很多人恐怕也同意他试图阐发的要点：正如人天生的自然

① Aristotle, *Ethica Nicomachea*. Trans. by W. D. Ross. In *The Works of Aristotle*, vol. 9. Oxford: Oxford University Press, 1963, 1129a.

② Aristotle, *Ethica Nicomachea*. Trans. by W. D. Ross. In *The Works of Aristotle*, vol. 9. Oxford: Oxford University Press, 1963, 1169a.

③《王阳明全集》卷二，上海：上海古籍出版社，1992 年，第 68 页。

禀赋存在着自然的不平等，人的先天道德品质也可能存在着自然的不平等。至少，亚里士多德也持类似观点。例如，他区分了生性有道德感的人和天生不遵从羞耻感的人；①当有人认为一个人有道德是天生的时，他回应说，“本性使然的东西显然非人力所及，而是由一些神圣的原因赋予那些真正幸运的人的”；②他还说应该对“天性低劣的人”实施惩罚和管束。③

其次，王阳明强调环境影响对一个人道德品性的重要性。在引用“蓬生麻中，不扶而直；白沙在泥，不染而黑”这两句古话之后，他接着说，民俗之善恶，是习性长期积累造成的结果，从而影响生活于其中的人的道德品质：“往者新民盖常弃其宗族，畔其乡里，四出而为暴，岂独其性之异，其人之异哉？亦由我有司治之无道，杀之无方。”④这包括缺乏早期的家庭道德教育，缺失良好行为的刺激，以及他们被他人的愤怒咒骂进一步推向邪恶。因此，王阳明断言，如果有人逐渐堕入罪恶，无论是有司（政府）还是父母和邻居都难辞其咎。如果王阳明认为人们天生的道德素质不平等的观点在某些人看来仍然颇具争议，那么，他关于环境影响人们道德教养的观点显然不存在争议。例如，罗尔斯认为，不仅人们天生的能力和禀赋容易受到自然事件和社会事件的限制，而且他们的美德也不完全是他们自己的：“有人认为，获得使我们能够去努力培养我们的能力的优越品性乃是我们自己的功劳，这样的论断同样是成问题的，因为这样的品性在很大程度上依赖于我们早期生活所处的幸运

---

① Aristotle, *Ethica Nicomachea*. Trans. by W. D. Ross. In *The Works of Aristotle*, vol. 9. Oxford: Oxford University Press, 1963, 1179b5 - 15.

② Aristotle, *Ethica Nicomachea*. Trans. by W. D. Ross. In *The Works of Aristotle*, vol. 9. Oxford: Oxford University Press, 1963, 1179b21 - 23.

③ Aristotle, *Ethica Nicomachea*. Trans. by W. D. Ross. In *The Works of Aristotle*, vol. 9. Oxford: Oxford University Press, 1963, 1180a8.

④《王阳明全集》卷十七，上海：上海古籍出版社，1992 年，第 599 页。

的家庭和社会环境，而对这些条件我们是没有任何权利去邀功的。”①

然而，身体健康和品性美德之间的类比在某些方面的确不能成立。一方面，如果一个人的身体存在严重的问题，例如身患绝症，那么在人类文明的现阶段、现有医疗技术水平之下，确实无计可施。即使正义要求我们在人们之间平等地分配身体健康，也可能无法实现。相反，儒家相信，无论一个人由于何种原因而变得何等邪恶，这个人仍然可以变成有德之人。换言之，美德的平等分配总是可能的，这就是为何儒家认为人人可以成圣。另一方面，身体健康和美德相类似，而与长笛和金钱等物质的东西则不类。在后一种情形之下，某人的长笛好则另一人的长笛就差些，某人金钱多些则另一人就金钱少些，因为这样的东西无论如何丰富总是有限的。相反，一个人越健康、越有美德并不意味着另一个人的健康和美德就一定变得越差，因为它们的供给近乎无限。或许我可以争辩说，更可能的是，一个人变得越健康、越有美德，实际上越有益于另一个人变得更加健康和更有美德。不过，健康和美德之间仍可能有不类之处。就身体健康而言，很容易出现这样一种情况，即所有病人所需要的药品出现供应短缺，即使他们的疾病都是可以治愈的。这样就会有这些药物的分配问题，一个人得到(更多)药物而变得健康，当然意味着另一个人得不到(足够的)药物而无法康复。然而，如果是让没有美德或有恶德的人变得有德，就很难找到与药物短缺相似的情形。

四、美德可以分配吗？

前文已花费颇多笔墨来说明，在人们之间正义或平等地分配美德

① John Rawls, *A Theory of Justice*. Cambridge, MA: Harvard University Press, 1999, p.89.

的观点为何并不像它乍看起来那样荒谬。随之而来的问题是如何做到这一点。儒家思想提供了两个渠道。一方面，需要自我修养。儒家认为，尽管成为恶人并不完全是一个人自己的错，但一个人至少要部分地对自己成为恶人负责；此外，只要愿意努力，他也可以成为善人（诚然，一个人身处的自然与社会条件越是不良或不利，他就越是要作出更大的努力）。另一方面，正义要求我们做的——不管作为个体还是政治领袖——不是奖励善人惩罚恶人，而是帮助恶人克服他们的恶，从而使他们止恶成德。如此一来，美德就可以在所有人中间平等或正义地分配。这里一是修己（自我道德修养），二是立人（道德教育）。[1] 本章重点讨论第二个方面，因为我们现在关心的是，如果美德分配发生不正义即不平等，正义要求我们怎么做。

我已在其他地方论证，儒家思想的一个独特之处在于，一个人之所以有德，不仅仅是因为这个人帮助那些遭受饥饿、寒冷、疾病或其他生理痛苦的人；而是因为这个人想让他人成为有德之人。[2] 阐明这一儒家思想的一个办法是，弄清儒家金律的独特之处，尤其是通过与其他传统中类似的道德律作比较。按照西方传统对于“金律”的一般理解，一个人应该像他愿意（或不愿）别人对他做某件事那样对别人做（或不做）某件事。然而，道德金律并不要求一个想要遵循金律的人使别人也遵循金律。例如，一个人希望自己身处困境时有人帮助他，那么按照金律，他要帮助身处困境的人；不过，金律并不要求他促使别人也帮助身

① 在儒家那里，修己和立人往往共同起作用，甚至密不可分。就此而言，斯洛特的以下观点为是：修己是不充分的；而他的以下观点则非：儒家仅仅着眼于修己。他的后一观点来自他对杜维明与艾文贺的解读，他们都认为儒家以道德自修为核心。参见 Michael Slote, “Moral Self-cultivation East and West: A Critique.” *Journal of Moral Education* 45.2(2016), pp.192 - 206。

② Yong Huang, “The Ethics of Difference in the *Zhuangzi*.” *Journal of American Academy of Religion* 78.1(2010), pp.65 - 99.

处困境的人。一个人不希望自己受到不公平待遇，那么按照金律，他不能待人不公；不过，金律并不要求他促使别人不能待人不公。然而，儒家的道德金律不止于此。一个人除了应该像他愿意（或不愿）别人对他做某件事那样对别人做（或不做）某件事，孔子还主张“己欲立而立人，己欲达而达人”（《论语·雍也》）。“立”的含义非常清晰，就是要培养或实现自我。在孔子那里，这意味着更多关注一个人的内在品性而非一个人的外在幸福。孔子列举自己重要的生命节点，说到“三十而立”（《论语·为政》）。毫无疑问，他谈论的是自己品性的形成。关于“达”，孔子自己提供了一个定义：“夫达也者，质直而好义，察言而观色，虑以下人。”（《论语·颜渊》）所有这些都清楚地表明，“达”主要与一个人的内在幸福、道德品质有关。因此，一言以蔽之，儒家的金律从本质上来讲就是，如果我想成为有德之人，我应该帮助别人成为有德之人；进而，如果我不想成为一个恶人，我应该帮助他人不成为恶人。

最有意义的是，孔子在这里用“直”解释“达”的含义。“达”之人也会帮助别人“达”，而“达”的重要特征之一就是“直”。这种对“直”的理解可以帮助我们明白《论语》中两个包含“直”的困难段落，而如果能够正确理解它们，将有助于推进我们此处讨论的问题。在《论语·宪问》中，有人问孔子，“以德报怨，何如？”“以德报怨”是道家老子所倡导的观点（《道德经》第六十三章）。孔子答曰：“何以报德？以直报怨，以德报德。”“以直报怨”究竟如何理解？对此学界存在争议，尽管孔子显然不认同老子或耶稣建议我们对待作恶者的态度，即以德报怨。有人把“直”解读为“值”，意思是“价值”，认为孔子所说的是，你应该以一种与怨对等的、大致与你受到的伤害差不多的价值来报答作恶者。[1] 不过，

---

① 李零：《丧家狗：我读论语》，太原：山西人民出版社，2007 年，第 262 页。

按照大多数学者的看法，孔子教导我们在道德上持中间态度。以怨报怨过于宽容，而以德报怨则过于严苛，中间态度就是以一个人当时真正的感受即直来回报恶行。①

我对这两种解释都持反对态度。② 在我看来，孔子所谓“以直报怨”，就是做一些事情以帮助那个给我造成不当伤害的人即不正直的人，使之成为一个正直的人。不妨看一看孔子如何对比“直”和“枉”。他说：“举直错诸枉，能使枉者直。”（《论语·颜渊》）在同一章中，弟子子夏阐明师意：“舜有天下，选于众，举皋陶，不仁者远矣。汤有天下，选于众，举伊尹，不仁者远矣。”同样，孔子赞扬卫国一位正直的大臣史鱼。史鱼病重，临死前告诉儿子自己在朝未能说服卫灵公提拔贤臣遽伯玉而斥退佞臣弥子瑕。因此之故，他的葬礼不应该在正堂举行。不久他死了，儿子遵嘱治丧。卫灵公前来吊唁，问为何如此这般，儿子把父亲的遗命告诉了他。卫灵公闻之，惊惨失容，接受规劝提拔了遽伯玉，罢黜了弥子瑕。这就是中国历史上著名的“尸谏”故事，而史鱼不仅仅被视作“直己”，而且还“直人”（例子中的卫灵公）。孔子感叹：“直哉史鱼！”（《论语·卫灵公》）他显然在双重意义上理解“直”。③ 在这里，我们看到了“直”的独特性：一个正直的人不仅自己正直，而且还使别人正直。孔子说“好直不好学，其蔽也绞”（《论语·阳货》），宋人邢昺疏曰：“正人之曲曰直”。孔子的追随者孟子也强调了直的这一特点：“枉己者，未有能直人者也。”（《孟子·滕文公下》第一

① 李泽厚：《论语今读》，香港：天地图书，1999 年，第 346 页。
② Yong Huang, “Why the Political Is Also Personal.”载于黄俊杰编：《全球化时代的王道文化：社会创新与永续发展》，台北：台大出版中心，2013 年，第 38—39 页。
③ 其他文献记载孔子如是说：“古之列谏者，死则已矣，未有若史鱼死而尸谏，忠感其君者也，不可谓直乎？”（《孔子家语·困誓》）

章）孟子强调，一个正直的人会使不正直的人变得正直（同上，第三章）。《春秋左氏传》也有正、直连用的表述："正曲为直"（《左传·襄公七年》）。

"直"的这一含义，也有助于我们更好地理解《论语》中出现"直"的另一章有争议的文字。这章记录了叶公和孔子之间的对话。叶公对孔子说："吾党有直躬者，其父攘羊，而子证之。"孔子没有表扬那个人，而是回应道："吾党之直者异于是：父为子隐，子为父隐。——直在其中矣。"（《论语·子路》）这一章是《论语》解经史上的一大疑案，在过去十几年里还成为中国学者争论的一大焦点。争论双方都认为，这段文字把我们带入"孝道"和"社会正义"的两难困境。其中一方为孔子将孝道放在社会正义前面辩护，另一方则批评孔子没有把社会正义放在孝道前面。我曾经主张，争论双方都不对。[①] 理解这一章的关键也是"直"。我们已经看到，"直"意味着正枉。在该章中，父亲偷了邻居的羊，这一事实表明他是不正直的。一个正直的儿子应当使他不正直的父亲为人正直。问题在于，儿子不透露他父亲的偷窃行为，在何种意义上有利于父亲变正直。孔子只是说，正直在于儿子的隐，而不是他的隐本身是正直的。

孔子为我们提供了一条线索。他说，"事父母，几谏"（《论语·子路》）。当父母做了不道德的事，一个人应该和颜悦色、轻声细语地规劝。这句话意味深长。首先，如果父母做了不道德的事情，儿女们不应该只是袖手旁观，当然更不应该跟着行不善。相反，他们应该规劝父母不行不善；如果为时已晚，就要敦促父母纠正这种情况。因此，如

① Yong Huang, "Why the Political Is Also Personal."载于黄俊杰编：《全球化时代的王道文化：社会创新与永续发展》，台北：台大出版中心，2013 年，第 139—143 页。

果父亲偷了一只羊，一个正直的儿子就应该劝说他加以纠正。这表明，孔子在该章中并没有提倡以社会正义为代价行孝道。其次，劝说父母不做坏事，在这里被视为一种“侍奉”父母的方式。换句话说，规劝是行孝的子女应该做的一件重要的事情。遵行孝道并非一味服从父母。例如，孔子的弟子子贡问孔子，是否服从父母即是孝，正如臣下服从君王即是忠。孔子回答道：“鄙哉赐，汝不识也。昔者明王万乘之国，有争臣七人，则主无过举；有争臣五人，则社稷不危也；有争臣三人，则禄位不替；父有争子，不陷无礼；士有争友，不行不义。故子从父命，奚讵为孝？臣从君命，奚讵为贞？”（《孔子家语・三恕》；类似的文字也见于《荀子・子道》）。这表明，孔子并不以孝道为代价促进社会正义。以上两点合而表明，对孔子来说，孝与社会正义之间并不存在两难困境。再次，要想规劝成功，就必须温和地进行。其原因在于，如果父母将要做或已经做了某些不道德的事情，这说明父母不是有德之人，所以责骂他们当然不会帮助他们意识到错误，从而克服自己的恶习。如果父亲偷了一只羊，儿子向公共机关报告，父亲肯定会生儿子的气，他也不可能听从儿子的规劝。因此，在我们一直讨论的这段文字中，孔子说一个行孝的儿子不应该透露父亲偷了羊（这并不意味着掩盖事实或妨碍公共机关调查它），这是为了创建一个可以更有效地纠正他父亲恶德的良好环境，而这恰恰是“直”的含义：使不正直的人变得正直。

前文已经论证，按照儒家的关于美德之正义（即平等分配美德的正义）的要求，我们不是要奖善惩恶，而是应该帮助恶人克服他们的恶习从而使他们变成有德之人，正如按照正义的要求，我们不是要奖励健康的人而惩罚病人，我们应该帮助病人克服疾病而变得健康。现在应该已经清楚，这并不意味着我们应该对违法者作宽大处理或原谅他们的错误行为。[①] 儒家认为，如果有恶人，我们不应该指责他们未能成为有德之人，而是努力帮助他们祛恶。如果他们依然行恶，那么，我们应该反省自己，看看我们在努力帮助他们时是否有做得不当的地方，看看如何提高自己以帮助他们。[②] 然而可以肯定的一点是，儒家坚持认为，我们不能让恶人继续行恶，因为他们缺乏美德而别人却拥有美德就是不公平或不正义，就像有人健康而有人生病但无人照顾就是不公平或不正义。

五、儒家如何不同于亚里士多德主义者

上文所说的关于美德之正义是指具有正义这种美德的道德主体，无论是个人还是政府，都应该把培养人们的美德作为自己的目标。然而，这听起来与桑德尔的亚里士多德式的正义并无多大差异。桑德尔指出，"对于亚里士多德而言，政治的目的并不在于建立一套中立于各种目的的权利框架，而是要塑造好公民，培育好品质"；他还引用亚里士多德的名言来支持自己的观点："任何一个真正的城邦，而不仅仅是名义上的城邦，必须致力于促进善这一目的。否则，一个政治机构就沦为一个单纯的联盟……而不是它应当成为的那种能使城邦的成员变得良

① 我要感谢朱丽娅·德莱弗(Julia Driver)，她的一个评论促使我想到了这个问题。

② 只有置于这样的脉络之中，《论语》中的某些章节才能得到正确的理解。比如，"躬自厚而薄责于人"(《论语·卫灵公》)；"君子求诸己，小人求诸人"(《论语·卫灵公》)；"攻其恶，无攻人之恶"(《论语·颜渊》)；"乐道人之善"(《论语·季氏》)，"恶称人之恶者"(《论语·阳货》)。在所有这些段落中，孔子不是说，我们自己有德就够了，不需要做任何事情让别人成为有德之人。相反，孔子是说，如果别人无德，我们就要责备自己，正如孔子所引的那句据说出自周武王的话："百姓有过，在予一人。"(《论语·尧曰》)

善和正义的生活规则”。[①] 因此，我相信桑德尔也会接受儒家的关于美德之正义。不过，我认为儒家的关于美德之正义观与桑德尔的亚里士多德主义的依据美德之正义观还是有一些细微但又很重要的差别；事实上，正因为感受到这些差别，我才认为儒家对后者会有一些保留意见。

首先，尽管儒家和亚里士多德都认为应该让有德之人担任政治职务，但他们这样做的理由至少不尽相同。桑德尔强调，这些职位的存在是为了认可、奖励和尊敬有道德的人。这一点在他运用亚里士多德分配最好的长笛的例子中可以看得最为清楚。我们可能会同意亚里士多德的观点，应当把最好的长笛分配给最好的长笛演奏者。但“原因何在?”桑德尔自问自答：

> 嗯，你可能会说，因为最好的音乐家能演奏好长笛，创造人人都喜欢的音乐。这是一个功利主义的理由，但并不是亚里士多德

① Michael J. Sandel, *Justice: What's the Right Thing to Do?* New York: Farrar, Straus and Giroux, 2009, p.193. 至少根据辛加诺(Marco Zingano)的解释，这一意义上的关于美德之正义对亚里士多德来说其实并不完全陌生，而在我看来，辛加诺的解释是有道理的。因为对于亚里士多德，正义即平等，辛加诺认为亚里士多德对何为平等的回答是美德，而“道德美德是正确制度中正义的衡量标准。为了让正义行于整个城邦，城邦必须为公民提供休闲及其他前提条件”。Marco Zingano, “Natural, Ethical, and Political Justice.” In *The Cambridge Companion to Aristotle's Politics*, edited by Marguerite Deslauriers and Pierre Destree. Cambridge: Cambridge University Press, 2013, pp. 209 - 210. 他援引亚里士多德为证：“无论是对于个体还是城邦，最好的生活是一种美德生活，同时配有参加美德活动所需的充分资源”。参见 Aristotle, *Politics*. Trans. by W. D. Ross. In *The Works of Aristotle*, vol. 9. Oxford: Oxford University Press, 1963, 1180a8; Marco Zingano, “Natural, Ethical, and Political Justice.” In The *Cambridge Companion to Aristotle's Politics*, edited by Marguerite Deslauriers and Pierre Destree. Cambridge: Cambridge University Press, 2013, p.209。

> 的理由。他认为，最好的长笛应当给予最优秀的长笛演奏者，因为这是长笛的目的——被很好地演奏。长笛的目的在于产生动听的音乐，那些能够最佳地实现这一目的的人应当拥有最好的长笛。①

把最好的长笛给最佳演奏者，同样，把最有影响力的职位给最有德的人，桑德尔区分了功利主义的理由和亚里士多德的理由。就此而言，我认为儒家会采取功利主义的理由②：让有德之人担任政治职务的理由不是奖励、尊重或认可他们，而仅仅因为担任这些职位能够使他们更好地发挥其使别人有德的作用。无论如何，有德之人之所以有德，不是因为他们要寻求认可、奖励或尊重。这些东西即便对于亚里士多德来说也是外在的东西，是庸俗的自爱者追求的东西，而真正的自爱者愿意在必要时牺牲这些外在的东西，因为他们所关心的是属于他们内在幸福的自身的美德。

其次，关于身居政治职位者使人有德的方式，儒家可能也不同意包括桑德尔在内的亚里士多德主义者的观点。亚里士多德认为论辩不会起作用。多数人"按其本性所听从的都不是羞耻感而是恐惧。他们不去做坏事不是由于这些坏事卑鄙，而是因为他

---

① Michael J. Sandel, *Justice: What's the Right Thing to Do?* New York: Farrar, Straus and Giroux, 2009, p.18. 桑德尔在其他地方提出更具包容性的主张。例如，他说，有德之人"应该拥有最高的职位和荣誉，不仅仅是因为他们会制定明智的政策，使每个人都生活得更好。也是因为政治共同体的存在，它至少部分地是为了尊重和回报公民的美德"，参见 Michael J.Sandel, *Justice: What's the Right Thing to Do?* New York: Farrar, Straus and Giroux, 2009, p.195。

② 也许，它与其说是功利主义的，不如说是后果论甚至目的论的，因为儒家的目的在于追求最佳后果或目的：使尽可能多的人成为有德之人。显然，儒家总体上属于美德伦理，后果论只在其美德伦理的总框架内发挥作用，而美德伦理的总框架是目的论的而非后果论的。

们惧怕惩罚”。[①] 因此，政治领袖通过制定法律来完成他们使人有德的工作。他指出，“如果一个人不是在健全的法律下成长的，就很难有正确的方式让一个年轻人变得有美德。因为过节制的、忍耐的生活并不快乐。所以，他们的教养和职业要在法律指导下进行。……因为多数人服从的是法律而不是论证，是惩罚而不是高尚感”。[②] 桑德尔似乎同意亚里士多德的看法，他抱怨说，“对于自由社会中的许多公民来说，道德法律化这一观念是令人厌恶的，因为它陷入缺乏容忍和强迫的危险”。他紧接着说，“然而，正义社会认可某些美德以及完满生活的观念……在意识形态领域中激发了许多政治运动和争论”。[③] 在另一个地方，桑德尔问道：“一个正义的社会谋求推进其公民的美德吗？或者，法律是否应该中立于各种不同的美德观念……？”[④]其言外之意，公民的美德可以（如果不是仅仅）通过法律得到提升。

我们已经看到，儒家同意亚里士多德主义的观点，认为使人民有德是政府的重要职能；他们也同意，这种工作不能纯粹由论辩来完成。然而，通过立法和实施惩罚性法律使人民有德，这样的观点与儒家格格不入。孔子在《论语》中有句名言：“道之以政，齐之以刑，民免而无耻；道之以德，齐之以礼，有耻且格。”（《论语・为政》）这一段落的前半部分与亚里士多德所说的截然相反，而我认为孔子

① Aristotle, *Ethica Nicomachea*. Trans. by W. D. Ross. In *The Works of Aristotle*, vol. 9. Oxford: Oxford University Press, 1963, 1179b5 – 10.

② Aristotle, *Ethica Nicomachea*. Trans. by W. D. Ross. In *The Works of Aristotle*, vol. 9. Oxford: Oxford University Press, 1963, 1179b31 – 1180a4.

③ Michael J. Sandel, *Justice: What's the Right Thing to Do?* New York: Farrar, Straus and Giroux, 2009, p.20.

④ Michael J. Sandel, *Justice: What's the Right Thing to Do?* New York: Farrar, Straus and Giroux, 2009, p.9.

显然是对的。惩罚性的法律不管多么严厉，或许的确可能阻止人们去做不道德的事情，但却不能使恶人成为有德之人，因为，亚里士多德自己也讲，他们“不去做坏事不是出于羞耻，而是因为惧怕惩罚”。[1] 所以，当确信他们的行为不会被发觉并由此不会被惩罚，他们就不会不去做坏事；而且，当他们控制自己不去做非常愿意做的事(坏事)，或者尝试去做他们不乐意做的事情(好事)，他们还将不得不总是经历内心的挣扎，这当然不利于他们成为有德之人。在该段落的后半部分，孔子建议改用礼仪规范和美德使人有德。礼仪规范不同于惩罚性的法律，如果人们违反这些规则，不会受到惩罚，但会被人看不起，因而感到羞愧。而所谓德治，孔子指的是政治领袖的典范德行。[2]

由此引出儒家和亚里士多德主义之间的第三点差异。两者都认为政府具有使人有德的功能，而且那些担任政治职务的人应该拥有美德。不过，这些政治官员究竟应该拥有哪些相关美德，两者的看法并不一样。正如我们所见，亚里士多德强调立法者对于制定能阻止人们做坏事的惩罚性法律的重要性。让我们假设，这样的法律不仅能阻止人们做坏事，还能使人变得有德。问题在于，哪种人有资格成为立法者。换言之，人们应该具备什么样的美德才能被这样的政治职位所认可、奖赏

① Aristotle, *Ethica Nicomachea*. Trans. by W. D. Ross. In *The Works of Aristotle*, vol. 9. Oxford: Oxford University Press, 1963, 1179b10.

② 当然，这并不是儒家道德教育的仅有的两种方式。在别处，孔子提到了其他措施。例如，他也说道德发展“兴于诗，立于礼，成于乐”(《论语·季伯》)。此处，除了礼仪规范之外，孔子还提到了诗和乐，两者皆属于情感教育。除此之外，孔子并不是绝对反对惩罚性法律，因为他意识到有时惩罚性法律是必要的。然而，他认为，在理想情况下，这种法律仅仅是在场的，而不是被运用；当确实需要运用它们时，它们只是临时起到补充作用。无论是在不得不运用这种法律手段之前或之后，都必须要用其他道德教育手段。

和尊重呢？有意思的是，亚里士多德拿医生作类比。假设你的孩子生病了。一方面，作为父母，你知道很多关于孩子的细节。另一方面，有一位医生，他从没见过你的孩子。你会自己设法治好你的孩子，还是去看医生？当然是后者。为什么？因为医生"具有一般性的知识，懂得对于每个人或某类人什么是好的"。[①] 一个人成为一名能够治病的医生，不是因为医生本人是健康的或者至少没有病人所患的疾病，而是因为医生拥有治疗疾病的相关知识和技能。同样，亚里士多德认为，要使一个孩子有德，是立法者而非父母的工作。立法者可以发挥这样的作用，除了他们是立法者这样简单的事实而具有的权威之外，还因为他们拥有立法的知识和专业技能，能够让所立之法有效地达到预期的目标，而不仅仅因为他们拥有他们想使人们拥有的美德——因为其他很多人也拥有这样的美德。事实上，我们可以把亚里士多德的类比往前推进一步(我们这样做应该是合理的)：立法者通过制定法律来训练人们具有美德，而他们是否具有这样的美德并不重要。医生可以治病人的病，不是因为他自己没有病，而是因为他有相应的知识和技能。如果没有这样的知识和技能，无论医生多么健康，他都无法治疗病人的病；有了这样的知识和技能，即使他自己有同样的病，仍然可以治愈病人。同样，即使一个人没有政府希望其人民拥有的美德，只要这个人有足够的知识和技能，了解什么法律可以使人有德，这个人仍然有资格成为一名立法者。

对孔子来说，使人们变成有德之士的，并非政府所制定的法律，而是那些拥有政治职位的人透过其行为所表现出来的典范性美德；政治领袖必须具有他们努力使人民具有的美德。在这方面，我们可以在《论

① Aristotle, *Ethica Nicomachea*. Trans. by W. D. Ross. In *The Works of Aristotle*, vol. 9. Oxford: Oxford University Press, 1963, 1180b13 - 15.

语》中找到许多孔子的语录。他对政治统治者的建议一再强调有德的重要性。例如，他说："苟正其身矣，于从政乎何有？不能正其身，如正人何？"(《论语·子路》)其中，"政"是"正"的同源词。又如，季康子问政，孔子对曰："政者，正也。子帅以正，孰敢不正？"季康子患盗，问于孔子，对曰："苟子之不欲，虽赏之不窃。"季康子进一步问，是否要杀不循道的人，孔子答曰："子为政，焉用杀？子欲善而民善矣。君子之德风，小人之德草。草上之风必偃。"(《论语·颜渊》)在孔子看来，如果统治者"其身正，不令而行；其身不正，虽令不从"(《论语·子路》)；"为政以德，譬如北辰，居其所而众星共之"(《论语·为政》)。《孔子家语》中有一大段文字把这一点说得很清楚："上敬老则下益孝，上尊齿则下益悌，上乐施则下益宽，上亲贤则下择友，上好德则下不隐，上恶贪则下耻争，上廉让则下耻节，此之谓七教。七教者，治民之本也。……凡上者，民之表也，表正则何物不正？"(《孔子家语·王言解》)

总之，孔子认为政治领袖应该具备的美德恰恰是他们希望人民拥有的美德。例如，如果想让人民"诚"，他们必须首先有诚的美德；如果希望人民"仁"，他们必须首先有仁的美德；如果想让人民"义"，他们必须首先有义的美德。[①] 相比之下，按照桑德尔的亚里士多德主义，政治职位的目的是尊重、认可和奖赏人们，因为他们拥有制定、执行和宣判可以使人民有德(例如，诚实、仁慈、正义)的法律的美德或技能和能力。有时候桑德尔称这种美德为公民美德，[②]不过，我认为他将治理国家称

---

① 当然，这并不意味着儒家认为道德美德是政治领袖所必须拥有的唯一东西。除了使人民变得有德之外，政府的目标还促进社会正义，特别是正义地分配经济利益，这就要求政治领袖具备相关的专门知识。当然，在儒家看来，道德美德对政治领袖来说不仅是必要的和最重要的，而且它自然会引导政治领袖探寻能够正义而有效地治理社会的专门知识。

② Michael J. Sandel, *Justice: What's the Right Thing to Do?* New York: Farrar, Straus and Giroux, 2009, p.194.

为“灵魂塑造”时描述得更为准确。[①] 有人也许会为亚里士多德的观点辩护说，既然政治领袖的工作是使人有德，那么在理想状态下，只要他们能对灵魂进行有效地塑造就够了，但他们自己不一定要有德。就像一家汽车公司的CEO，不需要任何制造汽车零部件或把不同部件组装成整车的知识或能力。他只要具备管理不同的人以最有效的方式去做不同的事情的知识、技能和能力就够了。[②] 这种对亚里士多德的辩护，没有注意到道德教育和管理与非道德事情的训练之间存在重要区别。如果有人教我打篮球，我唯一关心的是他能否教我把篮球打得更好；至于他自己篮球打得好不好，我并不关心。然而，如果有人教我诚、仁或义，而他自己不诚、不仁、不义，那么，如果我还没做到诚、仁或义，那我就不太可能认为它们是我应该拥有的美德。

比照儒家关于美德之正义和桑德尔亚里士多德式的依据美德之正义，我们最后且聚焦在它们各自对于矫正之正义的看法。我们的讨论从以下问题开始：一个善恶之人共存的社会为了实现正义应该做什么？关于这个问题，我们已经从儒家的角度提出了关于美德之正义的独特概念。我们把善/恶与健康/疾病相类比，认为某些人比其他人更有美德是不正义的，一个正义的社会应该重新分配这些美德，从而使人人都能平等地（和最大化地）具有美德。有趣的是，从不同的角度来看，我们发现儒家的关于美德之正义也可以视为矫正之正义：不具有美德的人或恶人在此被视为有道德缺陷的人，他们类似于有身体缺陷的人。把美德分配给他们，也就是使他们有德，这在本质上是对他们进行矫正。正是在这里，我们可以看到孔子与亚里士多德之间的第四点差异。

---

① Michael J. Sandel, *Democracy and Its Discontents: America in Search of a Public Philosophy*. Cambridge, MA: Harvard University Press, 1996, p.326.

② 感谢德莱弗（Julia Driver），她的评论促使我想到了这个问题。

这也是我要讨论的最后一种差异。

亚里士多德认为不正义本身就是不平等，矫正之正义旨在恢复原有的（有比例的）平等。例如，假设 A 和 B 之间原本是有比例地平等的，现在如果 A 从 B 处偷了东西，A 就会得到 B 失去的东西，从而导致不平等。矫正之正义要求 A 把所得的东西归还 B 以恢复最初的平等。同样，如果"一方打了人，另一方挨了打，或者一方杀了人，另一方被杀了，做这个行为同承受这个行为两者之间就不平等……法官就要通过法律的惩罚来达到平衡，要剥夺行为者的所得"，[①]如此一来，平等又回来了。显然，亚里士多德的观点就是现在所谓矫正正义的报应（retributive）理论。[②] 这一理论与功利主义理论形成对比。报应理论是向后看的：恢复被不正义行为所扰乱的最初的平等；功利主义理论则是向前看的：防止将来发生不正义的行为。为了实现这一功利的目标，仅仅恢复原来的平等还不够；有必要要求在不正义的交易中已经有所获得的当事人，也就是那个不道德的人、罪犯，放弃比他人所得更多的东西，这样才会阻止他及其他潜在的不道德的人和罪犯将来再作出同样的行为。

众所周知，这两种理论各有利弊。报应理论不能可靠地防止将来同一个人或其他人继续发生不正义行为，而这正是功利主义理论的长处。然而，功利主义理论也难以证明，为什么我们可以迫使一个已做了一个不正义行为的人，不仅放弃他不应得到的东西，而且还要被用作工

---

① Aristotle, *Ethica Nicomachea*. Trans. by W. D. Ross. In *The Works of Aristotle*, vol. 9. Oxford: Oxford University Press, 1963, 1132a7 - 9.

② 因此，他说："人们总是寻求以恶报恶，若不能，他们便觉得自己处于奴隶地位。人们也寻求以善报善，若不然，交易就不会发生，而正是交易才把人们联系到一起。"参见 Aristotle, *Ethica Nicomachea*. Trans. by W. D. Ross. In *The Works of Aristotle*, vol. 9. Oxford: Oxford University Press, 1963, 1132b34 - 1133a2。

具，放弃比所得更多的东西，从而阻止他自己将来再犯同样的错——更成问题的是，阻止其他人将来犯同样的错。正是在这里，我们可以看出儒家关于美德之正义的意义。作为一种矫正理论，这种儒家的观点既非报应性的也不是功利性的，而是还原性的、恢复性的或治疗性的。[①] 这一观点的最为独特之处在于，虽然它也旨在矫正，但它要矫正的是不正义行为的根源，即不道德的主体，而大家熟悉的两种理论的矫正对象则是不正义行为的结果。这种儒家的矫正之正义优于报应理论和功利主义。矫正不道德的主体，也就是说，治愈其疾病，恢复其内在健康。如果做到这一点，一方面，他不仅不会再作出同样的不道德行为，而且会成为其他可能犯下同样不道德行为的人的道德楷模。这样一来，我们不使用功利主义的手段就可以达到功利主义的目标。另一方面，如果不道德的主体治好疾病，恢复道德健康，从而成为道德的主体，那么，他们自然会放弃他们不应得的东西，把它们归还受害者。如果不能恢复受害者的损失（例如，如果他们不道德的行为造成受害者失去身体的某些部分甚至生命），他们也会努力作一些适当的补偿，同时也会为不道德的行为感到自责、内疚和遗憾。因此，这样一来，我们不使用报应论的手段就可以达到报应论的目标。

六、结论

通过着重探讨桑德尔新亚里士多德主义正义理论的两个主要特

① 应当指出，不言自明的是，我们的意思不同于与桑德尔的刑事正义治疗理论。在桑德尔的案例中，治疗诉讼"把惩罚看作是受害者的一种安慰，一种畅快地表达，一种终结。如果惩罚是考虑到受害者的利益，那么受害者在决定罪犯该受何种惩罚时就有发言权"。参见 Michael J.Sandel, *Public Philosophy: Essays on Morality in Politics*. Cambridge, MA: Harvard University Press, 2005, p.106。简言之，在桑德尔那里，接受治疗的人是受害者，而在孔子那里，接受治疗的人是非道德主体。

点，即作为美德之正义和依据美德之正义，本章提供了解读这一理论的一种儒家视角。为了进行比较，同时展示儒家思想对当代正义话语的潜在贡献，我尽量突出儒家思想和亚里士多德主义之间的差异，而不是它们的相似之处。不过，尽管在台湾和香港仍有一些深受牟宗三先生——他可能是最具影响力的现代新儒家了——影响的学者，尤其是新儒家，认为儒家在康德的道德哲学框架内可以得到更好的解读，但也有越来越多的人，包括我自己在内，认为儒家与亚里士多德哲学最为契合。因此之故，我完全有可能在本章中夸大了他们的分歧。所以，如果我误解了亚里士多德的观点，尤其是桑德尔所理解的亚里士多德的观点，而亚里士多德的观点和儒家的观点其实完全一致，那么我也会完全接受亚里士多德的观点。① 如果两者之间仍有一些差

① 这是完全可能的，桑德尔有时也会提出类似的主张。例如，在讨论一位受欢迎的新生啦啦队队长斯玛特(Callie Smartt)的事例时，桑德尔说，"在选择自己的啦啦队队长时，高中学校……表达了它希望学生们去钦佩和效仿的品质"。参见 Michael J. Sandel, *Justice: What's the Right Thing to Do?* New York: Farrar, Straus and Giroux, 2009, p.186。他还把亚里士多德对于正义的进路描述为"分配善物以奖励和促进美德"。参见 Michael J. Sandel, *Justice: What's the Right Thing to Do?* New York: Farrar, Straus and Giroux, 2009, p.108。因此，当桑德尔说分配政治职位以尊重、奖励和认可相关的美德，我们应该将之更好地理解为，他是在说，经由分配促进相关美德，需要通过尊重、认可和奖励那些拥有相关美德的人，这样别人就会效仿他们。如果是这样，我们可以说桑德尔的观点和儒家的观点完全相同。然而，即便如此(似乎如此)，我们也不能忽视它们之间的一些细微差别。一方面，按照桑德尔的理论，其他人会效仿有德之人，因为有德之人得到了政治职位这样的奖品。如果他们对这样的政治职位不感兴趣，他们就会缺乏效仿有德之人的动机。而按照儒家理论，有德之人应该掌管政治职位，仅仅是因为他们的典范行为可以更好、更广泛地为普通百姓所效仿。另一方面，我们必须回答一个问题：这些政治领袖要具备什么样的相关美德？正如我们已经看到的，在桑德尔的亚里士多德模型中，因为这些政治职位所要奖励、承认和尊重的美德，是那些与立法者相关的美德，它们也必须是政府促进和鼓励人们去效仿的美德。但是，考虑到任何社会在任何时候都只需要少数人来制定法律，每一个公民真的都需要有这样的美德吗？相形之下，正如我们已经看到的，在儒家模式中，政治领袖应该具有的美德和他们想让普通人拥有的美德乃是道德美德。无论是政治领袖还是普通人，为了成为一个健康的或没有缺陷的人，都必须具备这样的道德美德。

异，那么，我将站在儒家一边，不是因为我是原教旨主义的儒者（我不是），而是因为本章所给出的理由，除非有朝一日我被相反的理由所说服。

第十一章

与安靖如谈儒家美德：自由主义的中立性、国家完善论和儒家思想

一、导言

在其《圣：宋明理学的当代意义》(*Sagehood: The Contemporary Significance of Neo-Confucian Philosophy*)一书的最后一部分的最后一章，忠实于该书副标题的精神，安靖如(Stephen C. Angle)呈现了儒家思想与当代政治哲学的对话，特别是关于自由主义的中立性(liberal neutrality)和国家完善论(state perfectionism)之间的论争。① 自由主义者认为，由于公民对于什么是好的生活方式，特别是其只影响自己(self-regarding)而不影响他人(other-regarding)的方面，具有很不相同的看法，国家对于这些不同的看法应该保持中立；完善论者主张，对于公民认为是好的生活方式，应该区分哪些是有效的因而是真正好的生活方式和哪些是无效的因而并不是好的生活方式，并进而推动前者而

① Stephen C. Angle, *Sagehood: The Contemporary Significance of NeoConfucian Philosophy*. Oxford and New York: Oxford University Press, 2009, chapter 11.

阻止后者。按照对两者差异的这种粗线条描述，凭直觉我们可能（就像我和安靖如那样）都认为完善论肯定是正确的，并认为儒家思想也是一种完善论，特别是我们这里所说的乃是温和的而非极端的完善论。安靖如在其书中采用了陈祖为（Joseph Chan）对温和完善论的定义。首先，温和完善论虽然认为要区分好的和不好的生活方式，但并不认为只存在着一种适用于所有人的最好的生活方式，而是认为存在着适合不同人的一系列好生活，存在一系列国家应该加以推广的生活方式；其次，这些国家应该加以推广的好的生活方式并不包括包罗万象的（宗教和形而上学的）观念。与自由主义一样，温和完善论也认为国家对于这些包罗万象的观念应该保持中立；再次，无论是在推动真正好的生活方式还是在阻止不好的生活方式时，温和完善论都认为，国家应该采取非强制性的手段。最后，温和完善论也承认，个人的完善只是国家在立法和制定社会政策时必须考虑的诸多方面之一，因此有时可能需要让位于其他的更重要的考虑。[1] 安靖如将乔治·谢尔（George Sher）的完善论视为温和完善论的一个例子，并且详述了儒家特别是当代新儒家与温和完善论的一致性。

尽管（或者因为）我自己也更青睐国家完善论，我还是认为，即便是温和形式的完善论仍然存在问题，或者说，要成为自由主义中立性概念的切实可行的替代方案，它至少还需要提出重要的论证（第四节）。虽然安靖如在其著作中考虑并回应了对完善论的一些批评，但由于他并没有考虑我在本文中指出的完善论的问题，因而也很自然地没有对这样的问题作出回应。我很希望我能在这里作出这样的回应，从而为国家完善论提供必要的支持。但我承认，哪怕借鉴儒家传统的丰富资源，

---

① Joseph Chan, "Legitimacy, Unanimity, and Perfectionism." *Philosophy and Public Affairs* 29(2008), pp.5 - 42.

至少到目前为止，我无法令人信服地做到这一点（当然，这并不意味着国家完善论的问题本质上不可克服）。因此，在本章中我将转向我觉察到的自由主义和完善论在其相互论争时所忽视的一个维度。完善论与自由主义的分歧之处在于，对于公民只涉及其自身的各种不同的生活方式，国家是否应该保持中立。但在国家对于公民之关涉他人（other-regarding）的行为方面是否应有所作为的问题上，完善论并没有质疑自由主义的看法。我在本章中将证明，自由主义对这一问题的看法是有问题的，而且，正是在这一问题上，儒学作为一种国家完善论可以作出最独特的贡献（第五节）。不过，在这之前我有必要针对自由主义的中立性概念（第二节）和国家完善论（第三节）作出比安靖如在其著作中所作的略微详细的说明。最后，我将对本章作一简短的总结（第六节）。

二、自由主义的中立性

约翰·罗尔斯是自由主义中立性概念最有影响力的阐释者之一。虽然还没有使用“中立性”一词，但他的《正义论》已经提出了中立性观念。在罗尔斯看来，原初状态之下负责选择支配社会基本结构的正义原则的人，知道他们（可能）

> 有某些道德和宗教利益以及他们不能危及的其他文化目标。此外我们还假定，他们具有不同的关于善的观念，且认为自己有权为了促进各自的目标而彼此迫使对方接受自己的要求。各方没有共同的关于善的观念。……他们甚至没有某种共同的关于何谓完善的标准，以作为原则来指导其在不同的体制之间作出选择。承认有任何这样的标准，实际上等于接受了某种不可取的原则，他可

能导致宗教自由权或其他自由权之某种削弱，甚至导致一个人追求其各种精神目标的自由之完全丧失。①

罗尔斯于此强调，和我们假定每个理性的人都需要的权利、自由、机会、收入和财富等基本善(primary goods)不同，这种关于善的道德和宗教的观念并不为所有人所共享。这一点构成了对它们保持政治中立性的一个重要原因。因此，罗尔斯在后期著作中指出，“包罗万象的宗教或哲学理论规定了相应的关于意义、价值和生活旨趣的看法，所有这些看法都不会得到公民的普遍承认。因此，通过基本制度来追求其中的任何一种看法都将导致政治社会的宗派性”。②

当然，罗尔斯在此强调的是，相对于关于善的包罗万象的概念要保持政治中立。我们已经看到，这一点温和完善论者并无异议，因为他们并不认为国家应当弘扬某种或某些特定类型的宗教(或反宗教)理论。然而，罗尔斯的讨论对我们所关心的问题也不无裨益，因为它告诉我们：一方面，此种宗教的和形而上学的学说常常影响我们对于意义、价值和生活旨趣的看法，而完善论者认为对于这些看法国家不应当保持中立；另一方面，国家对于此种学说之所以应当保持中立，那是因为即使合情合理的人所持有的此种学说往往相差甚远乃至互不相容，这一现象在当代社会尤为明显。因此，如果国家把会影响到每个社会成员的政治正义原则建基于它所偏好的某种宗教或形而上学的学说，那么，由于只有一部分社会成员持这种学说，那些持不同学说的人们的自由

① John Rawls, *A Theory of Justice*. Cambridge, MA: Harvard University Press, 1999, p.288.

② John Rawls, *Political Liberalism*. New York: Columbia University Press, 1993, p.180.

便会遭到限制。另一位自由主义者罗纳德·德沃金(Ronald Dworkin，1931—2013)从平等观念出发解释了国家为什么要对个人的好生活观念保持中立：面对好生活观念的多样性，“既然社会公民持不同的观念，那么，如果政府对这些观念厚此薄彼，则它并没有平等对待这些观念——无论厚此薄彼的原因是官员认为某种观念具有本质上的优越性，还是某种观念被人数更多或力量更强的群体所拥有”。[①]

由此看来，国家对于好生活的观念应持中立态度的原因在于，它的成员无法形成统一的标准来判断此种观念是否有效。谢尔表达了自己的困惑：“这些思想家(政治自由主义者)虽然对达成关于正义和公正的普适结论的能力依然充满信心，但对达成关于善或价值的合理结论的前景却悲观得多。在他们看来，可以指望理性告诉我们按照道德义务人应当作什么，可以指望理性告诉我们如何过上最好的生活，这两者之间存在着某种重要的不对称性”。[②] 谢尔认为，社会成员也可能在正义观念上意见分歧，但自由主义者却主张我们能够就此达成一致。倘若如此，那么，关于好生活的观念，即便目前我们还是彼此意见分歧，为什么自由主义者就认为我们不能能够就此达成一致呢？

对此，自由主义者的回应是区分关涉自我的个人行为和关涉他人的个人行为。例如，德沃金在道德与伦理之间作了区分，“广义的伦理学包括道德与幸福两部分。道德问题是指我们应当如何对待他人；幸福问题是指我们应当如何自己过上好生活。狭义的伦理学指幸福”。[③] 就关涉

---

① Ronald Dworkin, *A Matter of Principle*. Cambridge, MA: Harvard University Press, 1985, p.191.

② George Sher, *Beyond Neutrality: Perfectionism and Politics*. Cambridge: Cambridge University Press, 1997, p. ix.

③ Ronald Dworkin, *Foundations of Liberal Equality: Tanner Lectures of Human Values*. Salt Lake City: University of Utah Press, 1990, p.9.

他人的个人行为而言，需要有一个公认的正义原则，否则社会将陷入混乱，而关涉自我的个人行为则没有这样的需要。一个自由的国家，并不对我们待人的方式保持中立：比如，伤害原则就明令禁止某些对待他人的方式。它只对我们应当如何为自己过上好生活保持中立。查尔斯·拉莫尔(Charles Larmore, 1950—　)作过一个类似的区分。一方面，他认为有

> "许许多多能够过上惬意生活的方式，它们之间并无任何可以明显察觉到的层次差别……即便我们确实相信我们已经认识到某些生活方式胜过其他生活方式，许多合情合理的人也常常不同意我们的看法……所以国家应当保持中立"；另一方面，他也主张"一个自由的国家自然也会由于外在的原因而限制某些理想，比如，因为这些理想威胁到他人的生活"。①

① Charles Larmore, *Patterns of Moral Complexity*. Cambridge: Cambridge University Press, 1987, p.43.然而，当拉莫尔承认国家可能不可避免地偏爱某些关于善的观念时，他未能区分(或者说混淆了)伤害原则所拒斥的关涉他人的行为和受中立性影响的关涉自我的行为。他说，"至少那些渴望盗窃生活的人会发现那是很难行得通的。再举一个更为严重的例子。那些依赖于紧密而排外的语言与文化结合的生活方式——加拿大的法国人或法国的英国人，如果它们自己形成一个完整的社会，它们将会拥有权威和凝聚力。而这样的权威和凝聚力，如果他们生活在一个容忍很不相同的、更加开放的生活方式的自由社会中，就将部分地丧失"。参见 Charles Larmore, *Patterns of Moral Complexity*. Cambridge: Cambridge University Press, 1987, p.43。这里，依赖于紧密而排外的语言与文化的生活方式是我们假定政府应当对其保持中立的关涉自我的行为，而盗窃则属于政府明令加以禁止的涉及他人的行为。同样，虽然德沃金要求我们区分伦理与道德，但他有时也忘了这个区分。例如，他提到，如果我们一开始就把希特勒(Adolf Hitler, 1889—1945)关起来，或者在他一出生就把他杀掉，希特勒的生活比他实际上过得更好些。参见 Ronald Dworkin, *Foundations of Liberal Equality: Tanner Lectures of Human Values*. Salt Lake City: University of Utah Press, 1990, pp.76–77。希特勒的行为关涉到他人，属于德沃金所谓道德的范围，而超出了他所谓的伦理范围，因此也就越出了中立原则的范围。

但更重要的是，对自由主义者来说，之所以我们没有必要在什么是好生活问题上达成普遍共识，国家之所以要在这个问题上保持中立，并不是如谢尔所抱怨的那样，①是因为我们不能辨别何者为真何者为假，或者它们的真假完全是个主观问题。相反，那是因为他们对完善概念持多元主义观点。例如，德沃金认为，必须假设"没有绝对的唯一的好生活，而伦理的标准以某种方式受到文化、能力、资源以及一个人所处环境的其他方面的影响。因此，在某种情境下对于一个人来说最好的生活，可能会和在另一种情境下对于另一个人来说的最好的生活大相径庭"。② 按照德沃金的定义，伦理学关注我们应当如何为自己过上好生活。他进而将伦理学和艺术相提并论，因为两者都"需要我们作出的决定……都是我们必须作出的关于在复杂情况下何者是正确的反应的决定"，并且都要求我们"对完全特殊的情境作出自己的反应，而不是将一种永恒的理想生活应用到该情境之中"。③

强调有效的好生活观念具有多样性，这一点并不新鲜。最有影响的古典自由主义者之一密尔甚至更为有力地阐述了同样的观点：

> 人不同于羊；就是羊，也不是只只相似而难以辨别的。一个人不能得到一件合身的外衣或一双合脚的靴子，除非量了尺寸定做，或者除非有满满一堆栈的货品可供其挑选：难道说给他一种合适

① 谢尔抱怨说："有时候，它们被表述为彻底的价值怀疑主义；在另一些时候，它们被表述为主观主义的观点，即，对一个人来说，什么算作好生活完全取决于他自己的喜好或选择。"参见 George Sher, *Beyond Neutrality: Perfectionism and Politics*. Cambridge: Cambridge University Press, 1997, p.9。

② Ronald Dworkin, *Foundations of Liberal Equality: Tanner Lectures of Human Values*. Salt Lake City: University of Utah Press, 1990, p.49.

③ Ronald Dworkin, *Foundations of Liberal Equality: Tanner Lectures of Human Values*. Salt Lake City: University of Utah Press, 1990, p.66.

> 的生活比给他一件合适的外衣还容易些，或者说相较于脚形上的相同，人们彼此之间在整个物质的和精神的构造上相同更多些？①

因此，各种好生活观念虽然各不相同，但可以是一样好的，尽管它们并非对所有人来说是一样好的。密尔还指出，"同样的事情，对一个人而言有助于培养其更高的天性，对另一个人则起妨碍作用。同样的生活方式，对一个人是健康的、兴奋的，使其所有的行动和享受的能力维持在最佳秩序，而对另一个人来说则是起扰乱作用的负荷，中止或粉碎了一切内在的生活"。② 因为人们在"他们快乐的源泉、他们对痛苦的感受以及对身体和精神不同力量的运用"等方面有一种多样性，所以"在他们的生活方式里同样需要一种相应的多样性"。③ 因此，对密尔来说，太多的人喜欢同时也有太多的人不喜欢划船、吸烟、听音乐、体育锻炼、下象棋、玩纸牌和做研究，诸如这样的活动国家应当既不提倡也不阻碍；不仅如此，即使有些人做"无人会做"的事或不做"大家都做"的事，也不应当被视作严重违反了道德。④

---

① John Stuart Mill, *On Liberty*. New Haven: Yale University Press, 2003, p.131.

② John Stuart Mill, *On Liberty*. New Haven: Yale University Press, 2003, p.131.

③ John Stuart Mill, *On Liberty*. New Haven: Yale University Press, 2003, p.131.

④ John Stuart Mill, *On Liberty*. New Haven: Yale University Press, 2003, p.132. 因此，罗尔斯强调了政府强制推行某种完善观念所带来的潜在危险："例如，有人说，不管某些人的愿望如何，仅仅为这些人本身着想，某些性关系也是堕落而可耻的，因而是应当禁止的。这往往是因为不能从正义原则的角度提出合理的理由，从而退回到关于人类完善(excellence)的概念。但在这些问题上，我们很可能要受到微妙的美学偏好和对行动是否合宜的个人感觉的影响：而个人、阶级和集团的在这些方面的差异常常又是巨大而不可调和的。"参见 John Rawls, *A Theory of Justice*. Cambridge, MA: Harvard University Press, 1999, p.291。托马斯·内格尔(Thomas Nagel, 1937—　)提出类似观点："有人主张反对限制色情、同性恋或避孕，因为国家不应试图强制执行有争议的个人道德标准。这些人通常并不认为，色情、同性恋或避孕有任何错误。即使他们认为加强个人道德正是国家的职责所在，即使他们认为我们可以合法地要求国家禁止任何不对的事情，他们也会反对这样的限制。"参见 Thomas Nagel, *Equality and Partiality*. Oxford: Oxford University Press, 1991, p.156。

我们上面已指出，当代的国家完善论者大多是温和完善论者，他们并不否认，存在着多种多样的好生活，问题在于好生活和坏生活是否有别。自由主义者当然不会否认两者之间的区别。他们强调好生活的多样性，并不意味着关于好生活的每一种观念具有同等的有效性，也不意味着只要过某种生活的人认为他的生活是好的它就是好的，更不意味着没有哪种生活是不好的。德沃金指出，“除非假设伦理经验是客观的，否则我们就无法理解它们：一种特定的生活，不会仅仅因为我认为它是完善的，它对我来说就是完善的；我也可能错误地认为某种特定的生活是完善的”。① 在此意义上，德沃金指出，自由主义者并不接受关于好生活的主观论：

> 根据信念生活……要求我们反思，前后一贯，并对他人树立的生活榜样保持开放。它要求我不时反思是否真的找到了那种我过得满意的生活，要对自己存疑并刺痛内心。它还要求我敞开心扉面对他人的建议和榜样，以及我们在这里一直探究的多种问题：比如，一个不义的社会是否对我有利，我生活其中的社会是否是一个正义的社会。②

当然，即便如此（更不用说并非如此），一个人可能仍然对他/她所过的生活的好坏发生错误判断。然而，即使在这种情况下，自由主义者并不认为国家完善论是一种好的解决方案。一方面，如果一个人对于什么

① Ronald Dworkin, *Foundations of Liberal Equality: Tanner Lectures of Human Values*. Salt Lake City: University of Utah Press, 1990, p.75.

② Ronald Dworkin, *Foundations of Liberal Equality: Tanner Lectures of Human Values*. Salt Lake City: University of Utah Press, 1990, p.81.

是自己的好生活可能弄错，那么别人就更可能弄错什么是那个人的好生活，国家在这一问题上犯错的可能性则更大。毕竟，通常没有人比自己更关心自己的生活。另一方面，过一个人愿意过的坏生活胜过——或者至少不劣于——过他不是自己选择的"更好的"生活。德沃金指出，"信念在伦理中的作用，可能比我们所认识到的更为重要。一个人过他所鄙视并认为无价值的生活可能符合他的利益，这样的说法即使在自我反省的意义上，也是荒谬的。这样的生活对他来说怎么能是好生活呢？"[①]在此，德沃金的观点再次与密尔关于这个问题的看法相呼应。密尔承认，在决定什么是对于自己而言的好生活的时候，一个人即便使出浑身解数还是有出错的可能；同时他也承认另外一种可能性，一个没有自己作出这样决定的人在他人的指引之下踏上正途，远离邪径。但是，密尔追问道："人之为人的价值何在？真正重要的，不仅是一个人做什么，而且是一个人以何种方式做事"；[②]在密尔看来，"如果一个人拥有相当的常识和经验，那么，他自己规划的生活方式是最好的，不是因为这种方式本身最好，而是因为这是他自己的方式"。[③]

由此可见，自由主义的中立性观念很显然并非如完善论者有时所说的那样是一种非道德甚至不道德的观念。例如，约瑟夫·拉兹(Joseph Raz, 1939—　)认为它是一种不道德的观点，因为"它提倡在关于善的有效理想与无效理想之间保持中立。它并不要求政府避免推动不可接受的观念。相反，它命令政府确保其行为，对可接受的理想的帮助不能超过对不可接受的理想的帮助，而对错误理想之出现的阻碍

① Ronald Dworkin, *Foundations of Liberal Equality: Tanner Lectures of Human Values*. Salt Lake City: University of Utah Press, 1990, p.76.
② John Stuart Mill, *On Liberty*. New Haven: Yale University Press, 2003, p.124.
③ John Stuart Mill, *On Liberty*. New Haven: Yale University Press, 2003, p.131.

不能超过其对正确理想之出现的阻碍”。[①] 在他看来，自由主义对各种关于善的观念保持中立，这意味着“无论关于善的观念如何有效、中肯或正确，无论其他观念如何虚假、无效或愚蠢，这些都不能成为任何政府行为的动因”。[②] 然而，这显然不是自由主义者所理解的中立性概念。例如，布鲁斯·艾克曼（Bruce Ackerman，1943— ）指出，“不管其可能是什么，中立性不是超越价值的一个途径；因为它本身就是一个价值，而且也只有通过其与其他一些价值（如宽容、平等、自由、相互尊重等）的联系，才能为中立这个价值提供论证”。[③] 在这里，中立性并不意味着对所有的道德观念保持中立。相反，诚如拉莫尔所言，“它旨在对关于好生活的异议保持中立”。[④]

这样一来问题就在于，自由的国家是否真正能够对各种关于好生活的观念保持中立。罗尔斯意识到中立性一词容易引起歧义，于是作了一些区分。首先，他区分了程序中立性（procedural neutrality）和实质中立性（substantive neutrality）。为了表明一个程序的中立，我们“完全不能诉诸任何道德价值”，而只能“诉诸中立价值，即诸如无偏见、在把一般原则运用于所有相关案例的一致性等价值……以及竞争各方提出各自主张的均等机会”。[⑤] 罗尔斯认为，他的作为公平的正义（justice

---

① Joseph Raz, *The Morality of Freedom*. Oxford: Oxford University Press, 1986, pp.110 - 111.

② Joseph Raz, *The Morality of Freedom*. Oxford: Oxford University Press, 1986, p.108.

③ Bruce Ackerman, “Neutralities.” In *Liberalism and the Good*, edited by Bruce R. Douglass, Gerald M. Mara, and Henry S. Richardson. New York and London: Routledge, 1990, p.29.

④ Charles Larmore, *The Morals of Modernity*. Cambridge: Cambridge University Press, 1996, p. 125; Charles Larmore, *Patterns of Moral Complexity*. Cambridge: Cambridge University Press, 1987, p.69.

⑤ John Rawls, *Political Liberalism*. New York: Columbia University Press, 1993, p.191.

as fairness)与其说是程序中立，倒不如说是实质中立。罗尔斯还区分了目标或意图中立性(neutrality in aim or intention)和效果中立性(neutrality in effect)。为了在效果上保持中立，“国家就不能做任何使个体更可能接受某些特定的观念而非其他观念的事，除非它同时又采取措施抵消或补偿施行这些政策所产生的效果”。[①] 就此而言，作为公平的正义不是中立的。[②] 然而，作为公平的正义就意图或目标而言是中立的：国家不做任何旨在或意在鼓励某些而阻止另一些关于善的观念的事。国家应当对这些观点保持中立，其首要原因在于，其中没有一种观点为“公民普遍接受，因此，通过基本制度追求其中的任何一种观点都将导致政治社会的宗派性”。[③]

---

① John Rawls, *Political Liberalism*. New York: Columbia University Press, 1993, p.193.

② 罗尔斯承认，某些包罗万象的关于善的观念可能会受到作为公平的正义的阻碍：或者“与它们相关的生活方式可能与正义原则直接冲突；或者它们在正义宪制的政治和社会条件下可以得到容许但却不能获得支持者”。John Rawls, *Political Liberalism*. New York: Columbia University Press, 1993, p.196.与此相应，罗尔斯举了两个例子。关于前者，罗尔斯举例指出，有些关于善的观念要求在与道德不相干的基础上压制或贬低某些人；关于后者，罗尔斯举例说，有些附属于某种宗教的关于善的观念能够存在的必要条件是，该宗教控制着国家机器，并且能够在事实上做到排斥异己。

③ John Rawls, *Political Liberalism*. New York: Columbia University Press, 1993, p.180.托马斯·内格尔也认为，自由主义中立性就其效果而言并非中立：“国家可能因其他原因采取一些政策，这些政策结果导致某种观念比起另一种观念更加容易实现，从而使这种观念获得越来越多的支持，而另一种观念则遭到越来越多的反对”。参见 Thomas Nagel, *Equality and Partiality*. Oxford: Oxford University Press, 1991, p.166。他举例说，自由主义的宽容或中立，“虽然其动机不在于促进世俗主义而挫败宗教权威，但却可能会产生这样的效果”。参见 Thomas Nagel, *Equality and Partiality*. Oxford: Oxford University Press, 1991, p.156。易言之，尽管自由主义中立性的基础是，在关于善的冲突的观念之间保持不偏不倚，而不诉诸其中的任何一种观念来为政治权威辩护，但是，它仍然可能对这些关于善的观念产生不同的影响。

三、当代国家完善论

安靖如已指出，对于国家完善论我们不能望文生义，认为它是一种关于如何成就完善国家或政府的理论。事实上，这种理论关注国家或政府如何通过推动好的生活方式和阻止坏的生活方式而使其公民达到完善。① 在国家对于其公民涉及自我的行为上是否可以有所作为的问题上，当代国家完善论是政治自由主义的一种对立思想，政治自由主义信奉国家中立性，而当代国家完善论则反对这种中立性。前文提到，一般来说温和完善论赞同自由主义的如下观点，即不存在唯一的、对每个人来说都是最好的生活方式，但它又确实承认有一系列有价值的生活方式和一系列无价值的生活方式，并且主张国家应当支持有价值的生活方式并阻碍无价值的生活方式。比如，根据菲尼斯（John Finnis，1940—　）的定义，完善论认为，“国家有责任、有权利促进所有公民的善、幸福、繁荣和卓越，并阻止他们……至少使他们远离某些会对他们自己造成损害、贬低或毁坏的行为和倾向，即使这些只是‘关涉自我’的行为和倾向”。② 对于国家完善论来说，重要的是要提供区分好的生活

---

① Stephen C. Angle, *Sagehood: The Contemporary Significance of Neo-Confucian Philosophy*. Oxford and New York: Oxford University Press, 2009, pp.204 - 205.

② John Finnis, “The Legal Enforcement of ‘Duties to Oneself’: Kant vs. Neo-Kantians.” *Columbia Law Review* 87(1987), p.434. 托马斯·霍卡也强调了完善论的这一特点：“根据现在哲学家中流行的观点，道德只关注那些影响到他人的行为。道德告诉我们，不要去阻挠他人的欲望或妨碍他们的自由。但是，对于我们或他们应当为自己选择什么，道德只字不谈。完善论强烈反对这一观点……我认为，接受关涉自我的义务（self-regarding duties）是完善论强有力的一个方面”。参见 Thomas Hurka, *Perfectionism*. Oxford: Oxford University Press, 1993, p.5。

方式和坏的生活方式的标准。完善论者主要采取了三种进路。

第一种也最常见的进路是人性完善论(human nature perfectionism)：从人性角度确定人之善。这种完善论的关键是发展一个恰当的人性概念，托马斯·霍卡是当代最有影响力的人性完善论者，他反对把人之本性理解为人类独一无二的特性，即为人类所独有的特性。如果把人之本性理解为人类所独有的特性，那就会把人类与其他存在者共有的任何东西排除在人性之外，不管它对于人来说何其重要；同时也会把人类所独有的任何东西视为人之本性，不管它对于人来说何其微不足道。同时，霍卡也反对把人之本性理解为对于人来说必不可少的特性，也就是说，无之则不足以成其为人的特性，因为如果这样的话人之本性就太泛了：很多像自我认同、占据空间这样的特性对于人之为人来说必不可少，但这些对于其他与人迥异的存在者之成其自身来说也是必不可少的。[①] 相反，霍卡认为，人性由“对人而言必不可少、同时又作为人之为有生命物之条件”的特性所组成，[②]从而避免了人性独特论和人性本质论所存在的问题。霍卡认为这一人性观在本质上是亚里士多德主义的，它涵摄三种价值：“身体完善，即发展我们在身体方面的天性；理论完善和实践完善，即发展理论理性和实践理性”。[③] 理论完善等同于知识或得到合理辩护的真信念(justified true belief)。[④] 一个人所获得的基本的真信念越多，他的生活就越有价值。实践完善就是“成功实现一个人的目标，只要我们可以合理地相信这样的成功将会发生”。[⑤] 一个人取得的成功越大，这些成功的意义越大，他的生活就越有价值。

---

① Thomas Hurka, *Perfectionism*. Oxford: Oxford University Press, 1993, pp.10 - 12.
② Thomas Hurka, *Perfectionism*. Oxford: Oxford University Press, 1993, p.16.
③ Thomas Hurka, *Perfectionism*. Oxford: Oxford University Press, 1993, p.37.
④ Thomas Hurka, *Perfectionism*. Oxford: Oxford University Press, 1993, p.100.
⑤ Thomas Hurka, *Perfectionism*. Oxford: Oxford University Press, 1993, p.100.

在此基础上，霍卡发展了他的国家完善论："最好的政治行为、制度或政府，是能最大限度地促进一切人类完善的政治行为、制度或政府。这一标准可用于判断政府的外部行为，例如谴责政府发动侵略战争。不过，这一标准更常见的是应用于政府的内部行为"，①常有人抱怨完善论敌视自主这一当代政治价值。对此，霍卡回应说，自主本身是一种完善，因为"在自主和理性考量之间显然存在着关联"：实践层面的完善"包括在世界上表达意图，以及决定它包含或不包含什么。自主的主体凭其自主性更加充分地体现了这一观念"。② 然而，霍卡认为，这并不意味着政府只能促进个体的自主性。一方面，自主只是诸多价值之一，因此有时候，相较于自主性的某种损失，其他价值的充分实现可能更为重要。另一方面，"有时，限制一个人目前的自主性会在将来带给他/她更多的自主性，因为这种限制让他/她有了更多的选择，或者让他/她有更大能力在这些选择之间进行自主抉择"。③ 为了阐明自己的意思，霍卡让我们把莫扎特（Wolfgang Mozart，1756—1791）想象为一个被迫学习音乐、因此缺乏合理的自主性的年轻人。不过，霍卡指出，如果认真思考善，我们并不能认为"尽管取得了伟大的音乐成就，但比起如果在年轻时得到自由，并自主地选择多晒日光浴的生活，莫扎特的生活并不完美……即使自主性具有某种价值，它还是不能超过莫扎特的所有音乐"。④

---

① Thomas Hurka, *Perfectionism*. Oxford: Oxford University Press, 1993, p.147.

② Thomas Hurka, *Perfectionism*. Oxford: Oxford University Press, 1993, p.150.

③ Thomas Hurka, *Perfectionism*. Oxford: Oxford University Press, 1993, p.148.

④ Thomas Hurka, *Perfectionism*. Oxford: Oxford University Press, 1993, p.149.

霍卡确实承认，政府促进好生活的努力存在着一定的局限。不同于身体完善，人的完善是内在的。它在很大程度上要通过某个人自己来实现。因此，霍卡认为，政府“不能直接生产公民的善。政府可以为公民的完善创造必要条件或使这种完善更加可能的条件，但没有能力提供充分条件”。[①] 霍卡在此试图表明，政府不能凭借强制措施促进公民的完善，实施这样的措施不仅无效，而且会适得其反：“通过消除通往卓越的途径，引导价值较低的动机，以及削弱自我引导”，它们不是增强而是减弱了公民的完善。[②] 他甚至认为，尽管习惯的培养在孩子那里效果很好，并可以令人满意地在他们身上产生完美，“同样的策略对于成人而言则收效甚微。成人通常有固定的价值和利益，因此很难再引向新的价值和利益。此外，如果有人对他们的私生活发号施令，他们往往感到厌恶，至多也只是勉强遵循”。[③]

尽管如此，霍卡还是主张，虽然国家不能将某一种最好的活动强加给人们，但它可以用非强制的方式推进一系列好的活动，并禁止“某些最坏的活动，比如禁止末位排名”。[④] 在他看来，有必要在自由和国家中立性之间作出区分。比如，密尔显然是一个自由主义者，但霍卡认为，密尔像完善论者一样，不支持国家对各种关涉自我的活动保持中立，因为“他认为如果一个人作出了糟糕的选择，那么，尽管没有理由去

① Thomas Hurka, *Perfectionism*. Oxford: Oxford University Press, 1993, p.142.

② Thomas Hurka, *Perfectionism*. Oxford: Oxford University Press, 1993, p.155.斯蒂芬·沃尔(Steven Wall)讲到一个最初由胡萨克(D. Husak)提出的相关问题：即使一个人确实过着不值得过的生活，它也仍然不像监禁生活那么差；换言之，一个人因为过着不值得过的生活而受到被判入狱的惩罚，这只会适得其反。参见 Steven Wall, *Liberalism*, *Perfection*, *and Restraint*. Cambridge: Cambridge University Press, 1998, p.220。

③ Thomas Hurka, *Perfectionism*. Oxford: Oxford University Press, 1993, p.154.

④ Thomas Hurka, *Perfectionism*. Oxford: Oxford University Press, 1993, p.156.

逼迫他/她，但‘责备’他/她、和他/她‘讲道理’则是正当的”。[①] 霍卡认为，国家尤其可以通过教育体系来促进完善：

> 学校之所以可以向学生讲授自然界和文化史，部分原因在于，对这些内容的认知具有内在的善。学校也可以向学生介绍文学、音乐和体育。在这里，学校的工作并非一视同仁；没有向学生讲解如何不吸毒或进行职业摔跤的课程。教育体系为有价值的活动而非微不足道的活动奠定基础。[②]

他还表示，这种教育可以通过赞助相关广告而推广到成人。此外，国家可以出于各种原因资助有价值的活动。例如，某些活动因参加人数没有达到经济规模而变得昂贵。国家对这些活动的补贴就可以鼓励少数人的完善。又如，一些没有得到年轻人或成年人欣赏的有价值的活动可能因为初始成本高而受到阻碍。再如，人们可能会欣赏一些有价值的活动，如追求艺术；不过，人们也可能有一些相对不那么有价值的冲动，如追求职业摔跤。国家如果对前者进行资助，就可以确保人们选择那些更有价值的活动而不选择不那么有价值的活动。[③]

第二种进路是客观列表完善论（objective list perfectionism），客观列表最初由德里克·帕菲特提出。根据他的观点，“某些事物对于人们来说是好的或坏的，无论人们是否想要好的事物或避免坏的事物。好的事物或善物可能包括道德的善、理性活动、个人才能的发展、生儿育女且成为好家长、知识以及意识到真正的美”。[④] 帕菲特本人并没有证

---

① Thomas Hurka, *Perfectionism*. Oxford: Oxford University Press, 1993, p.159.
② Thomas Hurka, *Perfectionism*. Oxford: Oxford University Press, 1993, p.159.
③ Thomas Hurka, *Perfectionism*. Oxford: Oxford University Press, 1993, p.195.
④ Derek Parfit, *Reasons and Persons*. Oxford: Oxford University Press, 1984, p.499.

明这张关于善物的列表何以是客观的。这项论证工作是由乔治·谢尔完成的。谢尔主张，这些善物关联到他所讲的人的基本能力，而这些能力的“运用既近乎普遍又近乎不可避免”；人类善物，即具有内在价值的特性和活动，以及这些基本能力的成功运用，是通过它们所界定的目标的实现加以衡量的。[①] 谢尔进而试图表明，帕菲特列表中的好事物有资格作为客观的人类善物。为此，谢尔将帕菲特列举的六项分成两组。

第一组包括知识、理性活动和社会交往（社会交往是帕菲特所举的生儿育女且成为好家长的一般化形式）。首先，关于知识，谢尔主张“撇开我们之间的明显差异，每个人天生有一种理解世界的能力，并且不可避免地倾向于运用这种能力”。[②] 这种能力非常基本，无论是提出一个科学假说，试图预测股市，悠闲地阅读报纸，还是参与对话，或者仅仅是观看四周等都需要这种能力。知识即是这种基本能力的成功运用，它具有内在价值并因此成为人类善物。其次，关于理性活动，谢尔认为：“正如我们不能不试图理解世界，我们也不能不思考如何在世界中行动及如何作用于世界。作为实践主体，我们不可避免地要从事一系列复杂的活动，而理性的行动要实现的就是这些活动的目标和特有趋势”。[③] 因此，与知识一样，形成和执行基于理性的计划具有内在的善。再次，关于帕菲特所举的生儿育女且成为好家长的一般化形式，即社会交往的价值，谢尔认为，“从长远来看，我们想形成社会联盟的努力近乎不可避

---

① George Sher, *Beyond Neutrality: Perfectionism and Politics*. Cambridge: Cambridge University Press, 1997, p.202.

② George Sher, *Beyond Neutrality: Perfectionism and Politics*. Cambridge: Cambridge University Press, 1997, p.203.

③ George Sher, *Beyond Neutrality: Perfectionism and Politics*. Cambridge: Cambridge University Press, 1997, p.204.

免。至少，我们都有非常强烈的欲望去寻觅他人，与他人交往，关爱他人并得到他人的关爱”。①

在谢尔看来，第一组中的三项善物都是人类基本能力的内在目标。但他承认，第二组中的三项即道德的善、欣赏真正的美以及个人才能的发展，并非人类的基本目标。② 尽管如此，他认为它们是我们都应当追求的目标，因为它们与近乎普遍的、不可避免的目标相关联。首先，一个人才能的发展与基本目标具有明确的联系。一方面，任何才能的发展都可以提高某些认知、实践或社交技能；另一方面，每种技能都有助于实现包括基本目标在内的各种目标。事实上，谢尔认为，“几乎每一次实现基本目标的成功尝试都有待于许多先前发展出来的能力。如果主体缺乏这些能力，基本目标的成功实现是不可能的”。③ 其次，道德的善与理性活动的基本能力有关，特别是在作出决定的早期阶段。作出决定的一般目的在于，确保这一决定得到最强有力的理由的支持。谢尔认为，既然道德理由总是较为重要，“一个道德上好的决定（几乎）总是要比一个道德上不好的决定更具有内在的善”。④ 第三，关于欣赏真正的美，谢尔区分了“由艺术作品所体现的价值”和“与艺术作品打交道的生活所体现的价值”。⑤ 前者是美学价值，而后者则是审美意识的

---

① George Sher, *Beyond Neutrality: Perfectionism and Politics*. Cambridge: Cambridge University Press, 1997, p.206.

② George Sher, *Beyond Neutrality: Perfectionism and Politics*. Cambridge: Cambridge University Press, 1997, p.207.

③ George Sher, *Beyond Neutrality: Perfectionism and Politics*. Cambridge: Cambridge University Press, 1997, pp.207 - 208.

④ George Sher, *Beyond Neutrality: Perfectionism and Politics*. Cambridge: Cambridge University Press, 1997, p.209.这一论证似乎不太理想。至少对于自利主义者来说，不道德的理由也可能成为强有力的理由。

⑤ George Sher, *Beyond Neutrality: Perfectionism and Politics*. Cambridge: Cambridge University Press, 1997, p.211.

价值。在谢尔看来，“无论我们对审美理由怎么看，谁拒绝它们的力量，谁就不会把审美意识视作内在价值”。[①]

通过以上讨论，谢尔得出了他的完善论结论：由于帕菲特的客观列表确实是客观的人类善物，“政府和作为政治代理人的个人往往有充足的理由来促进这种生活”。[②] 据此，政府及其代理人应当禁止与这些人类善物对立的事物。这就限制了某些可能获得的生活方式。一方面，谢尔为这种限制辩护时，反对自由主义的“自主性论证”，即成年的个体应当自主选择自己喜欢的生活方式。谢尔认为，“因为每一个主体面临的选择总是会超出他的经验，对主体所能遵循的东西略微多加一点限制，这似乎不太可能对他们决策的质量产生很大影响”。[③] 另一方面，谢尔为这种限制辩护时，反对自由主义的“实验论证”，即应当允许成年个体实验新的、非传统的生活方式，即使社会认为这样的生活方式不好。在谢尔看来，因为我们有许多以前的关于生活实验的历史记录，“关于旧实验的巨大信息库大大削弱了新实验的必要性。吸食毒品所造成的影响，草率离婚的优缺点，这些方面我们几乎并不缺乏数据：获取此类数据的实验已经进行多次了”。[④]

第三种进路是自由主义完善论(liberal perfectionism)，最初由约瑟

---

① George Sher, *Beyond Neutrality: Perfectionism and Politics*. Cambridge: Cambridge University Press, 1997, p.211.

② George Sher, *Beyond Neutrality: Perfectionism and Politics*. Cambridge: Cambridge University Press, 1997, p.245.

③ George Sher, "Freedom of Expression in the Non-Neutral State." In *Perfection and Neutrality: Essays in Liberal Theory*, edited by Steven Wall and George Klosko. Lanham, Boulder, New York, Oxford: Rowman & Littlefield, 2003, p. 225.

④ George Sher, "Freedom of Expression in the Non-Neutral State." In *Perfection and Neutrality: Essays in Liberal Theory*, edited by Steven Wall and George Klosko. Lanham, Boulder, New York, Oxford: Rowman & Littlefield, 2003, p. 226.

夫·拉兹提出，[1]在他的学生斯蒂芬·沃尔那里得到了清晰而充分的展开。根据沃尔的观点，自由主义完善论是"关于政治道德的完善论陈述，它主张个体自主性是人类繁荣的核心要素"。[2] 因为自由主义者强调自主观念，自由主义的完善论不仅主张"在道德上允许政府积极有意地推动自主观念"(沃尔称之为第一种完善论)；而且主张，"在道德上允许政府积极有意地支持其个体之有价值的追求而不是无价值的追求(沃尔称之为第二种完善论)。[3] 为促进自主性的价值，沃尔认为政府应当作出积极努力，帮助公民"发展实现自主理想所需要的能力与技能，同时确保他们的环境给予他们获得丰富多样的选择范围"。[4] 这样的努力，包括制定"培养必要的技能与能力的政策"，保证"一切主体可以获得一个足够广泛的选择范围"，并且实施"法律规范，保障人们免受强迫和操纵"。[5] 为了说明这一点，沃尔举了这样一个例子："当代西方社会中的一个宗教小团体拒绝把子女送到国家认可的学校。他们想教给子女他们的生活方式所必需的技能，并且想让子女与外部世界隔绝"。[6] 如果听其自然，年轻的成员将接受不到自由教育，也无法接受自主生活所必需的一些技能的教育。因此沃尔认为，政府

---

① 参见 Joseph Raz, *The Morality of Freedom*. Oxford: Oxford University Press, 1986。

② Steven Wall, *Liberalism, Perfection, and Restraint*. Cambridge: Cambridge University Press, 1998, p.2.

③ Steven Wall, *Liberalism, Perfection, and Restraint*. Cambridge: Cambridge University Press, 1998, pp.197 - 198.

④ Steven Wall, *Liberalism, Perfection, and Restraint*. Cambridge: Cambridge University Press, 1998, p.206.

⑤ Steven Wall, *Liberalism, Perfection, and Restraint*. Cambridge: Cambridge University Press, 1998, p.206.

⑥ Steven Wall, *Liberalism, Perfection, and Restraint*. Cambridge: Cambridge University Press, 1998, p.207.

要求这个宗教团体把子女送到国家认可的学校去的做法是正确的。

显然，第一种完善论的确与自由主义的自主观念有关。那么，要求政府支持有价值的追求而不是无价值追求的第二种完善论又怎么样呢？关于这两种完善论之间的关系，沃尔认为，假如某人承认自主是一有价值的观念，那么就可以“推出”，如果他接受第二种完善论就会接受第一种完善论。然而，并不清楚的是，接受第二种完善论的人是否承认自主是一有价值的观念。这一点还关联到沃尔一个更有争议的主张。人们也许会认为，接受第一种完善论而不接受第二种完善论是可能的。但是，沃尔却主张，“如果某人接受了第一种完善论，他也就在原则上承认了完善论的政治行动的合法性，那么，似乎没什么东西可以阻止他同时接受第二种完善论”。[①] 这一论证略显不足。人们接受第一种完善论是因为它符合他们的自主性观念，所以我们不能由此得出结论说，他们将接受任何类型的完善论，特别是与自主性观念相左的完善论。沃尔提到了自由义者所关注的问题：第二种完善论与自主性观念相左，因为它歧视某些追求。他承认，第二种完善论的政治行动的某些形式可能确实涉及强迫或操纵，但并非所有形式都是如此。然而，即便如此，沃尔仅仅表明这样的政府行为不反对自主性，但这还不足以说明这样的行为是基于自主性。为此，沃尔主张，“自主人生是有价值的，当且仅当它是一种总体上由富有价值的追求所组成的人生”。[②] 然而，这并不表明第二种完善论以自主性为基础；它仅仅意味着，第二种完善论和自主性都建立在有价值的人生这一观念之上，但问题恰恰在于，有自主性的人可能并不能

---

① Steven Wall, *Liberalism*, *Perfection*, *and Restraint*. Cambridge: Cambridge University Press, 1998, p.198.

② Steven Wall, *Liberalism*, *Perfection*, *and Restraint*. Cambridge: Cambridge University Press, 1998, p.201.

就什么是有价值的人生达成一致，否则的话，任何政府都不需要鼓励支持某些生活类型而不支持其他类型。

无论如何，为了说明第二种完善论并不涉及强制或操纵，沃尔举了两个例子。一方面，社会认为高水平的艺术欣赏是有价值的。为了刺激高水平的艺术欣赏，政府可以恰当地动用公共资金建设或维护博物馆，并向艺术家提供国家资助；[①]另一方面，政府也可以合法地执行某些规定和管制，旨在劝阻人们消费损害他们消费者自身利益的一类药物，即使有人希望使用这类药物并完全明白由此导致的危险后果。[②]

四、当代国家完善论错在哪里

笔者认为自由主义的中立性概念存在问题，[③]因此希望国家完善论是正确的，而政府可以合法地推动好的生活方式，即使当这些生活方式只关涉自我的时候。然而，虽然国家完善论提出了一些非常有意思的看法，至少对主张国家中立性观点的自由主义者来说，我认为国家完

① Steven Wall, *Liberalism*, *Perfection*, *and Restraint*. Cambridge: Cambridge University Press, 1998, p.213.

② Steven Wall, *Liberalism*, *Perfection*, *and Restraint*. Cambridge: Cambridge University Press, 1998, p.219.

③ 笔者以前就反对国家应当对人们的宗教和形而上学学说保持中立的自由主义观点。确切地说，我并不反对中立性观念本身。相反，我认为国家更好地维持中立或公平的办法，不是忽视这些宗教和形而上学学说，而是在发展政治正义原则时把它们全都加以考虑。在这个意义上，笔者采取的是一种主动或积极的中立性，而反对自由主义者所持的被动或消极的中立性，尽管当时笔者没有在这两者之间作出明确的区分。参见 Yong Huang, *Religious Goodness and Political Rightness: Beyond the Liberal-Communitarian Debate*. Harvard Theological Studies 49. Harrisburg: Trinity International, 2001, Chapter 5, Section 1；以及黄勇：《政治的公正与宗教和形而上学的完善》，载于《中国学术》第 3 辑，2003 年，第 58—83 页。

善论的论证并不令人信服。

首先，在与自由主义者论争时，完善论者认为，政府可以对个体做在自由主义者看来个体之间可以互相做的一样的事情。例如，我们已经看到的，托马斯·霍卡认为“中立并非传统自由主义的理想，因为它被密尔所拒绝：他认为如果一个人作出了糟糕的选择，那么，尽管没有理由去逼迫他/她，但‘责备’他/她、和他/她‘讲道理’则是正当的”。[①] 密尔这里所说的是个体公民相互之间可以做的事情：尽管彼此之间不能强迫对方接受关于好的生活的观念，但可以尝试说服对方。这是他关于思想自由与讨论自由的一般理解的题中应有之义。如果注意到密尔的以下看法，我们可以更清楚地理解这一点：我们不仅在一个人伤害自己时可以责备他，与他讲道理，劝说他或恳求他不要伤害自己；[②]而且，我们也可以建议他去做社会认为对其有益的事。[③] 因此，一个自由国家允许其公民所做的事显然不一定是国家本身可以做的。例如，在一个宗教多元化的社会里，国家可以允许不同宗教成员之间相互说服对方皈依自己的宗教，但很显然政府本身不能使任何人皈依任何宗教。

斯蒂芬·沃尔也混淆了自由政府允许公民做什么和政府自己可以做什么。沃尔用了这样一个例子。你的一个朋友对你说，如果你去自然公园，他/她就给你 50 美元，因为“他/她认为这一赞助可以吸引你去发现和欣赏一种价值（自然美的价值），而他/她不这样做的话你就可能会忽略它；或者也许他/她认为你知道这种价值，但如果你要充分欣赏

① Thomas Hurka, *Perfectionism*. Oxford: Oxford University Press, 1993, p.159.
② John Stuart Mill, *On Liberty*. New Haven: Yale University Press, 2003, p.80.
③ John Stuart Mill, *On Liberty*. New Haven: Yale University Press, 2003, p.160.

它则需要一些帮助”。[①] 沃尔认为，很显然，你的朋友那样做没错，自由国家也允许她这样作，你也不会抱怨你的朋友这样做损害了你的自主性。沃尔由此得出结论：“如果我们的朋友可以为我们提供去自然公园的钱而不破坏我们的自主性，那么我们的政府也可以这样做”。[②] 这一观点与霍卡的想法有一个类似的问题。一个人可以有很多的朋友，一位拿出50美元吸引你去自然公园，另一位吸引你去参加体育比赛，还有的吸引你去看电影、参加教会、收集邮票（笔、枪或硬币）、狩猎、买彩票、赛车……每个人都认为自己想到的是你应当参与的最好活动。然而，除非政府认为所有这些活动都对你有益，并且如果你从事其中任何一项活动都会为你提供50美元，否则政府站在你朋友的任何一方都是不正确的。

霍卡和沃尔的论证还有另外一个问题。这个问题在后者那里尤其明显。为了澄清这一问题，让我们对他的例子稍加调整。假设你的朋友先是从你那里拿走50美元，你本来打算让它派上最好的用场（不管你关于“最好的用场”是对是错）。然后你的朋友用它来吸引你去自然公园，而你原本对此并不感兴趣。你的朋友这么做有错吗？你是否觉得你的朋友这么做破坏了你的自主性？我认为答案也许是肯定的。在调整后的例子中，钱是你的朋友从你那里取走的；而在沃尔原来的例子中，钱来自你的朋友。这是两个例子的相异之处。而这正是政府与个人之间的差异。政府本身没有钱；所有的钱都来自公民。因此，每当政府用钱来吸引公民去过它认为最好的生活方式时，这本质上无异于你

---

① Steven Wall, *Liberalism*, *Perfection*, *and Restraint*. Cambridge: Cambridge University Press, 1998, p.200.

② Steven Wall, *Liberalism*, *Perfection*, *and Restraint*. Cambridge: Cambridge University Press, 1998, p.203.

的朋友从你那里拿走钱然后用它来吸引你去做他/她认为对你来说最好的事。霍卡认为，政府可以通过劝说来促进特定类型的活动或生活方式。这种劝说也有上面所说的问题。政府可以通过购买广告来做这样的劝说，但这肯定要花钱，而钱只能来自个人。

其次，完善论往往混淆了政府能对儿童所做的事和能对成年人所做的事。例如，我们已经看到，为了证明政府可以采取措施以提高公民的自主性(第一种完善论)，沃尔用了一个宗教小团体不允许其子女接受自由教育并发展其自主性的例子。为了证明政府在推进有价值的生活方式方面的作用(沃尔的第二种完善论)，霍卡也强调了教育体系的重要性。它教给学生文学、音乐、历史、科学以及体育等，而非吸毒或职业摔跤之类的东西。然而，自由主义者对此没有任何异议。例如，密尔指出，政府不能正当地强迫一个人去做它认为对其有益的事，但他紧接着声明，这只适用于心智成熟的人而不适用于儿童，对于儿童，"我们必须保护他们，使他们不仅不受到他人行为的伤害，也使他们不受到自身行为的伤害"。[1]

如果完善论者不同意自由主义关于儿童和成人的这一区别，他们就应该证明，政府对待儿童的完善主义措施也可以同样合理地应用于成人，这不仅因为政府对待儿童的完善主义措施是合理的，而且同样的措施对成人而言也是合理的。然而，完善论并没有提供这样的论证。首先，让我们看一看沃尔对政府促进自主性的论证。如果涉及的人不是儿童而是成人，那么政府是否可以禁止这样的宗教团体或教派：它们由魅力型领袖所控制，其成员只是虔诚地追随其后，因而没有自主性；但同时他们是自愿加入这些团体，并且起码有自主权决定是否留下

① John Stuart Mill, *On Liberty*. New Haven: Yale University Press, 2003, p.81.

或离开他们所在的团体？我认为答案至少并非十分明确。[①] 第二，让我们看一看霍卡关于政府推动生命教育的有效方式的观点。霍卡认为，教育的对象应当不限于儿童而包括成人，尽管对于成人，教育的主要场所不是学校体系而是广告。[②] 这一看法也有同样的问题，因为这里政府是在使用个人自己的钱去购买广告，来说服这些人过上政府认为有益于他们，而他们未必赞成的生活方式。

然而，完善论者可能会问，如果政府可以通过教育体系向儿童推广它认为有价值的生活方式，并阻止它认为无价值的生活方式（这也花费纳税人的钱），为什么我们的政府就不能对成人做同样的事呢？自由主义者可以很容易给出答案。下文在讨论到完善论存在的第三个问题的时候，笔者将会解释自由主义者为什么认为政府不应当在成人之间推广它认为是好的生活方式。这里先说一层也许不会引起争议的意思：为什么政府不允许儿童接触某些成年人可以接触的生活类型？当然，这里所说的生活类型是政府或社会总体认为既对儿童也对成人有害的那些生活方式。政府或社会也许会犯错，这些生活类型中某些或全部可能有益于有些人（如果不是所有人的话）。然而，儿童显然缺乏辨别孰真孰假的理性能力，或者至少比政府或社会更容易犯错。因此，让政府或社会为儿童决定什么是最好的，通常比让儿童自己决定更安全。然而，对于一个具有理性能力的成年人，尤其是在儿童时代已经接受过

---

① 密尔的确反对自愿的奴隶，这是因为对他而言，即使一个人自愿决定成为奴隶，只要他/她成为奴隶，他/她就会失去自主性，因此也就不能不继续当奴隶了。参见 John Stuart Mill, *On Liberty*. New Haven: Yale University Press, 2003, pp.163－164。对密尔来说，正如国家不能强迫一个人过自主性生活，国家也不应当允许一个人自主决定放弃自主性。

② Thomas Hurka, *Perfectionism*. Oxford: Oxford University Press, 1993, p.159.

政府教育体系教育的成年人，应当允许他/她过上另一种他/她可能认为比他/她在儿童时代受教育所接受的生活方式更好的或者至少是一样好的生活方式，或起码是值得尝试的生活方式。当然，他/她也可能判断错误，但是，他/她在关于自己的最好生活方式方面犯错的概率总体而言不仅大大低于儿童而且大大低于国家或社会。

第三，完善论者往往不对以下两者进行区分：政府对人们关涉他人的行为可以做什么和政府对人们关涉自我的行为可以做什么。例如，拉兹在讨论自由主义者所接受的伤害原则时就认为，根据这一原则，

> 为了防止伤害而强制干涉一个人的唯一原因在于，导致这种伤害是错误的。但是，如果根据这种理由而从事的强制干涉行为是合理的，那么，这样的强制干涉行为也就适用于强化道德。倘若如此，为什么要止步于对伤害的防止呢？为什么我们就不能强制推行道德的其他方面呢？①

易言之，政府强制推行伤害原则也就是在强制推行一部分道德；如果政府可以正确地强制推行这一部分道德，即与关涉他人的个人行为相关的道德，那么，政府也就可以强制推行另一部分道德，即与关涉自我的个人行为相关的道德，尤其是因为在拉兹看来，道德的这两部分均来自同一基础，即自主性。如果某人受到别人的伤害，他就会失去自主性，或者他的自主性状态就会受到损害。这正是通常所理解的为什么伤害原则能够证明，阻止任何人对其他任何人造成任何伤害的政府行为是合理的。现在，拉兹希望将这一伤害原则扩展到以下这种伤害：它虽然没

① Joseph Raz, *The Morality of Freedom*. Oxford: Oxford University Press, 1986, p.415.

有使受伤害者的自主性状况变差，但使其自主性状态没有达到应然状态，因为“有时未能改善另一个人的处境就是在伤害他”。[①] 在这里，拉兹所考虑的不只是因某人的不作为而对他人造成的伤害，比如，因没有施以援手而造成一个人溺死的伤害，因为这种伤害也包括在密尔的伤害原则之中。[②] 拉兹所说的乃是由以下原因所造成的对他人的伤害：未能阻止别人采用我们认为对他来说有害的生活方式，或者，未能使他过上我们认为对他来说有益的生活。正是在此意义上，可以说，在讨论政府对个人可以或应当作什么的时候，完善论未能区分关涉他人的个人行为和关涉自我的个人行为。

自由主义者把人们关涉他人的行为和关涉自我的行为如此这般直接关联起来显然是成问题的。霍卡提出过一个问题，但笔者认为他过于草率地将其束之高阁了。他在讨论人性观念的时候提到人有六类基本特性。除了作为个体的人分别与一切对象、物理对象、生物、动物及其他人所共有的特性之外，他还提到了作为个体的人的本质特性，也就是说，使这个人区别于其他人的那些特性。霍卡承认个人完善这一观念是有道理的，但他认为其有不合理的结果。[③] 然而，我们已经看到，这正是自由主义者必须强调个性的原因。密尔主张，

> 人之所以成为高贵而美丽的沉思对象，不是因为我们可以将个体自身独特的东西敉平为一，而是因为其在他人权利和利益所

① Joseph Raz, *The Morality of Freedom*. Oxford: Oxford University Press, 1986, p.416.

② John Stuart Mill, *On Liberty*. New Haven: Yale University Press, 2003, pp.81 - 82.

③ Thomas Hurka, *Perfectionism*. Oxford: Oxford University Press, 1993, p.15.霍卡提到的不合理的结果之一就是，要是某个人的个性完满包含谋杀他人的能力，那问题就大了。然而，我们知道，发展这种能力已经被伤害原则排除在外了，因为它涉及关涉他人的行为而非关涉自我的行为。

施加的限制之内唤起并培育个体所独有的东西。……一个人的个性越是发展，这个人就变得对自己更有价值，从而也能够对他人更有价值。①

显然，如果个性完善的观念是有道理的，那么，政府促进个人完善的最好方式就是让每一个体追求各自的个性完善，因为政府无法知道每个人的个性完善，并力图促进这样的完善。

当然，自由主义者没有必要否认存在一些人类的完善，这些完善是一切人类至少在某种程度上都愿意追求的东西，比如知识、理性、欣赏艺术和音乐，它们对于一个人成功追求个性完善来说往往起决定作用。正是出于这个原因，自由主义者承认应当教给儿童这些东西。问题在于，政府是否应当对成人做同样的事。对此，自由主义者心存疑虑。因为一个人不可能集爱因斯坦、莎士比亚（William Shakespeare，1564—1616）、莫扎特、梵高（Vincent van Gogh，1853—1890）、张伯伦（Arthur Chamberlain，1869—1940）等于一身，一旦基本智力、实践能力和审美能力得到发展，每一个体都必须决定准备成为哪个领域的优秀人才。此外，一个人的决定往往与他作为独特的个体所必需的特性密切相关。刚已提到，对这些特性政府不可能（通过作为）加以积极推进。个人的决定还可能与一个人的宗教信仰密切相关。温和完善论者也认为，国家不应当支持相互冲突的宗教信仰。然而，值得注意的是，自由主义者没有必要反对完善论者试图利用税收加以支持的很多项目，比如知识、音乐和艺术。不过，他们的理由不是要吸引原本没有兴趣追求这些活动的人去追求它们，而是为那些原本想要追求但缺乏资源这么做的人

① John Stuart Mill, *On Liberty*. New Haven: Yale University Press, 2003, pp.127 - 128.

提供支持。换句话说，自由主义者支持这类项目的基础是人们得到基本善物的平等机会，而不是促进一种特定的生活方式。这类似于密尔关于酒类刺激性饮料所发表的看法。如果我们认为饮用刺激性饮料有害，因此试图通过征税使消费者更难消费它，密尔认为这是不合理的。然而，如果我们需要提高税收而必须决定是否要对食品或者刺激性饮料征税，那么，对刺激性饮料征税则是合理的。这不仅因为人人需要食物但不是人人需要刺激性饮料，而且还因为那些喝刺激性饮料的人如果正在挨饿也无法享用刺激性饮料。

最后，事实上，温和完善论对自主性观念并不像它所主张的那样友善。我们至少可以从两个方面来理解这点。一方面，温和完善论确实强调强迫人们去做或不做某事和吸引人们去做或不做某事之间的差异。它认为国家应当采取的措施只是让人们更容易去过某种生活方式而更难去过另外一种生活方式。然而，它主张国家不能强制性地将某种生活方式非法化。我们可能认为这是一个重要的区分，它确保了这种国家完善论不会破坏自主性。我们也可能认为密尔以下观点是错的：这里只是程度上的不同；仅当使人们无法采取某些生活方式是合理时，使人们较难采取这些生活方式才是合理的。① 然而，密尔可能仍然是有道理的。假设政府采取措施通过征收烟草税以使人们吸烟变得更难。这些措施要么成功要么失败。如果失败了，政府则不能促进它的完善主义目标；为了达到这样的目标，国家必须进一步提高税收，直到人们不再能负担得起吸烟而带来的过多成本。但这样一来，他们不吸烟并不是因为他们认为吸烟对他们有害，而是因为国家使他们（在他们没法负担的意义上）根本就“不可能”抽烟。在这个意义上，他们的自

① John Stuart Mill, *On Liberty*. New Haven: Yale University Press, 2003, p.162.

主性仍然遭到了损害，因为他们无法过自己喜欢的生活。

另一方面，温和完善论认为，它所促进的并不是单一的最好的生活方式。相反，它所促进的乃是一系列好的生活方式。例如，霍卡认为，一个完善主义的国家所做的工作不过是对不同的生活方式进行等级划分，然后仅仅作末位排除。因此，个人仍然可以在许多好的生活方式之中进行选择，所以他们的自主性没有遭到损害。问题在于，社会中的所有个体对不同生活方式的等级划分显然不可能完全等同于国家对这些生活方式的等级划分。如果所有个人对这些生活方式的等级划分与国家对这些生活方式的等级划分完全等同，完善论反而就没有用武之地了，因为每个人都会自然而然地追求他/她认为最高等级的生活方式，而它也就是国家视为最高等级的生活方式。事实上，一个人可能会把被完善主义国家排在最末因而准备排除在外的生活方式置于顶端。在这种情况下，国家不仅限制了一个人的选择范围，而且从根本上排除了一个人选择他/她所喜欢的生活方式的可能性。[①] 对此完善论者可能会说（实际上霍卡与谢尔就是如此），不同生活方式的等级序列是客观的，而国家接受客观的排序。因此，如果谁的排序和国家的排序不同，那是因为他的排序是主观的，因而也是错误的。如果（当然是一个大写的"如果"）这些都是真的，这是否意味着，政府可以——即使不是以强制的方式（虽然我们已经模糊了强制和非强制之间的区别）——使人们过一种他们认为没有价值的生活——即使他们的看法是错的？约瑟夫·拉兹的回答似乎是肯定的，因为他认为，"的确，自主选择坏的生活使得一个人的生活

① 霍卡借用艾米·古特曼（Amy Gutmann，1949—　）的"民主完善论"对此阐释也无济于事。根据"民主完善论"，国家推动某种特定的生活方式的行为是合理的，仅仅因为它为民主的多数所认可。参见 Thomas Hurka，*Perfectionism*. Oxford：Oxford University Press，1993，p.36。因为这种生活方式可能对大多数人来说是好的，但对于少数人而言则未必是好的。

比相对缺乏自主的生活更糟糕”。[①] 然而，这一主张至少与密尔的相反主张一样招致非议（如果不是招致更多非议的话）：过一种本身不是最好但一个人错误地认为它最好从而加以选择的生活，胜于过一种本身“最好”但一个人没有认识到它最好从而没有加以选择的生活。

五、儒家国家完善论

笔者无意论证完善论之非，实际上，我希望它是正确的。但我认为，无论是在支持国家完善论方面，还是在反对自由主义的国家中立性思想方面，它都尚未充分提出具有说服力的理据。我承认目前我也还无法对国家完善论提供任何更好的论证，然而，我认为完善论者在反对自由主义的争论中已经错失了一个重要方面。我们看到，自由主义者明确表示，他们的中立性思想只适用于人们关涉自我的行为。那么自由主义如何看待政府对于关涉他人的个人行为的作用？拉兹的以下说法是对的：自由主义所接受的伤害原则必然认为，政府可以合法地强制推行与关涉他人的行为相关的那部分道德。不过，他本应当质疑自由主义关于政府应当强制推行与关涉他人的行为相关的那部分道德的具体方式，而不是转而提出政府应当强制推行与关涉自我的行为相关的那部分道德这样一个有争议的主张。

笔者认为，正是在这一点上，国家完善论者可以提供一个有说服力的例子来反对自由主义者，也正是在这一点上，国家完善论者可以从儒家那里学到很多。虽然儒家也从人性的角度理解人之善，但是同霍卡

---

① Joseph Raz, *The Morality of Freedom*. Oxford: Oxford University Press, 1986, p.412.

的人性完善论不同，儒家认为人之为人所必须具备的特性不仅仅是泛泛的道德品质，而首先是关涉他人的道德品质。这一点在下面这段孟子的名言中说得最清楚："人皆有不忍人之心……无恻隐之心，非人也；无羞恶之心，非人也；无辞让之心，非人也；无是非之心，非人也。恻隐之心，仁之端也；羞恶之心，义之端也；辞让之心，礼之端也；是非之心，智之端也"(《孟子·公孙丑上》)。在儒家看来，这里的仁、义、礼、智不仅是人的四个必要属性，同时也是人的四大基本美德，而政府的基本作用就是要促进个体之间的这些美德的发展。①

儒家在这里显然不同于自由主义。尽管自由主义者否认政府在发展关涉自我的个人方面的作用，但他们确实认为政府在形成人们关涉他人的行为方面发挥着重要作用。然而，对于自由主义者来说，政府是靠刑法阻止人们伤害彼此来发挥这样的作用。儒家不同意这样的看法。孔子有句名言："道之以政，齐之以刑，民免而无耻；道之以德，齐之以礼，有耻且格"(《论语·为政篇》)。托马斯·霍卡曾经论证了为什么要反对运用强制措施来支持有价值的生活方式。我想，尽管他的注意力指向关涉自我的方面，但他的论证可以视为《论语》这段话的一个非常充分的注解。霍卡提到了运用强制性的法律来强制推行道德所产生的许多问题。首先，这样的强制性法律只能限制外在行为，而外在行为和内在状态之间只有松散的关联。因此，一个人也许由于害怕惩罚而没有展现伤害他人的外部行为，但这并不意味着他/她没有伤害别人的内心状态；第二，

① 显然，孟子这里的观点和他的性善论密切相关。人们有时认为，尽管孟子的观点确实有影响，特别是它对宋明理学的影响，但他毕竟仅仅代表儒家中的一个流派。不仅他的主要竞争对手荀子持性恶论，就连孔子本人对于人性的看法也是模棱两可。然而，我在其他地方讲过，几乎所有儒家，至少包括孔子、孟子和荀子，都认为人禽之辨在于人具有道德品质。Yong Huang，"Why the Political Is Also Personal."载于黄俊杰编：《全球化时代的王道文化：社会创新与永续发展》，台北：台大出版中心，2013 年，第 50—53 页。

最好的行为是那些作为服务于一个人整体生活的有机计划的一部分的行为，但因强制性法律而作出的行为只有单一的目的，即避免惩罚；第三，强制性法律使人们的守法行动变得没有价值，因为这样的行动对于行为主体来说仅仅有逃避惩罚的工具价值而不再有内在价值。

正是在这里，我们可以看到自由主义与儒家完善论之间存在明显差异。对自由主义者而言，政府的作用仅仅是为在公共领域展开的游戏制订规则，并且通过惩罚确保人们按照这些规则进行游戏。确保人成为有道德的人，并非它的职责所在。① 只要遵循这些规则，好人与坏人没有区别。这也可以解释，为什么自由主义者在考虑关涉他人的个人行动时只对确保人们不做伤害他人的事感兴趣，而不是对确保人们做有益于他人的事感兴趣。事实上，这可以部分说明为什么他们坚持政治之域和个人之域这一有名的区分：政治之域不同于个人之域。政府并不关心活动在公共领域的人究竟属于何种人，好还是坏，品德高尚还是卑鄙无耻，无私利人还是自私自利。政府既不帮助培养个体的美德，也不帮助他们戒除恶习，就好像政府不帮助培养个体的恶习，也不帮助他们戒除美德一样。除了使人遵纪守法之外，它只是任其所是。相形之下，上面孔子的那段话却表明，政治之域对一个人的个人品质有直接关系：旨在阻止人们伤害他人的规则，不仅会决定社会是何种社会，而且在很大程度上还决定生活在这个社会中的人是何种人。② 政

① 例如，布莱恩·巴里(Brian Barry，1936—2009)明确表示："国家是一种满足人们偶尔具有的需求的工具，而不是创造好人(如培养公民的合理需求或性情)的手段。"参见 Brian Barry，*Political Argument*. Berkeley and Los Angeles：University of California Press，1990，p.66。

② 女权主义有助于厘清自由主义关于政治之域和个人之域的界划。然而，我在另一个地方指出，女权主义通过主张个人之域即政治之域仅仅揭示和解决了部分问题。但他们没有意识到政治之域也影响到公民的个人品质，而这正是儒家的过人洞见。参见 Yong Huang，*Confucius: A Guide for the Perplexed*. London，New Delhi，New York，Sydney：Bloomsbury Academic，2013。

府如果主要或甚至只是通过惩罚性的法律来规范关涉他人的行为，那么它不仅不能使人品德高尚，而且还会使他们变得邪恶。因此，在儒家看来，政府的主要职责是帮助人们从事道德修养。

笔者认为问题在于政府如何帮助人们从事道德修养。前面所引孔子的那段话提到两种措施：德与礼。孔子所谓“德”是指政治领袖的道德表率作用，这也是《论语》关注的核心问题之一。孔子深信：德具有感染力，因此他在向君主建言献策的时候反复强调君主自己有德的重要性。例如，子曰：“苟正其身矣，于从政乎何有？不能正其身，如正人何”（《论语・子路篇》）。这里的“政”与“正”为同源词。因此，当季康子问政于孔子的时候，孔子说道：“政者正也。子帅以正，孰敢不正”（《论语・颜渊篇》）；当季康子忧虑鲁国多盗时，孔子回答说：“苟子之不欲，虽赏之不窃”（《论语・颜渊篇》）；当季康子进一步询问是否允许杀死无道之人，孔子则说：“子为政，焉用杀。子欲善，而民善矣”（《论语・颜渊篇》）。在孔子看来，统治者“其身正，不令而行；其身不正，虽令不从”（《论语・子路篇》）；“为政以德，譬如北辰居其所而众星共之”（《论语・为政篇》）。

第二项措施是礼，我们可以通过它与其他两个概念即道德情感和自发性之间的联系获得更好的理解。孔子解释说：“德兴于《诗》，立于《礼》，成于《乐》”（《论语・泰伯篇》）。孔子在这里提到三部儒家经典。他认为《诗经》中的诗最为有效。所以他要求自己的弟子学诗，诗“可以兴，可以观，可以群，可以怨。迩之事父，远之事君”（《论语・阳货篇》）。这是因为，在孔子看来，“诗三百，一言以蔽之，曰：‘思无邪’”（《论语・为政篇》）。孔子对诗的道德教化作用感兴趣，这也清晰地体现在他不赞同以其他方式去读诗：“诵诗三百，授之以政，不达；使于四方，不能专对；虽多，亦奚以为”（《论语・子路篇》）。从孔子关于诗的言论中，我们可以了解他的总体看法：无德之人缺乏的不是对美德的知性理解，而是成为有德之人的情感或欲望。因此，在当代语境中，为了使人具有美德，政府所能做的不是赞助道德哲学家的公共讲座来向人们说明成为无德之人是非理性的或如禽兽一般；而是应当找到可以激发道德情感的方式。对于孔子而言，诗歌在道德教育中的重要作用恰恰就是因为这一功能。不过，在当代社会中，其他措施也可以起到类似的作用。例如，罗蒂强调了新闻工作者的重要性："波斯尼亚妇女的命运取决于电视台记者是否设法为她们做了斯托曾为黑人奴隶所做的事——这些电视台记者是否能使我们这些身处安全国家的观众，比以前更加真切地感觉到这些妇女和我们一样，感觉到她们是真实的人。"①出于同样的目的，政府也可以赞助、推动和资助那些能够在道德上感动受众的小说和电影，同时压制那些倾向于鼓动暴力的小说和电影；政府还可以做一些事情来弘扬现实生活中的道德英雄。②

然而无论如何，一个人因受到诗歌（新闻报道、小说以及电影）激发所产生的道德情感往往是短暂的，而且不够稳定。例如，看电影、阅读报纸上的报道或者看电视新闻里的自然灾害，都可能会引起我们的道

① Richard Rorty, *Truth and Progress: Philosophical Papers*. Cambridge: Cambridge University Press, 1998, p.180.

② 当然，这也需要政府使用税收来做这些事情。当代完善论者主张，国家可以向人们征税并用税收来促进某种关涉自我的行动。我们看到，这样的主张是有问题的。但与此不同，儒家完善论认为国家向人征税并用税收来教化人是不成问题的，就好比向人们征税以维持警察力量是不成问题的。关键的区别在于：当代完善论者所认为的政府应当促进的关涉自我的行动，并不是那种即便没有国家推动社会中的每个人都愿意追求的行为，而他们所认为的国家应当贬斥的关涉自我的行动也不是那种社会中的每个人认为没有价值的行为；与此相反，儒家完善论者所认为的国家应当促进或阻碍的关涉他人的行为，无论是在积极意义上还是在消极意义上都会影响到每个人——他人的善行让每个人受益，而他人的恶行让每个人受损。这样，即使国家这样做必须向人们征税，国家就有很好的理由推动那些关涉他人的积极行为而抑制那些关涉他人的消极行为。

德情感。然而，离开电影院，放下报纸，或关掉电视，这样的道德情感可能很快消失。为了维持由诗所引起的道德情感，孔子强调《礼记》的重要性，这本书包含了一系列礼仪规则。他要求自己的学生“非礼勿视，非礼勿听，非礼勿言，非礼勿动”（《论语·颜渊篇》）。礼仪规则不像惩罚性的法律。二十世纪享有盛名的胡适指出，“第一，礼偏重积极的规矩，法偏重消极的禁制；礼教人应该做什么，应该不做什么；法教人什么事是不许做的，做了是要受罚的。第二，违法的有刑罚的处分，违礼的至多不过受‘君子’的讥评，社会的笑骂，却不受刑罚的处分”。[①] 然而，在作出由礼仪规则所限制的道德行为时，人们可能会感觉到某种拘束，经常需要努力克服视、听、言、行方面有悖礼仪规则的欲望。因此，孔子认为，道德教化只有通过音乐才能完成。

《乐经》现已失传，但在《礼记》的现存版本中有一章论乐，从中我们可以明白在何种意义上道德完成于音乐。在汉语里，音乐的“乐”字之同形异声字表示喜悦、快乐或高兴的意思。因此，《礼记》说“乐者，乐也”（《礼记·乐记第十九》）。听到一曲动听的旋律，我们会忍不住“手之舞之，足之蹈之”（《礼记·乐记第十九》）。因此，乐常常与礼形成鲜明对照，后者指向人的外部行为，而前者则针对人的内部情感：“致乐以治心，则易直子谅之心油然生矣。易直子谅之心生则乐，乐则安，安则久，久则天，天则神。天则不言而信，神则不怒而威，致乐以治心者也”（《礼记·乐记第十九》）。简而言之，音乐在道德教化中的作用在于：一个人行道德时，不会感觉受到外部礼仪规则的制约；相反，他的行为自然而然，毫不费力，而且充满喜悦。这的确是孔子所自述的七十岁之后的境界：“从心所欲不逾矩”（《论语·为政篇》）。用孟子的话说，达到

---

① 胡适：《胡适学术著作集：中国哲学史》，北京：中华书局，1991年，第96页。

这种境界的人不再"行仁义"，而是"由仁义行"(《孟子·离娄下》;《孟子·卫灵公篇》)。"行仁义"，仁义仍被视为外在于一个人行为的东西；"由仁义行"，仁义显然已被内化于一个人的东西。如果礼内化于人，孔子认为此人"好德如好色者"(《论语·子罕篇》)。这是一个精彩的比喻。一个人喜欢漂亮颜色，我们不需要告诉他如何深思熟虑，也不需要告诉他如何付出努力。只要一看到漂亮颜色，人们就会喜欢。事实上，一个人除非同时喜欢某种颜色，就不可能把这种颜色视为漂亮的颜色；同样，一个人除非同时认为某种颜色漂亮，也不可能喜欢这种颜色。

当然，儒家思想虽然是理想主义的，但它并非乌托邦。儒家认识到，需要很长时间才能实现彻底摒弃惩罚性的法律。然而，在儒家看来，第一，随着政府在道德教化方面所付出的不懈努力，有必要对其实施惩罚性法律的人数一定相当少。第二，甚至对于这一小部分人来说，因其威慑力，这样的法律可能只是制定出来，但无须使用。[①] 第三，即使必须使用这样的刑法，政治领导人必须记住两件重要的事情。一方面，抓住罪犯时，政治领导者应"哀矜而勿喜"(《论语·子张篇》)。他们应当意识到，不是他们成功地抓获了罪犯，而是他们教民无方，即未能把那个人教好从而让惩罚变得没有必要，而只是把诉诸惩罚作为最后的补救办法。[②] 另一方面，惩罚主要不是报复性的，不是要把罪犯使他人遭受的损害返还给罪犯；相反，惩罚是修复性的，要把罪犯转变成一位有德之士。因此，孔子对古代社会和自己所处的社会进行了如下对比，认为前者优于后者："古之知法者，能省刑，本也；今之知法

---

① 《孔子家语》，北京：中华书局，2009年，第1页。

② 这类似于老子关于战争的说法。总体而言，老子是反战的。然而，一位明君发现战争不可避免并且打了一场胜仗，他认为并不值得庆贺，而应处之以丧礼，这不仅是为了那些为他献身的将士，同时也是为了敌方战死的将士。(《老子第三十一章》)

者，不失有罪，末矣”。[①] 因此，第四，如果刑法的运用绝对必要，那么，进一步的道德教化必须应当紧随其后。在这些与法律相关的所有方面，笔者的主张与安靖如基本一致。[②]

六、结论

本章表明，自由主义的国家中立性思想局限于关涉自我的个人行为，而不适用于关涉他人的个人行为。关于个人对他人的伤害和受害者所受到的伤害，自由主义者从未说政府应该保持中立。当代完善论者在反驳自由主义者的论证中拒绝了自由主义的中立性思想，主张国家可以合理地偏好某些而非其他类型的关涉自我的行为。尽管这样一种国家完善论颇具吸引力（尤其是对于安靖如和笔者本人这样的儒家学者来说），但笔者认为，它和它试图取代的自由主义的国家中立性观念可能同样成问题。虽然指出了国家完善论存在这一缺陷，但令笔者感到遗憾的是，笔者目前尚无足够的理智创造力来有效改善这一国家完善论，从而使其成为一种可以切实代替自由主义中立性的方案。然而，我察觉到当代完善论疏漏了政治自由主义的一个严重缺陷，从而错失了一个拓展其论域的机会。这与自由主义对以下问题的看法有关：国家要如何对待关涉他人的个人行为。自由主义者的确认为政府应该对关涉他人的个人行为——不同于关涉自我的个人行为——采取行动。自由主义的这一看法存在两方面的缺陷：① 诚然，它的确认为政

① 《孔子家语》，北京：中华书局，2009 年，第 408 页。

② Stephen C. Angle, *Sagehood: The Contemporary Significance of Neo-Confucian Philosophy*. Oxford and New York: Oxford University Press, 2009. pp. 216 - 221.

府应当禁止伤害他人的个人行为，但并不认为推动个人对他人的善行属于政府的分内事；② 政府禁止伤害他人的个人行为的方式，乃是制定严刑峻法来惩罚那些确实对他人造成伤害的人。当代国家完善论忽视了这一要害问题，而笔者认为，恰恰在关涉他人的个人行为的上述两个方面，儒家完善论提供了一种可行的取代当代政治自由主义的方案，这正是儒家完善论的独特性与重要性之所在。儒家在推动个人对他人的善行方面比阻止其恶行更加感兴趣，原因是显而易见的：如果越来越多的人品德越来越高尚，做有害他人的事的人就越来越少。当然，总是会有一些人——无论人数何其少——想要伤害别人。对于这样的人，政治自由主义者只是诉诸刑法，而儒家则认为国家应该提供道德教化，这样刑法就会变得多余；如果确有必要，也应当以悲悯之心而非万分自得地实施刑法，紧随其后的则是进一步的道德教化，直到这种人的道德状况完全恢复。

笔者认为，当代完善论者忽视了人类完善之关涉他人的维度。当然，这并不是说他们明确排除这一维度。大多数当代完善论者所强调的，最多也就不过是说他们的完善论也包含人类完善关涉自我的维度，即使在他们看来，包含关涉自我的行为才使国家完善论富有吸引力。笔者的意思是，他们事实上忽略了人类完善关涉他人的维度，因为他们在反驳自由主义的国家中立性时把精力几乎都花在人类完善之关涉自我的维度之上。他们认为国家应当推动的人类完善的标准清单通常包括知识、音乐、艺术、体育等，而政府应该阻止的标准清单通常包括使用毒品、生活懒散、赌博等，两张清单上的项目基本上都与自我相关涉。诚然，有时善行也出现在国家应该推动的项目清单之中，而恶行也出现在国家应该阻止的项目清单之中，但他们从不强调这些善行与恶行关涉他人的方面。实际上，几乎没有一位当代完善论者主张国家应当褒扬胸怀利他之心的道德英雄并阻止对待他人的残暴行为。当代完善论者的关注点之所以几乎仅限于关涉自我的维度，其原因当然不是他们认为国家与人们关涉他人的行为无关；其原因可能在于他们认为，他们正在反驳的当代政治自由主义者也和他们自己一样，认为国家应当在这些关涉他人的行为中发挥作用；易言之，可能是因为他们觉得他们与政治自由主义者的分歧仅仅在于，国家对于关涉自我的人的完善可以做什么，而不在于国家对于关涉他人的人的完善可以做什么。倘若如此，这就意味着他们没有认识到自由主义对于后者的看法是成问题的。正是在此意义上，笔者认为，无论是较之政治自由主义还是较之当代完善论，儒家完善论都是独特的、重要的。如果上文所言不谬，那么，笔者对儒家与当代国家完善论的关系的理解与安靖如不同，我认为儒家不是当代西方“温和完善论的典范”。[1]

[1] Stephen C. Angle, *Sagehood: The Contemporary Significance of Neo-Confucian Philosophy*. Oxford and New York: Oxford University Press, 2009, p.206.

第十二章

与杨国荣谈儒家美德：成己与成物之间的成人

一、引言

杨国荣的《成己与成物：意义世界的生成》是其又一部融中西古今史论为一体的力作。杨国荣原来接受的是中国哲学史的训练，但如我在别的一个场合所已经承认的，[①]他对西方哲学的了解和运用自如又使一开始就接受西方哲学训练的本人感到汗颜。更重要的是，《成己与成物》不是一部日常意义上的关于中国哲学或者西方哲学或者中西比较哲学的著作，而是一部利用中西古今资料从事哲学构造的专论。本书继其 2005 年出版的《存在之维》对存在问题的讨论，[②]进一步从成己和成物的角度探讨存在的意义问题。全书充满了精辟的分析，独到的观察和深刻的洞见。能对这样一部重要著作所做的最坏的事情就是照

---

① Yong Huang, "Review of Yang Guorong's *Dimensions of Being: Metaphysics in a Post-metaphysical Age*," *Dao* 5.1(2005): 198 - 201.

② 笔者对该书写过简单评论，参见 Yong Huang, "Review of Yang Guorong's *Dimensions of Being: Metaphysics in a Post-metaphysical Age*," *Dao* 5.1 (2005): 198 - 201。

着讲，即人云亦云似懂非懂地重复作者的观点，再加上几句抽象空洞且不着边际的赞美。这显然是作为作者多年朋友的我所不愿做的事情。能对这样一部著作所能做的最好的事情乃是对着讲，即如惠施对庄子所作的那样，提出针锋相对的论证，从而促使其作者提出更多精辟的分析、独到的观察和深刻的洞见。但这又是我没法做的事情，因为要像惠子与庄子那样跟作者对着说需要两个条件：一是与作者具有相当的哲学思辨能力，而本人显然缺乏这样的能力；二是要么必须与作者的观点本来就有根本分歧，要么存心要与作者唱对台戏，而我与杨国荣在观点上没有根本的分歧，而同时又不愿意为争论而争论。因此我觉得本人唯一能对这部著作所作的就是顺着说，即对这部著作中没有明确涉及的相关问题作出某种说明，虽然这种说明不与作者的观点有什么冲突。

二、成人：在成己与成物之间

在我所关注的这部著作中，杨国荣对作为其书名的两个概念——成己和成物，作了详尽无遗的论述，我对此没有什么重大异议，也没有什么重要的内容可以加以补充。相对来说，我觉得杨国荣对于一个与此相关的、在我看来是同样重要的概念，即“成人”，没有加以同等的重视。成己指向行为者自身，成物指向自然世界，而成人则指向自我之外的其他人类。一个人当然要通过自我修养来完成自己，通过辅助自然万物而让其各自完成他们自己，而且也需要通过道德教育或感化使他人也实现他们自己，并让他们也能去辅助别人和自然万物完成自己。

不过，在讨论这个成人概念之前，我觉得有必要对我上面关于杨国荣对这个概念没有加以足够重视这个说法加以限定。在某种意义上，我的这个说法是不正确的，因为杨国荣似乎根据这个概念的不同层面，有时把它包含在了成物概念之中，有时把它包含在了成己概念之中，因而他大概认为也就没有必要加以独立的讨论。一方面，在讨论自我（己）与他者（物）的关系时，这个他者可以既包括他人也包括他物，因此成人已经包含在广义的成物概念之中了。事实上，在谈到其成己成物概念之在《中庸》一书中的渊源时，杨国荣就指出，"'成物'在广义上既指成就他人，也涉及赞天地之化育，两者都以尽人之性与尽物之性为前提"。[①] 不过，除非我的理解有偏差，我认为在具体讨论成物时，他还是在狭义上使用这个概念的。例如，他说，"物的本然属性属'天之天'，成物则要求化'天之天'为'人之天'，后者意味着使'物'由知行领域之外，进入知行领域之中"。[②] 显然，他人不是这样的天之天。即使我不知道这个他人的存在，因此这个他人对我来说也许是天之天，但对于知道这个人之存在的人来说，这个人就不是天之天；而且即使世界上没有任何人知道这个他人的存在，只要这个人有自我意识，这个人也就不是天之天。[③] 又如，杨国荣强调，化"天之天"为"人之天"就是要使物成为"进一步合乎人的需要的存在"；[④]又说，成物的过程就是使物"合乎人的价值理想"；[⑤]成物"以合乎人的历史需要为指向"；[⑥]追问物的意义就是追

---

① 杨国荣：《成己与成物：意义世界的生成》，北京：人民出版社，2010 年，第 2 页。
② 杨国荣：《成己与成物：意义世界的生成》，北京：人民出版社，2010 年，第 5 页。
③ 很显然，当我们说某物由天之天变成人之天时，我想我们是在说这个物进入了某些人而不一定是所有（历史上的，现在的和未来的）人的知行领域之中，不然就没有什么东西可以说是人之天。
④ 杨国荣：《成己与成物：意义世界的生成》，北京：人民出版社，2010 年，第 5 页。
⑤ 杨国荣：《成己与成物：意义世界的生成》，北京：人民出版社，2010 年，第 6 页。
⑥ 杨国荣：《成己与成物：意义世界的生成》，北京：人民出版社，2010 年，第 7 页。

问其“是否合乎人的需要和理想以及在何种程度上合乎人的需要和理想”；[①]成物即是“使之成为为我之物”；[②]成物之所以必要，是因为“自然的存在不会主动地适应人，也不会自发地满足人的需要”；[③]“‘为我’之物的价值首先体现于满足人的合理需要，其中内含某种手段的意义”。[④] 由于所有这些关于“成物”的说法都把物与人相对，很显然，成人，即成就他人，并不包含在这个狭义的成物概念之中。[⑤]

另一方面，杨国荣的成己概念似乎已经包含了成人的概念，因为他有时是在复数的意义上使用“己”这个概念，所谓成己也就是人类实现自己，以与人类帮助自然万物各自实现自己相对应。例如他认为成己与成物的关系实际上就是人类与世界的关系[⑥]或者人与物的关系。[⑦] 在他看来，“成己首先意味着扬弃本然的存在形态……赋予人以多样的社会品格……从而使人由‘野’而‘雅’……人并非一开始具有社会的品格，这种品格乃是在人的成己过程中不断获得，形成的。这里蕴涵着人与动物之别”。[⑧] 在这里杨国荣都是以人类来表示成己这个概念中的“己”的意思。很显然，这种意义上的“己”不仅包括对于一个个

---

① 杨国荣：《成己与成物：意义世界的生成》，北京：人民出版社，2010年，第29—30页。

② 杨国荣：《成己与成物：意义世界的生成》，北京：人民出版社，2010年，第153页。

③ 杨国荣：《成己与成物：意义世界的生成》，北京：人民出版社，2010年，第194页。

④ 杨国荣：《成己与成物：意义世界的生成》，北京：人民出版社，2010年，第224页。

⑤ 在我看来，杨国荣的成物概念本身似乎具有太多的人类中心主义倾向。在我们将某个物改造成了服务人的需要的东西时，我们就一定成就了该物吗？或者说物之成一定是指其为我们人类服务吗？我对此是持比较怀疑的立场。相对来说，我是比较喜欢根据老子《道德经》中的“辅自然”来理解成物这个概念。不过关于我跟杨国荣在这个问题上的分歧，我已经在别的地方有所论述，参见 Yong Huang, “Review of Yang Guorong's *Dimensions of Being: Metaphysics in a Post-metaphysical Age*,” *Dao* 5.1(2005): 198 - 201，在这里不再重复。

⑥ 杨国荣：《成己与成物：意义世界的生成》，北京：人民出版社，2010年，第2页。

⑦ 杨国荣：《成己与成物：意义世界的生成》，北京：人民出版社，2010年，第3页。

⑧ 杨国荣：《成己与成物：意义世界的生成》，北京：人民出版社，2010年，第7页。

人来说的自己，而且也包括对于这个个人来说的他人。正是在这种意义上，我们不能说杨国荣忽略了与狭义的成己（一个人的自我完成）概念相应的狭义的成人（成就他人）概念，因为他在这里使用的是一个与广义的成人（人类的完成）概念相应的广义的成己（人类实现自己）概念，而这个广义的成人或者成己概念（这两个概念本身已经没有差别）同时包括了狭义的成己和狭义的成人。不过，在具体讨论成己概念时，杨国荣似乎又基本限于个人的自我实现，即狭义的成己，因为他非常强调成己过程中的个体性。例如，他认为，"个体的存在具有某种本体论上的优先性，成己与成物的过程，在不同意义上都涉及具体的个体"；[①]"成就自我（成己）作为个体内在价值的真正实现，与'自由个性'的发展相联系……以自由个性为指向的成己过程，从价值内涵与历史衍化等方面具体展示了个体的存在意义"。[②] 换言之，成己是一个人的自我实现，而成物是这个人之帮助自然万物的完成。当然杨国荣并不否认个人的这种成己和成物是在一个社会背景中展开的，[③]但我在这里所关心的不是这种个体之自我成己过程的社会性，而是这里只有一个人的自我实现和一个人帮助物之完成，却没有一个人之帮助他人（与他物相对而言）之自我实现，也就是我本文中所要讨论的与狭义的成己和成物概念相应的成人概念。杨国荣没有专门讨论这种意义上的成人概念可能是因为他认为，如果每个人实现了狭义上的成己，那么整个人类也就实现了广义上的成己和广义上的成物。这当然不错，但我的问题是，正如孟子所说的，人有先知先觉者，有后知后觉

① 杨国荣：《成己与成物：意义世界的生成》，北京：人民出版社，2010 年，第 25 页及 229 页。
② 杨国荣：《成己与成物：意义世界的生成》，北京：人民出版社，2010 年，第 27 页。
③ 杨国荣：《成己与成物：意义世界的生成》，北京：人民出版社，2010 年，第 242 页。

者，这里先知先觉者有必要去觉后知后觉者，而这也就是我要说的成人概念。

总之，成人这个概念在一方面与成物这个概念有共同性，因为对于“我”来说，他们都是我所要成的他者；而在另一方面，这个概念又与成己这个概念有共同性，因为成己和成(他)人都与成物不同，都是尽人之性，而不是尽物之性。关于这两个重要的共同方面，不能否认，杨国荣对我所说的成人这个概念确实都有深刻的见解，虽然他没有明确和直接地讨论这个概念。而当我说他对成人这个概念没有加以足够的重视时，我只是指其没有对成人与成己的不同之处(虽然他们都是尽人之性)及其与成物的不同之处(虽然他们都是尽他者之性)加以说明。因为人有自主性，一方面，我们帮助他人实现自我的方式一定与我们自我实现的方式不同：在后一种情况下，我们可以自我决定，而在前一种情况下，我们却只能让他人为自己做决定；而另一方面，我们帮助他人实现自我的方式又一定与我们帮助他物实现自我的方式不同：在前者我们必须尊重他人的自主性，而在后者则根本没有自主性的问题。因此我在下面对成人这个概念的讨论主要是集中在其与成己和成物这两个概念各自的不同之处，作为对杨国荣关于这个概念之与成己和成物概念各自的共同之处的精辟论述的一个补充。

三、成人概念在美德伦理中的重要性

也许有人觉得，较之其与成己和成物概念的共同性，成人与这两个概念的差别并不这么重要。我想这可能是对的，所以，我在这里不得不说明，我之所以觉得成人这个概念比较特别和比较重要，主要可能不是其对杨国荣的哲学体系而言，而是与我个人的一个洞穴之见有关。本人近年对在当代西方所复兴的美德伦理学感兴趣，而同时又对其无法面对自己的一些内在困难和来自康德主义和功利主义的外在批评感到困惑，因而一直试图利用中国哲学的丰富资源来克服这样的困难，回应这样的批评。而我所关心的这样的困难和批评之一就是美德伦理似乎具有自我中心的倾向。[①] 这个批评的核心不是说具有美德的人只关心自己不关心别人。只要这里所说的美德不全是只涉及自我（self-regarding）的美德，而且也包括涉及他人（other-regarding）的美德，具有美德的人，作为具有美德的人，当然也会关心别人：一个完全自私自利的人不可能是一个具有美德的人。这个批评真正说的是，一个具有美德的人对自己的关心与对别人的关心并不对称：在关心自己的时候，他所关心的是自己的美德，而在关心他人时，他所关心的是他人的外在利益，如健康、财富和名誉等。而同时具有美德的人又认为，一个人的内在美德比其外在利益更重要，因为一个人的真正完成是看其是否具备了美德，而不是看其生活是否舒适、身体是否健康、名声是否远扬等。这就是说，一个具有美德的人在关心自己的时候所关心的是比较重要的方面，而在关心别人的时候所关心的是其不那么重要的方面；简言之，美德伦理学在要求一个人成己（即成为具有美德的人）的时候，并不要求一个人去成人（即让他人也成为具有美德的人）。正是在这种意义

① 关于美德伦理的自我中心问题及其儒家传统对之可能作出的贡献，本人曾撰长文做过比较详细的讨论。参见 Yong Huang, "The Self-centeredness Objection to Virtue Ethics: Zhu Xi's Neo-Confucian Response." *American Catholic Philosophical Quarterly* 84.4(2010): 651 - 692。本文的以下部分基本上是对该文的一些思想的摘要。儒家伦理对于美德伦理的另一个重要贡献则是其可以帮助当代西方美德伦理学克服其本来很难甚至无法克服的两个两难。参见 Yong Huang, "Two Dilemmas of Virtue Ethics and How Zhu Xi's Neo-Confucianism Avoids Them." *Journal of Philosophical Research* 36(2011): 247 - 281。

上，具有美德的人是自我中心的。[①]

对美德伦理学这样的批评当然并不是无的放矢。在当代西方复兴的美德伦理学主要还是亚里士多德主义的，而亚里士多德自己就明确指出，具有美德的人是真正自爱的人，并将其与日常意义上的自爱者相区别。日常意义上的自爱者是那些为自己"争取更多的财富、荣誉和肉体享受"的人，[②]而真正的自爱者是那些一直想"公正地、有节制地或根据某种其他美德来行动的人"。[③] 其理由是，后者"所追求的是最崇高、最美好的东西，从而使自己最真实的自我得到实现……。因此，最爱这一部分自我的、使这部分自我得以实现的人，是所有自爱者中最自爱的人"。[④] 这里亚里士多德所说的对真实的自我的实现也就是杨国荣所谈论的狭义上的成己。虽然这种真正自爱的人，不仅使自己获益，也使他人获益，但他使自己获益的是崇高的内在方面，而他使他人获益的是外在的世俗的方面。

尽管亚里士多德明确地说具有美德的人是真正自爱的人，也就是说他们所关心的只是成己，而不是成人（因为如果他们也试图成人，使

① 例如，所罗门在讨论美德伦理的这个问题时就说，在批评者看来，"在行为主体对自己品质的关心与其对他人的品质的关心之间，存在着一种不对称。这里的问题是：既然美德伦理学要求我把主要的注意力放在我自己的内在品质上，这不就表明，我应该认为，自己的内在品质具有最重要的伦理意义？但如果是这样，而且如果我真的也关心别人，我对别人的关心不也应该超越对他们的外在愿望、需求和欲望的满足，而应该包含对他们内在品质的关心吗？我不应该像我关心我自己的内在品质一样，关心我邻居之内在品质吗？"参见 David Solomon, "Internal Objections to Virtue Ethics." In *Virtue Ethics: A Critical Reader*, edited by Daniel Statman. Washington, D.C.: Georgetown University Press, 1997, p.172。

② Aristotle, *Ethica Nicomachea*. Trans. by W. D. Ross. In *The Works of Aristotle*, vol. 9. Oxford: Oxford University Press, 1963, 1168b15 - 16.

③ Aristotle, *Ethica Nicomachea*. Trans. by W. D. Ross. In *The Works of Aristotle*, vol. 9. Oxford: Oxford University Press, 1963, 1168b26 - 28.

④ Aristotle, *Ethica Nicomachea*. Trans. by W. D. Ross. In *The Works of Aristotle*, vol. 9. Oxford: Oxford University Press, 1963, 1168b29 - 33.

他人也成为具有美德的人，关心他人的崇高的方面，那么我们就没有办法理解，为什么亚里士多德说具有美德的人是真正自爱的人)，为了回应关于美德伦理学具有自我中心倾向的批评，当代的一些亚里士多德主义者试图对亚里士多德的美德伦理学作出一些重新解释，说明美德伦理学没有这样的问题。他们的一个重要证据就是亚里士多德的这样一段话："因此大家都赞同并称赞那些异乎寻常地忙于从事崇高行为的人；而且如果大家都追求崇高的事情，并竭尽全力地从事最崇高的事情……那么每一个人都会为自己赢得最大的利益，因为美德就是最伟大的利益"。[①] 克劳特认为，亚里士多德在这里提出了一个道德竞争的概念。这样一种竞争"与别的形式的竞争之间的差别恰恰在于，通常在相互竞争时，一个人的赢就意味着另一个人的输；但当具有美德的人在为高尚品质而相互竞争时，在某种意义上，每一个人都可以是赢者"。[②] 克劳特的意思是，尽管具有美德的人所关心的只是成己，就好像一个参加赛跑的运动员只是关心自己的名次，但这个具有美德的人越是努力成己，也就在客观上使与他竞争的人也越是努力去成己，从而导致了成人，就好像一个参加赛跑的人越是努力跑得快，也就客观上使得与他竞争的别的选手跑得快。

这样的解释在我看来存在着很大的问题。首先，亚里士多德在那段话中是否提出了克劳特所谓的道德竞争的概念还是一个问题；其次，即使亚里士多德真的提出了道德竞争的概念，我们也必须注意到，亚里士多德的这段话是在讨论德性的朋友时讲的。我们知道，亚里士多德

---

① Aristotle, *Ethica Nicomachea*. Trans. by W. D. Ross. In *The Works of Aristotle*, vol. 9. Oxford: Oxford University Press, 1963, 1169a6 – 12.

② Richard Kraut, *Aristotle on the Human Good*. Princeton: Princeton University Press, 1989, p.117.

认为有三种朋友，即功用的朋友、快乐的朋友和德性的朋友，并认为德性的朋友是真正的朋友。因此如果有道德竞争的话，这是在具有美德的朋友之间的竞争。这一点实际上克劳特自己也已经注意到了，因为他在上面这段话中所说的也是"具有美德的人在为高尚品质而相互竞争"。但这就引出了问题，因为关于美德伦理学具有自我中心倾向的批评说的是，具有美德的人只关心自己的美德，而不关心别人的美德，这里的别人显然是指还没具有美德的人（一个已经具有了美德的人不需要别人让他具有美德）。由于亚里士多德最推崇的是德性的朋友，一个具有美德的人当然只能跟同样具有美德的人交朋友。而且在亚里士多德看来，如果一个具有美德的朋友变坏了，或者原先以为是具有美德的朋友在后来证明并不具有这样的美德，那么如果具有美德的人想抛弃这样的朋友，也没有什么值得大惊小怪的。[①] 很显然，亚里士多德心目中的具有美德的人并不关心如何使还没有美德的人怎么获得美德。

当然我们或许会说，虽然亚里士多德的道德竞争（如果他确实具有这样一个概念的话）不是在具有美德的人与不具有美德的人之间的竞争，但也显然不是在完全具有美德的人之间的竞争，因为在这样的人之间没有必要进行竞争。真正的道德竞争是在那些或多或少有了些美德的人之间的竞争，而在现实生活中一点没具有美德的人和完全具有美德的人都很少，绝大多数人是或多或少具有美德的人。因此一个或多或少具有美德的人参与这样的竞争，尽管其用意只是想发展自己的美德，但其客观效果则是使同样具有或多或少美德的、参与这样的竞争的别的人也去努力发展他们的美德。换言之，一个努力去成己的人就在其努力成己的过程中也会具有成人的效果。但即使这样，这里还是存

---

① Aristotle, *Ethica Nicomachea*. Trans. by W. D. Ross. In *The Works of Aristotle*, vol. 9. Oxford: Oxford University Press, 1963, 1165b13 - 21.

在着一个问题，因为这样的竞争所产生的结果（参与竞争的人的美德之完满），与市场经济理论中的"看不见的手"对自私的人之间的竞争所起的作用，非常类似。① 在市场竞争中，每个人越是试图追求自己的利益，就越能为他人的利益作出贡献。这里的问题是，虽然相互竞争的每个人的自私行为实际上使他人也得益，但他们之所以参加竞争却是为了自己的利益，而不是为了他人的利益。我们显然不能因为他们自私的行为，由于受到了看不见的手的支配，具有利他的效果而说他们的行为不是自私的行为，而是利他的行为。同样我们不能因为一个人努力去追求美德的自爱行动具有使他人也努力追求其美德的效果而说，这个人的行动就不是自爱的行动，而是爱他人的行动。②

四、儒家的成人概念

正是在这一点上，我认为儒家传统可以对当代西方的美德伦理学作出一个重要的贡献，因为在儒家传统中，一个具有美德的人一定也关心别人的美德；换言之，一个努力成己的人也一定会努力成人。首先，《大学》一开头就谈到"明明德"和"新民"。这里"明明德"就是要

---

① 相对来说，杨国荣对这种看不见的手的论证似乎持比较肯定的看法。参见杨国荣：《成己与成物：意义世界的生成》，北京：人民出版社，2010 年，第 248 页。

② 说亚里士多德意义上的具有美德的人不关心别人的美德听起来也许有点令人难于相信。亚里士多德本人作为哲学家当然也讨论如何使人具有美德。但他在《尼各马可伦理学》一书的结尾（第九卷第十章；这个结尾也可以看作是其《政治学》一书的引言）指出，使他人具有美德不是一件具有美德的个人的事情，而是政治家和立法者的事情。因为在他看来，虽然一个家长或者朋友也许比一个政治家和立法者更具有美德，就好像这个家长或者朋友也许比一个医生更健康，但这个家长或朋友却没有政治家和立法者所有的、使其孩子或者朋友获得美德的专长和权威，就好像他并不具有医生所具有的使其孩子或者朋友脱离病痛的专长（虽然权威在治病这一点上不一定有关）。

实现自己的美德，即成己，而“新民”就是要帮助别人各明其明德，即成人（这与将新民解释成亲民，即关心他人的福乐康寿不同）。而且根据朱熹的解释，“明明德”和“新民”，成己与成人，本身不是两件可以分开和先后做的事情，因为明明德已经包含了新民和《大学》中所提到的其他纲要和条目：“若论了得时，只消‘明明德’一句便了，不用下面许多。圣人为学者难晓，故推说许多节目。今且以明德、新民互言之，则明明德者，所以自新也；新民者，所以使人各明其明德也”。[①] 这就是说，一个人如果不去新民，不使人各明其德，不去成人，那么这个人就不能说已经明其明德、已经成己了，因为不去新民乃是一种自私的表现，而一个自私的人不能说是一个已明其明德的人。相反，“明明德，便欲无一毫私欲；新民，便欲人于事事物物上皆是当”。[②] 这里新民或成人，即使他人各明其明德，乃是一个人成己即自明其明德的一个组成部分，所以朱熹说，“盖大人，以天下为度者也。天下苟有一夫不被其泽，则于吾心为有慊；而吾身于是八者有一毫不尽，则亦何以明明德于天下耶！”[③]

其次，《论语》中说到“己欲立而立人，己欲达而达人”（《论语》6：30），我们现在一般都把它看作是对道德金律的正面表述，与其反面表述——“己所不欲，勿施于人”，相辅相成；我们一般也是在物质和外在的意义上来理解所立、所达（和所施）者。例如，我自己想富有，我就应当让人家也富有。但很显然，这里孔子特别强调所欲之内容，立和达，而没有像在其他传统中的道德金律那样泛泛地说己所欲施于人，而立

---

① 〔宋〕朱熹：《朱子语类》，长沙：岳麓书院，1997 年，第 275 页。

② 因此当其学生说，“明德而不能推之以新民，可谓是自私”时，朱熹明确地加以肯定。〔宋〕朱熹：《朱子语类》，长沙：岳麓书院，1997 年，第 339 页。

③ 〔宋〕朱熹：《朱子语类》，长沙：岳麓书院，1997 年，第 280 页。

和达很显然就不只涉及一个人的外在方面，而必定也包括一个人的内在品质。关于这一点，当一个学生问到"立""达"二字时，朱熹明确地指出，这"二者皆兼内外而言"。[①] 他所谓的外就是我们日常理解的福乐康宁[②]：因为我自己想福乐康宁，我也应当使人家福乐康宁。那么他所指的内是什么呢？就在说立和达兼内外而言以后，朱熹就紧接着说，"且如修德，欲德有所成立"。[③] 因此在儒家那里，道德金律具有一种深层的意义：如果一个人想成为有德之人，这个人就应当帮助别人也成为有德之人。关于这个重要论点，他的一个学生在讨论道德金律的否定说法"己所不欲，勿施于人"时，就深有体会地说，"如己欲为君子，则欲人皆为君子；己不欲为小人，则亦不欲人为小人"。[④] 朱熹本人的说法也与此类似："我心之所欲，即他人之所欲也。我欲孝弟而慈，必欲他人皆如我之孝弟而慈。'不使一夫之不获'者，无一夫不得此理也。只我能如此，而他人不能如此，则是不平矣"。[⑤]

再次，我们知道，孔子曾对其学生说其道一以贯之。在他走后，曾子便对其他弟子说，"夫子之道，忠恕而已"（《论语》4.15）。表面上看来，曾子的这个说法似乎是有问题的，因为孔子明明讲其道"一"以贯之，而曾子的回答是二：忠和恕。但在我看来这里的关键便是要理解忠和恕这两者的关系。根据程颐的解释，"尽己为忠，推己为恕"。[⑥] 朱熹接受了这个看法，但强调，"忠恕只是一件事，不可作两个看"。[⑦] 这是因为在朱熹看来，忠，即尽己，已经包含了恕，即推己。一方面，由于

① 〔宋〕朱熹：《朱子语类》，长沙：岳麓书院，1997 年，第 758 页。
② 〔宋〕朱熹：《朱子语类》，长沙：岳麓书院，1997 年，第 928 页。
③ 〔宋〕朱熹：《朱子语类》，长沙：岳麓书院，1997 年，第 758 页。
④ 〔宋〕朱熹：《朱子语类》，长沙：岳麓书院，1997 年，第 958 页。
⑤ 〔宋〕朱熹：《朱子语类》，长沙：岳麓书院，1997 年，第 322 页。
⑥ 〔宋〕程颢、程颐：《二程集》，北京：中华书局，1981 年，第 306 页。
⑦ 〔宋〕朱熹：《朱子语类》，长沙：岳麓书院，1997 年，第 602 页。

一个追求美德的人对自己的道德瑕疵一定不能宽容，这样一个人也就不能宽容别人的道德瑕疵。因此，当他的一个学生问，具有“恕”这种美德的人是否就应该不责人、宽恕别人的道德瑕疵时，虽然“恕”确实具有宽恕的意思，朱熹还是说：

> 此说可怪。自有六经以来，不曾说不责人是恕！若中庸，也只是说“施诸己而不愿，亦勿施于人”而已，何尝说不责人！不成只取我好，别人不好，更不管他！于理合管，如子弟不才，系吾所管者，合责则须责之，岂可只说我是恕便了。《论语》只说“躬自厚而薄责于人”，谓之薄者，如言不以己之所能，必人之如己，随材责任耳，何至举而弃之！①

这是因为在朱熹看来，不同的人有不同的非道德才能，如有的聪明，有的则不那么聪明，聪明的人不应责备不那么聪明的人。他认为这是《论语》中所说的薄责于人的意思。但在道德能力方面，由于大家都是一样的，人人可以成尧舜，因此如果别人有道德瑕疵，有德之人就必须加以指出，并帮助其改正。另一方面，忠者，即尽己的人，会处处为善，因此这个人也必定会恕，即及人，即也让别人为善。因此朱熹说，“人以事相谋，须是仔细量度，善则令做，不善则勿令做，方是尽己。若胡乱应去，便是不忠”。② 很显然，在朱熹看来，尽己已经包含了推己，忠已经包含了恕，因此他说，“成己方能成物，成物在成己之中”。③

---

① 〔宋〕朱熹：《朱子语类》，长沙：岳麓书院，1997 年，第 629 页。
② 〔宋〕朱熹：《朱子语类》，长沙：岳麓书院，1997 年，第 435 页。
③ 〔宋〕朱熹：《朱子语类》，长沙：岳麓书院，1997 年，第 120 页。

五、成人的独特性和可能性

可见，儒家不但强调成己，而且也强调成人。正是在这一点上，较之亚里士多德主义的美德伦理学，儒家的美德伦理学具有明显的优越性，因为它可以完全避免所谓的自我中心倾向。因此我觉得，杨国荣如果在成己与成物这两部分之间，再加上成人这一部分，应当会使这部重要著作更加增色。当然，他没有讨论成人这一部分，也许有他自己的考虑。因为我们知道，事实上所谓的自我中心的问题不仅在亚里士多德主义的美德伦理学中存在，而且也存在于康德的伦理学中。康德的伦理学要求行动主体根据其义务感行动，却不要求这个行动主体设法让他人也根据义务感行动。康德认为，除了在任何场合都必须一无例外地履行的完美的义务(perfect duty)(如不说谎或者不伤害人)外，每个行动主体还有两个应该尽可能加以履行的非完美的义务(imperfect duties)，即促进自己的道德完满和增进别人的幸福，但他并不认为他们也有相应的增进自己的幸福和促进他人的道德完满的义务。康德认为，我们没有增进自己的幸福的义务，是因为我们本来就会自然地去追求自己的幸福，而我们没有促进别人的道德完满的义务，是因为"其他人作为(理性的)人的完满完全在于其自己的、根据其自己的义务概念来选择目的的能力；要求我去做只有别人自己可以做的事情，并将其看作是我的义务，乃是自相矛盾的"。[①] 换言之，成人或者明他人之明德或者让别人获得美德乃是一种不可能的事情。一个人只能靠自己来完

① Immanuel Kant, *Groundwork of the Metaphysic of Morals*. Trans. by H. J. Paton. New York: Harper and Row, 1964, p.44.

成自己，只能由自己去明其明德，只能凭自己的努力来获得美德。[①]

如果出于这样的考虑，杨国荣没有讨论成人的问题也是可以理解的。事实上，儒家强调为己之学，强调自得，也与这个精神一致。孔子有一句令人费解的话，“民可使由之，不可使知之”（《论语》8.9）。程颐和朱熹都认为，孔子这里既不是认为老百姓愚不可及，也不是想推行愚民政策。在他们看来，这句话也只能根据自得这个概念来理解。这里所谓的知，乃德性之知，按其本性，只能由人自知，因此即使圣人也不能使民知之：

> 盖民但可使由之耳，至于知之，必待其自觉，非可使也。由之而不知，不害其为循理。及其自觉此理而知之，则沛然矣。必使知之，则人求知之心胜而由之不安，甚者遂不复由，而维知之为务，其害岂可胜言？释氏之学是已。大抵由之而自知，则随其深浅，自有安处；使之知，则知之必不至，至者亦过之而与不及者无以异。[②]

---

① 怀汀（Jennifer Whiting）甚至也以此为亚里士多德辩护。在她看来，当亚里士多德说，真正自爱的人将更好的东西奖给自己时，他所说的不是他没有将更好的东西奖给别人，而是他没有将不那么好的东西（外在的物质的东西）奖给自己；当然这不是说具有美德的人也会将这更好的东西奖给别人，因为他不会；但他之所以不会，不是因为他具有自我中心的倾向，而是因为这更好的东西，“就其由美德和体现美德的行动构成而言，一般来说不是一个人可以为其朋友获取的……体现美德的行动，从逻辑上来说，只能由一个人自己从事”。Jennifer Whiting, “Self-Love and Authoritative Virtue: Prolegomenon to a Kantian Reading of *Eudemian Ethics* viii 3.” In *Aristotle, Kant, and the Stoics: Rethinking Happiness and Duty*, ed. Stephen Engstrom and Jennifer Whiting. Cambridge: Cambridge University Press, 1996, p.175。

② 〔宋〕朱熹：《朱熹集》，成都：四川教育出版社，1996，第1806页。关于程颐对《朱子语类》这段话的独特解释，本人有比较详尽的讨论。参见 Yong Huang, “Neo-Confucian Hermeneutics at Work: Cheng Yi's Philosophical Interpretation of *Analects* 8.9 and 17.3.” *Harvard Theological Review* 101.1(2008): 169–201。

但是我们必须看到，儒家的这个自得概念与其成人概念并不一定冲突。事实上，自得这个概念首先出自孟子，但孟子同时又主张，“天之生此民也，使先知觉后知，使先觉觉后觉也”（《孟子》5A7）。对此，朱熹也指出，“人昏昧不知有此心，便如人困睡不知有此身。人虽困睡，得人唤觉，则此身自在。心亦如此，方其昏蔽，得人警觉，则此心便在这里”。[①] 这里孟子和朱熹都强调了将人唤醒的重要性。因此，儒家强调自得，并不是像康德那样要否定成人（即使他人道德完满）的可能性，而是要说明，一方面，关心别人的内在的德性，较之关心别人的外在的利益，要困难得多。因为在后者，一个人只要将自己所有的与他人分享，而在前者，一个有德之人不能将自己的德给予别人，而要别人自己去发展这样的美德。另一方面，教别人成为有德性的人，较之教别人理论知识要困难得多。因为在后者，一个有理论知识的人所需要做的就是提供证据，演示推论，而在后者，一个有德性的人需要让他人产生也成为具有美德的人的欲望，而这不是靠理性论证所能完成的。

那么，一个人在成己的时候怎样才能成人呢？在儒家看来最重要的就是以身作则，成为别人的楷模。这就是孔子“道之以德”的意思。在朱熹看来“‘道之以德’，是躬行其实，以为民先。如必自尽其孝，而后可以教民孝；自尽其弟，而后可以教民弟，如此类”。[②] 与此相关，朱熹认为，如欲“禁人为恶，而欲人为善，便求诸人，非诸人。然须是在己有善无恶，方可求人、非人也”。[③] 就是说，具有美德的人，要想让别人也具有美德，就必须从事美德的行为。这是因为，一方面，只有自己从事美德的行为，一个人才可以教别人也从事这样的行为。另一方面，朱熹

① 〔宋〕朱熹：《朱子语类》，长沙：岳麓书院，1997 年，第 179 页。
② 〔宋〕朱熹：《朱子语类》，长沙：岳麓书院，1997 年，第 493 页。
③ 〔宋〕朱熹：《朱子语类》，长沙：岳麓书院，1997 年，第 319 页。

认为，“德修于己而人自感化”。[1] 在朱熹看来，身教之所以有效，是因为每个人本来都有美德，只是在有些人那里这种美德被私欲遮蔽了。因此，他们能够受到有德之人的德行的渐移默化，从而能够自己变成有德之人。[2] 而看到别人受到自己德行的感化，在朱熹看来，是有德者的最大快乐。正是根据这一点，他接受了程颐对《论语》一开头的“有朋自远方来，不亦乐乎”的独特解释：“以善及人而信从者众，故可乐。”[3]

六、结论

由此可见，即使成人这个概念，特别是就其与成己和成物概念之不同方面而言，尽管在杨国荣的哲学体系中可能并不重要，在帮助当代美德伦理学克服其内在的困难或者回应别的伦理传统对它的批评方面，

---

① 〔宋〕朱熹：《朱子语类》，长沙：岳麓书院，1997 年，第 480 页。

② 在这种意义上，我非常赞成王庆节对道德感动的强调。参见 Qingjie Wang, “Virtue Ethics and Being Morally Moved.” *Dao: A Journal of Comparative Philosophy* 9.3(2010)：309－321。关于道德教育的这个层面，本人在别处也作过相关的讨论。参见 Yong Huang, “The Self-centeredness Objection to Virtue Ethics: Zhu Xi's Neo-Confucian Response.” *American Catholic Philosophical Quarterly* 84.4(2010)：651－692。

③ 〔宋〕朱熹：《朱子语类》，长沙：岳麓书院，1997 年，第 405 页。不过，虽然身教是德性教育的最有效途径，它并非总是能使他人各明其明德而也成为有德之人，因此儒家认为还需要一些辅助的手段。其一是言教，有德之人除了身教以外，还要传播圣人之言。其二是让人根据儒家之礼仪规范甚至法律规则从事德行，或者至少不从事恶行。确实，如果光因这外在的礼仪规范甚至法律规则而为善、不作恶，一个人还不是有德之人。但在朱熹看来，首先，这至少可以使人不作恶。更重要的是，如果总是伴之以另两者方法，言传和身教，这个手段也能够使人逐渐地变成有德之人。因此朱熹指出，“只是要他行矣而著，习矣而察，自理会得。须是‘匡之，直之，辅之，翼之，使自得之，然后从而振德之’。今教小儿，若不匡，不直，不辅，不翼，便要振德，只是撮那尖利底教人，非教人之法”。〔宋〕朱熹：《朱子语类》，长沙：岳麓书院，1997 年，第 1078 页。换言之，对无德者的外在规范，作为言传身教的暂时的、补充性的手段，对于使人成为有德者，也具有一定作用。

确实是一个非常重要的概念。而且成人这个概念不仅与杨国荣的哲学体系不相冲突，而且在某种意义上可以说是从这个体系中发展出来的。[①]

① 当然，如我们在上面看到的，在儒家传统中，成人已经包含在成己之中了，因为一个不愿成人的人就不能说是已经成己。如果这样，我们似乎也就没有理由要求杨国荣在讨论了成己概念以后还去讨论成人概念了。这确实是对的。不过在同样的意义上，我们也可以说成物也已经包含在成己之中了，因为一个不愿成物的人也不能说是已经成己。因此正如朱熹所说的明明德已经包含了圣人要求我们所做的一切，我们也可以说成己已经包含了我们应该要做的一切，包括成人和成己。

第十三章

与童世骏谈儒家美德：美德与规则

一、引言

不知从什么时候开始(但肯定是很久以前了)，我读书开始变得非常功利。几乎读任何一本书，不是为了自己教书，就是为了自己写书(写文章)，纯粹是出于自己的兴趣把一本书从头读到尾已经是很遥远的事情了。而另一方面，真正有足够的吸引力让我放下手头的事情去认真读的好书，特别是好的哲学书实在也是不多，但童世骏的《论规则》一书即是这样的一本好书。记得去年夏天去华东师大，作者赠我该书一册。由于自己近来主要做美德伦理的研究，对规则问题不是很感兴趣，当然对这方面的研究也知之甚少。第二天回香港，飞机晚点了好几个小时，我顺手拿出《论规则》一书随便翻翻，不觉马上被它严密的论证、新颖的观点、广阔的视野吸引住了。等飞机到达香港机场时，我已经将该书读完了。当下的感觉：尽管该书基本是论文集，因此难免有些重复并缺乏系统性，但这是一部难得的好书！我马上写信给华东师大哲学系的郁振华说，这本书值得讨论。所以这次当《探索与争鸣》杂志的编辑邀请我为该书写稿时，我没有任何犹豫就一口答应了。可是接下来又犯难了：我当初读完该书时几乎完全被它的观点和论证征服了，而童世骏在微信中跟我说，如果我要证明自己是一个好学者，就必须写出一篇具有深度的批判文章。所以我把该书又从头到尾地读了一遍，结论还是一样：这是一本难得的好书。所谓的好书、好的哲学书，在我看来，需要至少满足这样几个条件：① 观点新颖、清晰，论证严密、细致，反映学界在有关问题上的最新研究成果；② 即使对该书持不同观点的读者也觉得作者的观点言之有理；③ 能够激发读者，特别是原来对该问题不感兴趣的读者也开始对该问题做思考甚至研究。由于前两个方面已经完满地体现在《论规则》一书中了，我在下面所要做的就是试图表明，为什么在第三个方面（当然主要是引起我思考，研究还需要更多的时间），它也是一本好书。

二、道德（规则）的性质

童世骏在书中反复强调在三种规则之间的区分。第一种是技术规则，其基础是客观规律，如“不戴安全帽者不得进入工地”。如果一个人违反了这种规则，他就会受到惩罚，而这种惩罚是由客观规律决定的。第二种是游戏规则，其基础是人们之间或明确或不明确的约定，如“本馆善本书概不外借”。如果一个人违背了这样的规则，而且被人发现了，这个人也会受到惩罚，而这种惩罚是参与这个约定的其他人造成的。第三种是道德规则，其基础是康德派哲学家所说的实践理性。如果违反了他所认定的道德规则，除了会得到他人的谴责和责备外，一个人自己也会感到内疚和羞耻。[①]

---

① 童世骏：《论规则》，上海：上海人民出版社，2015 年，第 16—19 页。

我在这里主要关心的是道德规则。为讨论方便计，我会忽略童世骏在道德原则与规则之间的区分。[①] 童世骏在把道德规则一方面与技术规则相区分、另一方面又与游戏规则做对照时，实际上他在道德（规则）的性质问题上采取了一种特定的元伦理学立场。如果我们采取与此不同的一种元伦理学立场，我们就可以认为，道德规则同技术规则一样以客观规律或客观事实为基础，而如果我们采取与此不同的另一种元伦理学立场，我们也可以认为道德规则同游戏规则一样以约定为基础。因此在把道德规则与技术规则和游戏规则做这样的对比时，童世骏需要证明他所采取的那种元伦理学立场的正确性和其他两种元伦理学立场之不能成立。但他至少在本书中没有做这样的证明，而在我看来，他所采取的那种元伦理立场并不是无懈可击，而他（必须）反对的那两种元伦理学立场至少也不是完全没有道理。我在本节就开始说明这个问题。

童世骏在书中没有明确、详细地说明其所持的元伦理学立场，但根据他对这样一种立场的描述（如可普遍化原则），[②]他对康德实践理性的多次提及[③]和他对本身属于他所说的康德派哲学家罗尔斯[④]和哈贝马斯[⑤]关于道德规则的讨论的青睐，我们可以确定他所采取的那种元伦理学立场属于康德主义的理性构造论。根据这样一种立场，道德的根源或根据是人的理性主体性（rational agency），而与人的欲望和利益没有任何关系。康德在讨论人的理性的自我立法（即制定道德原则）

---

① 童世骏：《论规则》，上海：上海人民出版社，2015 年，第 5 页及 109 页。
② 童世骏：《论规则》，上海：上海人民出版社，2015 年，第 175 页。
③ 童世骏：《论规则》，上海：上海人民出版社，2015 年，第 23 页、56 页及 117 页。
④ 童世骏：《论规则》，上海：上海人民出版社，2015 年，第 133—170 页。
⑤ 童世骏：《论规则》，上海：上海人民出版社，2015 年，第 85—132 页及 265—298 页。

时，就特别强调，要排除所有经验的成分。① 罗尔斯之所以要设计在无知之幕后面的原初状态的人，实际上也就是想以此来体现这样一种理性的主体性。② 由于立法者排除了自己的所有的经验成分，他跟所有的以同样方式排除了其各自的经验成分的其他立法者就无异，所制定出来的道德原则或者规则就具有童世骏所想有的那种普遍性。

但我们是否真能由此而达到那种普遍性呢？罗尔斯自己就清楚地认识到是不可能的，因为他承认他对原初状态的设计就是以近现代西方自由民主社会的一些基本信念为前提的，因此他由此推出的那些道德原则对于缺乏这样的信念的人来说就不一定具有有效性。例如他的第二个正义原则的一个核心假定是，由于一个人天生的聪明才智及其出生于其中的家庭背景完全是偶然的，一个正义的社会就不应当让它们来决定这个人在社会中的地位。但对于相信印度教或佛教的因果报应说的人来说，一个人的出生及其生来的聪明才智就不是偶然的因素。另外，即使有些通过这样的程序制定出来的、看来是普遍的道德原则，仔细考虑起来，实际上并非真的是那么普遍，例如童世骏提到的“不应该偷盗”就假定了财产权。在一个没有财产权的社会中，这一原则也是无法实施的。而且即使在一个具有财产权的社会，到底什么是一个人该有的财产，也是不很清楚的。很显然，一个人从其老板那儿拿来的工资不完全是其财产，不然国家就无法从中征税了。那么税后的收入是否就是其应有的财产了呢？从法律上来说也许是，但在道德上就不一定是。因此真正普遍的道德规则也许只能是那些没有意义的同义反

① Immanuel Kant, *Groundwork of the Metaphysic of Morals*. Trans. by H. J. Paton. New York: Harper and Row, 1956, p.57.

② John Rawls, *A Theory of Justice*. Cambridge, MA: Harvard University Press, 1999, § 24.

复，如"不应该拿你不该拿的东西"或"不应该杀你不该杀的人"，简单地说，就是"不该做你不该做的事"（或者"做你该做的事"）。

我在这里并不是想说童世骏在这里所假定的康德主义理性构造论的元伦理学立场一定是错的，而只是说这样一种立场并非是不证自明的。接下来，我还想说明为童世骏所排除的两种元伦理学立场也并不是没有道理。事实上，我还想试图论证其中的一种，特别是我所赞成的那种版本，乃是我们应当接受的。

在把道德规则与游戏规则区分开来时，童世骏实际上排除了约定论这样一种关于道德之起源或本性的元伦理学立场。但约定论也不是完全站不住脚的。在当代哲学中，普林斯顿大学的哈曼（Gilbert Harman，1938—　）就是这种约定论的明确捍卫者。在他看来，道德原则或者规则是人们在生活中自然而然地达成的约定。他借用休谟的例子说，这种约定达成的方式类似于两个划同一条船的人逐渐实现动作相互协调的方式。① 童世骏反对这种元伦理学的立场的理由是，"把道德规则混同于游戏规则，是道德相对主义，甚至道德虚无主义的根源"。② 哈曼确实是道德相对主义的最著名的捍卫者之一，但他明确地将相对主义与虚无主义区分了开来。相对主义与虚无主义都认为，不存在一个绝对的道德，而他们之间的差别则是，后者由此根本否认道德的存在，而前者则认为，相对的道德判断应当继续在我们的道德生活中发挥作用。③

那么既然约定论是一种元伦理学上的相对主义，是否就表明我们

① Gilbert Harman, *Explaining Values and Other Essays in Moral Philosophy*. Oxford: Oxford University Press, 2000, Chapters 3 - 4.

② 童世骏：《论规则》，上海：上海人民出版社，2015 年，第 29—30 页。

③ Gilbert Harman and Judith Thomson, *Moral Relativism and Moral Objectivity*. London: Wiley, 1996, Chapter 1.

必须加以放弃呢？虽然在当今的哲学讨论中，特别是道德哲学的讨论中，说某人的观点是一种相对主义，就好像我们在日常生活中说某个人是坏人一样。如果有人说我是坏人，我为自己辩护时一定说我不是坏人，而不是说做坏人有多么好。同样，当有人说我的观点是一种道德相对主义，我为自己辩护时一定说我的观点不是道德相对主义，而不是说道德相对主义多么正确。但事实上，道德相对主义也不是那么荒唐。哈曼本人还有黄百锐(David Wong)[①]都对这样一种道德相对主义作出了细致的论证和严肃的辩护。这里我无意复述这些论证，但我想举一个例子来说明，为什么在他们看来道德相对主义不仅没有问题，而且能够说明其他的元伦理学立场无法很好说明的问题。我们一般都认为，“避免伤害他人”是比“帮助他人”更重要的道德原则，或者说伤害他人比不帮助人更不道德。但为什么是这样呢？在哈曼看来，功利主义根本就无法说明这个问题，而康德主义能够提供的说明也基本上似是而非。例如：① 我们也许会认为，这是因为如果你伤害一个人，那么这个人就一定被伤害了；而如果你不帮助一个人，这个人不一定就得不到帮助，因为还有其他人可能会帮助他。哈曼认为这根本不是理由，因为你在伤害一个人时，这个人也不一定会被伤害，因为可能有人会阻止你；同样，在你不帮助一个人时，如果没有别的人出来帮助，这个人就一定得不到帮助。② 我们也可能认为，这是因为你可以避免伤害所有人，但你不能帮助所有人，因为有太多的人需要帮助。但在哈曼看来，这种看法假定了，而不是说明了，不帮助人没有伤害人那么不道德。有了这样一种假定，大家就都不那么热心去帮助人，结果就是有太多的人需要

① 参见 David Wong, *Moral Relativity*. Berkeley CA: University of California Press, 1984；以及 David Wong, *Natural Moralities: A Defense of Pluralistic Relativism*. Oxford: Oxford University Press, 2006。

帮助。如果我们认为，不帮助人与伤害人一样不道德，从而大家都去帮助人，就不会有太多的人还需要帮助。③ 我们还可能认为，这是因为当我们伤害一个人时，我们就必然要为这个人所受的伤害负责，但当我们不帮助人时，我们并不必然地要为这个人之没有得到帮助负责。但在哈曼看来，这同样也是假定了而不是说明了恰恰需要我们说明的东西：由于我们假定不帮助人没有伤害人那么不道德，所以我们觉得对后者不需要像对前者那样负道德责任。如果我们认为后者跟前者一样的不道德，那么我们对两者就要负同样的道德责任。[①]

在哈曼看来，相比较而言，他的约定论的元伦理立场则可以很简单地说明，为什么我们认为不帮助人没有伤害人那么坏。道德规则是生活在一个社会中的人达成的约定；设想一下，一个社会中有穷人、弱者，也有富人、强者。一方面，不管是穷人还是富人，强者还是弱者，都不想被伤害，所以他们很容易形成大家不要相互伤害的约定；另一方面，穷人和弱者很需要富人和强者的帮助，但富人和强者不那么需要穷人和弱者的帮助，因此他们就不太容易达成大家都要相互帮助的约定。[②] 不过，就像我在上面并不是想说明康德主义理性构造论的元伦理学立场一定错误，我在这里也并不是想说明约定论这种元伦理学立场一定正确。[③] 我只是想说明，我们不能简单地假定道德规则不是像

① Gilbert Harman, *Explaining Values and Other Essays in Moral Philosophy*. Oxford: Oxford University Press, 2000, pp.47－49.

② Gilbert Harman, *Explaining Values and Other Essays in Moral Philosophy*. Oxford: Oxford University Press, 2000, pp.46－47.

③ 事实上，我认为这种立场也存在着严重的问题，参见 Yong Huang, "Toward a Benign Moral Relativism: From Agent/Critics-centered to the Patient-centered", In *Moral Relativism and Chinese Philosophy: David Wong and Critics*, edited by Yang Xiao and Yong Huang. NY: State University of New York Press, 2014。

游戏规则那样的约定。

最后，在将道德规则与技术规则相区分时，童世骏实际上又假定了道德实在论这种元伦理学立场之错误。由于这一点比较复杂且重要，而且我本人就是持一种特定的道德实在论立场，让我在下一节中专门加以说明。

三、事实与规范

童世骏指出，

> 不能把道德规则当作技术规则。把道德规则混同于技术规则，会认为道德规则也是以外在自然规律为基础的，不仅认为它是不变的……而且认为违反它就像违反自然规律那样导致客观的惩罚……反过来，当人们发现违反道德规则并没有引起客观的因果性惩罚，或遵守道德规则并没有引起客观的因果性的收益的时候，也就是说，当人们发现恶不一定有恶报、善不一定有善报的时候，也很可能随之而无视道德规则的约束。①

这里的关键问题并不是道德规则和技术规则的关系问题，而是事实与价值的关系问题。把道德规则混同技术规则，在童世骏看来，也就是混淆事实与价值问题。虽然童世骏也意识到“事实问题和规范问题之间的关系在哲学上是一个大问题，有许多不同的意见。但从培养公民的规则意识的角度来说，我们要强调的是必须把这两个问题区别开来”。② 可是

① 童世骏：《论规则》，上海：上海人民出版社，2015年，第29页。
② 童世骏：《论规则》，上海：上海人民出版社，2015年，第77页。

他并没有进一步说明，为什么从培养公民的规则意识的角度我们就必须把这两个问题区别开来。事实上，如我在下一节中所要表明的，从培养公民的规则意识的角度，也许我们恰恰要把它们联系起来。

童世骏在这个问题上采取的基本上就是休谟的立场，认为在事实与价值之间存在着巨大鸿沟，我们不能从"是"推出"应该"。[①] 如果有谁想做这样的推论，那就犯了 G. E. 摩尔所说的自然主义的谬误。[②] 在某种意义上，这种观点确实有一定道理。例如功利主义从人们事实上喜欢快乐和不喜欢痛苦来断定人应该喜欢快乐和避免痛苦，就是一种有问题的推论。童世骏说上海市民应该遵守交通规则与上海市民遵守交通规则是两回事，前者不能从后者推论出来，[③]这也是对的。

不仅如此，我们现在看到的试图表明我们可以从事实推出价值的种种努力，在我看来也确实并不成功。我们可以看看最著名的塞尔所做的一个尝试。塞尔从这样一个事实命题出发：①"琼斯说，'我在此向你史密斯保证，我会付你五元钱'"。这个命题可以简化为：②"琼史保证会付史密斯五元钱"。在了解了"保证"这个词的词典意义以后，这个句子又可以表述为③"琼斯使自己承担了付史密斯五元钱的义务"，简单地说就是④"琼斯有义务付史密斯五元钱"，而这也就是说⑤"琼斯应该付史密斯五元钱"。由于在最后一句中有了"应该"这个词，塞尔认为他就成功地从"是"推出了"应该"，从事实推出了价值。[④] 这个论

① David Hume, *A Treatise of Human Nature*. Oxford: Oxford University Press, 1978, [III.i.1] 469.

② G.E. Moore, *Ethics Principia*. New York: Barnes and Noble, 2005, pp.39 - 40.

③ 童世骏：《论规则》，上海：上海人民出版社，2015 年，第 40 页。

④ John R. Searle, "How to Derive 'Ought' From 'Is'?" *The Philosophical Review* 73 (1) 1964, p.44.

证的关键，同时在我看来也是这个论证之问题的关键，是第二个命题，它陈述了塞尔所谓的制度性事实①："保证"离开了其出现于其中的制度，就是一个没有意义的声音，就像纸币离开了其出现于其中的制度就只是上面有些彩色图案的纸片；而作为制度的事实，"保证"做某件事情，蕴含了"应该"做某件事情。但这里的应该不是道德规范意义上的"应该"，而是一种表示合理预测的"应该"，就好像我们知道某个人是纳粹时，我们可以说，"这个人应该杀犹太人"。这种意义上的"应该"的一个突出特征是，说话者并不在道德上赞成有关的行为。很显然，当我们说"这个纳粹应该杀害犹太人"时，我们并不是说他的行为在道德上是对的，而只是说，这个纳粹，作为纳粹，"一定会"去杀犹太人。塞尔的"琼斯应该付史密斯五元钱"中的"应该"也属于同一类型，因此事实上他并没有成功地从"是"推出"应该"。

但这是否表明我们就没有办法从"是"推出"应该"，因而就必须如童世骏所建议的那样在事实与价值之间作出严格的区分呢？我的答案是否定的。问题的关键是如何推，我自己是一个美德伦理学家，而从美德伦理学的角度，这是一个很容易解决的问题。说明这个问题的最好方式也许是从童世骏自己所举的一个例子出发："熊猫应当吃竹子"。② 这个"应当"是从哪里来的？当然来自我们对熊猫这种动物的事实知识。因此当我们看到一只熊猫（而不是童世骏所说的一只貌似熊猫而实际不是熊猫的动物）不喜欢吃竹子时，我们就知道这个熊猫生病了，或者有了什么其他的缺陷（当然也可能我们以前关于熊猫的知识不准确）。这说明我们关于动物或者植物作出的价值判断（在美德伦理

① 童世骏也多次提到塞尔的这个概念，例见童世骏：《论规则》，上海：上海人民出版社，2015 年，第 76 页及 211 页。
② 童世骏：《论规则》，上海：上海人民出版社，2015 年，第 38 页。

学中这样的判断一般使用"好"或者"坏"而不是"应该"或者"不应该"这样的词，但这不影响我们的讨论）是以我们关于特定动物或者植物的事实知识为依据的。缺乏这样的事实知识，我们就没办法作出关于这些动植物之好坏的断定。而当我们将"好""坏"这样的评价词用到人身上，说"某人是好人"或"某人是坏人"时，正如当代的新亚里士多德主义伦理学家赫斯特豪斯所指出的，我们保持了这些词的一贯用法，即我们首先要对人之为人的特征（事实）有充分的了解，再看一个具体的人是否体现了这些特征，然后才能作出这是一个好人还是坏人的价值判断。①

那么人之为人的特征是什么呢？童世骏也注意到，"在儒家传统中，性善论是个前提，因而是可以这样推理的"，②也就是说从人性善这个事实推出人应该善，因为不善的人是一个有缺陷的人。不过童世骏马上又指出，"在西方传统中，基督教传统是主张原罪的，而基督教同样主张人应当行善…… 这说明从有关一个对象'是'什么的命题很难确定地推出有关一个对象'应当'是什么的命题"。③ 但在我看来，基督教并不主张人性本恶。按照基督教的信仰，上帝是按照自己的形象创造人的，因此一定是善的。只是在亚当那里发生的堕落以后，人才变成恶的。即使在儒家传统内部，一般认为荀子主张性恶而又同样认为人应该有道德。但事实上，荀子只是认为人生下来有一些自然倾向，如果不加抑制，会导致恶，而在人的本性问题上，即在人作为人之与别的存在物特别是动物的差别的问题上，他是主张性善的。例如他说，"水火有

① Rosalind Hursthouse, *On Virtue Ethics*. Oxford: Oxford University Press, 1999, p.195.
② 童世骏：《论规则》，上海：上海人民出版社，2015 年，第 267 页。
③ 童世骏：《论规则》，上海：上海人民出版社，2015 年，第 267 页。

气而无生，草木有生而无知，禽兽有知而无义，人有气、有生、有知，亦且有义，故最为天下贵也”（《荀子》9.19）。这就说明，在他看来，人的独特性就在于有义。

这里的关键当然不是所有主张人应当行善的哲学家都一定会主张性善说。当然有不少哲学家持性恶论；而且恰恰因为人性恶，他们才主张人应该遵循道德原则，就像童世骏所说的恰恰是因为上海市民不遵守交通规则，所以我们认为上海市民应该遵守交通规则。① 这里的关键有两点。第一点，主张性恶论者不能很好说明一个人为什么要行善或遵守道德规则。关于这一点，我将在下一节中专门加以论述。第二点，由于我们在这里试图论证的是道德实在论，因此关键不是哲学家们在人性问题上持什么观点，而是性善论到底有无事实根据。如果性善论为真，那么在性之善恶问题上的其他观点就为假，不管有没有人或有多少人持这样的观点。在这一点上，我认为儒家提出了很好的论证。这里我以宋代大儒朱熹为例。朱熹认为人性善，但这种观点本身不是一种规范判断，而是一种事实判断，因此同我们关于熊猫爱吃竹子的事实判断一样，要以事实为基础。朱熹说人性善是指人有仁义礼智，特别是仁，因为在他看来，在某种意义上，仁已经包含了义礼智。仁作为性是我们看不见摸不着的，那么我们怎么知道人性有仁呢？朱熹这里特别推崇程颐的说法，“由恻隐而知仁”。他的意思是，虽然我们无法经验到仁义礼智之人性，但我们可以经验到恻隐、羞恶、辞让和是非之人情，而有人情就必定有相应人性。② 在朱熹看来，这就好像我们看到地面上有树影就知道边上一定有树，看到一个容器里流出来的水很清就知

① 童世骏：《论规则》，上海：上海人民出版社，2015 年，第 40 页。
② 〔宋〕朱熹：《朱子语类》，长沙：岳麓书院，1997 年，第 81 页。

道容器里边的水一定很清，[①]看到地面上的苗就知道地底下必定有根，甚至看到一个小孩很懂事就知道他的母亲一定很善良，[②]这是一方面。另一方面，朱熹当然知道事实上有许多不善的人，他们不仅没有上面提到的那些正面的人情，甚至表现出与此相反的反面的人情。在这种意义上，朱熹有时确实也说他们与禽兽无异。但他同时又观察到，这些缺乏正面道德情感甚至具有不道德情感的人，经过道德教育和修养，可以重新体现这些人情，但无论你对动物从事什么样的道德教育，它们也不会变得有道德，而这正体现了人与动物的差别。所以有些人没有体现出正面的人情甚至呈现反面的情感，在朱熹看来，不是因为他们的人性缺乏仁义礼智，而是由于这样的仁义礼智被一个人的私欲和浊气遮蔽了。关于朱熹对人性善这个事实的证明，我在别的地方有详细讨论，这里只能做这些简单的说明。[③]

由此可见，事实与价值不能分开，不只是在童世骏所看到的负面意义上，即我们认为人应该做的事情不能是人事实上不可能做的事情，因为应当蕴含着能够。[④] 更重要的是在肯定的意义上，人应该做的事情是人作为健康或者没有缺陷的人自然会去做的事情。当然这里所说的正常或者没有缺陷并不是统计学意义上的。正如童世骏所说的，规范不同于"统计学意义上的、作为一种事实的'常规'"，[⑤]我们这里所强调的事实上健康的或没有缺陷的人也不是统计学意义上的。这就好像牙

---

① 〔宋〕朱熹：《朱子语类》，长沙：岳麓书院，1997 年，第 81 页。
② 〔宋〕朱熹：《朱子语类》，长沙：岳麓书院，1997 年，第 1151 页。
③ Yong Huang, "Two Dilemmas of Virtue Ethics and How Zhu Xi's Neo-Confucianism Avoids Them." *Journal of Philosophical Research* 36 (2011): 247 - 281.
④ 童世骏：《论规则》，上海：上海人民出版社，2015 年，第 46 页。
⑤ 童世骏：《论规则》，上海：上海人民出版社，2015 年，第 235 页。

医知道什么是人的健康的、没有缺陷的牙齿，尽管他知道大多数人的牙齿都有这样那样的缺陷，因而都需要治疗和矫正。当朱熹断言人性有仁义礼智时，他也很清楚有很多坏人，有更多的不道德的人。他说人性有仁义礼智是就人与动物的本质区别而言的。由于具有这种差别，即使是那些坏人，通过教育和修养，还是可以变成好人，就好像一个生病的人通过医治还是可以变成健康的人。唯一不同的是，一个人在身体上可能会得不治之症，但朱熹认为一个人在道德上却不会有不治之症：道德上再败坏的人也可以转化成好人。

四、规则与美德

童世骏在书中非常强调规则意识。他所谓的规则意识，如他所指出的，主要不是"关于规则的知识"，甚至也不是"表现为人们经过反思和努力而遵守规则"，而是"当遵循规则的自觉训练、修养到达一定的程度，人们对于规则的遵循，就会从勉力而行的自觉境界，进入孔子所说的'从心所欲不逾矩'的自然境界。在这种境界中，遵循规则已成为第二天性，外在规则成为内在要求"。[①] 童世骏在这里主要是要说明规则与德性的关系。可是离开了性善论，这种关系是无法建立起来的。假如人性是恶的，也就是说，假如人之为人的本质特征是恶，那么，如果一个人经过道德规则的训练和修养，而成善了，这就意味着他改变了其作为人的本质特征，因而不再是人了。换言之，假如人性（即人作为人的本质独特性）本恶，那么就出现了一个奇怪的现象：善人不是人。事实上，孟子在与告子讨论人性善恶问题时就已经看到了这个问题。告子

---

① 童世骏：《论规则》，上海：上海人民出版社，2015 年，第 195 页。

反对性善说，说人性就好像杞柳，而仁义就好像由杞柳做成的杯盘（桮棬）；如果认为人性就是仁义，就是认为杞柳就已经是杯盘了，而这显然是荒谬的。对此，孟子回应说："子能顺杞柳之性而以为桮棬乎？将戕贼杞柳而后以桮棬也？如将戕贼杞柳而以为桮棬，则亦将戕贼人以为仁义与？率天下之人而祸仁义者，必子之言夫！"（《孟子·告子上》第一章）。意思就是说，在把杞柳做成杯子时，你是顺着杞柳的本性还是违背其本性？如果你要违背杞柳的本性而将其做成杯盘，那你是不是也要残害人的本性来使之有仁义呢？

平心而论，对于告子的观点，孟子这里的说法是一种过度反应。应该说，如果告子是个性恶论者，那么孟子的回应是很恰当的。因为如果告子认为人性，即人之为人的特征，就在于不仁不义，那么孟子也就可以非常有力地回应说，按照这样的观点，要使人变得有仁有义，我们就必须伤害他的本性，即我们上面所说的，使之成为非人。但我们知道，告子虽然反对性善论，但也并不主张性恶论。在他看来，仁义与人性既没有正面的关系（人性并不具有仁义），也没有反面的关系（人性并不反仁义），因此一个人可以变得有仁义，也可以变得反仁义。但无论变得有仁义还是变得反仁义，都不影响他作为人的本性。这种观点表面上与亚里士多德的观点有雷同，因为亚里士多德也认为，美德并不来自我们人的本性，但也不违背我们的本性。[①] 但实际上，告子的这种观点比亚里士多德的观点在人性的善恶问题上更中立，因为亚里士多德实际上还是认为美德与人性是有关系的。在亚里士多德看来，人与动物的根本差别是其理性功能，而美德就是理性功能的卓越发挥。在这种意义上，亚里士多德还是一个道德实在论者，尽管我也同意威廉斯和麦克

---

① Aristotle, *Ethica Nicomachea*. Trans. by W. D. Ross. In *The Works of Aristotle*, vol. 9. Oxford: Oxford University Press, 1963, 1103a.

道威尔，认为这样一种道德实在论是有问题的。①

我们现在回到童世骏的观点上来。童世骏并没有说明他在人性论上持一种什么样的看法。这恐怕是因为他要强调价值与事实的区别，认为道德规则与人性没有关系，因此在讨论规则时没有必要讨论人性问题。② 但是，如果他所强调的那些不是，而且不应该是从任何关于人性观点推出来的道德规则事实上与人性是相悖的，那么遵循这些道德规则的后果就是我们上面提到的对人性的摧残。因此遵循解释学中的仁慈原则(principle of charity)，我们可以合理地假定，童世骏可能在人性问题上持一种类似告子的主张，即人性在道德上是中立的，它本身不具有仁义礼智等特质，也不具有反仁义礼智的特质；但人性是可塑的。因此通过道德规则的约束使人具有仁义礼智，并不会改变人的本性，而只是使人具有了童世骏所说的与人的第一天性并不违背的第二天性。当然如果这样，虽然童世骏本人没有说，我们也可以推断，如果有一个像纳粹那样的不道德的组织，通过反道德的规则的约束使人变得反仁义礼智，也不会改变人的本性，而只是使人具有了与童世骏所说的那种相反的第二天性(即从心所欲地去从事反仁义礼智的行为的习性)，而这种第二天性同样与人的第一天性不发生冲突。

这里我们就看到了不以事实上的人性为依据的道德规则的一个严重问题，即使我们假定人性在善恶方面是中性的：我们为什么要遵守这样的道德规则呢？甚至我们为什么就不能遵守与此相反的反道德规则呢？因为按照这样一种观点，我们遵守这样的道德规则不会使我变

① Bernard Williams, *Ethics and Limits of Philosophy*. Cambridge, MA: Harvard University Press, 1985, p. 52; John McDowell, *Mind, Value, and Reality*. Cambridge, MA: Harvard University Press, 1998, pp.35 - 36.

② 童世骏：《论规则》，上海：上海人民出版社，2015 年，第 267—270 页。

成一个更“好”的人，而我遵守反道德的规则也不会使我变成一个更“坏”的人。我们这里所用的“好”与“坏”，如我们前面一节中说的，是有客观标准的。并不是因为我们喜欢一个人就说他是好人，而不喜欢一个人就说他是坏人。这是一种主观的评价。好人是其人之为人的特质得到充分彰显的人，而坏人则是其人之为人的特质不得（很好）彰显、因而与某些别的动物没有（明显）区别的人。我们这里对人之好坏的客观评价与我们对熊猫、老虎、有毒的蔷薇等动植物之好坏的客观评价是类似的，我们并不因为我们喜欢这些动植物、并不因为这些动植物对我们有好处，就说它们好，反之就说它们坏。在这种意义上，不想吃竹子的熊猫、见人怕的老虎、没有毒的“有毒的”蔷薇（poison ivy），不管我们多么喜欢它们，也不管它们为我们带来多少好处（或至少不给我们带来它们通常会带来的害处），就不是好的熊猫、老虎和有毒的蔷薇。

童世骏在从康德主义的角度说明我们为什么要遵守“不得偷盗”这个道德规则的时候说，“假如你是人的话”。[①] 但假如这个道德规则不是从有关人的本质特征的事实命题推出来的话，既然遵守它并不会使我成为一个更“好”的人，那么为什么就因为我是一个人就应该遵守它呢。不过从上下文看，童世骏讲的应该不是这个意思。他说的可能是，“不得偷盗”这个道德规则是我作为一个理性的存在物（当然作为这样的存在物，我与任何别人没有任何两样）自己制定的，因而应该遵守。但即使康德本人也看到，这还不足于说明我们就会去遵守这样的道德，因为他知道人不仅是一个理性存在物，也是一个经验存在物。由于德与福之间往往存在不一致，人们往往不愿意遵守道德规则，因此他还要假设能够保证两者达成一致的上帝的存在和灵魂的不死。

① 童世骏：《论规则》，上海：上海人民出版社，2015 年，第 23 页。

也许我们还是没有正确理解童世骏的意思。继续遵循我上面所说的解释学的仁慈原则，我们也许可以从童世骏反复提到的塞尔在构成性规则与范导性规则之间的区分来理解他关于道德与人性的看法。[①] 当他说，道德规则与事实命题（主要是关于人之为人的特质的事实命题）没有关系的时候，也许他是想说，道德规则不是人类（生活）的构成性规则，因为如果是人类的构成性规则，这就意味着一个人不遵守这些规则，不管是勉力而为，还是从心所欲，就不是人，而这也就意味着道德规则与人性是密切相关的。但这不妨碍道德规则作为人类（生活）的范导性规则，因为正如童世骏所正确地理解的，塞尔所说的范导性规则虽然不是某个活动非有不可的规则，但可以使这个活动进行得更好。塞尔自己用的一个例子就是饭桌规矩（table manners）。在这些规矩出现之前，人的吃饭活动早已存在，因此这些规矩并不是这种活动的构成性规则。但是如果人的吃饭活动遵守这些饭桌规矩，则这种活动会进行得更好，因此它们是范导性规则。童世骏讲的道德规则，因为他强调它们在被内化之前是“外在规则”，[②]显然不是人类（活动）的构成性规则，却可以理解为人类（活动）的范导性规则。这些规则在人成为人以后才出现，它们的目的不是保证人作为人生活，而是让人生活得更好，所以我们还是要遵守。不过即使这样，我们还是有问题。一方面，那么人类生活难道只有范导性规则，而没有构成性规则吗？如果有，它们与道德规则有什么关系？另一方面，说范导性规则可以使人类生活得更好是什么意思？如果说它们使人类作为人类生活得更好，那么它们一定与人之为人的特质有关，也就是说一定与事实有关，而这一点是童世骏所否定的。如果在别的任何一种意义上它们使人类生活得更“好”，

① 童世骏：《论规则》，上海：上海人民出版社，2015 年，第 243—244 页。
② 童世骏：《论规则》，上海：上海人民出版社，2015 年，第 195 页。

那么我们真的有什么理由非要过这样的生活、因而要遵守这样的规则不可吗？

因此要想说明为什么要遵守道德规则，最好还是采取我在本章中提出的以美德伦理为进路的道德实在论。根据这样一种理论，作为价值的美德来自人之为人的特质（事实）。这里需要澄清一种误解。人们通常认为，美德伦理只强调我们应该成为怎样的人，但不能为我们提供任何实际的行动指南或者规则。因此已经具有美德的人不需要这样的美德伦理，而对于还不具有美德但又想获得美德的人，这样的美德伦理没有任何帮助。关于这一点，我上面提到的新亚里士多德主义美德伦理学家霍斯特豪斯已经作了有力的回应。她认为，美德伦理也可以谈论规则，只是美德伦理的规则是从人的正反两方面的德性推导出来的。从每一种美德我们就有一种正面的规则，如“要勇敢”“要慷慨”“要节制”等；而从每一种恶德（vice）（由于她持亚里士多德主义的看法，认为美德是两个极端之间的中道，而这两个极端都是恶德，因此相应于每一种美德有两种恶德）中我们就可以得出一种反面的规则。如，“不要胆小”和“不要鲁莽”“不要小气”和“不要挥霍”“不要放荡”和“不要绝欲”等。[①] 当然如果我们从儒家的伦理体系出发，由于儒家提倡的德目与亚里士多德体系不同，我们可以有一些不尽相同的道德规则。但不管如何，如果要问，为什么我们要遵守这些规则，回答是因为它们会帮助我们获得相应的美德；而如果要问，为什么要获得这样的美德，回答是因为它们使我们成为健康的、没有缺陷的人。换言之，缺乏了这样的美德，我们就成了不健康的、有缺陷的人。就好像我们身体上有缺陷和不健康时，我们需要加以医治和修养；同样，在我们的品质上有缺陷和不

---

① Rosalind Hursthouse, *On Virtue Ethics*. Oxford: Oxford University Press, 1999, p.37.

健康时，我们也需要医治和修养。

这样一种观点表面上看来有个明显的缺陷：我遵守道德规则的真正目的是为了使自己成为一个健康的、没有缺陷的人。道德本来是要使人为他人考虑，成为一个利他主义者，但我们这里所提倡的这种观点好像说，道德的目的是为了自己。这就是霍卡所指的美德伦理之根本的自我中心倾向。[①] 对此美德伦理学家安娜斯曾回应说，尽管具有美德的人考虑自身的美德，但这些美德往往要求他考虑他人的利益。因此不考虑他人的利益，一个人就不可能是一个具有美德的人。[②] 但针对这一点，霍卡又说，这表明具有美德的人之考虑他人的利益只是一种手段，其目的还是为了使自己成为一个具有美德的人。关于这个问题，我曾经以朱熹为例撰专文加以讨论，[③]这里没有办法展开论证。简单地说，在美德伦理中，至少是在儒家的美德伦理中，在这个层面上的利己与利他是一个硬币的两面，两者是完全重合的。我们不能说其中的一个是手段，而另一个是目的。一个人如果不利己（不想成为一个具有美德的人），他就不可能真正地利他；同样，一个人如果不利他，他就没有办法利己（成为一个具有美德的人）。如果我说我一生想做的所有事情，包括帮助别人，都是为了追求我自己的人生目标，那人家一定会说我是一个利己主义者，但假如我所追求的这个人生目标是要成为一个彻底的利他主义者呢？

---

① Thomas Hurka, *Virtue, Vice, and Value*. Oxford: Oxford University Press, 2001, p.232.

② Julia Annas, "Virtue Ethics." In *Oxford Handbook of Ethical Theory*, edited by David Copp. Oxford: Oxford University Press, 2006, p.522.

③ Yong Huang, "The Self-centeredness Objection to Virtue Ethics: Zhu Xi's Neo-Confucian Response." *American Catholic Philosophical Quarterly* 84.4(2010): pp.651 - 692.

五、结论

在上面，我从元伦理学的角度，以童世骏在技术规则、游戏规则和道德规则之间的区分为核心，对《论规则》一书做了一个粗浅的评论。我认为在把道德规则与其他两种规则相区分时，童世骏不仅假定了一种特定的元伦理学立场，即康德主义的理性构造论，而且也排除了其他两种元伦理学立场，即约定论与实在论。但他既没有充分地论证为什么前者是正确的，也没有论证为什么后两者是错误的。我在第一节中，主要是想说明，为童世骏假定的康德主义的理性构造论并非全无毛病，而为他排除的约定论也并非一无是处（如果我们接受约定论，则道德规则与游戏规则无异）。在第三和第四节中，我则主要想论证为什么为童世骏所排除而为我本人所青睐的一种特定的道德实在论是正确的。根据这样一种道德实在论，道德规则是从人的美德（及作为其反面的"恶德"）推出来的，而什么样的性格特征属于美德（和恶德）则是由人之为人的特质决定。如果前两者（道德规则和美德）属于价值问题，那么后者则属于事实问题。而这也就是说，根据我所倡导的这种特定的道德实在论（道德实在论的形式众多；同童世骏一样，我认为其中的大多数是有问题的），价值问题与事实问题不能分开，前者必须以后者为基础。如果我的这个观点成立，那么道德规则本质上与童世骏讲的技术规则是类似的。它们都以事实为根据；而且违背了这样的规则，人们都会得到惩罚，即自身会受到伤害。假如有什么不同的话，这就是在违反了技术规则以后，如果运气好的话，这个人不一定会得到惩罚。事实上，只是在运气很不好的情况下，违背技术规则的人才会受到惩罚。例如不戴安全帽进工地或者不系安全带驾车的人很少会受到童世骏所说的那种惩罚（当然他们可能得到工地负责人或者警察的惩罚，但在这样的情况下，这些技术规则已经与童世骏所说的游戏规则无异了）。相反，如果一个人违反道德规则，则这个人必然会遭到惩罚。当然，由于违反技术规则所受到的惩罚与由于违反道德规则所受到的惩罚的性质是有不同的。前者使得一个人在身体上不健康、有缺陷，而后者则使得一个人在品质上不健康、有缺陷，但很显然两者都需要避免。如果有什么差别的话，那就是避免后一种不健康和缺陷比避免前一种不健康和缺陷更重要。事实上，很多人为了避免品质上的缺陷和不健康而主动在自己的身体和其他外在福祉方面作出某种必要的牺牲。

行文至此，我的评论就结束了。我不知道有没有达到童世骏为我规定的好学者的标准，但如果我的上述评论也能够激起他在这个问题上的进一步思考，我就非常满足了。毕竟我写本文的目的不是为了表明他在这个或那个方面的观点有问题，更不是为了表明我在这个或那个方面的观点之正确，而是为了激发童世骏在有关问题上作出进一步的发挥，使我们大家进一步受教。

第十四章

与郁振华谈儒家美德：再论动力之知

《学术月刊》2016 年 12 期上发表的郁振华教授的“再论道德的能力之知”一文，对我近几年关于王阳明的良知概念及其与赖尔的命题性知识（Knowing-that）与能力之知（knowing-how）所发表的几篇中英文文章，特别是在《学术月刊》2016 年第 1 期上发表的“王阳明的良知概念：命题性知识，能力之知，抑或动力之知”（后面简称“动力之知”）一文，做了评论。对于自己的学术作品能够得到像郁振华教授这样令人尊敬的学者的仔细地阅读（他在文章的第一部分对我的观点的概述非常精确）和具有启发性的批评，对于当代中国学者来说乃是不可多得（如果不是求之不得）的最好礼物。如他所说，我们两人关于这个问题的讨论（以前大多数是在私下场合和学术会议上）已经有好几年了。事实上我上面提到的这篇文章本身也在一定程度上受郁振华教授在 2014 年第 12 期的《中国社会科学》上发表的“论道德-形而上学的能力之知：基于赖尔和王阳明的讨论”的启发。与郁教授每次交流和讨论，都使我受益匪浅。这次读了郁教授的文章，同样也不例外。

我在郁教授所讨论的这几篇文章中所表达的一个核心观点是，王阳明的良知有为赖尔的命题性知识或理智之知[①]或(和)能力之知都不能包含的内容，而在"动力之知"一文中，我明确地用动力之知(knowing-to)来表示这种独特的内容。我当初自己觉得，就像赖尔强调在理智之知之外还有一种独特的能力之知一样，我强调在这两种知之外还有动力之知，如果有说服力的话，乃是对当代认识论的一个重要贡献。但郁教授的文章恰恰很有说服力地认为，我的这个论点没有说服力。所以我在这里试图对认识的这三重区分，特别是动力之知概念，做一次挽救，看看它有没有起死回生的可能。

在郁教授看来，我用来解释王阳明的良知概念的动力之知已经包含在他的道德的能力之知中了，因此"坚持认识论上的思维经济原则"，这种多余的知识类型应该用奥卡姆(William of Occam，c.1287－1347)的剃刀剃掉。但我仔细一想，如果我们接受郁教授的建议，我们反而会

---

① 当初我接受了"动力之知"一文译者的建议，将 knowing-that 翻译为"命题性知识"，但这与同时用来翻译 knowing-how 的"能力之知"和用来翻译 knowing-to 的"动力之知"不太合拍，所以我在本章中用与此比较一致的"理智之知"来翻译 knowing-that。当然将 knowing-how 译为"能力之知"也有问题，因为我在"动力之知"一文中谈到，当代学者关于能力是否是 knowing-how 的必要或者充足条件有很多争论。现在我们将 knowing-how 翻译成"能力之知"，那么这个争论就变成能力是不是能力之知之必要或者充足的条件，听起来有点奇怪，因为在我们用"能力之知"来翻译 knowing-how 时似乎已经假定能力是这种知的或者必要或者充分或者既必要又充分的条件了。因此有时候我想用"'知'之知"(即狭义、传统意义和日常意义上的知)来翻译 knowing-that，用"会之知"来翻译 knowing-how，用"愿之知"来翻译 knowing-to。但这里"愿"这个字主观成分太强，而 knowing-to 实际上有某种行动一定会出现的客观趋势义，即"会"这个字的另外一种意思，如我们说"这个人肚子饿了会去吃饭的"。这里的"会"并不表示这个人有吃饭的能力或技巧，而是表示这个人一定会去吃饭的趋势，而 knowing-to 正是要表示这样一个趋势。但如果用一种意义的"会之知"来翻译 knowing-to，而用另一种意义的"会之知"来翻译 knowing-how，又会造成混淆。这里我只是想表示，要把西方哲学的一个概念用中文来表达是很不容易的事情，而郁教授文章中对我的六点不同意见中的前两点都是由于我所用的关于 knowing-that 和 knowin-how 的中文翻译造成的，我对他关于两种知的内涵和外延的讲法没有异议，所以在此不做响应。

有更多而不是更少的知识类型。在我的构架中，只有三种知识形态，即理智之知、能力之知和动力之知。虽然我认为这三种类型的知都有道德的、非道德的和不道德领域，但由于每一种知在这三个不同领域中的性质相同，因而并不构成九种知识类型。但在郁教授的框架中，由于他认为道德的能力之知与非道德的能力之知具有本质的不同，因此应该看做是两种不同的知识类型。而在郁教授看来，这两种知的本质区别就是，道德的能力之知已经包含了我所谓的道德的动力之知，而非道德的能力之知则不包含我所谓的非道德的动力之知。这样我们就有了这几种知的类型：理智之知（或命题性知识）（我假定郁教授同意我的看法，在不同领域中的理智之知具有相同的类型，因而属于同一类型的知）、道德的能力之知、非道德的能力之知、非道德的动力之知，这是四种，反而比我的多了一种。而且，郁教授的知识分类不仅不经济，而且还因缺乏对称性这种美德：有两种本质不同的能力之知，而只有一种理智之知和一种动力之知；而且理智之知横贯知的各个领域，而动力之知只限于非道德领域。而按照我的分类，这三种知的形态各自都体现于道德、非道德和不道德的领域，因此具有对称性。

当然，如罗尔斯所说（但我们这里反过来说），就好像一个社会不管多么高效、有序或有其他什么美德，如果它不公正，我们就应该加以改造，一个理论不管多么经济、[①]对称或有其他什么美德，如果它是错的，我们只能加以抛弃。因此虽然我的框架有郁教授的框架所没有的两种美德，即经济和对称，但是否我的框架如郁教授所指出的那样从根本上

---

① 事实上，如果我们真的要追求经济的话，我们应该或者接受理智主义的看法，认为理智之知是唯一的知识类型，所有其他的知都是理智之知的不同类型；或者接受极端的反理智主义的看法，认为能力之知是唯一的知识类型，而所有其他的知都是能力之知的不同类型。但我在“动力之知”一文中对这两种立场都做了批评。

是错的呢？我上面提到，我所论证的几乎是唯一的观点就是，在赖尔所说的理智之知和能力之知外，还有一种动力之知，而郁教授所反对的恰恰就是这个动力之知概念（虽然他的反对并不彻底，因为他承认，在非道德领域，确实有动力之知①）。而他用来反对我动力之知概念的，就是其招牌概念：道德的能力之知。在前面提到的他在《中国社会科学》上发表的一文中，他正面地阐述了这样一个概念，而在现在这篇文章中，为了表明我的动力之知概念多余，又着力在道德的能力之知与非道德的能力之知之间做了区分。

郁教授说，他的与非道德的能力之知具有本质不同的道德的能力之知概念是"将阳明知论、赖尔的反理智主义以及亚里士多德的实践哲学冶于一炉之所得"。这样，他的道德的能力之知也许确实是一个重要的概念，但很可能是一个为阳明、赖尔和亚里士多德都不能接受的概念，或者至少与阳明的知论、赖尔的反理智主义和亚里士多德的实践哲学都不能兼容的概念。这是因为，阳明、赖尔和亚里士多德都没有在道德之知与非道德之知之间作出郁振华教授所要作出的差别。我们知道王阳明在谈论（在我看来是道德的动力之知而在郁振华看来是道德的

---

① 当然，也许郁教授根本否认有动力之知，因为在一个地方他说，动力涉及的是欲望的推动或者意志的选择，他们"都不是知识，因此不应该将行动的动力设为一种独立的知识形态"（如果这样，在郁教授的体系中，也就同样只有三种知的类型：理智之知、道德的动力之知、非道德的动力之知，不比我的经济，但至少也不比我的累赘，不过不对称的问题还是存在）。关于为什么动力之知是一种不同的知，我在"动力之知"一文中做了三点论证（参见本书第九章），这里不再复述。但这里产生了另一个问题：郁教授认为（至少在道德领域）谈动力之知是多余的，因为我讲的动力之知已经包含在他的能力之知中了；但假如我讲的动力之知不是知，那它怎么能包含在能力之知中呢？在我看来，郁教授在说动力之知不是知时，就好像当初有人说赖尔的能力之知不是知（而是能力或技能）一样，是站在传统的、狭义的知的立场上。事实上，如我在"动力之知"一文中所指出的，不仅英文中的 know 可以同时出现于 knowing-that，knowing-how 和 knowing-to 这三种场合，而且中文中的"知"也都可以用在这三种场合。

能力之知的)良知时，他经常用《大学》中的好好色和恶恶臭来说明；他也经常用程颐常常用的一个曾经被老虎咬的人关于老虎会咬人的知识来模拟。而这些都属于非道德领域。亚里士多德在说一个人只有通过训练、并养成习惯才有可能成为一个具有美德的人时，他说这与音乐、体操和其他类似的非道德领域领域无异。①

事实上，郁教授的道德的能力之知概念不只是把阳明、亚里士多德和赖尔这三个人的不同思想熔于一炉的结果，而且也是他把这些哲学家各自具有的一些不同概念熔于一炉造成的。举一个最明显的例子，亚里士多德具有美德（virtue）和实践智慧（practical wisdom; phronesis）的概念，郁振华认为他的道德的能力之知就包含了这两个概念，因为这两个概念是紧密相连的。说这两个概念紧密相连确实不假。亚里士多德说，“美德保证目标准确，而实践智慧则保证达到这个目标的手段准确”；②又说，“美德确定目标，实践理性则使我们去做实现这个目标的事情”；③在另一个地方，亚里士多德还说，离开了实践智慧，我们不能成为真正具有美德的人，而没有道德的美德，我们也不可能真正具有实践智慧。④ 但在我看来，两个紧密相连的概念并不表明它们是可以熔于一炉的概念，不然我们也应该把亚里士多德的美德与健康和财富概念熔于一炉了，因为亚里士多德也认为一个具有美德的人需要有相对健康的身体和一定数量的财富。事实上，在上面我们

---

① Aristotle, *Ethica Nicomachea*. Trans. by W. D. Ross. In *The Works of Aristotle*, vol. 9. Oxford: Oxford University Press, 1963, 1180a32 - 1180b3.

② Aristotle, *Ethica Nicomachea*. Trans. by W. D. Ross. In *The Works of Aristotle*, vol. 9. Oxford: Oxford University Press, 1963, 1144a7 - 8.

③ Aristotle, *Ethica Nicomachea*. Trans. by W. D. Ross. In *The Works of Aristotle*, vol. 9. Oxford: Oxford University Press, 1963, 1145a.

④ Aristotle, *Ethica Nicomachea*. Trans. by W. D. Ross. In *The Works of Aristotle*, vol. 9. Oxford: Oxford University Press, 1963, 1144b31 - 32.

看到，就在他强调美德和实践智慧的联系时，亚里士多德也已经表明了它们的差别。关于这两者之间既有差别又有联系的问题，亚里士多德谈到了苏格拉底的观点，认为“苏格拉底关于所有美德都是实践智慧的看法是错的，但他认为所有美德都涉及实践智慧的看法则是对的”。①

在这种意义上，我们可以说，作为与非道德的能力之知具有本质不同的道德的能力之知概念乃是郁教授的哲学创造，②因此在评价这个概念时，我们的主要标准不应该是赖尔、王阳明或者亚里士多德有没有这样一概念，而是这样一个概念本身是否成立，特别是对于我们要说明的问题是否有效。这是我在本章下面主要要做的。

记得以前在一次会议上，我跟郁教授讨论这个问题时，为了说明具有能力之知的人不一定会去做他们有能力做的事，我用了这个类比：某人会插秧，但不一定愿意去插秧；同样，某人知道如何爱父母，但不一定愿意去爱父母。郁教授在其文中认为，我在这里混淆了道德的能力

① Aristotle，*Ethica Nicomachea*. Trans. by W. D. Ross. In *The Works of Aristotle*，vol. 9. Oxford：Oxford University Press，1963，1144b.

② 在这一点上，虽然郁教授和我都在从事比较哲学研究，但我们做的比较哲学的方法并不完全相同。在《杭州师范大学学报》2014 年第 4 期发表的“如何在西方哲学语境中作中国哲学：以儒学研究为例”一文中，我曾经说到有两种通常的方法做中西比较哲学，一种是文本比较；另一种是哲学创造。前者不太关注这种比较对当代的哲学问题有无意义，而后者所关心的主要是从这样的文本比较中可以得到什么样的哲学上启发，至于这些文本中到底有没有这个比较学者因得到这种启发而创造出来的哲学概念，是无关紧要的。我觉得郁教授做的是后一种。而我自己所做的是我在上述文章中特意阐发的介于这两种方法之间的第三种：用中国哲学的资源对西方哲学问题提出不仅是独特的、而且是更好的解决办法。这种做法当然不只是做文本的比较研究，但也不是在从事哲学创造，因为这种对于传统西方哲学问题之独特的和更好的解决办法已经存在于我所研究的中国哲学文本中。例如我提出的在赖尔的理智之知和能力之知之外的“动力之知”概念，表面上也许很新，特别是对于西方哲学家而言，但实际上就是好几百年前王阳明提出的良知概念。

之知与非道德的能力之知，并用下面这个例子来说明这两者之间的差别：某人是插秧能手（会插秧），但天气太热，所以他不愿下田插秧。某人是孝子（知孝、行孝），但由于处境艰难，所以他不愿行孝。

郁教授认为“插秧能手”不愿下田插秧是可以理解的，而“孝子”不愿行孝是不可以理解的。由于前者是非道德的能力之知，而后者是道德的能力之知，他认为我们可以下结论说，道德的能力之知与非道德的能力之知不同：前者驱使人作出相应的行动，而后者则不一定。但如果我们仔细看一下他用的例子，问题就出现了。一方面，在说明道德的能力之知时，他用的是“孝子”。“孝子”是一个具有“孝”这种美德的人，是具有行孝的动力的、并能在行孝中找到乐趣的、因而是喜欢行孝的人。所以这样的人不愿行孝当然是自相矛盾的。而另一方面，在说明非道德的能力之知时，他用的却是“插秧能手”。插秧能手是一个很会插秧的人，但不一定是一个具有（与行孝的动力类似的）插秧的动力的、并（与能在行孝中找到乐趣相类似的）能在插秧中找到乐趣的、因而是（与喜欢行孝类似的）喜欢插秧的人，后者不一定是一个插秧能手（虽然如果真的爱好插秧的话，如我在后面要说明的，他迟早会成为这样一个能手），但是一个插秧爱好者。因此，与“孝子”相应的，不是“插秧能手”而是“插秧爱好者”，而说一个插秧爱好者不愿插秧，与说一个孝子不愿行孝，是一样不可理喻的。而如果我们真的要用“插秧能手”，那么与之相应的就不是“孝子”而是“孝顺父母的能手”（至于一个不是孝子的人是如何成为孝顺父母的能手，就好像一个非插秧爱好者怎样成为插秧能手一样，那是另外一个问题，但不管如何，我们不难想象这样的可能性）。后者知道怎样去孝顺父母，但如果他不愿行孝，就好像说一个插秧能手不愿插秧一样，我们也是可以理解的。在我们讲“插秧能手”或者“孝顺父母的能手”时，我们讲的是他们的插秧或者孝顺父母的能力，即他们的能力之知。而在我们讲“插秧爱好者”和“孝子”时，我们讲的是他们的一种品性（character），即他们的动力之知。在上面的例子中，关于非道德的知识，郁教授用的是一个能力之知的例子，而关于道德的知识，他用的却是一个动力之知的例子。所以，虽然他试图用上面的例子来说明道德的能力之知与非道德的能力之知之间的区分，实际上他只是证明了（道德的）动力之知与（非道德的）能力之知之间的差别，而我的文章的唯一贡献正是要说明动力之知与能力之知的差别。

郁教授之所以认为道德的能力之知与非道德的能力之知不同，是因为在他看来，一个人的道德能力一定会体现在行动中，有能力而不体现在行动中是一种自相矛盾。关于这一点，我们可以看一下孟子区分“不能”（缺乏能力）与“不为”（缺乏动力）的这一段话：

> 有复于王者曰：“吾力足以举百钧，而不足以举一羽；明足以察秋毫之末，而不见舆薪。则王许之乎？”曰：“否。”“今恩足以及禽兽，而功不至于百姓者，独何与？然则一羽之不举，为不用力焉；舆薪之不见，为不用明焉；百姓之不见保，为不用恩焉。故王之不王，不为也，非不能也。”
>
> 曰：“不为者与不能者之形何以异？”曰：“挟太山以超北海，语人曰：‘我不能。’是诚不能也，为长者折枝，语人曰：‘我不能。’是不为也，非不能也。故王之不王，非挟太山以超北海之类也；王之不王，是折枝之类也。”（《孟子》1A7）①

① 孔子也有类似的说法。例如，他说，虽然也许有这样的人，但在行仁方面，“我未见力不足者”（《论语·里仁》），又说“我欲仁，斯仁至矣”（《论语·述而》），说明关键的是动力而非能力。

孟子的这段话对于我们这里的讨论有两个重要的意义。第一，他在这里没有区分道德的能力之知与非道德的能力之知。事实上，他恰恰是用非道德的能力之知来说明道德的能力之知。第二，更重要的是，孟子明确指出，“王之不王，不为也，非不能也”。这就说明，王之没有为王、即没有将恩惠施与百姓，不是因为他不会做（缺乏能力），而是不愿做（缺乏动力）。换言之，这位王具有将恩惠施与百姓的能力（能力之知），但却缺乏施展这种能力的动力（动力之知）。在这一点上，王阳明持与孟子完全相同的看法。在《别梁日孚序》中，阳明先引孟子言，“徐行后长者谓之弟，疾行先长者谓之不弟”，然后马上指出，“夫徐行者，岂人所不能哉？所不为也。世之人不知咎其不为，而归咎其不能，其亦不思而已矣”。很显然，阳明也同孟子一样认为，道德上的能力之知与一个人不做其有能力做的事并不矛盾。事实上，这是司空见惯的事情。这一点我们还可以从反面的例子来说明。我们有没有伤人甚至杀人的能力呢？我想这是我们大多数人（如果不是所有人）都有的能力，也就是说，我们大多数（如果不是所有）人都有伤人甚至杀人的能力之知。在“动力之知”一文中，我将这种能力之知称作“不道德的能力之知”，以与“道德的能力之知”和“非道德的能力之知”相应。郁教授认为“不道德的能力之知”应该归属“道德的能力之知”，因为道德包括正反两个方面，不论帮助人还是伤害人，都是道德问题，属于道德领域。虽然我觉得我原来的区分比较清晰，但我可以接受这个观点。但假如能力之知包含作出相应行动的倾向，那么既然我们都有伤人和杀人的能力，那么为什么我们大多人都不这样做呢？

所以在我看来，非常显而易见的是，能力之知，即使是道德的（包括正反两面）的能力之知，不包含作出相应行动的倾向；换言之，道德的能力之知不包含我所谓的道德的动力之知。[①] 在这一点上，它跟非道德的能力之知与非道德的动力之知之间的关系无异。那么，有道德的动力之知的人是否就一定也有道德的能力之知呢？这一点比较复杂，我们的回答既是否定的，又是肯定的。先说否定的，也是根本的一个方面，即在何种意义上道德的动力之知并不包含道德的能力之知。与某些非道德的能力之知不一样，道德的能力之知是几乎每个人都有的。不过这是指日常生活中所需要的最基本的能力（但即使这样的基本的能力之知也并不包含于动力之知之中，因为没有相应的动力之知的人也可以有这样的能力之知），而能够在日常生活的种种不同情况下都能应用自如的道德的能力之知却并不是每一个人生来就有的，而是在不断的实践中获得并逐渐提高的。最能说明这个问题的是孔子的弟子曾子。在孔子的诸弟子中，曾子是以其孝德闻名的。没有人会否认，曾子有孝的动力之知，也没有人否认曾子有一些基本的孝的能力之知。如他养其父曾皙必有酒肉（《孟子·离娄上》），他知其父喜羊枣而自己不忍食羊枣（《孟子·尽心上》）。但《孔子家语》《韩诗外传》和《说苑》中都有记载的一个故事却说明，曾子虽有孝的动力之知，却在一定程度上缺乏孝的能力之知。这个大家都熟悉的故事说的是，一次，曾子耘瓜误斩其根，其父勃然大怒，以大杖猛击其背，直至曾子被打晕。曾子醒来以后不但没有怨恨，而且第一件事情反而是去问年迈的父亲在惩罚他时是否伤了筋骨，而同时则佯装自己一点没事。对此非常重视孝的孔子

① 事实上，如果我们接受郁教授的看法，我们就会很难说明道德责任这个概念。假如有道德的能力之知的人就一定有道德的动力之知、因而就一定会去从事道德的行为，那么在逻辑上我们就必须说一个人不去从事道德的行动就一定是因为其缺乏相应的能力之知。而如果这样，我们就不能要求这个人去从事道德行动，因为我们不能要求人去做他们没有能力去做的事情；我们甚至不能要求他们为其所作出的不道德行为负责，因为我们不能要求人为其没有能力加以克制的行为负责。这在道德上就出现了很大问题。

却并不赞成，认为曾子这样做实际上的结果是陷其父于不义，反而不孝。在这个例子中，应该没有人怀疑曾子有孝心，即我们所说的孝的动力之知，但他对于在这个特定情况下如何行孝却不知道，也就是说缺乏行孝的能力之知。

但如果这样，即有孝的或者更一般意义上道德的动力之知的人不一定知道如何行孝或从事更一般意义上的道德行为，即缺乏孝的或者道德的动力之知，而我又认为王阳明的良知只是动力之知而不是能力之知，那么郁教授关于我将王阳明的良知概念贫乏化的指责不就很有道理了吗？这里就必须谈到我们对上面提到的关于有道德的动力之知的人是否就一定也有道德的能力之知这个问题的肯定回答。我们说了有道德的动力之知的人不一定有道德的能力之知，但首先要说明的是，这并不意味着我如郁教授所说的"割裂了动力和表现"。有动力之知即良知的人当然会将这样的知表现在行动中，这是王阳明知行合一说的精义。但是如果这个人缺乏一定程度的能力之知，这个人的行动就可能不够恰如其当。但这里有两个方面。一方面，即使这样的行动不够恰如其分，它与没有相应的动力之知的人的行动还会有天壤之别。例如，如果曾子没有孝的动力之知，在他父亲打他时，他很可能跟其父亲对打，或者至少不会在醒过来后反而去关心父亲的身体并假装自己没事。这就是为什么我在"动力之知"一文中提到，王阳明要用孟子说的话做类比：虽然我不知道你脚的尺寸，但如果我有心帮你做一双鞋子，我不会因不知你脚的尺寸而将其做成一只篮子；同样，虽然我缺乏从事道德行为的（较高程度的）能力之知，但如果我有良知即道德的动力之知，我的行动还是会在道德的一定范围内（这与我上面讲的人人都有一些基本的道德的能力之知有关）。但另一方面，也如我在"动力之知"一文中所非常着力指出的，王阳明认为，一个具有良知即我们所谓的道德的动力之知的人一定(或者说自然地)会去追求道德的能力之知。一个只对自己的“道德的动力之知”津津乐道而对道德的能力之知不感兴趣的人很难说真的有道德的动力之知,就好像一个只满足于自己的助人之心而不关心如何帮助人或者怎样才算是帮助人的人就不能说真的有助人之心。但这不是说前者包含了后者(或者如郁教授所说的后者包含了前者)或者说这两者是一回事,而只是说一个人的道德的动力之知必然驱使他去追求道德的能力之知。因此一个有孝的动力之知的人,在作出某个特定的孝行之前,一定先去努力了解其所处的特定情况,看什么样的行为在这个特定情况下才算是真正的孝行。例如一个大学生知道其父母希望他每年春节回家跟他们一起过年,他作为孝子就应该这样做。但如果有一年春节后马上有研究生考试,而他知道让自己去读研究生是父母的强烈愿望,那么作为孝子的他就可能决定这个春节不回家与父母过年而留在学校准备考试。当然一个具有动力之知的人即使在尽了自己的最大努力以后还可能作出不是很恰当的行为。在这种情况下,一方面,我们不会因其缺乏一定的道德的能力之知而否认其有相应的道德的动力之知。这说明道德的动力之知与道德的能力之知不是一回事。而另一方面,如果这个人真的有这样的动力之知的话,我们又可以合理地期望他从这次失败的道德实践中吸取教训,从而避免在以后的道德实践中再出现类似的情况,即“不二过”。相应地,在某个场合作出了恰当的道德行动以后,一个具有道德的动力之知的人就会总结经验,为自己以后的道德实践服务。这说明道德的动力之知与道德的能力之知又有紧密的联系。就王阳明的良知是这种意义上的道德的动力之知而言,我们没有将其贫乏化。

这就说明,对于一个人的道德实践来说,关键的不是能力之知,而是动力之知。一方面,在很多情况下,道德行动对于能力的要求不高,他所要求的能力是大多数人（如果不是所有人）都具有的，这与一个称职的心外科医生或宇航员所应该具有的能力不一样。所以一个人可以合理地说他不能成为一个心外科医生，因为他不仅缺乏，而且还可能无法获得这样的能力，但我们却不能说，我们不能成为一个道德的人，因为我们缺乏这样的能力。也正是在此意义上，儒家一致强调，人人可以成为圣贤。之所以圣贤很少，不是因为大家缺乏这样的能力，而是缺乏这样的动力。另一方面，我们也不是说，所有的人都实际上已经具备了成为圣贤的能力，而是说，只要具有成圣的动力之知，一个人就自然地会去追求并不断提高其成为圣贤的能力。

所以道德的动力之知与道德的能力之知是不同的。为了说明其不同，我在“动力之知”一文中提出了两个论证，一个是义理的，一个是文本的。我在上面对这个义理的论证做了进一步的阐发。而文本的根据是，王阳明强调，良知即我所谓的动力之知，每个人生而有之，而很显然能力之知要通过反复实践才能获得并得到不断提高。郁教授承认我的良知天赋论有文本根据，但认为“据此来区分动力之知，从义理上说，是欠思考的”。因此他主张，我们应该像王阳明自己所提倡的“不以孔子之是非为是非”那样，不以王阳明之是非为是非，干脆放弃良知天赋论。这里我想指出的是，王阳明的良知天赋论不仅没有问题，而且非常必要。他所说的良知实际上就是孟子的性善。所以在《答陆原静书》中，王阳明就陆原静所说“良知，即心之本体，即所谓心善也”回言：“性无不善，故知无不良。”王阳明的《年谱》作者也指出，王阳明的“良知出于孟轲性善之论。”这就说明，我们不能将王阳明的良知简单地看成是洛克所批评的天赋观念论。说每个人生来就有良知，如郁教授也注意到的，是指“见父自然知孝，见兄自然知弟，见孺子入井自然知恻隐”。这里的知就是动力之知。说这样的良知是人生来具有的，与说一个人生来就知道饿了要吃、渴了要喝一样，实际上并没有什么不可理解的方面。

我认为性善论是道德教化的一个必要前提，对此郁教授不同意，并说荀子主张性恶，同样认为人可以而且应该成圣。但如我在《探索与争鸣》2016 年第 5 期上发表的评论童世骏《论规则》一文中所指出的，一方面，如果我们讲的性是孟子意义上的性，指的是人与动物的本质差别，那么即使荀子也认为人性是善的。所以他在《王制》篇中就指出，"水火有气而无生，草木有生而无知，禽兽有知而无义，人有气、有生、有知，亦且有义，故最为天下贵"。另一方面，如果人性即人之为人的特性在于其不善，那么将人改造成善了，也就是将其改造成非人了。这也就是为什么孟子在《告子上》说，如果人性没有仁义，即如果人性不善，那么要使人有仁义、使人善，我们就要摧残人性。当然王阳明并非只是为了使道德成为可能而毫无根据地假定性善、假定良知，就像康德为了使得道德成为可能而别无他途地假定上帝存在、灵魂不死和自由意志，即使他在第一批判中已经说明这样的概念会导致二律背反。王阳明的性善说、良知天赋说虽然是一种形而上学的观念，但它本身是建立在经验事实基础上的，或者是对经验事实的说明。在王阳明那里，这样的经验事实至少包括这样三个方面。第一，像我们上面提到的"见孺子入井自然知恻隐"这样的道德现象，借助天赋良知论就可以很好说明；第二，在《传习录》中，王阳明观察到，即使盗贼也"自知不当为盗，因此唤他做贼，他还忸怩"，这在他看来就表明"良知在人，随你如何不能泯灭"；第三，我们知道，我们无论怎样努力，也不可能感化禽兽，使其成为圣人，但在《象祠记》中，王阳明却指出，但连像舜之父瞽叟和其弟象这样的恶人都可以被感化，这说明人与动物确实不同，"吾于是益信人性之善，天下无不可化之人也"。我在上海《社会科学》2015 年第 1 期上发表的"朱熹的形上学：解释性的而非基础主义的"一文中，将其称为解释性的形上学，以与基础主义的形上学相区别。一方面，它是用来解释我们的道德经验；但另一方面，它又可以对我们的道德实践加以规范，就像医学理论是用来说明我们的身体现象的，但它同时又可以用来规范我们的身体现象。

郁教授的文章促使我对动力之知概念做进一步思考，上面只是我到现在为止关于这个问题所能想到、想通的内容，还有待做更深入的研究。

参考文献

Ackerman, Bruce. 1990. "Neutralities." In *Liberalism and the Good*, edited by Bruce R. Douglass, Gerald M. Mara, and Henry S. Richardson. New York and London: Routledge.

Adolphs, Ralph, Hannah Damasio, Daniel Tranel, Gregory Cooper, and Antonio Damasio. 2000. "A Role for Soma to Sensory Cortices in the Visual Recognition of Emotion as Revealed by 3 - d Lesion Mapping." *The Journal of Neuroscience* 20: 2683 - 2690.

Alston, William. 1989. *Epistemic Justification: Essays in the Theory of Knowledge*. Ithaca, NY: Cornell University Press.

Altham, J.E. L. 1986. "The Legacy of Emotivism." In *Fact, Science, and Morality: Essays on A. J. Ayer's Language, Truth, and Logic*, edited by Graham Macdonald and Crispin Wright. Oxford: Blackwell.

Ames, Roger T. 2011. *Confucian Role Ethics: A Vocabulary*. Hong Kong: The Chinese University Press.

Angle, Stephen C. 2009. *Sagehood: The Contemporary Significance of Neo-Confucian Philosophy*. Oxford and New York: Oxford University Press.

Annas, Julia. 2006. "Virtue Ethics." In *Oxford Handbook of Ethical Theory*, edited by David Copp. New York: Oxford University Press.

Anscombe, G. E. M. 1957. *Intention*. Oxford: Blackwell.

——. 1958. "Modern Moral Philosophy." *Philosophy: The Journal of Royal Institute of Philosophy* 33: 1 – 19.

Aquinas, Thomas. 1952. "The Summa Theologica." In *Great Books of the Western World*, vols. 19 – 20. Chicago: Encyclopedia Britanica.

Aristotle. 1915. *Ethica Nicomachea*; *Ethica Eudemia*; *and Magna Moralia*. In The Works of Aristotle, vol. ix., edited by W. D. Ross. Oxford: Oxford University Press.

——. 1963a. *Ethica Nicomachea* , Trans. by W. D. Ross. In *The Works of Aristotle*, vol. 9. Oxford: Oxford University Press.

——. 1963b. *Magna Moralia*. Trans. by W.D. Ross. In *The Works of Aristotle*, vol. 9. Oxford: Oxford University Press.

——. 2004. *Nicomachean Ethics*, Trans. and ed., Roger Crisp. Cambridge: Cambridge University Press.

Barry, Brian. 1990. *Political Argument*. Berkeley and Los Angeles: University of California Press.

Beck, Cline M. 1968. "Knowing That, Knowing How To, Knowing To, and Knowing How." *Philosophy of Education* 24: 171 – 178.

Bednarz, Nadine and Jérôme Proulx. 2009. "Association Knowing and

Using Mathematics in Teaching: Conceptual and Epistemological Clarifications." *For the Learning of Mathematics* 29.3: 11 – 17.

Bradley. F. H. 1935. *Ethical Studies*. Oxford: Oxford University Press.

Bretzke, James T. 1995. "The Tao of Confucian Virtue Ethics." *International Philosophical Quarterly* 35: 25 – 42.

Brink, D. 1989. *Moral Realism and the Foundations of Ethics*. Cambridge: Cambridge University Press.

Bruya, Brian. 2015a. "The Tacit Rejection of Multiculturalism in American Philosophy Ph. D. Programs: The Case of Chinese Philosophy." *Dao: A Journal of Comparative Philosophy* 14: 369 – 389.

——. 2015b. "Introduction: Chinese Philosophy as a Resource for Problems in Contemporary Philosophy." In *Philosophical Challenge from China*, edited by Bruya. Cambridge, MA: MIT Press.

Bucar, Elizabeth M. 2017. "Islamic Virtue Ethics." In *Oxford Handbook of Virtue*, edited by Nancy E. Snow. New York: Oxford University Press.

Byerly, T. Ryan, and Meghan Byerly. 2016. "Collective Virtue." *Journal of Value Inquiry* 50: 33 – 50.

Carr, David. 1981. "Knowledge in Practice." *American Philosophical Quarterly* 18: 53 – 61.

Chakravarthi, Ram Prasad. 2005. *Eastern Philosophy*. London: Weidenfeld and Nicolson.

——. 2007. *Indian Philosophy and the Consequences of Knowledge*. Hampshire, England: Ashgate.

Chan, Joseph. "Legitimacy, Unanimity, and Perfectionism." *Philosophy and Public Affairs* 29: 5 – 42.

Chan, Wing-Tsit. 1963. *A Sourcebook in Chinese Philosophy*. Princeton: Princeton University Press.

Chang, Carsun. 1957. *The Development of Neo-Confucianism*. New Haven: College and University Press.

Chen, Lai. 2008. "The Ideal of 'Educating' and 'Learning' in Confucian Thought." In *Educations and Their Purposes*, edited by Roger T. Ames and Peter Hershok. Honolulu: University of Hawaii Press.

Chennakesavan, Sarasvati. 1976. *Concepts of Indian Philosophy*. Columbia, MO: South Asia Books.

Chong, Chong Kim. 1998. "Confucius' Virtue Ethics: Li, Yi, Ren and Chih in the *Analects*." *Journal of Chinese Philosophy* 25: 101 – 130.

Cohen, G. A. 2002. *If You're an Egalitarian, How Come You're So Rich?* Cambridge, MA: Harvard University Press.

Copp, David. 1997. "The Ring of Gyges: Overridingness and the Unity of Reason." *Social Philosophy and Policy* 14: 86 – 106.

Crisp, Roger and Slote, Michael (eds.). 1997. *Virtue Ethics*. Oxford: Oxford University Press.

Cua, Antonio. 1982. *The Unity of Knowledge and Action: A Study in Wang Yang-ming's Moral Psychology*. Honolulu: University of Hawaii Press.

——. 1998. *Moral Visions and Traditions: Essays in Chinese Ethics*. Washington, D.C.: Catholic University of America Press.

Dancy, Jonathan. 1993. *Moral Reasons*. Oxford: Blackwell.

Darwall, Stephen (ed.). 2002. *Virtue Ethics: Blackwell Readings in Philosophy*. Belmont, MA: Blackwell.

de Bary, Wm. Theodore. 2011. "Xunzi" (an unpublished paper presented at Columbia University Seminar on Neo-Confucian Studies, November).

Deussen, Paul. 1966. *The Philosophy of the Upanishads*. New York: Dover Publications.

Dworkin, Ronald. 1985. *A Matter of Principle*. Cambridge, MA: Harvard University Press.

——. 1990. *Foundations of Liberal Equality: Tanner Lectures of Human Values*. Salt Lake City: University of Utah Press.

Fantl, Jeremy. 2008. "Knowing-How and Knowing-That." *Philosophy Compass* 3.3: 451 - 470.

——. 2012. "Ryle's Regress Defended." *Philosophical Studies* 156.1: 121 - 130.

——. 2014. "Knowing How." *Stanford Encyclopedia of Philosophy*. Edward N. Zalta (ed.), URL = <http://plato.stanford.edu/archives/fall2014/entries/knowledge-how/>.

Feldman, R. 1988. "Epistemic Obligations." In *Philosophical Perspectives* edited by J.E. Tomberlin. Atascadero, CA: Ridgeview, pp.235 - 256.

Finnis, John. 1987. "The Legal Enforcement of 'Duties to Oneself':

Kant vs. Neo-Kantians." *Columbia Law Review* 87：433 - 456.

Flanagan，Owen. 1991. *Varieties of Moral Personality: Ethics and Psychological Realism*. Cambridge，MA：Harvard University Press.

Fletcher，Joseph. 1997. *Situation Ethics: A New Morality*. Philadelphia：Westminster John Knox Press.

Fricker，Miranda. 2010. "Can There Be Institutional Virtues?" *Oxford Studies in Epistemology* 3：235 - 252.

Frisina，Warren G. 2002. *The Unity of Knowledge and Action: Toward a Nonrepresentational Theory of Knowledge*. Albany，NY：State University of New York Press.

Gier，Nicholas F. 2005. "Toward a Hindu Virtue Ethics." In *Contemporary Issues in Constructive Dharma*，edited by R. D. Sherma and A. Deepak. Hampton，VA：Deepak Heritage Books.

Graham，A. C. 1992. *Two Chinese Philosophers*. La Salle：Open Court.

Gregory，James. 2015. "Engineering Compassion：The Institutional Structure of Virtue." *Journal of Social Philosophy* 44：339 - 356.

Habermas，Jürgen. 1992. *Postmetaphysical Thinking*. Cambridge，MA：MIT Press.

Hanson，Chad. 1992. *A Daoist Theory of Chinese Thought: A Philosophical Interpretation*. Oxford：Oxford University Press.

Harman，Gilbert. 2000. *Explaining Values and Other Essays in Moral Philosophy*. Oxford：Oxford University Press.

——, and Judith Thomson. 1996. *Moral Relativism and Moral Objectivity*. London: Wiley.

Hartland-Swann, John. 1956. "The Logical Status of 'Knowing That." *Analysis* 16.5: 111 - 115.

Hetherington, Stephen. Forthcoming. "Knowing-to."

——. 2001. *How to Know: A Practicalist Conception of Knowledge*. Malden, MA: Wiley.

——, and Karyn Lai. 2012. "Practising to Know: Practicalism and Confucian Philosophy." *Philosophy* 87.3: 375 - 393.

Hirji, Sukaina. 2018. "Acting Virtuously as an End in Aristotle's Nicomachean Ethics." *British Journal for the History of Philosophy*. DOI: 10.1080/09608788.2018.1454296.

Huang, Yong. Forthcoming. *Knowing-to: Wang Yangming's Contribution to Contemporary Moral Philosophy*.

——. 2001. *Religious Goodness and Political Rightness: Beyond the Liberal-Communitarian Debate*. Harvard Theological Studies 49. Harrisburg: Trinity International.

——. 2005a. "A Copper Rule versus the Golden Rule: A Daoist-Confucian Proposals for Global Ethics." *Philosophy East and West* 55. 3: 394 - 425.

——. 2005b. "Review of Yang Guorong's *Dimensions of Being: Metaphysics in a Post-metaphysical Age*." *Dao* 5.1: 198 - 201.

——. 2006. "A Neo-Confucian Conception of Wisdom: Wang Yangming on the Innate Moral Knowledge (*Liangzhi*)." *Journal of Chinese Philosophy* 33.3: 393 - 408.

——. 2007. "Introduction". *Contemporary Chinese Thought* 1：3－14.

——. 2008a. "Neo-Confucian Hermeneutics at Work：Cheng Yi's Philosophical Interpretation of *Analects* 8. 9 and 17. 3." *Harvard Theological Review* 101.1：169－201.

——. 2008b. "'Why Be Moral?' The Cheng Brothers' Neo-Confucian Answer." *Journal of Religious Ethics* 36.2：321－353.

——. 2008c. "How Is Weakness of the Will Not Possible? Cheng Yi's Neo-Confucian Conception of Moral Knowledge." In *Educations and Their Purposes：A Conversation among Cultures*, edited by Roger T. Ames and Peter D. Hershock. Honolulu：University of Hawaii Press.

——. 2010a. "The Ethics of Difference in the *Zhuangzi*." *Journal of American Academy of Religion* 78.1：65－99.

——. 2010b."The Self-centeredness Objection to Virtue Ethics：Zhu Xi's Neo-Confucian Response." *American Catholic Philosophical Quarterly* 84.4：651－692.

——. 2010c. "Confucius and Mencius on the Motivation to Be Moral." *Philosophy East and West* vol.60.no.1，pp.65－87.

——. 2010d. "Respecting Different Ways of Life：A Daoist Ethics of Virtue in the *Zhuangzi*." *Journal of Asian Studies* 69.4：1049－1070.

——. 2011a."Two Dilemmas of Virtue Ethics and How Zhu Xi's Neo-Confucianism Avoids Them." *Journal of Philosophical Research* 36：247－281.

——. 2011b."Can Virtue Be Taught and How? Confucius on the Paradox of Moral Education." *Journal of Moral Education* 40.2：141－159.

——. 2013a. "Why the Political Is Also Personal." 载黄俊杰编:《全球化

时代的王道文化：社会创新与永续发展》，台北：台大出版中心，2013年。

——. 2013b. *Confucius: A Guide for the Perplexed*. London, New Delhi, New York, Sydney: Bloomsbury Academic.

——.2013c. "How to Do Chinese Philosophy in a Western Philosophical Context: Introducing a Unique Approach to Chinese Philosophy." *Chinese Studies* 31.2: 117 - 152.

——. 2014a. *Why Be Moral: Learning from the Neo-Confucian Cheng Brothers*. Albany, NY: State University of New York Press.

——. 2014b. "Toward a Benign Moral Relativism: From Agent/Critics-centered to the Patient-centered." In *Moral Relativism and Chinese Philosophy: David Wong and Critics*, edited by Yang Xiao and Yong Huang, State University of New York Press.

——. 2014c. "Why Besire Is Not Bizarre: Moral Knowledge in Confucianism and Hinduism." In *Brahman and Dao: Comparative Studies of Indian and Chinese Philosophy and Religion*, edited by Zhihua Yao and Ithamar Theodor, Lexington Books.

——. 2015. "*Yin* (Non-Disclosure/Rectification), *Zhi* (Fairness/Straightforwardness), and *Ren* (Responsibility): A New Round of Debate Concerning *Analects* 13.18." *Contemporary Chinese Thought* 46 (3): 3 - 16.

Hume, David. 1978. *A Treatise of Human Nature*. Oxford: Oxford University Press.

Hurka, Thomas. 1993. *Perfectionism*. Oxford: Oxford University Press.

——. 2001. *Virtue, Vice, and Value*. Oxford: Oxford University

Press.

Hursthouse, Rosalind. 1999. *On Virtue Ethics*. Oxford: Oxford University Press.

Im, Manyul. 2011. "Mencius as Consequentialist." In *Ethics in Early China: an Anthology*, edited by Chris Fraser, Dan Robins, and Timothy O'Leary. Hong Kong: Hong Kong University Press.

Ivanhoe, Philip J. 2000. *Confucian Moral Self Cultivation*, 2nd ed. Indianapolis, IN: Hackett Publishing.

Johnson, Robert, and Adam Cureton. 2016. " Kant's Moral Philosophy." *Stanford Encyclopedia of Philosophy*.

Kalton, Michael (with others), Trans. 1994. *The Four-Seven Debate*. Albany: State University of New York Press.

Kant, Immanuel. 1956. *Critique of Practical Reason*. New York: Macmillan Publishing Company.

——. 1956. *Groundwork of the Metaphysic of Morals*. Trans. by H.J. Paton. New York: Harper and Row.

——. 1964. *The Doctrine of Virtue: Part II of the Metaphysic of Morals*. New York: Harper and Row.

Keown, D. 1992. *The Nature of Buddhist Ethics*. New York: Palgrave.

Keysers, Christian, Jon H. Kaas, and Valeria Gazzola. 2010. "Somatosensation in Social Perception."*Neuroscience* 11: 417 - 428.

Keyt, David. 1985. "Distributive Justice in Aristotle's Ethics and Politics." *Topoi* 4: 23 - 45.

Kline III, T.C. and Ivanhoe, Philip J. (ed.).2000.*Virtue, Nature, and Moral Agency in the* Xunzi. Indianapolis: Hackett Publishing

Company.

Kraut, Richard. 1989. *Aristotle on the Human Good*. Princeton: Princeton University Press.

——. 2002. *Aristotle: Political Philosophy*. Oxford and New York: Oxford University Press.

Kristjansson, Jristjan. 2007. *Aristotle, Emotions, and Educations*. Burlington, VT: Ashgate Publishing Company.

Kupperman, Joe L. 2010. "Confucian Civility." *Dao: A Journal of Comparative Philosophy*, vol.9.1: 11 - 23.

——. 2008. "Fact and Value in the *Analects*: Education and Logic." In *Educations and Their Purposes*, edited by Roger T. Ames and Peter Hershok. Honolulu: University of Hawaii Press.

——. 2005. "Morality, Ethics, and Wisdom." In *A Handbook of Wisdom: Psychological Perspective*, edited by Robert J. Sternberg and Jennifer Jordon. Cambridge: Cambridge University Press.

Lai, Karyn L. 2012. "Knowing to Act in the Moment: Examples from Confucius' Analects." *Asian Philosophy* 22.4: 347 - 364.

Larmore, Charles. 1987. *Patterns of Moral Complexity*. Cambridge: Cambridge University Press.

——. 1996. *The Morals of Modernity*. Cambridge: Cambridge University Press.

Lau, D. C., Trans. 1979. *Confucius: The Analects*. Middlesex, England: Penguin Books.

LeBar, Mark. 2014. "The Virtue of Justice Revisited." In *The*

Handbook of Virtue Ethics, edited by Stan van Hooft. Bristol, CT: Acumen.

Liao, Mingchun. 2015. "A New Interpretation of Analects 13. 8." *Contemporary Chinese Thought* 46 (3): 17 - 39.

Little, Margaret Olivia. 1997. "Virtue as Knowledge: Objections from the Philosophy of Mind." *Noûs* 31: 59 - 79.

Louden, Robert B. 1997. "Kant's Virtue Ethics." In *Virtue Ethics: A Critical Reader*, edited by Daniel Statman. Washington, D. C.: Georgetown University Press.

MacIntyre, Alasdair. 1988. *Whose Justice? Which Rationality?* London: Duckworth.

——. 1990. "The Privatization of Good: An Inaugural Lecture." *The Review of Politics* 52: 344 - 361.

——. 1991. "Community, Law, and the Idiom and Rhetoric of Rights." *Listening: Journal of Religion and Culture* 26: 96: 110.

——. 1984. *After Virtue*. Notre Dame: Notre Dame University Press.

Mason, John, and Mary Spence. 1999. "Beyond Mere Knowledge of Mathematics: The Importance of Knowing-to Act in the Moment." *Educational Studies in Mathematics* 38: 135 - 161.

McDowell, John. 1998. *Mind, Value, and Reality*. Cambridge, MA: Harvard University Press.

McNaughton, David. 1988. *Moral Vision: An Introduction to Ethics*. Oxford and New York: Blackwell.

Mill, John Stuart. 1972. *Utilitarianism*, *On Liberty*, *Considerations on Representative Government*. London: J.M Dent & Sons, and Rutland, Vermont: Chartles E. Tuttle Co.

——. 2003. *On Liberty*. New Haven: Yale University Press.

Moore, G.E.. 2005. *Ethics Principia*. New York: Barnes and Noble.

Munro, Donald. 1996. "A Villain in the *Xunzi*." In *Chinese Language*, *Thought*, *and Culture: Nivision and His Critics*, edited by Philip J. Ivanhoe. Chicago: Open Court.

Nagel, Thomas. 1991. *Equality and Partiality*. Oxford: Oxford University Press.

Neville, Robert Cummings. 2016. *The Goodness Is One*, *Its Manifestation Many: Confucian Essays on Metaphysics*, *Morals Rituals*, *Institutions*, *and Genders*. Albany, NY: State University of New York Press.

Niebuhr, Reinhold. 1960. *Moral Man and Immoral Society*. New York: Scribner's Sons.

Nielsen, Kai. 1989. *Why Be Moral*. Buffalo: Prometheus Books.

Noe, Alva. 2005. "Against Intellectualism." *Analysis* 65.4: 278 - 290.

Nussbaum, Martha. 2012. *Philosophical Interventions: Reviews 1986 -2011*. Oxford: Oxford University Press.

Olberding, Amy. 2015. "It's Not Them, It's You: A Case Study Concerning the Exclusion of Non-Western Philosophy." *Comparative Philosophy* 6.2: 14 - 24.

——. 2016. "Chinese Philosophy and Wider Philosophical Discourses: Including Chinese Philosophy in General Audience Philosophy

Journals." *APA Newsletter* 15.2: 2 - 9.

Olivelle, Patrick, Trans. 1996. *Upaniṣads: A New Translation*. Oxford and New York: Oxford University Press.

O'Neill, Onora. 1989. "Kant after Virtue." In her *Constructions of Reason: Exploration of Kant's Practical Philosophy*. Cambridge: Cambridge University Press.

Pakaluk, Michael. 2005. *Nicomachean Ethics: An Introduction*. Cambridge: Cambridge University Press.

Parfit, Derek. 1984. *Reasons and Persons*. Oxford: Oxford University Press.

Plato. 1963. *The Republic*. In *Plato: The Collected Dialogues*, edited by Edith Hamilton and Huntington Cairns. Princeton: Princeton University Press.

——. 1980. *Republic*. In *Collected Dialogues of Plato*, edited by Edith Hamilton and Hungtington Cairns. Princeton: Princeton University Press.

Platts, Mark de Bretton. 1979. *Ways of Meaning: An Introduction to a Philosophy of Language*. Long, Henley, and Boston: Routledge and Kegan Paul.

Radhakrishnan, S. 1959. *Eastern Religions and Western Thought*. New York: Oxford University Press.

——. 1962. *Indian Philosophy*. Vol. 1. New York: Macmillan.

Raphals, Lisa. 1992. *Knowing Words: Wisdom and Cunning in the Classical Traditions of China and Greece*. Ithaca, New York: Cornell University Press.

Rawls, John. 1993. *Political Liberalism*. New York: Columbia University Press.

——. 1999. *A Theory of Justice*. Revised edition. Cambridge, MA: Harvard University Press.

Raz, Joseph. 1986. *The Morality of Freedom*. Oxford: Oxford University Press.

Rizzolatti, Giacomo, and Corrado Sinigalia. 2008. *Mirrors in the Brain: How Our Minds Share Actions and Emotions*. Oxford: Oxford University Press.

Robinson, Douglas. 2016. *The Deep Ecology of Rhetoric in Mencius and Aristotle*. Albany: State University of New York Press.

Roland, Jane. 1958. "On 'Knowing How' and 'Knowing That'." *The Philosophical Review* 67.3: 379 - 388.

Rorty, Richard. 1989. *Contingency, Irony, and Solidarity*. Cambridge: Cambridge University Press.

——. 1991. *Objectivity, Relativity, and Truth*. Cambridge: Cambridge University Press.

——. 1995. "Toward a Postmetaphysical Culture." *The Harvard Review of Philosophy* (Spring): 58 - 66.

——. 1998. *Truth and Progress: Philosophical Papers*. Cambridge: Cambridge University Press.

——. 1999. *Philosophy and Social Hope*. London: Penguin Books.

——. 2000. "Universality and Truth." In *Rorty and His Critics*, edited by Robert Brandom. Malden, MA: Blackwell.

Ryle, Gilbert. 1940. "Conscience and Moral Conviction." *Analysis* 7.2:

31 – 39.

——. 1945. "Knowing How and Knowing That." *Proceedings of Aristotelian Society* (New Series) 46: 1 – 16.

——. 1949. *The Concept of Mind*. New York: Barnes and Noble.

——. 1968. *The Concept of Mind*. New York: Barnes and Noble.

Saka, Paul. 2000. "'Ought' Does Not Imply 'Can'." *American Philosophical Quarterly* 37: 93 – 105.

Śaṅkara. 1989. *The Vedānta Sūtras with the Commentary by Śaṅkarācārya*. In *A Sourcebook in Indian Philosophy*, edited by Sarvepalli Radharkrishnan and Charles A. Moore. Princeton: Princeton University Press.

Sandel, Michael J. 1982. *Liberalism and the Limits of Justice*. Cambridge: Cambridge University Press.

——. 1996. *Democracy and Its Discontents: America in Search of a Public Philosophy*. Cambridge, MA: Harvard University Press.

——. 2005. *Public Philosophy: Essays on Morality in Politics*. Cambridge, MA: Harvard University Press.

——. 2009. *Justice: What's the Right Thing to Do?* New York: Farrar, Straus and Giroux.

——. 2011. "(Distinguished Lecture on) Justice: What's the Right Thing to Do?" *Boston University Law Review* 91: 1303 – 1310.

Sandin, Per. 2007. "Collective Military Virtues." *Journal of Military Ethics* 6: 303 – 314.

Santas, Gerasimos X. 1997. "Does Aristotle Have a Virtue Ethics." In *Virtue Ethics: A Critical Reader*, edited by Daniel Statman.

Washington, D.C.: Georgetown University Press.

Searle, John R. 1964. "How to Derive 'Ought' From 'Is'?" *The Philosophical Review* 73 (1): 43 - 58.

Setiya, Kieran. 2007. *Practical Knowledge: Selected Essays*. Princeton: Princeton University Press.

Sher, George. 1997. *Beyond Neutrality: Perfectionism and Politics*. Cambridge: Cambridge University Press.

——. 2003. "Freedom of Expression in the Non-Neutral State." In *Perfection and Neutrality: Essays in Liberal Theory*, edited by Steven Wall and George Klosko. Lanham, Boulder, New York, Oxford: Rowman & Littlefield.

Shun, Kwong-loi. 2009. "Studying Confucian and Comparative Ethics: Methodological Reflections." *Journal of Chinese Philosophy* 36.3: 455 - 478.

Sim, May. 2007. *Remastering Morals with Aristotle and Confucius*. Cambridge: Cambridge University Press.

Skemp, Richard. 1979. *Intelligence, Learning and Action: A Foundation for Theory and Practice in Education*. Chichester: Wiley.

Skoog, Kim. 1986. *The Epistemological Status of Liberative Knowledge* (with Special Reference to Advaita Vedanta). Ph. D. Dissertation, University of Hawaii at Manoa.

Slingerland, Edward. 2001. "Virtue Ethics, the *Analects*, and the Problem of Commensurability." *Journal of Religious Ethics* 29: 97 - 125.

Slote, Michael. 1992. *From Morals to Virtue*. Oxford: Oxford University Press.

——. 2001. *Morals from Motives*. Oxford: Oxford University Press.

——. 2009. *Moral Sentimentalism*. Oxford: Oxford University Press.

——. 2016. "Moral Self-cultivation East and West: A Critique." *Journal of Moral Education* 45.2: 192 – 206.

Smith, Michael. 1994. *The Moral Problem*. Oxford and Cambridge, MA: Blackwell.

Snowdon, Paul. 2004. "Knowing How and Knowing That: A Distinction Reconsidered." *Proceedings of the Aristotelian Society* 104.1: 1 – 29.

Solomon, David. 1997. "Internal Objections to Virtue Ethics." In *Virtue Ethics: A Critical Reader*, edited by Daniel Statman. Washington, D.C.: Georgetown University Press.

Song, Young-Bae. 2002. "Crisis of Cultural Identity in East Asia: On the Meaning of Confucian Ethics in the Age of Globalization." *Asian Philosophy* 12: 109 – 126.

Stalnaker, Aaron. 2006. *Overcoming Our Evil: Human Nature and Spiritual Exercises in Xunzi and Augustine*. Washington, D.C.: Georgetown University Press.

Stanley, Jason, and Timothy Williamson. 2001. "Knowing How." *The Journal of Philosophy*. 98. 8: 411 – 444.

Statman, Daniel. 1997. "Introduction to Virtue Ethics." In *Virtue Ethics*, edited by Daniel Statman. Washington, D.C.: Georgetown University Press.

Stocker, Michael. 1997. "The Schizophrenia of Modern Ethical Theories." In *Virtue Ethics: A Critical Reader*, edited by Daniel Statman. Washington, D.C.: Georgetown University Press.

Swanson, Judith A. 2011. "Michael J. Sandel's Justice: What's the Right Thing to Do: A Response of Moral Reasoning in Kind, with Analysis of Aristotle's Examples." *Boston University Law Review* 91: 1375 - 2011.

Tang, Refeng. 2011. "Knowing That, Knowing How, and Knowing to Do." *Frontiers of Philosophy in China* 6.3: 426 - 442.

Taylor, Charles. 1989. *Sources of the Self: The Making of Modern Identity*. Cambridge, MA: Harvard University Press.

——. 1995a. "Two Theories of Modernity." *The Hastings Center Report* 25.2: 24 - 33.

——. 1995b. "A Most Peculiar Institution." In *World, Mind, and Ethics: Essays on the Ethical Philosophy of Bernard Williams*, edited by Ronald Beiner and William James Booth. New Haven: Yale University Press.

The *Great Learning*. 1963. In *A Source Book in Chinese Philosophy*, trans. and compiled by Wing-Tsit Chan. Princeton: Princeton University Press.

Thompson, Michael. 1995. "The Representation of Life." In *Virtues and Reasons*, edited by Rosalind Hursthouse, Gavin Lawrence, and Warren Quinn. Oxford: Clarendon Press.

Toner, Christopher. 2006. "The Self-Centeredness Objection to Virtue Ethics." *Philosophy*, vol.81, pp.595 - 617.

Toulmin, Stephen. 1964. *An Examination of the Place of Reason in Ethics*. Cambridge: Cambridge University Press.

Tu, Weiming. 1995. "Happiness in the Confucian Way." In *In Pursuit of Happiness*, edited by Leroy S. Rouner. Notre Dame, Indiana: University of Notre Dame Press.

Van Norden, Bryan W. 2007. *Virtue Ethics and Consequentialism in Early Chinese Philosophy*. Cambridge: Cambridge University Press.

——. 2008. "Three Questions about the Crisis in Chinese Philosophy." *APA Newsletter on Asian and Asian-American Philosophers and Philosophies* 8.1: 3 - 6.

Wall, Steven. 1998. *Liberalism, Perfection, and Restraint*. Cambridge: Cambridge University Press.

Wang, Qingjie. 2010. "Virtue Ethics and Being Morally Moved." *Dao: A Journal of Comparative Philosophy* 9.3: 309 - 321.

Wang, Tangjia. 2014. "Is Confucianism a Source of Corruption in Chinese society: A New Round of Debate in Mainland China." *Dao* 13: 111 - 121.

Watson, Gary. 1997. "On the Primacy of Character." In *Virtue Ethics: A Critical Reader*, edited by Daniel Statman. Washington, D.C.: Georgetown University Press.

Whiting, Jennifer. 1996. "Self-Love and Authoritative Virtue: Prolegomenon to a Kantian Reading of *Eudemian Ethics* viii 3." In *Aristotle, Kant, and the Stoics: Rethinking Happiness and Duty*, edited by Stephen Engstrom and Jennifer Whiting.

Cambridge：Cambridge University Press.

Wiggins，David. 2012. "Practical Knowledge：Knowing How To and Knowing That." *Mind* 121：97 - 130.

Williams，Bernard. 1971. *Morality: An Introduction to Ethics*. New York：Harper.

——. 1981. "Internal and External Reasons." In his *Moral Luck: Philosophical Papers*，1973 - 1980. Cambridge：Cambridge University Press.

——. 1985. *Ethics and Limits of Philosophy*. Cambridge，MA：Harvard University Press.

——.1995. "Replies." In *World*，*Mind*，*and Ethics: Essays on the Ethical Philosophy of Bernard Williams*，edited by J. E. J. Altham and Ross Harrison. Cambridge：Cambridge University Press.

Wittgenstein，Ludwig. 1958. *Philosophical Investigation*. New York：Macmillan.

Wong，David. 1984. *Moral Relativity*. Berkeley，CA：University of California Press.

——. 1989. "Universalism versus Love with Distinctions：An Ancient Debate Revived." *Journal of Chinese Philosophy* 18：241 - 272.

——. 2006. *Natural Moralities: A Defense of Pluralistic Relativism*. Oxford：Oxford University Press.

Wong，Wai-Ying. 2001. "Confucian Ethics and Virtue Ethics." *Journal of Chinese Philosophy* 28：285 - 300.

Xunzi. 1999. In *Library of Chinese Classics: Chinese-English*. Changsha：

Hu'nan Renmin Chubanshe and Beijing: Waiwen Chubanshe.

Yu, Jiyuan. 1998. "Virtue: Confucius and Aristotle." *Philosophy East and West* 48: 323.

——. 2007. *The Ethics of Confucius and Aristotle: Mirrors of Virtue*. New York and London: Routledge.

Zhongyong. 1963. The *Doctrine of the Mean*. In *A Source Book in Chinese Philosophy*, trans. and compiled by Wing-Tsit Chan. Princeton: Princeton University Press (translation modified).

Zingano, Marco. 2013. "Natural, Ethical, and Political Justice." In *The Cambridge Companion to Aristotle's Politics*, edited by Marguerite Deslauriers and Pierre Destree. Cambridge: Cambridge University Press.

Ziv, Anita Konzelmann. 2012. "Institutional Virtue: How Consensus Matters." *Philosophical Studies* 161: 87 - 96.

【中文书目】

《大戴礼记》.2008.见方向东《大戴礼记汇校集释》,北京:中华书局。

《孔子集语》.2002.北京:中华书局。

《孔子家语》.2009.北京:中华书局。

《吕氏春秋》.2003. 哈尔滨:黑龙江人民出版社。

《论语》.1980(2006).见杨伯峻《论语译注》,北京:中华书局。

《孟子》.2008.见杨伯峻译注《孟子译注》,北京:中华书局。

《孝经》.1996.参见《孝经译注》,北京:中华书局。

《中庸》.1994.见朱熹《四书章句集注》,台北:大安出版社。

《左传》.1990.见杨伯峻《春秋左传注》,北京:中华书局。

蔡尚思.1982.《孔子思想体系》,上海:上海人民出版社。

蔡元培.1999.《国民修养二种》,上海：上海文艺出版社。
陈大齐.1964.《孔子学说》,台北：正中书局。
——.1969.《论语臆解》,台北：商务印书馆。
陈来.1991.《有无之境：王阳明哲学的精神》,北京：人民出版社。
——.2000.《朱子哲学研究》,上海：华东师范大学出版社。
陈立胜.2015."王阳明知行合一说新论。"《"经典、经学与儒家思想的现代诠释"国际学术研讨会论文集》,深圳大学,2015年1月24—25日。
陈乔见.2011."私与公：自治与法治。"见郭齐勇主编《〈儒家伦理新批判〉之批判》,武汉：武汉大学出版社。
成中英.2001.《合内外之道：儒家哲学论》,北京：中国社会科学出版社。
〔宋〕程颢、程颐.1981.(1989、2004)《二程集》,北京：中华书局。
程树德.1990.《论语集释》,北京：中华书局。
邓晓芒.2010.《儒家伦理新批判》,重庆：重庆大学出版社。
范忠信.2011."'期待之可能性'与我国刑事法的'法治圣贤定位'。"见郭齐勇主编《〈儒家伦理新批判〉之批判》,武汉：武汉大学出版社。
冯友兰.2001.《三松堂全集》(第二卷),郑州：河南人民出版社。
郭齐勇.2004."也谈'子为父隐'与'孟子论舜'。"见郭齐勇主编《儒家伦理争鸣集》,武汉：湖北教育出版社。
——.2011."前言。"见郭齐勇主编《〈儒家伦理新批判〉之批判》,武汉：武汉大学出版社。
——.2011a."'亲亲相隐''容隐制'及其对当今法治建设的启迪。"见郭齐勇主编《〈儒家倫理新批判〉之批判》,武汉：武汉大学出版社。
——.2004.主编：《儒家伦理争鸣集》,武汉：湖北教育出版社。
——.2011.主编：《〈儒家伦理新批判〉之批判》,武汉：武汉大学出版社。

——.2014.主编：《正本清源论中西》，上海：华东师范大学出版社。

郭齐勇、龚建平.2004.“‘德治’语境中的‘亲亲相隐。’”见郭齐勇主编《儒家伦理争鸣集》，武汉：湖北教育出版社。

郭齐勇、肖时钧.2014.“门内的儒家伦理。”《华南师范大学学报》(社会科学版)第1期，第131—136页。

侯外庐、邱汉生、张岂之编.1997.《宋明理学史》，北京：人民出版社。

胡适.1991.《胡适学术著作集：中国哲学史》，北京：中华书局。

——.1998.《中国哲学史大纲》，载《胡适学术文集：中国哲学史》，北京：中华书局。

黄勇.2003.《政治的公正与宗教和形而上学的完善》，《中国学术》第3辑，第58—83页。

——.2008.“王阳明在休谟主义和反休谟主义之间：良知作为体知＝信念、欲望≠怪物。”见陈少明主编《体知与人文学》，北京：华夏出版社。

——.2012.“在事实知识与技艺知识之外：信念-欲望何以不是怪物?”《哲学与文化》第39卷第2期，第103－119页。

——.2015.“朱熹的形上学：解释性的而非基础主义的。”《社会科学》第1期：118－128。

黄裕生.2003.“普遍伦理学的出发点：自由个体还是关系角色?”见郭齐勇主编《儒家伦理争鸣集》，武汉：湖北教育出版社。

荆门市博物馆编.1998.《郭店楚墓竹简》，北京：文物出版社。

匡亚明.1990.《孔子评传》，南京：南京大学出版社。

劳思光.2010.《新编中国哲学史》第一卷，台北：三民书局。

李零.2007.《丧家狗：我读论语》，太原：山西人民出版社。

李明辉.2005.“从康德的实践哲学论王阳明的‘知行合一’说。”见苑淑娅主编《中国观念史》,郑州：中州古籍出版社。
李书增. 2002.《中国明代哲学》,郑州：河南人民出版社。
李泽厚.1999.《论语今读》,香港：天地图书。
梁涛.2012. “亲亲相隐与隐而任之。”《哲学研究》第 10 期，第 35—42 页。
梁涛、顾家宁. 2013. “超越立场，回归学理：再论‘亲亲相隐’及相关问题。”《学术月刊》第 8 期，第 60—70 页。
廖明春. 2013. “论语父子互隐章新证。”《湖南大学学报》(社会科学版) 27 (2)：第 5—13 页。
林继平.2002.《宋学探微》,台北：兰台出版社。
刘乐贤.2009.《孔子家语》,北京：燕山出版社。
刘清平. 2004. “论孔孟儒学的血亲团体性特征。”见郭齐勇主编《儒家伦理争鸣集》，武汉：湖北教育出版社。
刘述先.1995.《朱子哲学思想的发展与完成》,台北：学生书局。
蒙培元. 2004. “人是情感的存在。”见郭齐勇主编《儒家伦理争鸣集》,武汉：湖北教育出版社。
——.1989.《理学范畴系统》,北京：人民出版社。
——.1993.《中国哲学主体思维》,北京：人民出版社。
孟庆祥、孟繁红.2002.《孔子集语》,哈尔滨：黑龙江人民出版社。
牟宗三.2001.《从陆象山到刘蕺山》,上海：上海古籍出版社。
穆南珂. 2004. “儒家典籍的语境溯源及方法论意义。”见郭齐勇主编《儒家伦理争鸣集》,武汉：湖北教育出版社。
钱穆.2001.《孔子和论语》,台北：兰台出版社。
——.2005.《论语新解》,北京：生活·读书·新知三联书店。
——.2011.《朱子新学案》两卷，北京：九州出版社。

唐君毅.1991.《中国哲学原论：原性篇》,台北：学生书局。

童世骏.2015.《论规则》,上海：上海人民出版社。

〔明〕王夫之. 1976.《尚书引义》,北京：中华书局。

王弘治.2007. “论语亲亲互隐章重读。”《浙江学刊》2007 年第 1 期,第 93—98 页。

〔明〕王阳明. 1992.《王阳明全集》,上海：上海古籍出版社。

——.1996.《王阳明全集》. 北京：红旗出版社。

——.2015.《王阳明全集》,上海：上海古籍出版社。

徐复观.1999.《中国人性论史：先秦篇》,台北：商务印书馆。

荀子.1999.大中华文库汉英对照本,长沙：湖南人民出版社。

杨伯峻.1980.《论语译注》,北京：中华书局。

——.2005.《孟子译注》,北京：商务印书馆。

杨国荣.1997.《心学之思：王阳明哲学的阐释》,北京：生活・读书・新知三联书店。

——.2010.《成己与成物：意义世界的生成》,北京：人民出版社。

——.2011.“形上学,成人,规范,知识,价值。”《哲学分析》2.5：42 - 59.

杨天宇.2004.《礼记译注》,上海：上海古籍出版社。

杨泽波.2004. “腐败还是苛求?”见郭齐勇主编《儒家伦理争鸣集》,武汉：湖北教育出版社。

叶经柱.1977.《孔子的道德哲学》,台北：正中书局。

郁振华.2014. “论道德-形上学的能力之知——基于莱尔与王阳明的讨论。”中国社会科学,第 12 期,第 22 - 41 页。

张祥浩. 1997.《王阳明评传》,南京：南京大学出版社。

张志强、郭齐勇. 2013. “也谈‘亲亲相隐’与‘罢而任’——与梁涛先生商榷。”《哲学研究》第 4 期,第 36—42 页。

郑家栋. 2004. “中国传统思想中的父子关系及诠释的面向。”见郭齐勇主编《儒家伦理争鸣集》,武汉：湖北教育出版社。

朱谦之.1984.《老子校释》,北京：中华书局。

〔宋〕朱熹.1986.《朱子语类》,北京：中华书局。

——.1994.《四书章句集注》,台北：大安出版社。

——.1996.《朱熹集》十卷本,成都：四川教育出版社。

——.1997.《朱子语类》,长沙：岳麓书社。

——.2010.“延平答问。”《朱子全集》第十三卷,上海：上海古籍出版社。

人名索引

包咸　171
蔡尚思　130,160,161,167,170,193
蔡元培　151,152
陈大齐　132,162,164,170,171,195
陈来　173,174,244,248,256,261,299,304,310
陈立胜　300,305
陈乔见　100,152
陈荣捷　217,218
陈天祥　166
成中英　225,228
程颢　9,52,53,105,110,124,133,163,196,200,202,204－208,220－230,245,254,261,262,297,420
程树德　82,103,105,132,146,148,151,163－167,169－171,178,195
程颐　9,11,17,41,56,59,105,110,124,133,163,190,196,200,202－209,220－230,245,246,249,254,261,262,297,311,420,423,425,438,453
邓晓芒　138
董仲舒　222
樊迟　147,171
冯友兰　100
皋陶　85,153,351
顾东桥　300
顾家宁　156
郭齐勇　138－140,147,152
何晏　82
侯外庐　302
胡适　161,403
皇侃　146,148
黄式三　178
黄勇　321,388
黄裕生　140,153
惠子　409
季羔　185

季桓子 89
季康子 64,183,360,401
季路 165
季平子 89
焦循 151
康有为 83
孔子 6,8,9,22,50-52,59,64,65,79,81-95,97,100-107,109-112,114,119-123,125,127,129-133,135,137-140,142-179,181-186,190,192-197,205,209,216,217,222,241,249,350-354,357-361,363,399-404,419,420,423,424,440,456,458,461
劳思光 143,144,207
老子 15,81,87,160,185,327,350,404,411
李充 167
李零 82,350
李明辉 299,305
李书增 300
李退溪 228
李泽厚 83,132,166,195,351
梁涛 138,139,152,155,156
廖名春 138,152,155-157
林继平 222,229
刘清平 138,139,155
鲁哀公 132,196
鲁昭公 89
毛奇龄 103
蒙培元 127,139,227
孟子 6-8,11,44,46,52,53,66,86,93-96,100,103,107,111-114,120-122,125,134,138,140,142,153,155,157,158,197,202,204,206,217-222,225,226,228,240-242,247,255,256,261,306,321,323,324,338-340,345,351,399,403,404,412,424,440,441,456-459,461,462
弥子瑕 85,351
闵子骞 142,150,151,165
牟宗三 4,222,224,226,261,364
钱穆 95,148,166,171,176,178,249
蘧伯玉 85,160
冉伯牛 165
冉求 133,163,197
冉有 165
石奢 156
叶公 137-139,141,142,157,352
史鱼 85,142,351
唐君毅 94,228
唐热风 319
童世骏 427-431,434-440,442-444,447,448,462
王夫之 146,305
王弘治 152,157
王庆节 178,425
王阳明 14-16,18,19,55-57,76,261,263,264,266,270,278,284,285,297-304,306,308,310,315,321-324,326,345-347,449,450,452,454,457,459-462
微生高 83
卫灵公 84,85,100,104,109,120,

142,161,166,170 - 173,178,179,351,354,404
肖时钧 152
邢昺 142,147,351
徐爱 18,19,302,309,310,324
徐复观 93,94,161
荀子 18,75,84,93,95 - 97,145,184,218 - 220,353,399,437,438,462
颜回 112,132,133,196
颜习斋 163
杨伯峻 100,148
杨国荣 51,100,304,408 - 413,415,418,422,423,425,426
耶稣 50,81,82,86,107,350
叶经柱 93
余纪元 215
郁振华 310,315,427,449,452,453
宰予 162
曾参 87,88
曾点 119
曾子 87,100,145,150,155,420,458,459
张君劢 207,221
张祥浩 304,305
张载 202,221,254,261,311
赵佑 164
郑家栋 158
郑玄 146,164
朱熹 10 - 12,17,18,40 - 48,50,56,61 - 63,78,102,103,105 - 107,140,147,166,169,171,176,178,189,224,228,233,234,240 - 250,252 - 257,261,298,299,311,419 - 421,423 - 426,438 - 440,446,462
庄子 409
子贡 84,89,144,161,165,170,353
子夏 85,133,144,165,196,351
子游 165

Ackerman, Bruce 艾克曼 376
Altham, A.E.J. 奥尔瑟姆 216,267
Ames, Roger T. 安乐哲 12 - 14
Angle, Stephen C. 安靖如 366 - 368,378,405,407
Annas, Julia 安娜斯 7,446
Anscombe, G.E.M. 安斯康姆 214,259,269
Aquinas, Thomas 阿奎那 99,251
Aristotle 亚里士多德 3,5,17,21,22,24,28,31 - 36,38 - 40,42,47 - 49,54,55,60 - 62,64,65,78,88,90 -92,99,100,105,121,122,128,129,177,178,181,182,186,190 - 192,199,200,202,210,213 - 216,220,241,243,268,315,319,331 - 333,336,338,339,342 - 345,347,354 - 364,379,415 - 418,422,437,441,445,452 - 454
Augustine of Hippo 奥古斯丁 230
Ayer, A.J. 艾耶尔 267
Barry, Brian 巴里 400
Beck, Cline M. 贝克 291,317,318,322,325,326
Bentham, Jeremy 边沁 212
Bradley, F.H. 布拉德雷 116 - 118

Bretzke, James T. 布雷茨克 216
Brink, D. 布林克 211
Bruya, Brian 布鲁雅 68-70,75
Carr, David 卡尔 228,289,290
Carter, Stephen 卡特 239
Chakravarthi, Ram Prasad 查克拉瓦尔提 259,260,276,277
Chan, Joseph 陈祖为 367
Chennakesavan, Sarasvati 陈纳克萨万 280
Ching, Julia 秦家懿 261
Cohen, G.A. 柯亨 180,181
Copp, David 柯普 118
Crisp, Roger 克利斯普 213
Cua, A.S. 柯雄文 216,309
Dancy, J. 丹西 211
Danley, John 丹利 227
Darwall, Stephen 达沃 212
Davison, Donald 戴维森 198,202
de Bary, William Theodore 狄培理 95,96
Descartes, René 笛卡尔 235,251
Dewey, John 杜威 3,16
Driver, Julia 德莱弗 353,361
Dworkin, Ronald 德沃金 370-372,374,375
Einstein, Albert 爱因斯坦 60,204,395
Fantl, Jeremy 凡特尔 294,311
Finnis, John 菲尼斯 378
Flanagan, Owen 弗拉纳甘 141,273
Fletcher, Joseph 弗莱彻 16,17
Foot, Philippa 富特 53,54,128,129,134,190-192,198,214
Frisina, Warren 弗里西纳 325
Graham, A.C. 葛瑞汉 224,225
Gutmann, Amy 古特曼 397
Habermas, Jürgen 哈贝马斯 233,429
Hanson, Chad 陈汉生 319-321,327
Harman, Gilbert 哈曼 431-433
Harrison, Ross 哈里森 216
Hartland-Swann, John 斯旺 295,296
Hetherington, Stephen 赫瑟林顿 295,296
Hirji, Sukaina 赫基 38
Hitler, Adolf 希特勒 327,371
Hobbes, Thomas 霍布斯 115,215
Hume, David 休谟 3,32,56,57,190,210-212,230,258,266-270,274,283,305,321,326,431,435
Hurka, Thomas 霍卡 35,51,52,122-125,378-382,389-392,394,397-399,446
Hursthouse, Mary Rosalind 赫斯特豪斯 6,22,23,185,214,215,231,252,307,437
Husak, D. 胡萨克 381
Hutton, Eric 赫顿 219
Ivanhoe, Philip J. 艾文贺 219,309,349
Johnson, Robert 约翰逊 24
Kant, Immanuel 康德 4,7,23-26,50,97,126,135,189,211-213,

227,231,232,251,271-273,299,305,315,364,414,422,424,428,429,431-433,443,447,462
Keyt, David 凯伊特 343,344
Kline III, T.C. 克林 219
Kraut, Richard 克劳特 177,178,333,343,416,417
Kristjansson, Jristjan 克里斯耶森 38
Kupperman, Joel 考普曼 174,175
Larmore, Charles 拉莫尔 371,376
Lebar, Mark 莱巴尔 335,337
Liu, Shu-hsien 刘述先 256
Locke, John 洛克 201,461
Louden, Robert B. 劳登 25,26
MacIntyre, Alasdaire 麦金泰尔 12-14,235-238
McDowell, John 麦克道威尔 62,91,92,214,268,441
Mill, John Stuart 密尔 26-31,212,372,373,375,381,389,391,394,396,398
Moore, G.E. 摩尔 210,435
Morse, Stephen 莫尔斯 200
Mozart, Wolfgang 莫扎特 380,395
Munro, Donald 孟旦 219
Murdoch, Iris 默多克 214
Nagel, Thomas 内格尔 373,377
Neville, Robert Cummings 南乐山 5,8-14,16-22
Niebuhr, Reinhold 尼布尔 86
Nielsen, Kai 尼尔森 117,118
Noë, Alva 诺埃 291,294,296
Nussbaum, Martha 纳斯鲍姆 216
Olberding, Amy 奥伯丁 69-72,75,76
O'Neil, Onora 奥尼尔 24-26
Pakaluk, Michael 帕克洛克 334
Parfit, Derek 帕菲特 124,382,383,385
Pericles 伯里克利 58
Plato 柏拉图 114,121,173,213,251,254
Radhakrishnan, S. 拉达克利须南 275-277,279
Rawls, John 罗尔斯 65,180,181,235,272,332,335-337,341-343,347,368,369,373,376,377,429,430,451
Raz, Joseph 拉兹 375,385,393,394,397,398
Roland, Jane 罗兰 296,317,318,323,325
Rorty, Richard 罗蒂 175,234,239,251,256,402
Ryle, Gilbert 赖尔 55,258,259,262,264-266,284-297,309-315,317-319,322,323,449,450,452-454
Śaṅkara 商羯罗 274,277-282
Sandel, Michael J. 桑德尔 331-334,336,342-344,354-357,360,361,363,364
Santas, Gerasimos X. 桑塔斯 34
Scanlon, T.M. 斯坎隆 267,268
Schleiermacher, Friedrich 施莱尔马

赫 82
Searle, John 塞尔 210,435,436,444
Setiya, Kieran 赛梯亚 39
Shakespeare, William 莎士比亚 395
Sheffler, Israel 谢弗勒 318
Sher, George 谢尔 367,370,372,383-385,397
Slingerland, Edward 森舸澜 216
Slote, Michael 斯洛特 20,32,35-37,48,212,214,338-340,349
Smartt, Callie 斯玛特 364
Smith, N.K. 斯密 211
Snowdon, Paul 斯诺登 290,292
Socrates 苏格拉底 58,59,160,173,198,199,202,288,454
Solomon, David 所罗门 97,98,414
Stanley, Jason 斯坦利 287,290-296
Statman, Daniel 斯塔特曼 7,212
Stocker, Michael 斯托克 135
Stowe, Harriet Beecher 斯托 175,402
Swanson, Judith A. 斯旺森 344
Swanton, Christine 斯万顿 214
Taylor, Charles 泰勒 231,237,238
Toner, Christopher 特纳 177
Toulmin, Stephen 图尔敏 116,117
Tu, Wei-Ming 杜维明 202,204,349
van Gogh, Vincent 梵高 395
van Norden, Bryan 万百安 69
Wall, Steven 沃尔 381,386-391
Watson, Gary 沃森 32,33,37,39,40,48,61-63
Whitehead, Alfred 怀特海 16
Whiting, Jennifer 怀汀 422
Wiggins, David 威金斯 294
William of Occam 奥卡姆 450
Williams, Bernard 威廉斯 62,91,92,214,216,268,441
Williamson, Timothy 威廉姆森 287,290-296
Wittgenstein, Ludwig Josef Johann 维特根斯坦 126
Wong, David 黄百锐 432
Zingano, Marco 辛加诺 354

名词索引

安人　103
奥义　277,278,280,282
八条目　40－42
报应论　66－68,137,138,158,363
本体论　210,213,220,225,229,231,232,237－239,412
比较哲学　3,5,68,78,189,408,454
不违　28,31,82,111,145－147,340,441,442
恻隐　7,9,11,12,18,43,63,95,206,217,225－227,245,246,250,253,256,323,345,399,438,461,462
成德　123,130,132,133,171,175,178,186,197,349
成己　51,103,114,127,408－419,421,422,424－426
成人　42,51,52,62,100,103,104,176,255,272,381,382,391,392,395,399,408－419,422－426
成物　51,103,114,124,127,408－413,418,421,422,425,426
辞让　7,9,63,95,96,206,217,218,245,250,253,256,345,399,438
大人　9,419
大体　7,103,121,125,218,222,338,345
道德　8,9,12－14,16－18,20－26,37,50－52,54－56,59,61－65,67,68,81,83－91,93,95.97－99,103－123,126,128,129,131,134,135,141－143,148,149,152,154,157－161,164－170,172－175,178,179,181,182,184－186,190,192,194,197,202,203,206－213,215－220,222－225,227,229－231,233,235－239,249－251,253,256－258,261,262,264,266－268,271－276,301,

303,304,307,308,310,313,315,317,319,321,323 - 328,332,333,338,339,342,343,345,347,349 - 355,357,358,360 - 364,368 - 371,373,375 - 378,382,384,386,393,398 - 407,409,411,416,417,419 - 422,424,425,428 - 434,436 - 463
道德动机　118 - 121,125
道德情感　64,110,168,401 - 403,439
道德原则　6 - 9,17,22,23,26,51,111 - 113,121,141,143,144,429 - 432,438
道德赞扬　189,190,209
道德责备　198,209
道德责任　59,60,89,189,190,200 - 203,206,209,433,457
道德知识　18,19,55,59,61,190,209,258 - 261,263 - 266,270,271,274,275,278 - 281,283,285,313,314,317,319,325,326
道德主体　13,98,135,202,204,219,227,354,363
道义论　3 - 6,8,9,22,23,34,40,51,63,65,78,212,213
德性　11,37,45,53,81,82,84,86,90 - 92,97 - 103,107,125,174,180,182,207,208,210,213,214,216,217,220,222,224,225,229,230,242,271,310,416,417,424,425,440,445
德性之知　60,171,202 - 205,207,261,262,265,270,271,279,303,308,311,327,423
动力之知　54 - 59,284,285,316 - 328,449 - 452,454,456 - 461,463
多元文化　69
恶德　6,10,17,22,23,32,50,209,332 - 334,339,345,346,348,353,445,447
反规则主义　16
范导性知识　328
吠陀　259,274,277,279,282
佛教　3,76,430
福祉　20,37,38,42,48 - 52,87,90,91,97 - 100,102,104,107,108,122,143,150,151,155,156,158,159,173,275,282,331,333,339,448
个人主义　10,12,16
个体　12 - 14,65,129,140,176,181,182,192,237 - 239,335 - 338,349,354,377,380,385,386,389,394,395,397,399,400,412,426
公正　13,23,50,66,67,90,99,101,114,115,139,140,143,153,180,191,201,370,388,415,451
功利论　3 - 5,19,65,67,68,97,137,138,158,213
功利主义　26 - 30,212,213,235,331,355,356,362,363,414,432,435
构成性　39,237,238,444
规范　9,11,22,23,65,100,180,236,250 - 252,257,272,301,317,358,386,401,425,434,436,438,

439,463
规范性 12,57,58,61－63,93,94,217,252,273,300,301,317,318,320,323,327,328
规则 6,9,16,22,23,26,65,111,180,181,215,218,285－287,312,315,332,335,354,358,400,403,425,427－431,433－440,442－448,462
规则论 23
后果论 3,5,6,8,20－23,26,34,39,40,51,63,78,125,356
基础主义 233,234,237－239,244,245,247,248,251,255,256,462
基督教 16,17,98,99,437
己所不欲,勿施于人 100,103,106,419,420
价值 23,25,28,31,34,38,49,70,100,120,121,126,129,135,152,177,192,207,210－212,218,224,230,233,237,239,277,350,369,370,372,375,376,378－389,391,392,395,397,399,400,402,410－412,434－437,439,442,445,447
角色伦理学 13,14
解释性 35,63,233,234,237－239,244,245,247,248,250,251,255,256,296,462
解脱 99,259,274－277,280－282
禁欲主义 119
净化 255,279,282
绝对律令 212,303
君子 9,15,59,65,94,103－105,114,120,132,133,140,166,169－171,173－176,183,185,196,204,205,242,249,264,271,272,303,354,360,403,420
康德原则 211－213,227
康德主义 4,7,50,97,189,272,414,429,431－433,443,447
康复论 67,68,138
客观性 11,12,61－63
孔颜之乐 112,113,119
礼仪 9,14,65,148,168,220,260,358,403,425
理想形态 22,31,34,36,40,42,78
理性 7,24,33,34,38,48,56,61,62,91,92,118,120,121,140,200,201,211,212,215,227,233,235,236,240,254,267,272,336,369,370,379,380,382－384,392,395,402,422,424,428－431,433,441,443,447,453
理一分殊 16,17,143
利己主义 7,51－53,115,120－123,125－127,446
利他 52,53,125－127,407,418,446
良知 18,55－57,61,261,263－266,270,271,278,284,297,299,301,303,307－317,321－326,346,449,450,453,454,459－462
灵魂 13,33,100,214,215,254,282,345,360,361,443,462
六经 106,165－169,421
六艺 165,169,170
律法主义 16

伦理完善论 39
美德伦理 1,3-10,12,14,16-26,31-40,42,44,48-56,60-63,65-67,74,75,77-79,100,109,124,128,135,173,177,187,189-191,198,200,202,209,210,212-218,229-231,252,329,338,356,413-418,422,425,427,436,445,446
美德论 3,21,22,51,65,78
描述性知识 300
明明德 40-42,51,103,107,418,419,426
命题性知识 55,258-260,262,264-266,274,275,278,280,281,283-287,289,291,293-297,309-313,315-323,325,326,328,449,451
摩耶世界 276
能够 8,12,13,16,20,22,26,27,35,49,55,64,65,69,76,77,86,96,110,111,114,118,121,127,163,182,189-192,197,200,202,206,211-213,215,218-220,223,227,230,231,239,246,248,250,252,253,261-263,265,267,273,274,278-281,313,314,319,337,338,342,347,350,356,359,360,370,371,376,377,393,395,402,425,428,432,439,443,448,449,458
能力 10,17-20,36,55,56,59,97,105,133,134,163,164,177,197,201,204-206,214,215,219,230,249,253,265,272,273,278,289-293,295-297,307,309,313,316,319,320,328,338,347,360,361,370,372,373,380,381,383,384,386,392,394,395,409,421,422,449,452,454,456-458,460,461
能力之知 55,56,258-260,262,264-266,274,275,278,280,281,283-297,309-325,328,449-461
尼采传统 3
契约论 235
情感主义 59,338
情景主义 16,17
情绪主义 56,267
劝谏 144-147,149,151-155,158,159,175,182
人类生活 236,237,332,444
人性论 93,94,210,219,220,222,442
仁义 6-8,97,111,174,217,253,340,404,441,462
仁义礼智 7,9-12,42-48,52,62,63,67,103,114,218,224,226,242-245,438-440,442
三纲领 40,42
色难 8,144
沙文民族主义 69
社群 12,13
生产性 38,39
生而知之 130,162,193
圣人 9,19,40,86,94,99,105,112,127,130,133,134,152,183,193,194,196,197,204-206,219,220,

224,229,261,263,303,321,340,419,423,425,426,462
实践智慧 23,202,453,454
实用主义 3
实在 10,52,156,178,211,217,221,223,224,231,234,256,287,314,427
实在论 10,434,438,441,445,447
事实 4,17,18,20,23-25,28,34,35,44,46,57,59,65,68-70,83,85,96,103,112,118,120,129,130,139,153,156,159,161,162,170,176,179,192,193,201,210-212,218-221,224,230,231,233,238,239,248,250,252,254,256,260,264,270,272,274,285,286,296,304,317,318,321,323,325-327,344,346,352,353,355,359,377,378,384,396,397,400,404,406,410,422-424,429,431-440,442-445,447-449,451-453,457,462
是非 7,9,19,63,71,95,118,206,211,217,225,245,246,250,253,256,262,291,292,322,327,342,345,363,399,402,438,455,461
私欲 15,18,44,61,67,207,208,229,242,249,261,263,264,276,302,303,315,324,419,425,439
思辨 39,272,409
斯多葛学派 3
四德 43,46,114,222,240-243
四端 7,63,103,204,206,217,218,225,227,228,246,253,261,345
四科 165-167,169
宋明理学 40,221,233,234,258,260-262,264,270-272,277,279,302,346,366,399
天理 19,44,208,220,245
同感 69,338,339
完善论 63,64,366-369,374,375,378-382,385-389,391-400,402,405-407
闻见之知 60,202,203,258,261-265,271,279,311
西方哲学 4,48,49,69-77,92,114,119-121,138,149,203,216,239,346,408,449,454
相对主义 105,431,432
小人 94,103-105,171,173,183,196,204,249,264,303,354,360,420
小体 7,121,218,222,345
心理现实主义原则 141,273
心灵哲学 56
心之德 17,43,45,46,48,241
心智 258,259,263,264,266-272,274,280,281,283,285,303,305,326,391
新民 15,40-42,46.51,347,418,419
信念 56-58,237-239,251,256,258,259,263,266-274,280,281,283,289,296,305,306,308,313,320,321,326,327,374,375,379,430

信欲　56 - 59,258,259,263,266,267,269 - 272,274,280,281,283
行动后果　7,22,23
行动哲学　56,266,283,305
行善　60,83,117,173,177,178,190 - 193,197 - 200,209,224,264,266,275,276,278,301,303,304,327,437,438
行为主体　14,20,35 - 38,400,414
形而上学　10,23,63,75,232,233,252,332,367,369,388,449,462
形上之性　225 - 227,231
形下之情　225,226
幸福　26 - 31,33 - 39,48,51,65,99,135,212,331,346,350,356,370,378,422
休谟传统　3
休谟定律　211,212
休谟主义　32,56,57,258,266 - 270,274,283,305,321,326
修己　103,349
修身　40,41,84,110,111,123,127,131,134,135,198,208,260,261,277
羞恶　7,9,63,95,206,217,225,245,246,250,253,256,345,399,438
亚里士多德主义　3,5,21,32,33,65,78,91,331,332,338,342,345,354 - 358,360,363,364,379,415,416,422,437,445
养心　255
一以贯之　100,420
伊斯兰教　4
以德报德　81 - 83,87,350
以德报怨　50,82,83,86,107,350,351
以怨报怨　50,82,83,86,107,351
以直报怨　50,81 - 83,85,86,89,100,102,107,350,351
义务　6,24,25,37,51,81,89,97,135,136,142,159,335,370,378,422,435
意志　15,23 - 26,147,239,452,462
意志软弱　24,58,198,202,203
印度教　3,76,259,274,275,280,281,283,430
应当　27,28,38,50,70,76,77,86,90,99,106,113 - 121,124,130,132,146,148,153,175,178,192,195,200 - 203,206,209 - 214,216,218,224,225,227,230,231,235,237,238,249,251 - 253,300,301,311,317,322,332,333,345,352,354 - 356,363,369 - 373,377,378,384 - 386,388,390 - 396,398,402,404 - 407,419,420,422,430,431,436 - 439
有德之士　160,168,170 - 179,182,186,191,192,315,327,359,404
有教无类　160,161
欲望　24,29,30,56 - 59,98,99,119,124,168,236,251,254,255,258,259,266 - 274,278,280,281,283,304 - 308,321,322,326,327,337,378,384,402,403,414,424,429,

452
元伦理学 10,210,211,217,429,431-434,447
原教旨主义 365
原型 21
原子主义 14
哲学建构 74
正义 49,50,65,66,128,158,180,235-237,331-346,348,349,352-355,357,360-364,368-371,373,374,377,388,430
正直 85,86,90,102,137,139,141-144,152,159,340,351-353
政治哲学 63,65,75,180,181,186,331,332,341,343,366
直躬 137,138,142,143,154,155,352
止于至善 40-42
中国哲学 68-77,94,100,120,127,143,144,161,207,216,218,224,225,228,256,403,408,414,454
中立 63,86,182,218,230,231,332,354,357,366-372,375-378,381,388,389,398,405,406,441,442
中庸 14,17,83,93,101,103,114,127,227,249,410,421
主观主义 10,16,211,372
主体 10,13,35,48,65,88,98,123,124,127,128,135,192,230,277,338,363,380,383-386,422,429,430
准则 24,25,141,142,205,286,287,310,317
自爱者 49,50,90,99,122,177,346,356,415
自然倾向 7,24,26,53,95,96,118,128,135,191,193,263,264,303,437
自我 12-16,27,36,51,63,84,85,98,103,113-116,122,124-129,150,173,178,189,194,207,212,230,231,251,252,260,262,275-280,282,349,350,370,371,375,378,379,381,388,393,394,398,399,402,405-407,409,410,412-415,429,436,441
自我中心 50,97,99-101,109,122-124,132,149,173,177,212,414,416,417,422,446
自由主义 12,14,63,64,161,179-182,186,235-238,331,332,366-368,370,372,374-378,381,385-389,391-396,398-400,405-407
作恶 60,81-83,85-88,90,97,100,102-104,107,108,140,174,200,264,308,350,425

后 记

最近十几年来，我的研究的一个重心是古代儒家思想对当代美德伦理的贡献。除了已出的关于孔子的专著（*Confucius: A Guide for the Perplexed*. London：Bloomsbury，2013）和关于二程的专著（*Why Be Moral: Learning from the Cheng Brothers*. Albany：State University of New York Press，2014）以及将出的关于王阳明的一本英文专著有比较系统的阐述外，我在这方面还写了大量的论文，从不同的方面说明同一个问题。这里把其中相当大的一部分论文汇总起来，本身也有了一定的系统性。正如我在本书导论中所指出的，收在本书中的这些论文说明了儒家对当代美德伦理能够作出的十一个方面贡献，而这十一个方面的贡献，可以归纳为三大类：① 帮助当代美德伦理回应外来的批评；② 帮助当代美德伦理克服其自身的一些困难；③ 帮助当代美德伦理对哲学其他领域的一些问题作出贡献。收在本书中的文章，除了第六章外，都是我 2011 年以后的作品，因此可以说反映了我最新的研究成果。

本书得以出版，首先要感谢东方出版中心的特约编辑刘旭先生及其编辑团队，包括黄驰编辑，王冠军先生等，他们为本书的出版花费了大量的精力。由于收于本书的各章先前都以单篇文章的形式发表于不同的刊物，体例和格式都相差很大。而且我给出版社的版本并非刊物的最后编辑定稿，因此里面还有一些错字、别字和其他需要改正的错误。把这些繁杂的文章编辑成具有统一体例的书稿，可以想象多么费时、费力！另外，他们还精心制作了本书的各索引，并为本书中出现的所有人物提供了生(卒)年份。当然，没有东方出版中心刘佩英副总编辑对本书和作者的大力支持，本书的出版也是不可能的。

本书除导论外，共有十四章。除了最后三章，原文均为英文。这里我要特别感谢将这些文章翻译成中文的朋友。其中特别要感谢的是华东政法大学的崔雅琴博士，她翻译了其中的八章和导论中的最后一个主要部分所根据的一篇文章。在这几年中，崔博士还翻译了我很多其他的文章，她应该是最熟悉我的想法的人，因而也是我欠债最多的人。另外华东师范大学的陈乔见教授和王央央博士也翻译了两章，还有一章则由叶首德先生翻译。对于他们在非常繁忙的日程中，放下自己手头的事情，做这种非常劳苦、乏味的翻译工作，我感到非常不安；而看到他们的译文往往比我自己的文字更流畅时，我更是感激不已。当然，他们的译文在正式出版前，我自己都认真看了一遍，做过一些修订，这往往不是因为翻译不准确，而是因为我作为作者可以不必拘泥于英文原文来修改。不管如何，如果这些经过翻译的章节存在什么问题，那么应该负责的是我自己而不是这些译者。

本书几乎所有的内容，包括导论，先前都发表过。在此我要向原来的这些出版单位表示感谢。

导论的前三个主要部分本是专门为本书写的，但写就后，因积欠了好几家刊物的债，在征得东方出版中心的同意后，作了一些调整，变成了三篇独立的文章。他们分别是（根据出版先后的次序，也是根据在导论中的先后次序）“儒家伦理作为一种美德伦理：与南乐山商榷”[《华东师范大学学报》（社会科学版）2018 年第 5 期，第 16—23 页]、“理想形态的美德伦理学家：亚里士多德还是朱熹？”（《哲学动态》2018 年第 9 期，第 28—39 页）和“当代美德伦理——古代儒家的贡献”（《四川大学学报》2018 年第 6 期，第 66—75 页）。我不能确定的是：这些刊物应该感谢东方出版中心让其先行发表这些文章，还是东方出版中心应该感谢这些刊物让其利用这些已经出版的材料，但我可以确定的是，我应该同时感谢这些刊物和东方出版中心。导论的第四个主要部分涉及贯穿本书各章的一个方法论问题，主要根据的是我的英文论文，“The Double Bind on Specialists of Chinese Philosophy”（*American Philosophical Association Newsletter* 15.2：18－23）（扩展的中文版由崔雅琴翻译，以“西方世界中国哲学研究者之三重约束”为题发表于《文史哲》2017 年第 2 期）。

本书第一部分讨论孔子对当代美德伦理的贡献，共四章，基本上分别以本人英文著作（*Confucius: A Guide for Perplexed*. London: Bloomsbury, 2013）一书的第二到第四章为基础。这个部分的第一章由王央央和陈乔见翻译，以“为什么你不该转过你的左脸：孔子论如何对待作恶者”为题发表于《杭州师范大学学报》（2013 年第 4 期，第 1—12 页）；第二章由陈乔见翻译，以“‘好德如好色’：孔子对当代伦理的贡献”为题发表于《杭州师范大学学报》（2017 年第 4 期，第 1—12 页）；第三章由崔雅琴专门为本书翻译；第四章也由崔雅琴翻译，以“正曲为直：《论语》‘亲亲相隐’章新解”为题发表于《南国学术》（2016 年第 3 期，第 366—377 页）。

第二部分共五章，讨论宋明儒学对当代美德伦理的贡献。其中第五章原文为英文,“Virtue Ethics and Moral Responsibility: Confucian Conception of Moral Praise and Blame”[*Journal of Chinese Philosophy* 40(2013).3 - 4: 381 - 399],由崔雅琴翻译,以本章同题发表于景海峰编《儒家思想与当代中国文化建设》(北京:人民出版社,2013 年,第 370—384 页);第六章原文为英文,“Cheng Brothers' Neo-Confucian Virtue Ethics: The Identity of Virtue and Nature”[*Journal of Chinese Philosophy* 30(2003).3 - 4: 451 - 467],由崔雅琴、刘梁剑、朱承和王睿翻译,以“理学的本体论美德伦理学:二程的德性合一论”为题,发表于杨国荣编《思想与文化》第四辑(上海:华东师范大学出版社,2004 年);第七章,原为英文稿,“Zhu Xi's Metaphysics of Human Nature,”将刊于由贾斯汀·蒂瓦德(Justin Tiwald)所编的 *Oxford Handbook of Chinese Philosophy*,由崔雅琴翻译,以“朱熹的形上学:解释性的而非基础主义的”为题先行发表于《社会科学》2016 年第 3 期,第 118—128 页;第八章原文为英文,“Why Besire Is Not Bizarre: Moral Knowledge in Confucianism and Hinduism,”载 Zhihua Yao and Ithamar Theodor 编 *Brahman and Dao: Comparative Studies of Indian and Chinese Philosophy and Religion* (Lexington Books, 2014, 119 - 141),由叶首德翻译,以“为何信欲不是怪胎:儒家与印度教中的道德知识”为题刊于上述英文书的中文版《梵与道:中印哲学与宗教比较研究》(北京:宗教文化出版社,2017 年,第 145—174 页);第九章原文为英文,由崔雅琴翻译,以“论王阳明的良知概念:命题性知识,能力之知,抑或动力之知”为题刊于《学术月刊》2016 年第 1 期,第 49—63 页,英文原稿以“Knowing-that, Knowing-how, or Knowing-to: Wang Yangming's Conception of *Moral* Knowedge”为题刊于 *Philosophical Research*,第 42 卷(2017 年),第 65—94 页。

第三部分是作者与当代一些中外哲学家讨论儒家美德伦理的文章，共五章。第十章原文为英文，"Justice as a Virtue, Justice according to Virtues, and/or Justice of Virtues: A Confucian Amendment to Michael Sandel's Conception of Justice," 载 Michael Sandel 和 Paul J. D'Ambrosio 编 *Encountering China: Michael Sandel and Chinese Philosophy*（Harvard University Press, 2018, 29 - 65），由崔雅琴翻译，以"关于美德的正义：儒家对桑德尔正义观的修正"为题刊于《南国学术》2017 年第 4 期，第 568—583 页。第十一章原文为英文，有所删节，以"Confucianism and the Perfectionist Critique of the Liberal Neutrality: A Neglected Dimension"为题发于 *Journal of Value Inquiry* 49 (2015).1 - 2: 181 - 204。未删节本由崔雅琴翻译成中文，以"自由主义的中立性，国家完善论与儒家思想"为题发表于《思想与文化》第十四辑，第 1—31 页（上海：华东师范大学出版社，2014 年）。余下三章原文都是中文，其中第十二章以"成人：在成己与成物之间"为题发表于《哲学分析》2011 年第 5 期，第 19—30 页；第十三章以"规则与德性：评童世骏的《论规则》"为题发表于《探索与争鸣》2016 年第 5 期，第 76—62 页；第十四章以"再论动力之知：回应郁振华教授"为题登载于《学术月刊》2016 年第 12 期，第 24—30 页。